J. E. Spice

# Chemische Bindung und Struktur

Mit 133 Abbildungen, 26 Tabellen
und 21 Photographien

Springer Fachmedien Wiesbaden GmbH 1971

Übersetzung der englischen Originalausgabe

Übersetzer und fachlicher Redakteur: Prof. Dr. E. Hoyer, Leipzig

Titel der englischen Ausgabe:

J. E. *Spice*, B. Sc., M. A., D. Phil., F. R. I. C.
Senior Chemistry Master, Winchester College
Chemical Binding and Structure

Erschienen 1966 bei Pergamon Press

ISBN 978-3-663-19855-0        ISBN 978-3-663-20193-9 (eBook)
DOI 10.1007/978-3-663-20193-9

Deutschsprachige Ausgabe mit Lizenz des Verlages Friedr. Vieweg + Sohn, Braunschweig
Copyright 1971 by Springer Fachmedien Wiesbaden
Ursprünglich erschienen bei Friedr. Vieweg + Sohn, Braunschweig 1971
Softcover reprint of the hardcover 1st edition 1971

VLN 276–105/5/70. ES 18 C 2
Satz: Friedr. Vieweg + Sohn, Braunschweig

# Vorwort

Unter den Bedingungen der Rationalisierung des Direktstudiums werden auch veränderte Anforderungen an die Gestaltung von Lehr- und Lernhilfsmittel gestellt. Lehrmeinungen orientieren sich unmittelbar am Forschungsstand, dessen Position heute durch einen hohen spezifischen und allgemeinen Aufwand bestimmt wird. Betrug früher die mittlere „Lebensdauer" eines Standardlehrbuches für Chemie 2 bis 3 Ausbildungsgenerationen, also 12 bis 20 Jahre, so ist sie heute, bedingt nicht zuletzt durch einen gewissen Funktionswechsel des Chemikers, auf eben eine Ausbildungszeit reduziert. Paperbacks mittleren Umfangs, die als Bausteine zu einem System von Lehr- und Lernhilfen zusammengefügt und deren Einzelelemente ohne allzu großen Aufwand nach Bedarf ausgetauscht werden können, kombiniert mit Wissensspeichern und Tabellenwerken, verdrängen das Standardlehrbuch.

Die Notwendigkeit und das Bedürfnis, bereits im Grundstudium Chemie für eine Reihe von Fachstudienrichtungen eine Gesamtschau des Lehrgebietes vermitteln zu müssen, führte zur Konzipierung eines einheitlichen Grundstudienganges Chemie, der sich am besten mit dem Begriff „Allgemeine Chemie" bezeichnen läßt. In ihm stehen sowohl allgemeine Konzepte von Struktur- und Bindungsverhältnissen als auch ihre Ermittlung mit heute vorzugsweise zerstörungsfreien Untersuchungsmethoden sowie numerische Behandlungen im Mittelpunkt.

Das Werk von *J. E. Spice* erschien uns als Lehrhilfsmittel für eine Ausbildung in der Grundstudienphase „Allgemeine Chemie" sowie als vorbereitende Lektüre für Oberschüler, die bereits ein Jahr vor Studienbeginn die Zusage für eine Immatrikulation erhalten haben, aber auch für die Kollegen im Schuldienst und für die Ausbildung in Chemie in lehrerbildenden Instituten als gut geeignet. Es ersetzt kein Lehrbuch „Allgemeine Chemie" und ist auch vom Autor nicht für diesen Zweck konzipiert. Wir entschlossen uns für eine Übersetzung, weil hier auf elementarem bis mittlerem Niveau nicht nur die aktuellen Bindungs- und Strukturvorstellungen, sondern auch die Methoden zur Ermittlung von Strukturverhältnissen für den Chemiker vorgestellt und mit ihren Vorteilen und Grenzen charakterisiert werden.

Das dargebotene Stoffgebiet wird weitgehend qualitativ behandelt. Dort, wo der Autor mathematisch formulierte Gesetzmäßigkeiten und Beziehungen verwendet, leitet er sie nicht ab. Dieses Vorgehen geschieht aber nicht auf Kosten der Verständlichkeit. Wenn gewährleistet ist, daß sich der Leser einiges Faktenwissen aus anderen Quellen beschafft hat, dann erzeugt der vorliegende Titel Verständnis für Struktur- und Bindungsprobleme und regt zum Nachdenken an. Die phänomenologische Behandlung einzelner chemischer Verbindungen und Stoffklassen sowie eine ausführliche Herleitung und Interpretation von Gesetzmäßigkeiten ist einem Lehr- oder Tabellenbuch vorbehalten, zu dem das vorliegende Buch nach Meinung des Übersetzers eine ausgezeichnete Ergänzung, etwa vom Inhalt einer Problemvorlesung zu dieser Thematik, darstellt.

Es ist erfreulich, daß außer dem Bindungsphänomen die Struktur und die modernen Methoden der Strukturermittlung mit aufgenommen wurden. Aus diesen beiden Gegebenheiten wird das chemische Reaktionsverhalten im Kapitel „Elektronenstruktur und chemische Reaktionen" hergeleitet.

Die ersten sieben Kapitel sind dem Verhalten und der Verteilung von Elektronen in Atomen und Molekeln gewidmet, wobei auch Koordinationsverbindungen und Elektronenmangelverbindungen mit erfaßt werden. In Kapitel 7 geht der Verfasser auf die Stabilität und das Reaktionsverhalten von Molekülen ein und behandelt eingehend die thermodynamischen und kinetischen Kriterien.

In den zwei folgenden Abschnitten behandelt der Autor die Struktur von Festkörpern. Er bedient sich dabei des Konzepts der dichtesten Kugelpackung und der teilweisen oder vollständigen Füllung der dabei auftretenden oktaedrischen bzw. tetraedrischen Lücken. Im Kapitel 9 werden bei der Erörterung der Frage „Was ist eine chemische Verbindung?" die Probleme Ideal- und Realstruktur sowie Stöchiometrie bzw. Nichtstöchiometrie im festen Zustand besprochen. Es folgt ein kleiner Exkurs in das Gebiet der anderen Aggregatzustände einschließlich der Problematik der Hochpolymeren und des adsorbierten Zustandes. Dabei wird der den einzelnen Aspekten und Begriffen gewidmete Text oft bis auf lexikalische Kürze reduziert. Die drei letzten Kapitel enthalten die Vorstellung der wichtigsten experimentellen Methoden zur Strukturermittlung. Diese sind, auch im Umfang, nach Beugungsmethoden (Röntgen-, Neutronen-, Elektronenbeugung), spektroskopischen Methoden und verschiedenen anderen Methoden geordnet.

Am Schluß werden 67 zum Teil numerisch zu lösende Aufgaben gestellt, die zur Vertiefung und Anwendung des gebotenen Stoffes dienen können.

Dem Verlag gilt der Dank für die Anregung zu dieser Übersetzung und viele sachdienliche Hinweise. Herrn Kollegen Professor Dr. *G. Kempe*, Technische Hochschule für Chemie, „Carl Schorlemmer", Merseburg, danke ich sehr für die kritische und fachkundige Durchsicht der Übersetzung.

Leipzig, November 1969 *E. Hoyer*

# Danksagungen

Es ist mir ein Vergnügen, den Nachfolgenden für die Erlaubnis zu danken, Photographien und Zeichnungen zu übernehmen:

Professor *J. M. Robertson*, F. R. S. Dr. *L. E. Sutton*, F. R. S. und Dr. *V. C. Ewing*, Dr. *H. W. Thompson*, F. R. S. und Dr. *R. J. L. Popplewell*, Dr. *R. F. Barrow*, Professor *H. M. Powell*, F. R. S. Mr. *J. E. Whitney* of Catalin, Ltd. N. V. Nederlandsche Rontgen-Apparaten Fabriek.

Ich danke mit dem gleichen Vergnügen *Colin Campbell* für die Überprüfung der Antworten zu den numerischen Aufgaben.

*J. E. Spice*

# Inhalt

# 1. Die alte und die neue Quantentheorie

## 1.1. Protonen, Neutronen, Elektronen und Atome

Die Chemie befaßt sich mit Stoffen und mit den Methoden der Stoffwandlung. Bekanntlich ist alle Materie aus einer oder mehreren von etwa hundert verschiedenen Atomsorten aufgebaut, und die verschiedenen Eigenschaften solcher Dinge wie Kreide und Käse, Gummi und Nylon, Glas und Gußstahl sind letzten Endes durch die Art und Anordnung der Atome, aus denen sie bestehen, bestimmt. Bevor die Anordnung der Atome beurteilt werden kann, muß zunächst die Natur der Kräfte, die die Atome miteinander verbinden, verstanden sein. Diese Kräfte wiederum lassen sich nicht ohne einige Kenntnis der Struktur der Atome verstehen.

Alle Atome sind aus drei fundamentalen Teilchen aufgebaut, dem Proton, dem Neutron und dem Elektron. Proton und Neutron haben jedes etwa die gleiche Masse wie das Wasserstoffatom. Dagegen besitzt das Elektron nur etwa 1/1840 dieser Masse. Das Neutron ist elektrisch neutral, während Proton und Elektron eine gleich große positive bzw. negative Ladung tragen. Die Tatsache, daß 1 g Wasserstoff etwa $6 \cdot 10^{23}$ Wasserstoffatome enthält und daß Protonen, Neutronen und Elektronen sehr viel kleiner als Wasserstoffatome sind, vermittelt eine Vorstellung von der Kleinheit dieser Teilchen. Die Atome bestehen aus einem sehr kleinen, dichten positiv geladenen Kern, der aus Protonen und Neutronen aufgebaut ist und den zur Neutralisation der Kernladung nötigen Elektronen. Die Kernradien betragen etwa $10^{-12}$ cm, dagegen haben die Atomradien die Größenordnung $10^{-8}$ cm. Tatsächlich verwendet man eine spezielle Einheit — die Einheit Ångström —, um atomare oder molekulare Größenordnungen anzugeben: 1 Ångström, geschrieben 1 Å, ist $10^{-8}$ cm.

### Ordnungszahlen, Massenzahlen und Isotope

Vom Standpunkt des Chemikers aus gesehen, ist das wichtigste Charakteristikum eines Atoms seine Ordnungszahl Z. Die Ordnungszahl gibt die Zahl der Protonen im Kern, also die Kernladung und damit zugleich die Zahl der Elektronen in der Hülle für das neutrale Atom an. Sie bestimmt die meisten chemischen und physikalischen Eigenschaften der Atome und ist von Element zu Element verschieden. Die Ordnungszahlen sind ursprünglich von *Rutherford* aus seinen Streuexperimenten von $\alpha$-Teilchen an Metallfolien geschlußfolgert worden. Seither werden sie mittels Röntgenspektren bestimmt. Von allen natürlich vorkommenden Elementen hat Uran mit Z = 92 die größte Ordnungszahl, so daß es gerade 91 Elemente vor dem Uran geben kann. Außer 4 kommen alle diese Elemente natürlich vor, und die fehlenden 4 lassen sich durch Kernreaktionen darstellen, ebenso wie weitere 13 Elemente (Stand 1970) mit Ordnungszahlen größer als die von Uran.

1 Spice

Die Masse eines Atoms ist im wesentlichen die Masse seines Kernes, und seine Massenzahl A ist die Summe aus der Zahl der Protonen und Neutronen im Kern. Für eine gegebene Anzahl von Protonen, d.h. für eine gegebene Ordnungszahl, kann die Zahl der Neutronen innerhalb gewisser Grenzen variieren, so daß es Atome des gleichen Elementes mit verschiedenen Massen gibt. Solche Atome nennt man Isotope. Wenn ein Element aus einer Mischung von Isotopen besteht (Mischelement im Gegensatz zu einem Reinelement), so ist seine chemisch ermittelte Atommasse das gewichtete Mittel der Isotopenmassen. Die Kernmassen und die Strukturen der Kerne sind für die Radioaktivität und andere Kernveränderungen von großer Wichtigkeit, aber für Fragen der chemischen Bindung und Struktur sind sie weniger bedeutsam. In diesem Buch begnügen wir uns damit, jedes Atom als einen Kern mit der Kernladung $Z^+$, umgeben von Z Elektronen, zu betrachten.

## 1.2. Die alte Quantentheorie und ihre Anwendung auf Atome

### Der photoelektrische Effekt und die Quantentheorie

Chemische Wechselwirkungen lassen sich nicht ohne die Quantentheorie verstehen, die man nahezu als die Atomtheorie der Energie auffassen kann. Eines der Phänomene, die zur Quantentheorie führten, ist der photoelektrische Effekt (heutzutage genutzt in Photozellen), der von *Hertz* 1887 entdeckt worden war. Er beobachtete, daß negativ geladene Teilchen, wenig später als Elektronen erkannt, aus Metalloberflächen emittiert werden, sobald auf diese Licht bestimmter Wellenlänge einwirkt. Für jedes Metall gibt es eine charakteristische Frequenzschwelle. Licht niedrigerer Frequenzen, wie intensiv auch immer, vermag keine Elektronen zu emittieren. Wenn dagegen die Frequenz über den Schwellwert erhöht wird, nimmt auch die Energie der Elektronen zu. Der Effekt läßt sich mit der in Abb. 1 gezeigten Vorrichtung untersuchen. Das Potential zwischen den Platten C und A wird so lange erhöht, bis der Elektronenfluß, ablesbar am Galvanometer G, gerade aufhört. Aus dem gemessenen Potential läßt sich die Energie der Elektronen berechnen. Wird die Lichtintensität erhöht, so steigt auch die Zahl der emittierten Elektronen (erkennbar am Galvanometerausschlag), nicht aber ihre Energie.

1887 hielt man Licht noch für eine Wellenerscheinung, deren Energie proportional zu ihrer Intensität ist, nämlich proportional dem Quadrat ihrer Amplitude, aber unabhängig von ihrer Frequenz. Offensichtlich kann der photoelektrische Effekt mit dieser Auffassung nicht erklärt werden. *Einstein* nahm 1905 an, daß Licht in gewisser Hinsicht eher ein Strom von Teilchen ist, die er „Photonen" nannte. Jedes Photon entspricht einem kleinen Energiepaket von der Größe $h\nu$. h ist eine universelle Konstante, bekannt als Plancksches Wirkungsquantum mit dem Wert $6{,}63 \cdot 10^{-27}$ erg $\cdot$ s, während $\nu$ die Frequenz des Lichtes bedeutet.

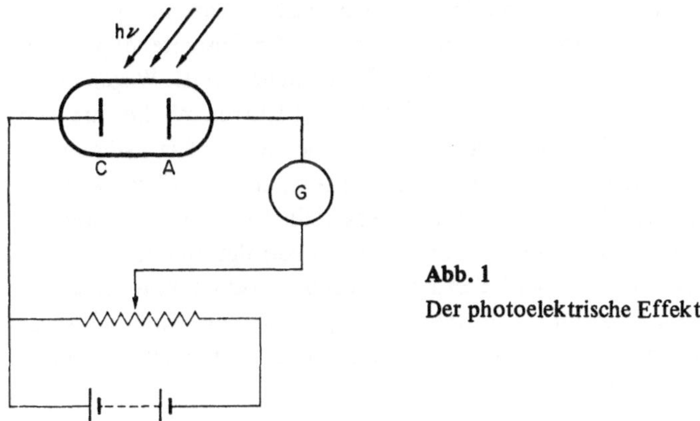



**Abb. 1**
Der photoelektrische Effekt

Falls nicht jedes Energiequantum wenigstens der Energie entspricht, die zur Ablösung eines Elektrons aus dem Metall notwendig ist, findet keine photoelektrische Emission statt. Eine Speicherung kleinerer Quanten bis zur notwendigen Gesamtenergie ist nicht zulässig. Sind jedoch die Energiequanten größer als der Schwellwert, so wird der Energieüberschuß durch die Elektronen abgeführt. Eine intensivere Bestrahlung vermehrt die Zahl der Quanten und damit die Zahl der emittierten Elektronen, nicht jedoch ihre Energie. Durch Versuche mit der in Abbildung 1 gezeigten Vorrichtung kann man sowohl h als auch die Energieschwelle für das Metall der Platte C bestimmen[1]).

Das wichtigste Ergebnis des eben geschilderten Experimentes ist die Wiederauferstehung der alten, von *Newton* vorgeschlagenen korpuskularen Strahlungstheorie, die scheinbar von der Wellentheorie aufgrund solcher Erscheinungen wie Interferenz und Beugung widerlegt war, wenn auch in ganz veränderter Form. Licht (sichtbares und ultraviolettes) wird offenbar als Wellenbewegung fortgepflanzt, seine Absorption durch Metalle jedoch läßt sich besser mittels einer Teilchenauffassung beschreiben.

### Atomspektren und Quantentheorie

Entsprechend den Anschauungen der Physik des 19. Jahrhunderts müßte jede beschleunigte elektrische Ladung Energie ausstrahlen. Demzufolge müßte auch eine kontinuierliche Energieemission stattfinden, wenn Elektronen, wie es von *Rutherford* 1911 postuliert wurde, um Atomkerne kreisen, denn die dauernde Richtungsänderung auf einer Kreisbahn bedeutet eine normale Beschleunigung.

---

[1]) Siehe Aufgabe 1

Diese Bewegung kommt durch das Wirken der elektrostatischen Anziehung zwischen Elektron und Kern zustande. Es läßt sich leicht zeigen, daß die Gesamtenergie dieses Systems um so größer ist, je größer der Radius der Elektronenbahn ist. Wegen der kontinuierlichen Ausstrahlung von Energie müßte sich die Elektronenbahn fortwährend verkleinern, und die Elektronen müßten schließlich in den Kern stürzen. Die Energie wird als Strahlung mit einer Frequenz emittiert, die dem Elektron auf seiner Umlaufbahn entspricht. Weil sich diese Bahn ebenfalls fortwährend ändert, in dem Maße wie das Elektron seine Spiralbahn zum Kern verfolgt, müßten die Atome instabile Einheiten sein, die Licht aller Frequenzen — also ein kontinuierliches Spektrum — auf dem Wege ihrer Selbstvernichtung aussenden. Natürlich sind die nicht radioaktiven Atome in Wirklichkeit völlig stabil und senden keine Strahlung aus, es sei denn, sie werden angeregt.

Eine Möglichkeit zur Erzeugung eines Emissionsspektrums besteht darin, die Atome in einen Zustand mit erhöhter Temperatur zu überführen; das findet zum Beispiel in einer Natriumdampflampe statt, die das bekannte gelbe Licht liefert. Wird dieses Licht mit einem Spektrometer untersucht, so erweist es sich als aus einer sehr kleinen Zahl von Wellenlängen zusammengesetzt, man beobachtet eine begrenzte Zahl gelber Linien. Dementsprechend findet man dunkle Banden an den Stellen, die diesen gelben Linien entsprechen, im Spektrum des weißen Lichtes, wenn dieses durch Natriumdampf geschickt wird. Dies ist ein Absorptionsspektrum des Natriumdampfes. Alle Frequenzen der Linien im Natriumspektrum lassen sich als Differenzen zwischen bestimmten, relativ wenigen Größen, die man Spektral-*Terme* nennt, ausdrücken. Das gleiche gilt für die Spektren anderer Atome.

Die zwingende Schlußfolgerung ist, daß Elektronen in Atomen die Gesetze der Physik des 19. Jahrhunderts nicht befolgen. Elektronen in Atomen *können* offensichtlich ohne Energieabgabe rotieren, und ihre Gesamtenergie kann nur eine begrenzte Reihe von Werten haben.

## Die Bohrsche Theorie des Wasserstoffatoms

1913 wandte *Niels Bohr* die Quantentheorie auf Elektronen in Atomen an, wobei er das einfachste Atom, den Wasserstoff wählte. In der Theorie des photoelektrischen Effekts war postuliert worden, daß keine kontinuierlich veränderbare Energiemenge aus der Strahlung absorbiert wird, sondern lediglich Energiebeträge bestimmter Größe, wobei die Größe von der Frequenz abhängt. Ganz analog sagt *Bohr,* daß auch die Energie eines Elektrons in einem Atom nicht kontinuierlich variieren könne, sondern nur in bestimmten Beträgen. Weiterhin ereignet sich eine solche Energieänderung eines Elektrons nur beim Übergang des Elektrons von einer Bahn zur anderen. Wenn man zum Beispiel Natrium auf höhere Temperaturen erhitzt, werden die Elektronen einiger Natriumatome auf Bahnen höherer Energie angehoben. Sie werden alsbald zurückfallen, und dabei wird Energie abgestrahlt, die ihrem Wert nach gleich der Differenz der beiden Bahnenergien ist. Weil es nur eine begrenzte Zahl von Bahnen geben kann, gibt es auch nur eine begrenzte Anzahl von emittierbaren Energien und damit eine begrenzte Anzahl von Spektrallinien. *Bohr* benutzte für die Frequenz $\nu$ der ausgesandten Strahlung die Einsteinsche Beziehung. Wenn die Energien der höheren und tieferen Bahnen $E_1$ bzw. $E_2$ sind, so gilt:

$$E_1 - E_2 = h\nu.$$

Man hat einfach die Größen E/h mit den experimentell beobachteten Spektrallinien gleichzusetzen. *Bohr* machte die willkürliche Annahme, daß die einzig möglichen Bahnen für ein Elektron in einem Wasserstoffatom diejenigen sind, für die der Bahndrehimpuls $mr^2 \omega$ ($\omega$ ist die Winkelgeschwindigkeit des Elektrons, m seine Masse und r der Radius der Bahn) gleich $nh/2\pi$ ist, wobei n eine ganze Zahl bedeutet. Mittels klassischer Mechanik ist man dann in der Lage, die Energie jeder erlaubten Bahn in Termen von n zu berechnen und damit die Frequenzen der möglichen Linien im Wasserstoffspektrum. Die Ergebnisse stimmen ausgezeichnet mit der Praxis überein[1]).

Die wichtigste Eigenheit der Bohrschen Theorie ist die Vorstellung definierter Energiezustände oder stationärer Zustände für Elektronen in Atomen. Das Elektron im Wasserstoffatom zum Beispiel kann nur in einer Bahn existieren, die zu einer bestimmten, leicht aufzählbaren Reihe von Bahnen gehört. Dabei entspricht jede Bahn einem bestimmten Energiewert und ist durch einen bestimmten Wert des Parameters n charakterisiert. n heißt *Quantenzahl.*

**Beweis für die Energiezustände von Elektronen in Atomen aus Resonanzexperimenten und Bestimmungen von Ionisierungspotentialen**

Experimente, die 1913 von *Franck* und *Hertz* durchgeführt wurden, lieferten eine unabhängige Bestätigung dieser Ideen über die Energiezustände von Elektronen in Atomen. In ihrer Versuchsanordnung (Abb. 2) enthält eine Röhre Quecksilberdampf bei einem Druck von etwa 1 Torr. Aus dem Heizdraht C werden Elektronen emittiert und mittels eines zwischen C und dem Gitter G angelegten Potentials beschleunigt. Zwischen G und der Anode A liegt eine Gegenspannung von etwa 1 V, und ein Galvanometer zeigt die Anzahl der zur Anode gelangenden Elektronen. Dieser Elektronenstrom wächst mit steigendem Potential, bis bei 4,9 V ein scharfer Abfall eintritt. Bei weiterer Erhöhung des Beschleunigungspotentials wächst der Strom erneut, bis ein weiterer scharfer Abfall bei 9,8 V passiert (Abb. 3). Bei 4,9 V beobachtet man ein Aufleuchten des Quecksilberdampfes, und das ausgesandte

---

[1]) **Siehe Aufgaben 3–8**

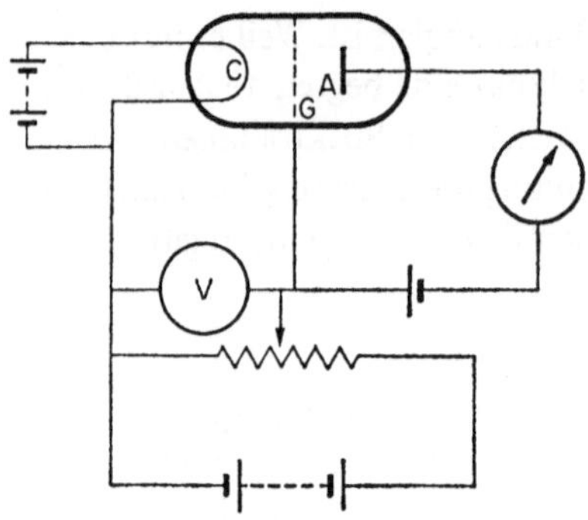

**Abb. 2**

Der Franck-Hertz-Versuch

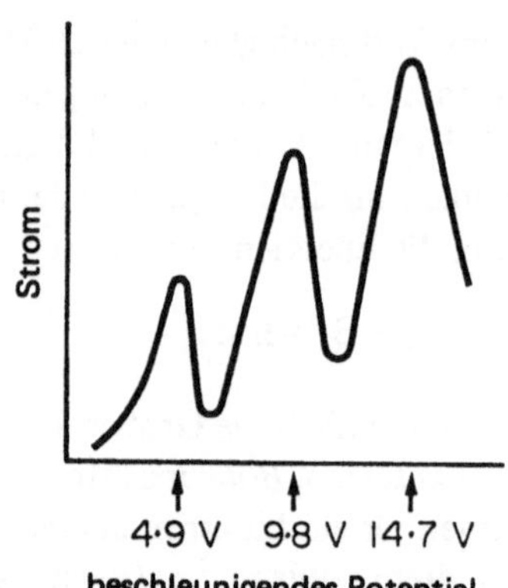


**Abb. 3**

Beziehung zwischen Strom und Spannung
im Franck-Hertz-Versuch

Licht hat die Wellenlänge 2537 Å. *Franck* und *Hertz* nahmen an, daß bei Beschleunigungspotentialen unter 4,9 V die Elektronen lediglich mit den in ihrem Weg befindlichen Quecksilberatomen kollidieren. Elektronen mit einem Beschleunigungspotential von 4,9 V besitzen jedoch gerade genügend Energie, um ein Elektron in einem Quecksilberatom auf eine höhere Bahn anzuregen; bei diesem Prozeß verlieren sie all ihre Energie, so daß die meisten „4,9 V"-Elektronen nicht mehr in der Lage sind, die Anode A gegen das Potential zwischen G und A anzulaufen. Bei größerem Beschleunigungspotential verbleibt den kollidierenden Elektronen nach den unelastischen Stößen die restliche Energie, so daß der Strom erneut ansteigt. Bei 9,8 V jedoch besitzt jedes Elektron genügend Energie für die Anregung zweier Quecksilberatome, so daß hier der Strom erneut scharf abfällt. Es konnte gezeigt werden, daß die Beziehung $V e = h \nu$ zwischen dem *Resonanz*potential V und der Frequenz $\nu$ der resultierenden Resonanzstrahlung besteht. Diese Frequenz gehört zu einer der Linien des normalen Quecksilberspektrums.

Mit einer ähnlichen Methode kann man Ionisierungspotentiale messen, die der Energie zur vollständigen Ablösung eines Elektrons aus einem Atom entsprechen. Ionisierungspotentiale (und damit Ionisierungsenergien) lassen sich nicht nur für die ersten, sondern auch für die nachfolgenden Elektronen bestimmen. Von solchen Ergebnissen wird in diesem Buch mehrfach Gebrauch gemacht. Zum Beispiel erhält man die Kurve von Abb. 4, wenn man die ersten Ionisierungspotentiale gegen die Ordnungszahl aufträgt. Das periodische Ansteigen und Absinken der Werte mit Maxima bei den Edelgasen weist sehr deutlich darauf hin, daß die Elektronen in Atomen bezüglich ihrer Energie in bestimmten Gruppen angeordnet sind und daß die Edelgase eine besondere Stellung bezüglich dieser Gruppen innehaben.

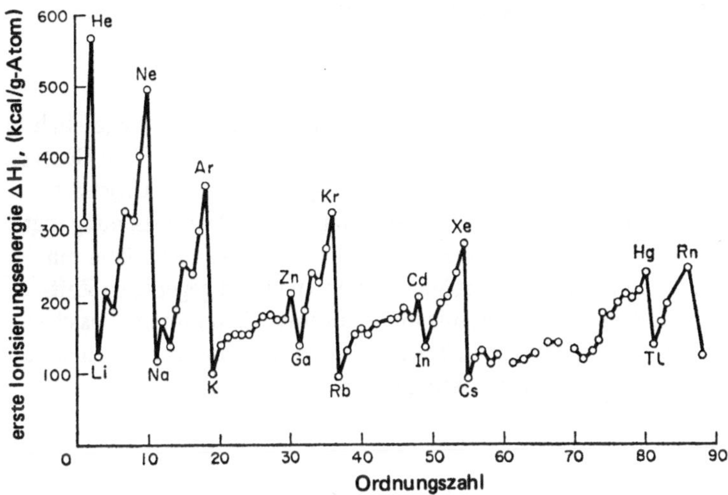


**Abb. 4**

Die Änderung der 1. Ionisierungsenergie mit der Ordnungszahl

## Der Beginn der Elektronentheorie der Valenz

Zu dem gleichen Schluß waren aus ganz anderen Gründen Forscher wie *Kossel, Lewis* und *Langmuir* in den Jahren 1915—1920 gelangt. Die sechs Edelgase, Helium, Neon, Argon, Krypton, Xenon und Radon mit den Ordnungszahlen 2, 10, 18, 36, 54 und 86 waren dafür bekannt, daß sie bar jeder chemischen Reaktionsfähigkeit waren (siehe jedoch S. 58). Es wurde deshalb angenommen, daß die chemische Reaktionsfähigkeit ursächlich mit den Elektronen in den Atomen verknüpft ist und daß in den Edelgasatomen die Elektronen sich in besonders stabilen Anordnungen befinden. Sowohl die empirische Chemie als auch die Bestimmung von Ionisierungsenergien ebneten also den Weg für die einfache Elektronentheorie der Valenz, die Anfang der 20er Jahre entwickelt wurde.

Während der gleichen Periode führte eine intensive Untersuchung der Atomspektren zu einer bedeutsamen Entwicklung der Quantentheorie. Umständliche empirische „Quantisierungs"-Regeln wurden formuliert, und diese ermöglichten die Systematisierung der Vorstellungen über Elektronen in Atomniveaus. Unglücklicherweise gab es keine entsprechende theoretische Basis für diese Regeln, Berechnungen der Energieniveaus waren nur für die einfachsten Atome möglich, und es gab nur eine rein qualitative Beschreibung der chemischen Bindung.

## 1.3. Die neue Quantentheorie — Wellenmechanik

### Die Unschärfebeziehung

Offensichtlich war ein völlig neues Herangehen notwendig, und dies geschah 1925 durch Heisenbergs *Unschärferelation*. Es war bereits gesichert, daß die Gesetze der klassischen Physik für Elektronen in Atomen nicht galten, aber die Unschärferelation war eine neue Art und Weise, das Problem anzupacken. Die Beziehung sagt im wesentlichen aus, daß es nicht möglich ist, eine vollständige Kenntnis über ein Teilchen zu erlangen. Wenn zum Beispiel seine Position zu einem gegebenen Zeitpunkt genau bekannt ist, dann ist sein Impuls mit einer unendlich großen Unsicherheit behaftet. Und wenn sein Impuls genau bekannt ist, gibt es eine unendlich große Unsicherheit für seine Position. Mathematisch gilt

$$\Delta p \; \Delta q = h/2\,\pi,$$

wobei p die Impulskoordinate und q die Positionskoordinate des Teilchens darstellt. Je größer die Unsicherheit im Impuls $\Delta p$ ist, desto kleiner ist die zugehörige Unsicherheit der Position $\Delta q$. Der Meßvorgang für entweder p oder q, die dann genau bekannt sind, bringt automatisch eine vollständige Unsicherheit für die Kenntnis der anderen Variablen mit sich. Wenn z.B. ein Teilchen visuell beobachtet wird, muß Strahlung vom Teilchen zum Auge gesandt werden. Die Strahlung vermittelt jedoch dem Teilchen einen berechenbaren Impuls, so daß bis zu dem Zeitpunkt, in dem die Strahlung in das Auge gelangt, um ihm eine Information über die Position zu vermitteln, der Impuls des Teilchens unbekannt ist. Natürlich ist für Teilchen, die größer als Atome sind, der durch die Strahlung verursachte Rückstoß zu klein, um nachgewiesen werden zu können, so daß die Unschärferelation kaum bedeutungsvoll ist. Es gilt dann die Newtonsche Mechanik — obwohl genau genommen nur als Grenzfall. Elektronen sind jedoch so klein, daß die Strahlung einen beträchtlichen Rückstoß bewirkt, und ihr Verhalten wird völlig durch die Unschärferelation bestimmt.

Bei chemischen Problemen ist die Energie von Elektronen normalerweise meßbar und damit genau definiert. Demzufolge ist es die *Position* eines Elektrons in einem Atom oder einer Molekel, die unsicher ist.

### Der Dualismus Teilchen und Welle

Vor der weiteren Diskussion der Unschärferelation wird noch ein anderer Zugang zur Quantentheorie erörtert: Der photoelektrische Effekt hatte gezeigt, daß die Strahlung eine Doppelnatur aufweist und je nach der Situation sowohl Eigenschaften von Teilchen als auch von Wellen besitzt. 1924 nahm *De Broglie* an, daß diese Doppelnatur auf Materie ausgedehnt werden kann, daß nämlich materielle

Teilchen sich unter gewissen Umständen wie Wellen verhalten können. Die Energie eines Photons der Strahlung mit der Frequenz $\nu$ wird zu h $\nu$ angenommen. *Wenn* ein Photon die Masse m hat und *wenn* die Relativitätstheorie darauf anwendbar ist, dann sollte seine Energie mc$^2$ betragen, wobei c die Lichtgeschwindigkeit darstellt. Das bedeutet für das Photon

$$mc^2 = h\nu$$

oder   mc $= h\nu/c.$

mc ist der Impuls p des Photons und c/$\nu$ ist die Wellenlänge $\lambda$ der Strahlung, so daß gilt

$$p = h/\lambda.$$

Wenn diese Beziehung (wie zweifelhaft ihre Ableitung auch immer zu sein scheint) auf materielle Teilchen der Geschwindigkeit v angewendet werden kann, dann würde deren „Wellenlänge" (was auch immer damit gemeint ist) betragen:

$$\lambda = h/mv.$$

*Davisson* und *Germer* erhielten 1927 die überzeugende Bestätigung von *de Broglie*s Annahme, als sie die Beugung eines Elektronenstrahls durch einen Nickelkristall nachweisen. Durch Messung der Beugungswinkel und Anwendung der Braggschen Beziehung (siehe S. 218) konnten sie die *Wellenlänge* von Elektronen berechnen. Aus dem Wert des Potentials, mit dem die Elektronen beschleunigt wurden, konnte die Geschwindigkeit v ermittelt werden, und durch Anwendung der de Broglieschen Beziehung erhielt man einen unabhängigen Wert für die Wellenlänge, der fast genau mit dem aus Beugungsexperimenten erhaltenen übereinstimmte[1]).

Ebenfalls 1927 schickte *G. P. Thomson* einen Strahl sehr schneller Elektronen durch eine dünne Metallfolie hindurch auf eine photographische Platte. Anstelle eines einzigen Fleckes wurde auf der Platte ein typisches Beugungsmuster von Ringen wechselnder Intensität erzeugt sehr ähnlich den Mustern, wie sie durch die Beugung von Röntgenstrahlen an Kristallen erzeugt wurden (siehe S. 219). Die Entstehung des Musters durch Röntgenstrahlung (die womöglich durch Aufprallen der Elektronen auf das Metall entstanden waren) wurde ausgeschlossen, weil durch Anlegen eines Magnetfeldes das Beugungsmuster verschoben wurde. Die Energie der Elektronen in *Thomsons* Experiment war durch das Beschleunigungspotential genau bestimmt, so daß entsprechend der Unschärferelation ihre Positionen völlig unsicher sein sollten. Dies trifft tatsächlich zu; jedes einzelne Elektron konnte die Photoplatte *irgendwo* treffen, außer in Regionen der Intensität Null.

---

[1]) Siehe Aufgabe 2

### Die Schrödinger-Gleichung

Die Versuche über den photoelektrischen Effekt und die Atomspektren, die Unschärferelation und der Nachweis der Wellennatur der Elektronen, all dies zeigte die völlige Unzulänglichkeit der klassischen Mechanik für die Beschreibung des Verhaltens von Elektronen. Nunmehr wurde eine ganz neue Betrachtungsweise – die Quantenmechanik oder Wellenmechanik – vorgestellt. 1927 stellte *Schrödinger* eine Gleichung – die Wellengleichung – auf, die das System, für die sie geschaffen war, vollständig beschreibt. Die Schrödingersche Wellengleichung ist eine partielle Differentialgleichung in 3 N Variablen, wobei diese die 3 Koordinaten, die die Position jedes der N Teilchen des Systems bestimmen, einschließen. In der Gleichung erscheint die Gesamtenergie des Systems ebenso wie seine potentielle Energie als Funktion der elektrischen Ladung und der Ortskoordinaten. Sowohl die Wellengleichung als auch ihre Lösungen (die Wellenfunktionen des Systems) haben die gleiche mathematische Form wie die Gleichungen und Funktionen, die gewöhnliche Wellenbewegungen beschreiben.

Sämtliche Informationen über das System sind in den möglichen Lösungen der Wellengleichung enthalten, die als Wahrscheinlichkeits-Verteilungs-Funktionen interpretiert werden. Die Schrödinger-Gleichung ist auf alle Systeme von Teilchen anwendbar, aber die folgende Diskussion befaßt sich nur mit ihrer Anwendung auf Elektronen.

Für ein Elektron, das gezwungen wird, sich längs einer Geraden zu bewegen, enthält die Wellengleichung nur eine unabhängige Variable x, die die Verschiebung des Elektrons auf dieser Geraden angibt. Die Gleichung lautet:

$$\frac{d^2 \psi}{dx^2} + \frac{8 \pi^2 m}{h^2} [E - V(x)] \psi = 0,$$

wobei m die Masse des Elektrons ist und V(x) seine potentielle Energie, die sich mit seiner Position ändert.

Ist eine der Lösungen $\psi(x)$, so beschreibt diese Funktion *nicht*, wie es die Newtonsche Mechanik tun würde, die Beziehung zwischen der Position des Elektrons und seiner Geschwindigkeit, sondern statt dessen die Wahrscheinlichkeit, ein Elektron in einem bestimmten kleinen Intervall auf der Geraden anzutreffen. Tatsächlich ist die Wahrscheinlichkeit des Elektrons, sich zwischen den Punkten x = a und x = (a + dx), wo dx sehr klein ist, auf der Geraden zu befinden, gleich $(a)^2 dx$, das heißt gleich dem Quadrat des Wertes der Wellenfunktion an diesem Punkt x = a, multipliziert mit dx.

Beträgt $(a)^2 dx$ beispielsweise 0,01, so läßt sich dies auf dreierlei Weise interpretieren: Wenn erstens eine große Zahl von Momentaufnahmen des Elektrons (betrachtet als kleines Teilchen) gemacht werden könnte, würde es sich zwischen a und (a + dx) gerade auf einem von je 100 Bildern befinden. Zweitens könnte

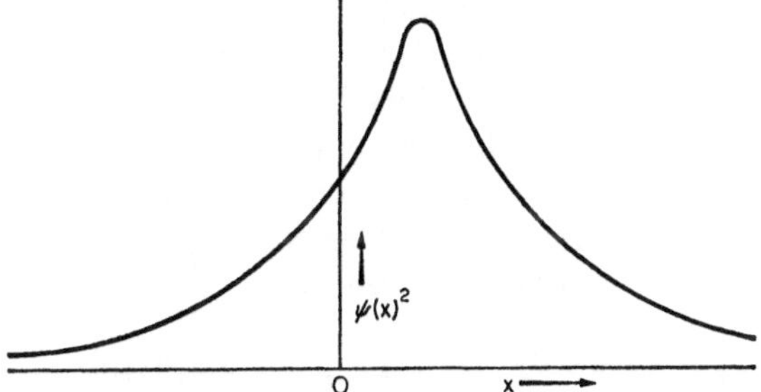



**Abb. 5**
Änderung der Wahrscheinlichkeitsdichte längs einer Geraden

man sagen, daß das Elektron sich zeitlich zu einem Prozent zwischen a und (a + dx) aufhält. Und schließlich könnte man alle Vorstellungen des Elektrons als Teilchen fallen lassen und es statt dessen als verschmierte elektrische Ladung mit variabler Ladungsdichte auffassen, wobei sich 1 Prozent der Gesamtladung zwischen den Punkten a und (a + dx) befindet. In mancher Beziehung ist die letzte Interpretation gegenüber den beiden anderen bevorzugt, weil es dann keine Versuchung gibt, vom Elektron als kleine schnell bewegte Kugel zu denken. Eine solche Vorstellung ist nicht streng gültig, weil die Wellenmechanik das Wahrscheinlichkeitsmuster für das Elektron liefert, aber überhaupt nichts darüber aussagt, wie dieses Muster realisiert wird. Abb. 5 zeigt die Wahrscheinlichkeitskurve (durch Auftragen von $\psi(x)^2$ gegen x), die etwa für ein Elektron auf einer Geraden gefunden würde.

Drei Koordinaten werden für die Beschreibung der Position eines Elektrons in einem Atom benötigt, und die Wellengleichung für das Wasserstoffatom (mit festgehaltenem Kern) lautet

$$\frac{\partial^2 \psi}{\partial x^2} + \frac{\partial^2 \psi}{\partial y^2} + \frac{\partial^2 \psi}{\partial z^2} + \frac{8\pi^2 m}{h^2}\,[E - V(x, y, z)]\,\psi = 0.$$

Die potentielle Energie V ist die elektrostatische Energie des Elektrons und ist deshalb eine Funktion des Abstandes r zwischen Elektron und Kern; das bedeutet

$$V = -\frac{e^2}{r} = -\frac{e^2}{\sqrt{(x^2 + y^2 + z^2)}}\,.$$

(In Wirklichkeit wird die Wellengleichung für das Wasserstoffatom immer in Kugelkoordinaten $(r, \Theta, \phi)$ an Stelle der kartesischen Koordinaten (x, y, z) geschrieben, weil dann eine geschlossene Lösung möglich ist. Das ändert aber die vorliegende Beweisführung in keiner Weise [1]).

---

[1] Siehe Aufgaben 9–13

Die Lösungen, $\psi(x, y, z)$, sind Funktionen dreier Variabler, und die Wahrscheinlichkeit, das Elektron *gleichzeitig* zwischen den Punkten a und (a + dx), b und (b + dy), c und (c + dz) zu finden, ist dann $\psi(a, b, c)$ dx dy dz. Offensichtlich lassen sich diese Ausdrücke auf den Fall von N Elektronen erweitern. Die Schrödinger-Gleichung enthält nun drei Variable für jedes Elektron — insgesamt 3 N — und die Aussicht, alle N Elektronen gleichzeitig in den kleinen Volumenelementen um die Punkte $(a_1, b_1, c_1)$, $(a_2, b_2, c_2)$ usw. zu finden, ist

$$\psi(a_1, b_1, c_1, a_2, b_2, c_2 \ldots a_N, b_N, c_N)^2 \, dx_1 \, dy_1 \, dz_1 \, dx_2 \, dy_2 \ldots dx_N \, dy_N \, dz_N).$$

Es gibt dann die gleichen Möglichkeiten der Interpretation dieser Wahrscheinlichkeit wie für ein Elektron längs einer Geraden. Es sei nochmals betont, daß die geeignetste die ist, die alle Elektronen in ein Elektronen-„Gas" unterschiedlicher Dichte verschmiert, wobei die Dichte in einem bestimmten kleinen Volumenelement durch den vorhergehenden Ausdruck gegeben ist.

Die exakte Lösung der Wellengleichung ist für Systeme mit mehr als einem Elektron nicht möglich, aber es gibt zahlreiche Näherungsmethoden. Überdies gestattet eine Untersuchung der allgemeinen Eigenschaften von Wellenfunktionen und der Bedingungen, denen befriedigende Lösungen genügen müssen (selbst wenn die Lösungen nicht wirklich geschlossen angebbar sind), weitreichende Schlußfolgerungen hinsichtlich des Verhaltens von atomaren und molekularen Systemen.

## 1.4. Die Wellengleichung und die Quantelung des Drehimpulses und der Energie

Die Schrödinger-Gleichung ist eine partielle Differentialgleichung, die partielle Differentialquotienten zweiter Ordnung von $\psi$ bezüglich der Variablen enthält. Wie alle Gleichungen von diesem Typ liefert sie unendlich viele Lösungen, von denen aber nur ein kleiner Teil die Bedingungen des in Frage stehenden Systems erfüllt. Eine schwingende Saite der Länge $l$ liefert einen nützlichen Analogiefall. Die Lösung der partiellen Differentialgleichung, die ihre Ausschwingung u(x, t) als Funktion der Zeit und der Entfernung längs der Saite beschreibt, kann in der Form geschrieben werden,

$$u(x, t) = f(t) [A \sin kx + B \cos kx],$$

wobei f(t) irgendeine Funktion der Zeit und A, B und k Konstanten darstellen. Wenn die Saite an den Enden eingespannt ist, muß u für x = 0 immer Null sein, ebenso für x = 1. Die beiden letzten Gleichungen werden *Randbedingungen* genannt. Es folgt aus ihnen, daß B Null sein muß, weil cos kx = 1 ist für x = 0. Damit sin kx

Null ist für x = $l$, gilt kl = n $\pi$, wobei n eine ganze Zahl ist. Die Anwendung der Randbedingungen zeigt also, daß die Lösung lauten muß

$$u(x, t) = A \sin \frac{n \pi x}{l} \, f(t).$$

Es ist z.B. für irgend ein materielles System keine Wellenfunktion akzeptierbar, die für irgendeinen möglichen Satz der Variablenwerte unendlich wird. Der Grund ist klar: Es kann die Wahrscheinlichkeit, die Teilchen eines Systems in einer bestimmten Konfiguration zu finden, nicht unendlich betragen. Randbedingungen können nicht in der Schrödingergleichung selbst eingeschrieben sein; die Gleichung muß aufgestellt und in der allgemeinen Form gelöst werden, und die einschränkenden Bedingungen sind anschließend anzuwenden.

Wenn dies getan ist, findet man, daß befriedigende Lösungen nur für gewisse definierte Werte der Gesamtenergie des Systems und des Bahndrehimpulses möglich sind. Das heißt, die Vorstellungen der Quantelung der Energie und des Bahndrehimpulses — die zentralen Gedanken der alten Quantentheorie — erwachsen aus den notwendigen Bedingungen für die befriedigende Lösung der Wellengleichung. Die auf diese Weise erhaltenen Differenzen zwischen den Energieniveaus hängen von der Natur des Systems ab. Für alle Teilchen, die größer sind als Molekeln, sind diese Differenzen immer so klein, daß sich die Energie tatsächlich kontinuierlich ändert. Trotz alledem kann ein Experiment Gegenteiliges ergeben. Für solche Systeme tritt die Newtonsche Mechanik als Grenzfall der Wellenmechanik auf. Für Elektronen jedoch sind die Energieniveaus relativ zur Gesamtenergie energetisch so weit voneinander entfernt, daß die Quantelung der Energie ihr Verhalten vollständig bestimmt.

**Das Teilchen im Kasten und der Tunneleffekt**

Das Problem eines Teilchens, das man zwingt, sich längs einer Geraden zu bewegen, wird einfacher, wenn seine potentielle Energie überall zwischen zwei unendlich hohen Wänden zu Null angenommen wird. Das heißt, V(x) in der Schrödinger-Gleichung (S. 10) besitzt nun die folgenden Werte:

$$V(x) = \infty \text{ für } x \leqslant 0 \text{ und } x \geqslant a$$

$$V(x) = 0 \text{ für } 0 < x < a.$$

Vom Standpunkt der Quantentheorie aus gesehen, verhält sich das Teilchen wie eine stehende Welle auf einer Saite. Es muß deshalb „Knoten" an den Punkten x = 0 und x = a geben und eine ganze Zahl halber Wellenlängen muß in die Strecke a passen. Das heißt a = n $\lambda$/2 (s. Abb. 6). Vom klassischen Standpunkt aus gesehen sind der Impuls und die Energie des Teilchens p = mv und E = $\frac{1}{2}$ mv$^2$ = p$^2$/2 m.

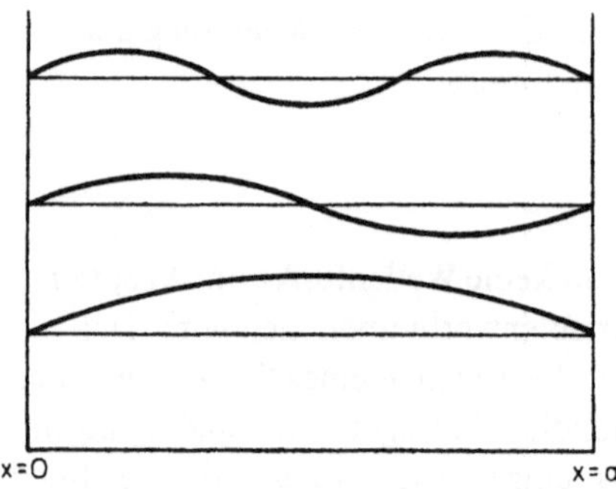

**Abb. 6**
„Knoten" in einer schwingenden Saite
oder für ein Teilchen im Kasten



Die de Broglie-Beziehung $\lambda = h/p$ (S. 8) zeigt, daß $p = h/\lambda = nh/2a$ und
$E = p^2/2m = n^2h^2/8ma^2$ ist, wobei n die Translationsquantenzahl bedeutet [1]).

Obwohl diese Mischung von klassischer Theorie und Quantentheorie unbe-
friedigend erscheinen mag, erhält man das gleiche Ergebnis durch Lösen der
Schrödinger-Gleichung und Anwendung der Randbedingungen.

Befindet sich das Teilchen in einem rechteckigen Kasten der Kantenlängen
a, b und c, so ergibt die dreimalige Anwendung der obigen Argumentation

$$E = \frac{h^2}{8m} \left( \frac{n_1^2}{a^2} + \frac{n_2^2}{b^2} + \frac{n_3^2}{c^2} \right) .$$

Das heißt, die Translationsenergie eines sich frei bewegenden Teilchens ändert sich
nicht kontinuierlich, sondern in diskreten Beträgen. Die Energiedifferenz zwischen
den Niveaus wird durch die Größe $h^2/ma^2$ bestimmt. Weil $h^2$ so klein ist, ist die
Energiedifferenz nur dann beträchtlich, wenn m und a ebenfalls sehr klein sind.
Tatsächlich sind die Niveaus einander so nahe, daß sich für alle Betrachtungen und
Zwecke die Energie eines Teilchens, in einem Kasten *kontinuierlich* ändert, außer
wenn das Teilchen ein Elektron ist (m sehr klein), und der Kasten die Größe eines
Atoms oder Moleküls hat (a, b, c sehr klein). Weiterhin gilt, daß die Energie für
ein Elektron um so kleiner ist, je größer das Ausmaß des Kastens ist. Das ist ein
wichtiges Ergebnis, was später noch benutzt werden wird (siehe S. 171 und 245).

Wenn die Wände des Kastens weder unendlich hoch noch unendlich dick
sind, erstreckt sich die Wellenfunktion des Teilchens auch nach *außerhalb* des
Kastens. Das heißt, obwohl ein „klassisches" Teilchen streng in den Kasten einge-
sperrt ist, sagt die Wellenmechanik eine bestimmte Chance voraus, das Teilchen
auch außerhalb anzutreffen, sogar für den Fall, daß seine Gesamtenergie weit ge-

---

[1]) Siehe Aufgaben 16 und 62

ringer ist, als die Höhe der Potentialbarriere. Diese Erscheinung ist als *Tunnel*effekt
bekannt. Wie man erwarten kann, gilt er nur für sehr kleine Teilchen. Von $\alpha$-Teilchen
in einem radioaktiven Kern läßt sich zeigen, daß sie nicht genug Energie haben, um
(klassisch) die Potentialbarriere, die die Kernteilchen zusammenhält, zu übersteigen.
Und doch übersteigen sie sie. Man sagt, sie *untertunneln* die Wände, und eine quantitative Entwicklung hat zur theoretischen Erklärung der beobachteten Beziehung
zwischen der Energie oder der Reichweite der $\alpha$-Teilchen und der Halbwertszeit
des Kernes, der sie emittiert, geführt (Geiger-Nuttall-Gesetz). Der Tunneleffekt ist
von erheblicher Bedeutung für Reaktionen, in denen Elektronen von einem Atom
oder Molekül zu einem anderen überführt werden (siehe S. 144) und *kann* von Bedeutung sein für einige Protonenübergangsreaktionen (siehe S. 151).

**Der Bahndrehimpuls und die Gesamtenergie in der alten und neuen Quantentheorie**

Für jede befriedigende Lösung der Wellengleichung muß die Wellenfunktion
mittels numerischer Parameter mit ganz- oder halbzahligen Werten geschrieben werden, die man Quantenzahlen nennt. Sowohl der Bahndrehimpuls, als auch die Energie
erweisen sich dann als ausdrückbar in Form dieser Quantenzahlen, gerade wie es bei
der alten Quantentheorie der Fall war. Die Einzelheiten sind jedoch etwas verschieden.

Wenn folglich die Wellengleichung für einen frei rotierenden Körper aufgestellt und gelöst ist, erweist sich der Drehimpuls als gegeben zu $\sqrt{[l(l+1)]} \cdot h/2\pi$,
wobei die Quantenzahl $l$ den Wert Null oder irgendeiner positiven ganzen Zahl einnehmen kann; in der alten Theorie betrug er $lh/2\pi$. Der Drehimpuls und die Energie (beides kinetisch) einer rotierenden zweiatomigen Molekel mit einem Trägheitsmoment I und einer Winkelgeschwindigkeit $\omega$ sind $p = I\omega$ und $E = \frac{1}{2}I\omega^2$, das
heißt $E = p^2/2I$. Weil in der alten Quantentheorie $p = Jh/2\pi$ und in der neuen
$\sqrt{[J(J+1)]} \cdot h/2\pi$ ist (wobei J anstelle von $l$ für die *Rotations* Quantenzahl gebraucht wird), sind die Energie-Niveaus einer rotierenden zweiatomigen Molekel
entweder gegeben durch $J^2h^2/8\pi^2 I$ (alte Theorie) oder durch $J(J+1)h^2/8\pi^2 I$
(neue Theorie). Aus Versuchen erweist sich der letzte Ausdruck als der richtige
(siehe S. 237).

Ferner wurde die Energie eines Teilchens, das mit einer Frequenz $\nu$ schwingt,
zu $nh\nu$ in der alten Quantentheorie angenommen (n = 0 oder ganzzahlig), aber
durch Lösung der geeigneten Wellengleichung zu $(n + \frac{1}{2})h\nu$ gefunden. Diese Ausdrücke ergeben die gleiche Trennung zwischen den Energieniveaus, aber verschiedene Absolutwerte. Wie im nächsten Abschnitt gezeigt wird, ist wiederum der
letzte Ausdruck richtig.

**Die Heisenbergsche Unschärferelation und die Nullpunktsenergie**

Entsprechend der Heisenbergschen Unschärferelation (die implizit in der gesamten Vorstellung von $\psi^2$ als einer Wahrscheinlichkeitsdichtefunktion enthalten ist) kann die Position eines Teilchens mit genau definierter Energie niemals genau bekannt sein. Am absoluten Nullpunkt der Temperatur ist die thermische Energie minimal, und ein schwingendes Teilchen muß in seinem niedrigsten Energieniveau sein. In der alten Quantentheorie besagt n = 0, daß die Energie gleich Null ist, so daß sich das Teilchen in Ruhe befinden muß. Das steht im Widerspruch zur Heisenbergschen Unschärferelation, weil dann sowohl die Energie, als auch die Position des Teilchens exakt bekannt sind. In der neuen Theorie jedoch bedeutet n = 0 eine Restenenergie von $\frac{1}{2}$ h$\nu$, und weil sich ein solches Teilchen nicht in Ruhe befindet, wird für die notwendige Unschärfe in seiner Position gesorgt.

Diese *Nullpunktsenergie* [1]) hat eine Reihe wichtiger Konsequenzen. So ist zum Beispiel die Nullpunktsenergie von Wasserstoffverbindungen wegen der höheren Schwingungsfrequenzen von X-H-Bindungen beträchtlich größer als die der entsprechenden Deuteriumverbindungen, und das ist der Hauptgrund für die schnelleren Reaktionen der Wasserstoffverbindungen. Ferner ist die Nullpunktsenergie von Heliumatomen größer als die Bindungsenergie zwischen den Atomen in festem Helium, mit dem Ergebnis, daß Helium bei Normaldruck bis hinunter zum absoluten Nullpunkt flüssig bleibt (siehe S. 169).

Für einen frei rotierenden Körper gibt es keine Nullpunktsenergie, weil er keine potentielle Energie hat. Er kann eine unendliche Anzahl von möglichen Orientierungen haben, *die alle von der Energie* Null sind, wenn *l* oder J Null sind.


## 1.5. Die Beziehungen zwischen der alten Quantentheorie und der Wellenmechanik

Die Vorstellungen der Wellenmechanik führen somit über die Wellengleichung zu dem gleichen Ergebnis der stationären Zustände fixierter und konstanter Energie für Elektronen in Atomen, wie es durch eine Verknüpfung von Experiment und Hypothese in den Tagen der alten Quantentheorie erzielt worden war. In beiden Theorien sind die Energieniveaus durch Quantenzahlen charakterisiert, durch Terme also, mit denen die Energie und der Bahndrehimpuls ausgedrückt werden können. Die Quantenzahlen finden auch Eingang in die Ausdrücke für die Wellenfunktionen, die umgekehrt die räumliche Verteilung der Elektronen definieren. Während Quantenzahlen als willkürliche Postulate in die alte Quantentheorie eingeführt wurden, gehen sie für befriedigende Lösungen der Wellengleichung aus der neuen Quantentheorie zwingend hervor.

---

[1]) Siehe Aufgaben 15 und 16

Die Wellenmechanik hat die alte Quantentheorie aus drei Gründen verdrängt:

1. In bestimmten Fällen weichen die Vorhersagen beider Theorien etwas voneinander ab und das Experiment hat immer die Vorhersagen der neuen Theorie bestätigt.

2. Beide Theorien sind letzten Endes Hypothesen, die ihre Annahme der Tatsache verdanken, daß sie Ergebnisse vorhersagen können, die sich mit dem Experiment in Übereinstimmung befinden. Die Wellenmechanik aber ist die bei weitem elegantere Theorie, und eine Theorie, die weit weniger zusätzliche Hypothesen benötigt, als die alte Quantentheorie. Darüberhinaus ist die Unschärferelation und alles, was sie beinhaltet, in der Wellenmechanik inbegriffen.

3. Die Wellenmechanik liefert im Gegensatz zur alten Quantentheorie eine allgemeine Methode, mit der Berechnungen der Energieniveaus und anderer wichtiger Größen vorgenommen werden können.

## 1.6. Praktische Anwendungen der Welleneigenschaften der Materie

Die Tatsache, daß materielle Teilchen etwas von den Eigenschaften von Wellen haben, ist in verschiedener Weise benutzt worden. Die Wellenlänge des sichtbaren Lichtes beträgt etwa $10^{-4}$ cm, und Details, die wesentlich kleiner sind, als diese Länge, können demzufolge mit optischen Mikroskopen nicht aufgelöst werden. Röntgenstrahlen haben Wellenlängen von etwa $10^{-8}$ cm, der Größenordnung von Atomen und Molekeln, aber sie können nicht fokussiert werden. Elektronen jedoch, die mittels einiger Hundert Volt beschleunigt worden sind, haben eine „de Broglie"-Wellenlänge (S. 9) von etwa $10^{-8}$ cm, und sie lassen sich leicht durch Magnetfelder fokussieren. In einem Elektronenmikroskop durchdringt ein solcher Elektronenstrahl ein dünnes Untersuchungsobjekt und wird dann entweder für die visuelle Betrachtung des Bildes auf einen Fluoreszenzschirm gerichtet, oder für eine dauernde Aufzeichnung auf eine photographische Platte. Auf diese Weise ist es möglich, Virusteilchen zu sehen (die eigentlich große Molekeln darstellen), und zwar in beträchtlicher Detailtreue.

Gerade so wie die Beugung von Röntgenstrahlen durch Kristalle zu vielen ins Einzelne gehenden Strukturinformationen führte, so hat dies auch die Beugung von Elektronen durch Gase und Kristalle oder von Neutronen durch Kristalle getan. Diese Anwendungen der Wellennatur der Materie werden in Kapitel 11 erörtert.

# 2. Elektronen in Atomen und das Periodensystem der Elemente

## 2.1. Quantenzahlen und Energieniveaus

Die ausführliche Untersuchung der Atomspektren während des ersten Viertels des zwanzigsten Jahrhunderts führte zu der Auffassung, daß das Verhalten eines Elektrons in einem Atom durch 4 Quantenzahlen vollständig beschrieben werden kann. Die vollständige Lösung der Wellengleichung für das Wasserstoffatom liefert drei dieser Quantenzahlen, die mit den entsprechenden empirischen Quantenzahlen der alten Theorie identisch sind, abgesehen von Einzelheiten. Eine Erweiterung der Theorie zeigt, daß eine vierte Quantenzahl (die *Spin*-Quantenzahl) ebenfalls notwendig ist. Die vier Quantenzahlen bestimmen nicht nur die Energie des Elektrons, sondern auch die Natur der Wellenfunktion, die seine Bahn beschreibt, sowohl hinsichtlich der Gestalt, als auch der Größe.

Obwohl die Wellengleichung für kompliziertere Atome nicht gelöst werden kann, lassen sich die Ergebnisse des Wasserstoffatoms mit bestimmten Einschränkungen auf sie ausdehnen. Die folgenden Schlüsse erweisen sich dann für ein Elektron in einem beliebigen Atom als gültig.

Die vier Quantenzahlen und ihre erlaubten Werte sind die folgenden:

| | |
|---|---|
| *Hauptquantenzahl* | $n = 1, 2, 3, 4, \ldots$ |
| *Nebenquantenzahl* | $l = 0, 1, 2, \ldots (n-1)$ |
| *Magnetische Quantenzahl* | $m = -l, (-l+1) \ldots -1, 0 +1 \ldots (l-1), l$ |
| *Spinquantenzahl* | $s = +\frac{1}{2}$ oder $-\frac{1}{2}$. |

Das heißt, n kann einen beliebigen ganzzahligen Wert haben, $l$ kann Null betragen oder irgend einen ganzzahligen Wert bis einschließlich $(n-1)$ einnehmen, m kann jeden ganzzahligen Wert zwischen $-l$ und $+l$ einschließlich Null einnehmen, während s entweder die Werte $+\frac{1}{2}$ oder $-\frac{1}{2}$ haben kann. Jedem möglichen Zustand eines Elektrons in einem Atom entspricht ein bestimmter Satz von vier Quantenzahlen.

Die Energie eines Elektrons hängt von den Werten für n und $l$ ab. Für den Zweck dieses Buches sind die mathematischen Ausdrücke für die Energie nicht nötig; es genügt zu wissen, daß die Energie um so größer ist, je größer n und $l$ sind, und daß die Differenzen zwischen den Energieniveaus, die aufeinanderfolgenden Werten von n und $l$ entsprechen, mit zunehmender Energie kleiner werden. Während n einen größeren Einfluß auf die Energie hat als $l$, kann sich ein Elektron mit einem großen $l$-Wert durchaus in einem höheren Energiezustand befinden als ein Elektron

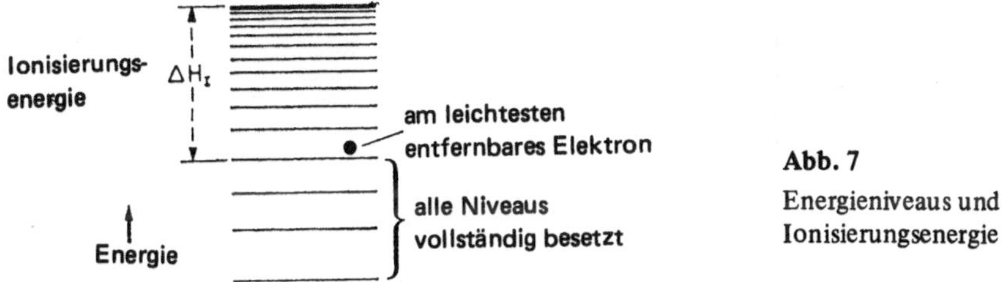


**Abb. 7**
Energieniveaus und
Ionisierungsenergie

mit einem größeren n-Wert, aber kleinerem *l*. Diese Verhältnisse werden in Abb. 16 gezeigt, die nicht maßstabgerecht ist. Das Zusammenrücken der Energieniveaus wird noch ausgeprägter bei noch größeren n-Werten als sie in der Abbildung gezeigt sind, bis schließlich aufeinanderfolgende Zustände zusammenfallen. An diesem Punkt spricht man davon, daß das Elektron völlig vom Atom losgelöst ist. Das heißt, der Abstand zwischen einem gegebenen Niveau und diesem Grenzwert entspricht der Energie, die notwendig ist, um ein Elektron vom Atom zu entfernen, das sich ursprünglich in diesem Zustand befunden hat. Wenn das der niedrigst mögliche Zustand für das am leichtesten entfernbare Elektron ist, nennt man die Energie die Ionisierungsenergie (siehe Abb. 7). Man benutzt gewöhnlich kleine Buchstaben, um den Wert der Nebenquantenzahl zu bezeichnen: s für *l* = 0, p für *l* = 1, d für *l* = 2 und f für *l* = 3. (Normalerweise wird aus dem Zusammenhang klar, ob s sich auf ein Elektron mit *l* = 0 bezieht oder auf die Spinquantenzahl.) In ähnlicher Weise benutzt man zuweilen große Buchstaben für die Hauptquantenzahl: K für n = 1, L für n = 2, M für n = 3 usw. Die gebräuchlichste Nomenklatur verwendet jedoch Zahlen für die Hauptquantenzahl und Buchstaben für die Nebenquantenzahl. Das heißt, ein 4f-Elektron ist eines mit n = 4 und *l* = 3. Von allen Elektronen mit der gleichen Hauptquantenzahl sagt man, sie befinden sich in der gleichen (Haupt) Quantenschale. In jeder dieser Schalen sind die Elektronen in Untergruppen entsprechend ihren *l*-Werten angeordnet und damit entsprechend ihrer Energie, so wie es in Abb. 16 gezeigt wird.

### Quantenzahlen und Elektronenorbitale

Die Haupt- und Nebenquantenzahlen bestimmen neben der Energie des Elektrons auch die Größe und Gestalt der Raumregion, in der es am wahrscheinlichsten anzutreffen ist. Je größer n ist, um so weiter vom Kern entfernt gibt es noch eine erwähnenswerte Chance, ein Elektron anzutreffen. Dies ist eine unklare Feststellung, deren Bedeutung aber alsbald erkennbar werden wird. Ebenso wie es mit der Energie der Fall ist, verringern sich die Größendifferenzen für aufeinanderfolgende Werte für n mit wachsendem n. Die Frage der Gestalt bedarf einer weiteren ausführlicheren Besprechung.

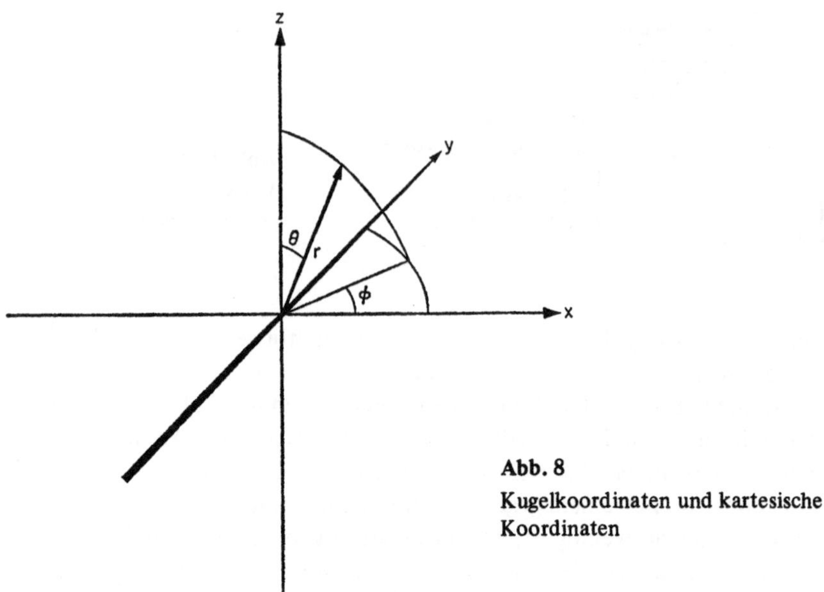

**Abb. 8**
Kugelkoordinaten und kartesische
Koordinaten

Weil die potentielle Energie eines Elektrons in einem Atom lediglich eine
Funktion seiner Entfernung vom Kern ist (das bedeutet, das Feld ist kugelsymmetrisch), ist es möglich, die gesamte Wellenfunktion als ein Produkt dreier Funktionen
auszudrücken, wobei jede nur eine der drei Koordinaten r, $\vartheta$ und $\varphi$ enthält:
$\psi = R(r)\,\Theta(\vartheta)\,\phi(\varphi)$. (Die Beziehung zwischen Kugelkoordinaten und kartesischen
Koordinaten wird in Abb. 8 gezeigt.) Für alle s-Elektronen ($l = 0$) ist der *Winkel*-
Teil $\Theta\phi$ der Gesamtwellenfunktion eine Konstante für alle Werte der Winkel. Die
Verteilung ist deshalb kugelsymmetrisch, und es braucht nur der Radialteil $R(r)$
betrachtet zu werden. Die Wahrscheinlichkeit, ein s-Elektron in einem kleinen
Volumenelement dv anzutreffen in einer Entfernung zwischen r und (r + dr) vom
Kern, ist dann einfach $[R(r)]^2\,dv$. Sie ist unabhängig von der *Richtung* des Radiusvektors. Interessanter ist die *Gesamt*-Wahrscheinlichkeit für den Aufenthalt des
Elektrons irgendwo zwischen r und (r + dr) vom Kern entfernt, das heißt in der
Kugelschale mit dem Radius r und der Dicke dr. Diese Wahrscheinlichkeit wird
erhalten, indem man dv durch das Volumen $4\pi r^2\,dr$ dieser Schale ersetzt, und sie
beträgt deshalb $4\pi[R(r)]^2\,r^2\,dr$. Die Funktion $4\pi[R(r)]^2\,r^2$ heißt radiale Wahrscheinlichkeitsverteilungsfunktion. In Abbildung 9 ist sie für 1s und 2s-Elektronen
gegen r aufgetragen; dies bedeutet die Gesamtladungsdichte aufgetragen gegen den
Kernabstand. Die Existenz von Kugelschalen mit der Wahrscheinlichkeit Null für
das Antreffen von Elektronen ist zwar interessant, aber für die Belange der Chemie
ohne Bedeutung. Abbildung 10 zeigt eine andere Art der Darstellung der Variation
in der Ladungsdichte. Die Punkte sind am dichtesten in der Nähe des Zentrums,

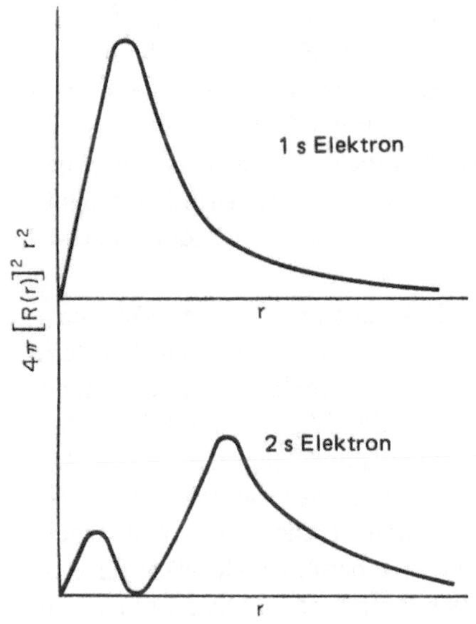


**Abb. 9**
Radiale Vereilungsfunktionen
für 1 s- und 2 s-Elektronen

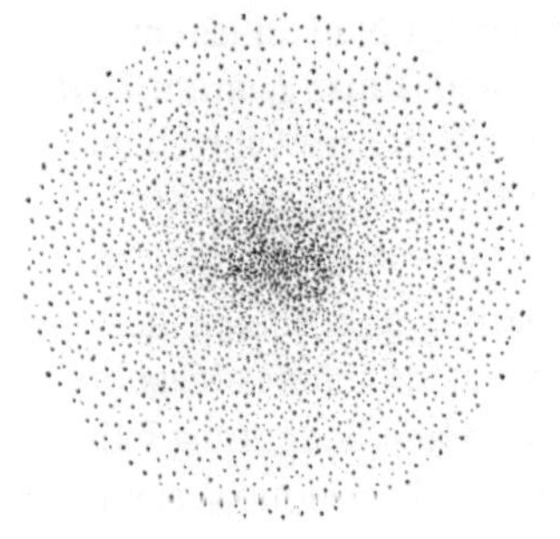

**Abb. 10**
Elektronendichte über einem Querschnitt
eines 1 s-Elektronenorbitals

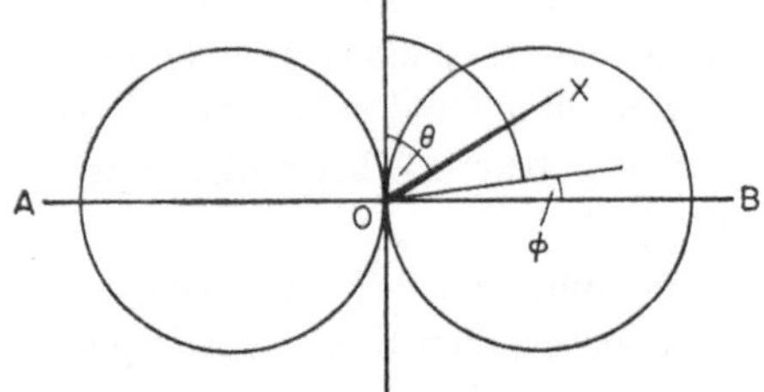


**Abb. 11**
Winkelteil einer Elektronen
p-Wellenfunktion

wo $[R(r)]^2$ maximal ist, aber die *Gesamtzahl* in einer Kugelschale steigt bis zu einem Maximum bei dem Wert für Wert r an, für den die Funktion $[R(r)]^2 r^2$ ein Maximum hat. Verständlicherweise kann der *Radius* einer Elektronenbahn nicht eindeutig interpretiert werden, er läßt sich entweder als der Wert von r, der dem Maximum von $[R(r)]^2 r^2$ entspricht, *definieren,* oder als der Radius der Kugel, innerhalb welcher beispielsweise 90 % der Wahrscheinlichkeit liegen, das Elektron anzutreffen. In diesem Sinne ist die *Bahn* eines 2s-Elektrons offensichtlich größer als die eines 1s-Elektrons. Diese Bemerkungen betreffen auch den Radius des gesamten Atoms.

Die Radialteile von Wellenfunktionen für Elektronen mit anderen *l*-Werten sind ähnlich denen für s-Elektronen, aber die Winkelteile sind nicht mehr konstant. Ladungsverteilungen für diese anderen Elektronen sind deshalb *nicht* kugelsymmetrisch. Es gibt aus diesem Grunde keine Möglichkeit, den Wert der Funktion von drei Variablen graphisch zu zeigen, da man vier Dimensionen benötigen würde. Die beste Annäherung besteht darin, die Funktion $\Theta\phi$ mittels der Variablen $\vartheta$, $\varphi$ darzustellen, so wie es in Abb. 11 für ein p-Elektron getan ist. Die resultierende Oberfläche besteht aus zwei Sphären, die sich am Ursprung berühren. Der Wert für $\Theta\phi$ für ein gegebenes Wertepaar von $\vartheta$ und $\varphi$ ist gleich dem Abstand OX zwischen dem Ursprung 0 und der Oberfläche, gemessen entlang dem Radiusvektor, der durch diese Winkel definiert ist. (Für eine Sphäre ist $\Theta\phi$ positiv und für die andere negativ, aber das ist eine Besonderheit, die in diesem Buch nicht benutzt wird.) $\Theta\phi$ hat deshalb seinen Maximalwert entlang der Geraden AOB und beträgt Null an jedem Punkt der Ebene, die beide Sphären berührt; diese Ebene nennt man *Knotenfläche.* Trägt man in ähnlicher Weise die Funktion $\Theta^2\phi^2$, die der wirklichen Wahrscheinlichkeitsdichtefunktion näher kommt, auf, so erhält man eine mehr gestreckte Oberfläche des gleichen allgemeinen Typs; sie hat wiederum eine Knotenfläche.

Die magnetische Quantenzahl bestimmt die Orientierung und Energie des Elektrons in einem Magnetfeld (siehe S. 18). Weil alle Atome ein inneres Magnetfeld haben, behält m bei Abwesenheit eines äußeren Feldes seine Bedeutung bei, aber die Energie eines Elektrons hängt dann nicht von m ab. Die drei möglichen Werte von m für p-Elektronen entsprechen den drei Orientierungen der $\Theta\phi$ oder $\Theta^2\phi^2$ Oberflächen (siehe Abb. 12). Diese Orientierungen werden normalerweise längs der x-, y- und z-Achsen gegeben und die entsprechenden Wellenfunktionen heißen deshalb $p_x$-, $p_y$- und $p_z$-Funktionen. Jede dieser Oberflächen wird deshalb relativ vage als ein *Orbital* gekennzeichnet. Genauer gesagt ist ein Orbital die Region, in der sich ein Elektron mit gegebenen Werten für n, *l* und m bewegt. Die genaue Bedeutung dieser Auffassung ist für s-Elektronen bereits vollständig überprüft worden, aber für p-Elektronen ist sie nicht ganz so klar.

Es ist falsch, sich ein $p_x$-Elektron als eine sanduhrähnliche Verteilung des Elektronengases oder der Elektronenladung zu veranschaulichen. Ebensowenig wie die Diagramme von Abb. 12 *definierte* Begrenzungen für die Elektronen darstellen,

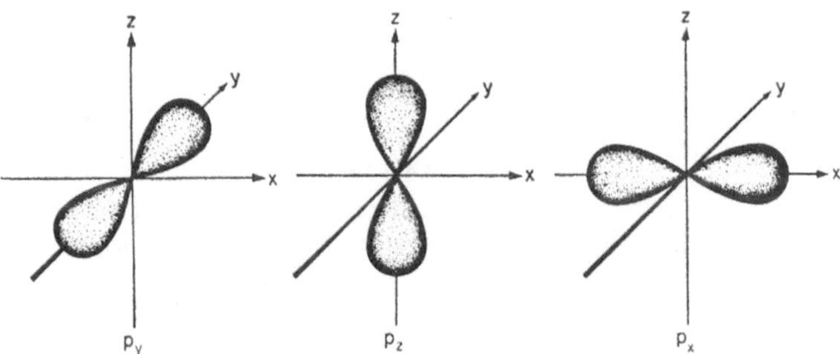


**Abb. 12.** Winkelabhängigkeiten für $p_x$-, $p_y$- und $p_z$-Elektronen-Wellenfunktionen

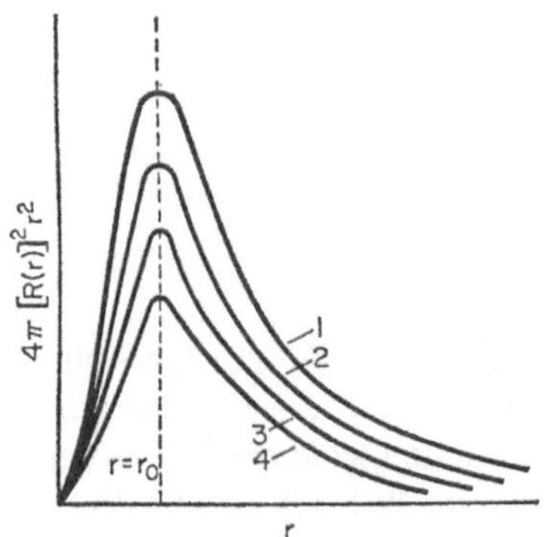


**Abb. 13**

Radialverteilungsfunktionen für ein 2p-Elektron und verschiedenen Radiusvektoren

sind sie auch nicht Diagramme von Oberflächen, über die sich die Elektronen bewegen. Stattdessen zeigt jede Oberfläche lediglich die *winkelabhängige* Wahrscheinlichkeitsdichtefunktion $\Theta^2 \phi^2$ als die Länge des Radiusvektors zur Oberfläche, und diese Funktion muß mit dem entsprechenden Wert der Radialfunktion $[R(r)]^2$ multipliziert werden, um die *wirkliche* Wahrscheinlichkeitsdichtefunktion $\psi^2$ zu erhalten. In Abb. 13 ist $[R(r)]^2$ für ein 2p-Elektron dargestellt. Für 3p- und 4p-Elektronen gibt es zwei und drei Maxima, und das höchste Maximum befindet sich weiter entfernt vom Kern. Das Maximum der Kurve für ein $2p_x$-Elektron erscheint beim gleichen Abstand $r = r_0$ für *alle* Radiusvektoren, unabhängig von ihrer Richtung. Die *Höhe* dieses Maximums variiert mit der Richtung (mit dem Wert von $\Theta^2 \phi^2$), sie ist am höchsten (Kurve 1 in Abb. 13), wenn r längs der x-Achse gemessen wird und wird zunehmend niedriger, wenn der Radiusvektor wachsende Winkel mit der x-Achse bildet (Kurven 2, 3 und 4). Eine andere Möglichkeit der Darstellung der Variation der Elektronendichte mit dem Abstand und der Richtung besteht darin, eine Zahl konzentrischer Kugeln zu zeichnen, von denen jede mit

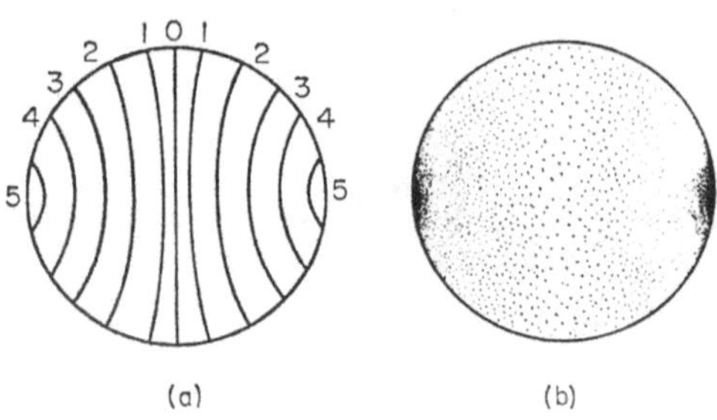

(a)      (b)

**Abb. 14**
Änderung der Elektronendichte auf einer
Kugeloberfläche für ein p-Elektron

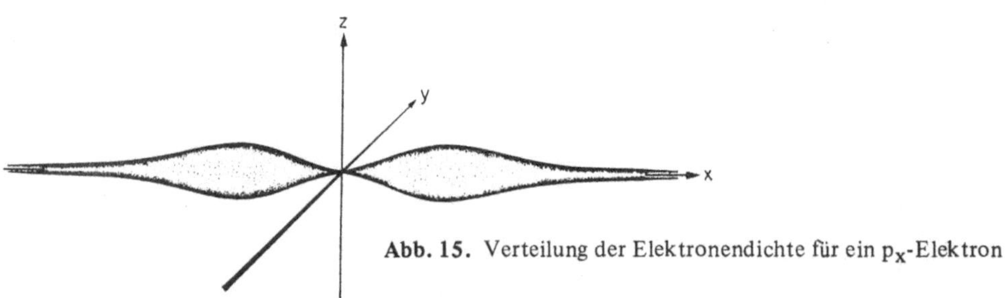

**Abb. 15.** Verteilung der Elektronendichte für ein $p_x$-Elektron

Linien gleicher Elektronendichte gekennzeichnet ist. Eine solche Kugel ist in Abb.
14a gezeigt. Weiterhin kann man (Abb. 14b) die Oberfläche jeder Kugel entsprechend ihrer Elektronendichte schattieren, wobei der Schwärzungsgrad auf jeder Kugel
mit der Größe der Kugel variiert, außer am Äquator, wo die Wahrscheinlichkeitsdichtefunktion immer Null beträgt.

Die $p_x$-Oberfläche der Abb. 12 gibt den richtigen Eindruck wieder, indem
sie zeigt, daß das $p_x$-Elektron seine meiste Zeit in der Nähe der x-Achse verbringt
und überhaupt nicht in der yz-(Knoten-)Fläche, aber sie vermittelt überhaupt nicht
den Eindruck des allmählichen Abnehmens der Elektronendichte mit wachsendem
Abstand vom Kern. Einen angemesseneren Eindruck vermittelt der doppelzigarren-
ähnliche Körper, der in Abb. 15 skizziert ist.

Orbitaldiagramme wie die der Abb. 12 werden in diesem Buch sehr viel benutzt werden und man sollte sich stets an die obigen Anmerkungen erinnern. Für
d Elektronen ($l = 2$) sind die Verteilungen sogar noch mehr von der Kugelsymmetrie
entfernt (siehe S. 119).

### Die Spinquantenzahl

Die Spinquantenzahl bestimmt weder die Gestalt, die Größe noch die Richtung oder die Energie (unter normalen Bedingungen) der Elektronenbahn. Alle
Elektronen verhalten sich so, als ob sie einen gewissen bestimmten Betrag eines

Drehmomentes besäßen, hervorgerufen von ihrem Drall um die eigene Achse. Der Vektor, der diesen Spin beschreibt, kann bezüglich einer fixierten Achse in einem Atom oder einer Molekel nur zwei mögliche Richtungen einnehmen und jeder dieser Richtungen entspricht eine Quantenzahl $+\frac{1}{2}$ oder $-\frac{1}{2}$. Dies wird weiter auf den Seiten 30–32 besprochen (siehe auch Abb. 18), aber die Bedeutung dieser Spinquantenzahl wird im nächsten Abschnitt erklärt.

## 2.2. Elektronenstrukturen von Atomen

### Das Pauli-Verbot

1925 schlug der deutsche Physiker *Pauli* vor, daß keine zwei Elektronen in einem Atom in allen vier Quantenzahlen übereinstimmen können. Er gründete diese Verallgemeinerung (die als Pauli-Verbot bekannt ist) auf theoretische Betrachtungen und auch auf experimentelle Ergebnisse. Die Wirkung der Quantelungsregeln beschränkt die möglichen Kombinationen von Quantenzahlen, und die Hinzunahme des Pauli-Verbotes begrenzt die Anzahl der Elektronen, die in jedem der Unterniveaus enthalten sein können.

Es sind nur folgende Unterniveaus möglich:  K-Schale-lediglich 1s; L-Schale-2s und 2p; M-Schale-3s, 3p und 3d; N-Schale-4s, 4p, 4d und 4 f usw.

2d- und 3f-Elektronen z.B. können nicht existieren, weil diese Kombination von Quantenzahlen durch die Regeln nicht erlaubt sind. Für einen gegebenen Wert von $l$ sind $(2l + 1)$ verschiedene Werte von m möglich, und weil die Spinquantenzahl immer nur entweder den Wert $+\frac{1}{2}$ oder $-\frac{1}{2}$ einnehmen kann, gibt es demzufolge $2(2l + 1)$ verschiedene Kombinationen von m und s für ein gegebenes $l$. Wegen des Pauli-Prinzipes ist dies auch die *maximale* Zahl von Elektronen für ein gegebenes Wertepaar von n und $l$. *Jede* s-Untergruppe wird demzufolge gerade zwei Elektronen (weil s-Elektronen $l = 0$ haben und m deshalb nur Null sein kann) enthalten, jede p-Untergruppe gerade sechs Elektronen, jede d-Untergruppe zehn und jede f-Untergruppe vierzehn. Die Nebenquantenzahl ist für chemisch interessierende Probleme niemals größer als drei, weshalb keine Notwendigkeit besteht, Untergruppen außer den vier soeben erwähnten Typen zu betrachten.

Elektronen mit gegebenen Werten für n, $l$ und m befinden sich, wie man sagt, in einem individuellen *Orbital;* offensichtlich kann jedes Orbital gerade nur zwei Elektronen enthalten. Z.B. besteht die M-Schale aus 3s-, 3p- und 3d-Unterniveaus. Das 3s-Unterniveau umfaßt gerade ein Orbital, das 3p-Unterniveau drei Orbitale (gewöhnlich als $3p_x$, $3p_y$ und $3p_z$ wegen ihrer relativen Orientierung im Raum so bezeichnet) und das 3d-Unterniveau fünf Orbitale.

Die ungefähre Anordnung der Unterniveaus entsprechend ihrer Energie wird in Abb. 16 gezeigt. Die Energie ist senkrecht nach ansteigenden Werten aufgetragen. Jedes Unterniveau wird durch eine Horizontale dargestellt, auf der die entsprechende

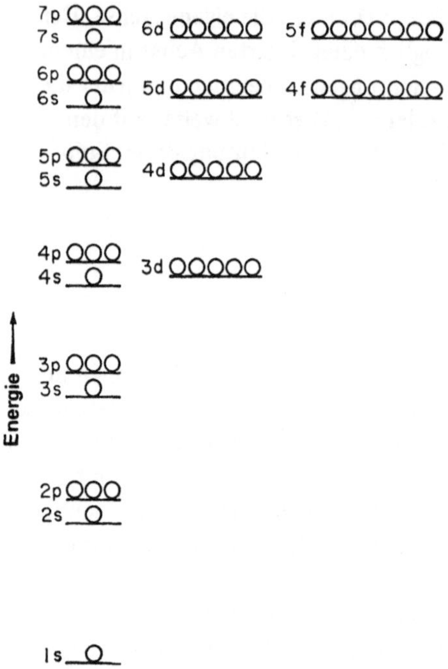

$$7p\ \bigcirc\bigcirc\bigcirc \qquad 6d\ \bigcirc\bigcirc\bigcirc\bigcirc\bigcirc \qquad 5f\ \bigcirc\bigcirc\bigcirc\bigcirc\bigcirc\bigcirc\bigcirc$$
$$7s\ \bigcirc$$

$$6p\ \bigcirc\bigcirc\bigcirc \qquad 5d\ \bigcirc\bigcirc\bigcirc\bigcirc\bigcirc \qquad 4f\ \bigcirc\bigcirc\bigcirc\bigcirc\bigcirc\bigcirc\bigcirc$$
$$6s\ \bigcirc$$

$$5p\ \bigcirc\bigcirc\bigcirc \qquad 4d\ \bigcirc\bigcirc\bigcirc\bigcirc\bigcirc$$
$$5s\ \bigcirc$$

$$4p\ \bigcirc\bigcirc\bigcirc \qquad 3d\ \bigcirc\bigcirc\bigcirc\bigcirc\bigcirc$$
$$4s\ \bigcirc$$

Energie ↑

$$3p\ \bigcirc\bigcirc\bigcirc$$
$$3s\ \bigcirc$$

$$2p\ \bigcirc\bigcirc\bigcirc$$
$$2s\ \bigcirc$$

**Abb. 16**

Elektronen-Unterniveaus mit ähnlicher
Energie und Zahl der möglichen Orbitale

$$1s\ \bigcirc$$

Anzahl von Kreisen gezeichnet ist, wobei diese die Orbitale für jedes Unterniveau angeben (die unter normalen Umständen von gleicher Energie sind). Aus Gründen größerer Deutlichkeit sind die d- und f-Unterniveaus von den s- und p-Niveaus horizontal versetzt [1]).

## Das „Aufbau"-Prinzip

Bei gegebenem Energieniveaudiagramm ist es möglich, vorauszusehen, wie die Elektronen der Atome in die möglichen Energieniveaus verteilt werden müssen. Die grundlegende Annahme besteht darin, daß sich bei einem Atom im Grundzustand die Elektronen in ihren niedrigsten möglichen Energieniveaus befinden. Betrachten wir z.B. den Phosphor mit der Ordnungszahl 15 und stellen uns vor, daß die Elektronen, eins nach dem anderen, dem Phosphorkern zugeordnet werden: Die beiden ersten Elektronen besetzen das 1s-Orbital, weil Elektronen aus diesem Orbital die größte Energie erfordern, um sie vollständig vom Atom abzulösen. Die nächsten beiden Elektronen müssen im 2s-Orbital untergebracht werden, welches das nächst niedrige ist, weil das 1s-Orbital nur zwei Elektronen enthalten kann. In ähnlicher Weise besetzen die nächsten sechs Elektronen die drei 2p-Orbitale. Die

---

[1]) Siehe Aufgaben 17–20

ersten beiden Quantenschalen sind nun vollständig gefüllt, so daß die noch verbleibenden fünf Elektronen die 3s- und 3p-Orbitale besetzen müssen, woraus sich
eine Elektronenanordnung ergibt, die man gewöhnlich wie folgt bezeichnet:
$1s^2 2s^2 2p^6 3s^2 3p^3$. In dieser Weise lassen sich die Elektronenkonfigurationen aller
Elemente finden, wie sie in Tabelle 1 aufgeführt sind.

## 2.3. Magnetische Eigenschaften und die Hundsche Regel

Für viele Zwecke genügt es zu wissen, wieviel Elektronen sich in einem gegebenen Unterniveau eines Atoms oder Ions befinden, so wie es in Tabelle 1 gezeigt
wird. Manchmal erweist es sich jedoch als notwendig, die Besetzung der individuellen
Orbitale festzustellen. So hat z.B. das Fe (III)-Ion die Elektronenkonfiguration
$1s^2 2s^2 2p^6 3s^2 3p^6 3d^5$, dabei sind alle Elektronen in gefüllten Unterniveaus, außer
den fünf 3d-Elektronen. Diese können die fünf 3d-Orbitale in drei verschiedenen
Anordnungen besetzen (siehe Abb. 17), in der die Pfeile die Richtung der Elektronenspins andeuten. Obwohl früher festgestellt wurde, daß alle 3d-Orbitale die
gleiche Energie haben, sind diese Anordnungen in Wirklichkeit energetisch etwas
voneinander verschieden. Solche verschiedenen Anordnungen lassen sich oft durch
magnetische Messungen unterscheiden.

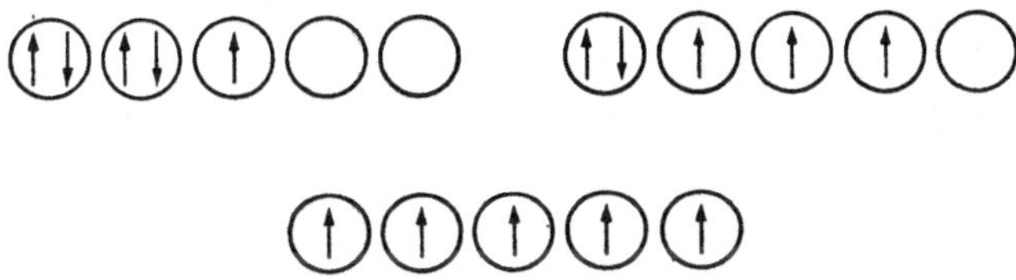

**Abb. 17.** Mögliche Anordnungen für fünf 3d-Elektronen

Für das Verhalten der meisten Substanzen in einem nichthomogenen magnetischen Feld gibt es eine der beiden folgenden Möglichkeiten. Die Mehrzahl wird
durch das Feld schwach abgestoßen und stellt sich senkrecht zu den Feldlinien ein,
wenn freie Drehbarkeit vorhanden ist; man nennt sie diamagnetisch. Manche Substanzen werden aber kräftig in das Feld hineingezogen und stellen sich längs der
Feldlinien. Sie werden paramagnetisch genannt. Bei Abwesenheit eines äußeren
Feldes äußert keine der beiden Klassen magnetisches Verhalten. Die Intensität der
Magnetisierung I, die durch das magnetische Feld der Stärke H erzeugt wird, ist das
induzierte magnetische Moment pro Volumeneinheit, und die Suszeptibilität ist das
Verhältnis I/H. Diamagnetische Suszeptibilitäten sind demzufolge klein und negativ,
und sie erweisen sich als temperaturunabhängig. Umgekehrt sind paramagnetische
Suszeptibilitäten groß und positiv, sie wachsen mit abnehmender Temperatur.

**Tabelle 1.** Elektronenkonfiguration der Elemente

| Element | Z | 1s | 2s | 2p | 3s | 3p | 3d | 4s | 4p | 4d | 5s | 5p | 4f | 5d | 6s | 5p | 5f | 6d | 7s | 7p |
|---|---|---|---|---|---|---|---|---|---|---|---|---|---|---|---|---|---|---|---|---|
| H | 1 | 1 | | | | | | | | | | | | | | | | | | |
| He | 2 | 2 | | | | | | | | | | | | | | | | | | |
| Li | 3 | | 1 | | | | | | | | | | | | | | | | | |
| Be | 4 | | 2 | | | | | | | | | | | | | | | | | |
| B | 5 | | 2 | 1 | | | | | | | | | | | | | | | | |
| C | 6 | | 2 | 2 | | | | | | | | | | | | | | | | |
| N | 7 | | 2 | 3 | | | | | | | | | | | | | | | | |
| O | 8 | | 2 | 4 | | | | | | | | | | | | | | | | |
| F | 9 | | 2 | 5 | | | | | | | | | | | | | | | | |
| Ne | 10 | | 2 | 6 | | | | | | | | | | | | | | | | |
| Na | 11 | | | | 1 | | | | | | | | | | | | | | | |
| Mg | 12 | | | | 2 | | | | | | | | | | | | | | | |
| Al | 13 | | | | 2 | 1 | | | | | | | | | | | | | | |
| Si | 14 | | | | 2 | 2 | | | | | | | | | | | | | | |
| P | 15 | | | | 2 | 3 | | | | | | | | | | | | | | |
| S | 16 | | | | 2 | 4 | | | | | | | | | | | | | | |
| Cl | 17 | | | | 2 | 5 | | | | | | | | | | | | | | |
| Ar | 18 | | | | 2 | 6 | | | | | | | | | | | | | | |
| K | 19 | | | | | | | 1 | | | | | | | | | | | | |
| Ca | 20 | | | | | | | 2 | | | | | | | | | | | | |
| Sc | 21 | | | | | | 1 | 2 | | | | | | | | | | | | |
| Ti | 22 | | | | | | 2 | 2 | | | | | | | | | | | | |
| V | 23 | | | | | | 3 | 2 | | | | | | | | | | | | |
| Cr | 24 | | | | | | 5 | 1 | | | | | | | | | | | | |
| Mn | 25 | | | | | | 5 | 2 | | | | | | | | | | | | |
| Fe | 26 | | | | | | 6 | 2 | | | | | | | | | | | | |
| Co | 27 | | | | | | 7 | 2 | | | | | | | | | | | | |
| Ni | 28 | | | | | | 8 | 2 | | | | | | | | | | | | |
| Cu | 29 | | | | | | 10 | 1 | | | | | | | | | | | | |
| Zn | 30 | | | | | | 10 | 2 | | | | | | | | | | | | |
| Ga | 31 | | | | | | 10 | 2 | 1 | | | | | | | | | | | |
| Ge | 32 | | | | | | 10 | 2 | 2 | | | | | | | | | | | |
| As | 33 | | | | | | 10 | 2 | 3 | | | | | | | | | | | |
| Se | 34 | | | | | | 10 | 2 | 4 | | | | | | | | | | | |
| Br | 35 | | | | | | 10 | 2 | 5 | | | | | | | | | | | |
| Kr | 36 | | | | | | 10 | 2 | 6 | | | | | | | | | | | |
| Rb | 37 | | | | | | | | | | 1 | | | | | | | | | |
| Sr | 38 | | | | | | | | | | 2 | | | | | | | | | |
| Y | 39 | | | | | | | | | 1 | 2 | | | | | | | | | |
| Zr | 40 | | | | | | | | | 2 | 2 | | | | | | | | | |
| Nb | 41 | | | | | | | | | 4 | 1 | | | | | | | | | |
| Mo | 42 | | | | | | | | | 5 | 1 | | | | | | | | | |
| Tc | 43 | | | | | | | | | 6 | 1 | | | | | | | | | |
| Ru | 44 | | | | | | | | | 7 | 1 | | | | | | | | | |
| Rh | 45 | | | | | | | | | 8 | 1 | | | | | | | | | |
| Pd | 46 | | | | | | | | | 10 | | | | | | | | | | |
| Ag | 47 | | | | | | | | | 10 | 1 | | | | | | | | | |
| Cd | 48 | | | | | | | | | 10 | 2 | | | | | | | | | |
| In | 49 | | | | | | | | | 10 | 2 | 1 | | | | | | | | |
| Sn | 50 | | | | | | | | | 10 | 2 | 2 | | | | | | | | |
| Sb | 51 | | | | | | | | | 10 | 2 | 3 | | | | | | | | |
| Te | 52 | | | | | | | | | 10 | 2 | 4 | | | | | | | | |
| I | 53 | | | | | | | | | 10 | 2 | 5 | | | | | | | | |
| Xe | 54 | | | | | | | | | 10 | 2 | 6 | | | | | | | | |

The shell labels printed over the grouped rows read: **Heliumschale** (H–Ne region), **Neonschale** (Na–Ar), **Argonschale** (K–Kr), **Kryptonschale** (Rb–Xe).

Fortsetzung Tabelle 1

| Element | Z | 1s 2s 2p 3s 3p 3d 4s 4p 4d 5s 5p | 4f | 5d | 6s | 6p | 5f | 6d | 7s | 7p |
|---|---|---|---|---|---|---|---|---|---|---|
| Cs | 55 | Xenonschale |  |  | 1 |  |  |  |  |  |
| Ba | 56 |  |  |  | 2 |  |  |  |  |  |
| La | 57 |  |  | 1 | 2 |  |  |  |  |  |
| Ce | 58 |  | 2 |  | 2 |  |  |  |  |  |
| Pr | 59 |  | 3 |  | 2 |  |  |  |  |  |
| Nd | 60 |  | 4 |  | 2 |  |  |  |  |  |
| Pm | 61 |  | 5 |  | 2 |  |  |  |  |  |
| Sm | 62 |  | 6 |  | 2 |  |  |  |  |  |
| Eu | 63 |  | 7 |  | 2 |  |  |  |  |  |
| Gd | 64 |  | 7 | 1 | 2 |  |  |  |  |  |
| Tb | 65 |  | 9 |  | 2 |  |  |  |  |  |
| Dy | 66 |  | 10 |  | 2 |  |  |  |  |  |
| Ho | 67 |  | 11 |  | 2 |  |  |  |  |  |
| Er | 68 |  | 12 |  | 2 |  |  |  |  |  |
| Tm | 69 |  | 13 |  | 2 |  |  |  |  |  |
| Yb | 70 |  | 14 |  | 2 |  |  |  |  |  |
| Lu | 71 |  | 14 | 1 | 2 |  |  |  |  |  |
| Hf | 72 |  | 14 | 2 | 2 |  |  |  |  |  |
| Ta | 73 |  | 14 | 3 | 2 |  |  |  |  |  |
| W | 74 |  | 14 | 4 | 2 |  |  |  |  |  |
| Re | 75 |  | 14 | 5 | 2 |  |  |  |  |  |
| Os | 76 |  | 14 | 6 | 2 |  |  |  |  |  |
| Ir | 77 |  | 14 | 9 |  |  |  |  |  |  |
| Pt | 78 |  | 14 | 9 | 1 |  |  |  |  |  |
| Au | 79 |  | 14 | 10 | 1 |  |  |  |  |  |
| Hg | 80 |  | 14 | 10 | 2 |  |  |  |  |  |
| Tl | 81 |  | 14 | 10 | 2 | 1 |  |  |  |  |
| Pb | 82 |  | 14 | 10 | 2 | 2 |  |  |  |  |
| Bi | 83 |  | 14 | 10 | 2 | 3 |  |  |  |  |
| Po | 84 |  | 14 | 10 | 2 | 4 |  |  |  |  |
| At | 85 |  | 14 | 10 | 2 | 5 |  |  |  |  |
| Rn | 86 |  | 14 | 10 | 2 | 6 |  |  |  |  |
| Fr | 87 | Radonschale |  |  |  |  |  |  | 1 |  |
| Ra | 88 |  |  |  |  |  |  |  | 2 |  |
| Ac | 89 |  |  |  |  |  |  | 1 | 2 |  |
| Th | 90 |  |  |  |  |  |  | 2 | 2 |  |
| Pa | 91 |  |  |  |  |  | 2 | 1 | 2 |  |
| U | 92 |  |  |  |  |  | 3 | 1 | 2 |  |
| Np | 93 |  |  |  |  |  | 5 |  | 2 |  |
| Pu | 94 |  |  |  |  |  | 6 |  | 2 |  |
| Am | 95 |  |  |  |  |  | 7 |  | 2 |  |
| Cm | 96 |  |  |  |  |  | 7 | 1 | 2 |  |
| Bk | 97 |  |  |  |  |  | 9 |  | 2 |  |
| Cf | 98 |  |  |  |  |  | 10 |  | 2 |  |
| Es | 99 |  |  |  |  |  | 11 |  | 2 |  |
| Fm | 100 |  |  |  |  |  | 12 |  | 2 |  |
| Md | 101 |  |  |  |  |  | 13 |  | 2 |  |
| No | 102 |  |  |  |  |  | 14 |  | 2 |  |
| Lw | 103 |  |  |  |  |  | 14 | 1 | 2 |  |

### Paramagnetismus

Der Paramagnetismus hat seinen Ursprung in den magnetischen Momenten, die alle Elektronen vermöge ihrer Orbital- und Spinbewegung besitzen. Jede bewegte elektrische Ladung bedeutet einen elektrischen Strom, und dieser erzeugt ein magnetisches Feld. Die klassische Physik leitet für das magnetische Moment, das mit einem Teilchen der Ladung e, der Masse m und dem Drehmoment p verknüpft ist, einen Wert von $ep/2mc$ ab, wobei c die Lichtgeschwindigkeit ist. Nach der Quantentheorie ist die Einheit des Drehimpulses $h/2\pi$, so daß die Einheit des magnetischen Momentes $e/2mc \times h/2\pi$ oder $eh/4\pi mc$ betragen sollte. Gemäß der Wellenmechanik ist der gesamte Bahndrehimpuls des Elektrons $\sqrt{[l(l+1)]} \cdot h/2\pi$, wobei $l$ die Nebenquantenzahl bedeutet, so daß das magnetische Bahnmoment $\sqrt{[l(l+1)]} \cdot eh/4\pi m_e c$ betragen sollte, wo e nun die Ladung des Elektrons und $m_e$ seine Masse ist. Das Experiment bestätigt diese Voraussage. Die Konstante $eh/4\pi m_e c = \mu_c$ wird als Bohrsches Magneton bezeichnet.

In ähnlicher Weise sollte ein magnetisches Moment, das durch den Spindrehimpuls des Elektrons verursacht wird, den Betrag $\sqrt{[s(s+1)]} \cdot h/2\pi$ haben, wobei s, die Spinquantenzahl, stets den Wert $\frac{1}{2}$ hat. Das magnetische Spinmoment sollte deshalb den Wert $\sqrt{[\frac{1}{2}(\frac{1}{2}+1)]} \cdot \mu_c$ besitzen, aber das Experiment liefert einen Wert, der fast genau zweimal so groß ist. Es gibt keine einfache Erklärung für diesen Widerspruch, offenbar ist er der Natur des Elektrons eigen, und man trägt ihm Rechnung, indem man das magnetische Spinmoment als $g\sqrt{[s(s+1)]} \cdot \mu_c$ schreibt. g heißt *gyromagnetisches* Verhältnis oder Landéscher g-*Faktor;* er ist eins für das magnetische Bahnmoment, aber annähernd 2 (genau 2,0023) für das Spinmoment.

Das gesamte magnetische Moment eines Atoms, Ions oder einer Molekel erhält man durch Zusammenstellen der Bahn- und Spinmomente aller vorhandenen Elektronen nach bestimmten Regeln. Aus hier nicht erklärten Gründen heben sich die Bahnmomente entweder gegenseitig auf oder werden durch Störeffekte von Nachbaratomen unwirksam. In analoger Weise löschen sich die Spinmomente aller gepaarten Elektronen gegenseitig aus. Deshalb müssen allgemein Atome, Ionen oder Molekeln ungepaarte Elektronen besitzen, wenn sie ein permanentes magnetisches Moment aufweisen. Für n ungepaarte Elektronen beträgt der gesamte Drehimpuls $\sqrt{[\frac{1}{2}n(\frac{1}{2}n+1)]} \cdot h/2\pi$, so daß das magnetische Moment $g\sqrt{[\frac{1}{2}n(\frac{1}{2}n+1)]} \cdot \mu_c$ oder $\sqrt{[n(n+2)]} \cdot \mu_c$ ist, wenn g = 2 gesetzt wird. Solche Substanzen heißen paramagnetisch.

Eine paramagnetische Substanz ist normalerweise nicht magnetisch, weil die individuellen atomaren oder molekularen magnetischen Momente ganz zufällig orientiert sind und das magnetische Nettomoment deshalb Null beträgt. In einem äußeren Magnetfeld jedoch werden die magnetische Momente teilweise orientiert, so daß ein resultierendes Moment vorhanden ist. Klassisch kann ein Teilchen mit einem magnetischen Moment $\mu$ jeden beliebigen Winkel $\vartheta$ gegenüber einem äußeren

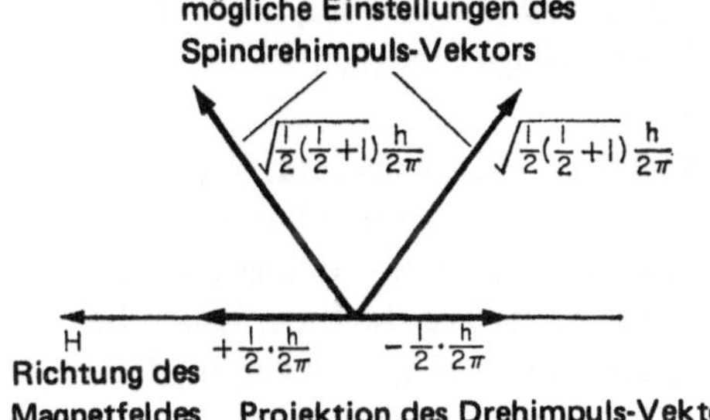


**Abb. 18**
Mögliche Orientierungen für ein
Elektron in einem Magnetfeld

Feld einnehmen. Die potentielle Energie beträgt $-\mu H \cos \vartheta$ und ist deshalb minimal, wenn das Moment parallel zum Feld gelegen ist und maximal für antiparallele Einstellung. Quantentheoretisch muß die potentielle Energie gequantelt sein, deshalb muß auch der Einstellungswinkel gequantelt sein. Für ein ungepaartes Elektron gibt es nur zwei mögliche Winkel, so daß die auf die Feldrichtung projizierten Komponenten des Drehimpulses $+\frac{1}{2} \cdot h/2\pi$ beziehungsweise $-\frac{1}{2} \cdot h/2\pi$ betragen (siehe Abb. 18). Für n ungepaarte Elektronen gibt es (n + 1) mögliche Winkel, so daß sich die Komponenten durch ganzzahlige Vielfache der Beträge $h/2\pi$ von $+\frac{1}{2} n \cdot h/2\pi$ bis $-\frac{1}{2} n \cdot h/2\pi$ unterscheiden. (In ähnlicher Weise kann die Projektion des Bahndrehimpulses eines Elektrons auf die Feldrichtung nur einen Wert aus den $(2l + 1)$-Werten zwischen $+ lh/2\pi$ und $- lh/2\pi$ besitzen. Die Quantenzahl für die tatsächliche Komponente des Bahndrehimpulses wird genau als $m_l$ bezeichnet, häufiger jedoch einfach als m, die magnetische Quantenzahl (S. 18). Wiederum ist die Spinquantenzahl in Wirklichkeit $m_s$. Ein isoliertes Elektron besitzt einen Spindrehimpuls von $\frac{1}{2} \cdot h/2\pi$, und nur gegenüber einer Bezugsachse lassen sich Elektronen mit Spindrehimpuls $+\frac{1}{2} \cdot h/2\pi$ von solchen mit $-\frac{1}{2} \cdot h/2\pi$ unterscheiden.)

Im einfachsten Fall eines ungepaarten Elektrons sind die beiden längs einer gegebenen Feldrichtung möglichen magnetischen Momente $\mu_H$ deshalb $+ g \cdot e/2mc \cdot \frac{1}{2} \cdot h/2\pi = \pm g/2 \cdot \mu_c$. Weil die Wechselwirkungsenergie mit dem Feld $\mu_H \cdot H$ beträgt, sind die Energiedifferenzen zwischen den beiden Zuständen $g \mu_c H$. Sogar dann, wenn H groß ist, ist diese Energiedifferenz klein gegenüber den Elektronenenergien in Atomen, aber in einem magnetischen Feld sollte jedes Energieniveau eines Atoms mit einem ungepaarten Elektron in zwei oder mehr wenig voneinander getrennte Niveaus aufspalten. Es ist dies der Grund dafür, daß die Linienspektren solcher Atome eine zusätzliche Feinstruktur aufweisen, wenn die Probe in ein Magnetfeld gebracht wird. Der Effekt ist als anormaler *Zeemann*-Effekt bekannt. Eine weitere experimentelle Bestätigung dieser Darlegung wurde 1921 durch *Stern* und *Gerlach* erbracht. Sie schickten einen feinen Strahl von Atomen durch ein inhomogenes Magnetfeld und fingen ihn auf einem Schirm auf. Ohne Feld erhielten sie eine scharfe Linie, aber bei eingeschaltetem Feld ergaben sich zwei scharfe Linien für

Atome mit einem Valenzelektron wie Wasserstoff, Lithium und Kupfer. Wenn für die magnetischen Momente der Atome alle Orientierungen möglich wären, hätte sich die Linie zu einem diffusen Band verbreitert.

Wenn eine paramagnetische Substanz bei sehr tiefer Temperatur in ein Magnetfeld gebracht wird, befinden sich fast alle Spinmomente im Zustand niedrigster Energie, nämlich parallel zur Feldrichtung, und das magnetische Moment der Gesamtprobe ist ein Maximum. Bei höherer Temperatur wirken die thermischen Bewegungen dieser geordneten Orientierung entgegen, und es läßt sich zeigen, daß die relative Zahl der Spins sich auf die beiden Zustände wie folgt verteilt: $n_{antiparallel}/n_{parallel} = \exp(-g\mu_c H/kT)$, wobei k die Boltzmann-Konstante darstellt, die gleich der Gaskonstante R, geteilt durch die Avogadrosche Zahl N ist. Es ist deshalb klar, daß sich das magnetische Moment mit steigender Temperatur verringert. Eine eingehende Analyse zeigt, daß das in einem Mol Stoffmenge induzierte magnetische Moment $I_M = N\mu^2/3kT$ beträgt; dabei ist $\mu$ das magnetische Moment (in Bohrschen Magnetonen) pro Molekel. Die molare paramagnetische Suszeptibilität ist das Verhältnis zwischen diesem Wert und der Feldstärke, nämlich $\chi_P = N\mu^2/3kT$, und sie sollte demzufolge umgekehrt proportional zur absoluten Temperatur sein. Dies findet man für Gase, Flüssigkeiten und viele feste Substanzen. Für gewisse andere feste Stoffe findet man eine etwas kompliziertere Beziehung.

### Diamagnetismus

Diamagnetismus wird durch die Einwirkung eines äußeren Magnetfeldes auf die Orbitalbewegung der Elektronen hervorgerufen. Jedes Elektron kann als eine auf einer Bahn umlaufende Ladung aufgefaßt werden, wobei die Projektion des äußeren Feldvektors auf die Bahnebene keinen Einfluß ausübt. Die senkrechte Komponente induziert jedoch eine zusätzliche Bewegung im Elektron und damit ein zusätzliches magnetisches Moment. Nach der Lenzschen Regel wirkt dieses zusätzliche Moment dem angelegten Feld immer genau entgegen; außerdem ist es dem äußeren Feld genau proportional. Infolgedessen ist die diamagnetische Suszeptibilität negativ und unabhängig von H und der Temperatur. Die diamagnetische Suszeptibilität pro Grammatom ist gegeben durch

$$\chi_A = -\frac{Ne^2}{6m_e c^2} \sum \overline{r_i^2}.$$

Darin bedeutet $\overline{r_i^2}$ das mittlere Radiusquadrat der Bahn des i-ten Elektrons, und es wird über alle Elektronen im Atom summiert. Die diamagnetische Suszeptibilität $\chi_D$ einer Molekel oder eines Ions ist gleich der Summe der Atomsuszeptibilitäten plus oder minus einer Korrektur, die der Anwesenheit von Mehrfachbindungen, aromatischer Ringe usw. Rechnung trägt. Die gesamte molare Suszeptibilität ist deshalb

$$\chi_M = \chi_D + \chi_P = N\left(\alpha_D + \frac{\mu^2}{3\,kT}\right). \qquad \text{Dabei ist } \alpha_D = \chi_D/N.$$

## Typen des magnetischen Verhaltens

Wenn ein Molekül kein permanentes magnetisches Moment besitzt, so ist $\mu = 0$, und die Substanz ist diamagnetisch. Besitzt sie ein magnetisches Moment, so erweist sich $\chi_P$ als 100 bis 1000 mal größer als $\chi_D$, so daß der Diamagnetismus völlig überdeckt wird, und die Substanz ist paramagnetisch.

Das magnetische Moment einer paramagnetischen Substanz läßt sich durch Messung des Temperaturkoeffizienten der Suszeptibilität bestimmen. Üblicherweise wird jedoch die gemessene Suszeptibilität um die diamagnetischen Beiträge, die man Tabellen für die Atomsuszeptibilitäten entnimmt, korrigiert und so das magnetische Moment direkt ermittelt. Methoden für die Bestimmung von magnetischen Suszeptibilitäten werden in Kapitel 13 gegeben.

Ein anderes magnetisches Verhalten findet man für feste Substanzen für den Fall, daß spezielle Wechselwirkungen die individuellen Atom- oder Ionenmagneten definierte Positionen relativ zueinander einzunehmen veranlassen. In „ferromagnetischen" Materialien wie Eisen verursachen diese Wechselwirkungen, daß sich die atomaren Momente in „Domänen" des Kristalls einheitlich parallel stellen, wobei eine Domäne einige hundert Millionen Atome enthalten kann. Für unmagnetisiertes Eisen sind die Magnetisierungsrichtungen der verschiedenen Domänen völlig zufällig. In einem Magnetfeld jedoch trachten die individuellen Momente danach, sich parallel zum Feld zu stellen, so daß sich die Domänen nun gegenseitig verstärken (siehe Abb. 19). Eisen hat deshalb eine viel größere Suszeptibilität als paramagnetische Stoffe. Wenn die Domänen parallel bleiben, auch wenn das magnetisierende Feld entfernt worden ist, behält das Eisen sein magnetisches Moment und wird zum permanenten Magneten.

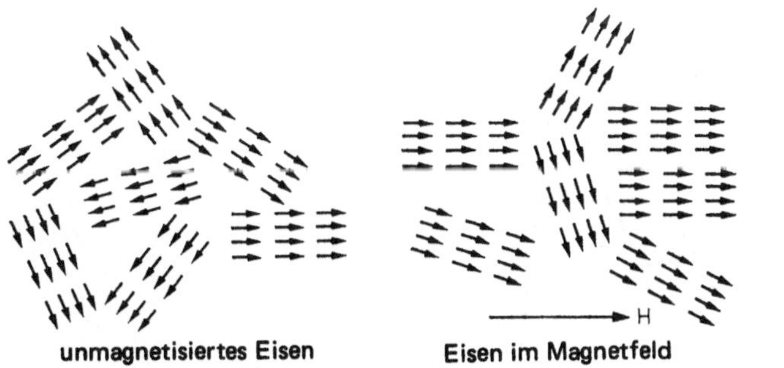


**Abb. 19**
Magnetische Domänen in Eisen

## Die Hundsche Regel der maximalen Multiplizität

Fast alle kovalenten Molekeln haben eine gerade Anzahl von Elektronen, die alle gepaart sind. Das Gleiche trifft zu für die meisten Anionen und für alle Kationen mit Edelgaskonfiguration. Verbindungen, die solche Ionen und Molekeln enthalten, sind deshalb diamagnetisch. NO, $NO_2$ und $ClO_2$ sind die einzigen allgemein bekannten „ungeraden" Molekeln, und diese Verbindungen sind paramagnetisch. Ganz verschieden davon ist die Situation bei den Übergangselementen (siehe S. 39). Übergangsmetallkationen besitzen gewöhnlich mehr d-Orbitale, als für die Unterbringung ihrer d-Elektronen benötigt werden, und für die letzteren sind dann mehrere Anordnungen möglich. Im Fall des Fe(III)-Ions (S. 27) entsprechen diese einem, drei, beziehungsweise fünf ungepaarten Elektronen. Einfache Fe(III)-Verbindungen erweisen sich tatsächlich als paramagnetisch und in den meisten Fällen stimmt die gemessene Suszeptibilität ziemlich gut mit der für fünf ungepaarte Elektronen berechneten überein. Für andere Übergangsmetallionen ergeben die paramagnetischen Momente im allgemeinen, daß die Zahl der ungepaarten Elektronen, wie für das Fe(III)-Ion, die maximal mögliche ist.

Dies ist ein Beispiel für eine allgemeine Regel, die zuerst ausführlich von *Hund* aufgestellt wurde. Kurzgefaßt postuliert sie, daß Elektronen soweit wie möglich spinungepaart bleiben. Dies ergibt sich, weil zwei Elektronen im gleichen Orbital notwendigerweise mehr Zeit nahe beieinander verbringen als in verschiedenen Orbitalen. Die elektrostatische Abstoßungsenergie ist deshalb im ersten Falle größer als im zweiten. Natürlich besetzen Elektronen die Orbitale nur dann einzeln, wenn diese mit genügend niedriger Energie zur Verfügung stehen. Wenn das Fe(III)-Ion mehr als fünf ungepaarte Elektronen hätte, müßten einige in Orbitalen untergebracht werden, die höher liegen als die 3d-Orbitale, und die Energie, die man für die nicht eintretende Paarung sparen würde, würde mehr als wettgemacht durch die notwendige Energiezufuhr für die Anhebung auf diese höheren Niveaus.

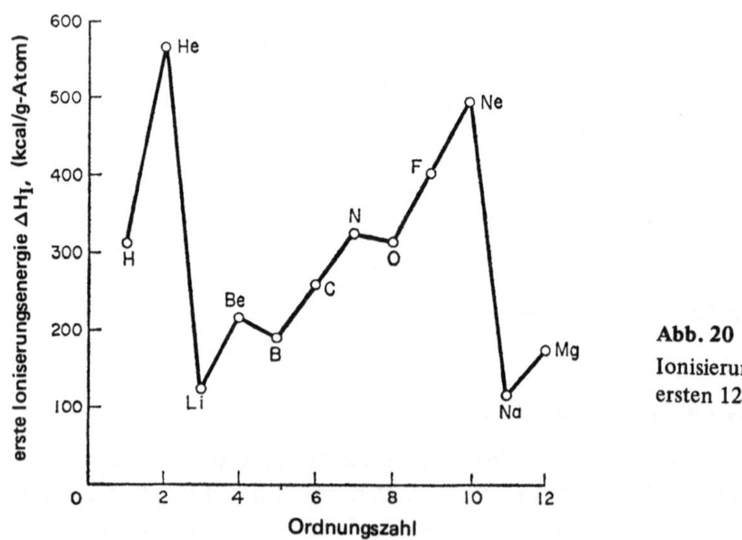


**Abb. 20**

Ionisierungsenergie der ersten 12 Elemente

Viele weiteren Beweise für die Hundsche Regel erhält man aus dem ausführlichen Studium von Atomspektren. Eine Erweiterung führt zu dem Schluß, daß ebenso wie ein Satz völlig gefüllter Orbitale eine stabile Anordnung darstellt, auch ein halbgefüllter Orbitalsatz eine stabile Konfiguration bedeutet, wie beim Fe(III)-Ion. Die Bestätigung wird durch die Ionisierungsenergien geliefert, wie sie in Abb. 20 gezeigt sind. Der scharfe Abfall der Ionisierungsenergien von Helium zum Lithium und von Beryllium zum Bor zeigt, daß es schwieriger ist, ein gefülltes 1s- oder 2s-Unterniveau aufzubrechen, als ein einzelnes 2s- oder 2p-Elektron zu entfernen. Zwischen Stickstoff und Sauerstoff ist jedoch ein ähnlicher Abfall, und dieser muß mit einer besonderen Stabilität von drei einfach besetzten 2p-Orbitalen in Verbindung gebracht werden.

Die chemischen Eigenschaften von Eisen und Mangan zeigen, daß Mn(II) und Fe(III) hinsichtlich der anderen Oxydationsstufen dieser Metalle beträchtlich stabiler sind, als es nach ihrer Stellung unter der ersten Serie der Übergangsmetalle zu erwarten ist. Das hängt zweifellos mit der oben erwähnten Stabilität der Konfiguration $3d^5$ zusammen, die beide Ionen besitzen. Ein weiteres Beispiel der Auswirkung dieser Regel wird auf Seite 40 im Zusammenhang mit den Seltenen Erden erwähnt. In Kapitel 4 schließlich wird die Hundsche Regel häufig bei der Erörterung der Kovalenz angewandt.

**Tabelle 2.** Das Periodensystem der Elemente

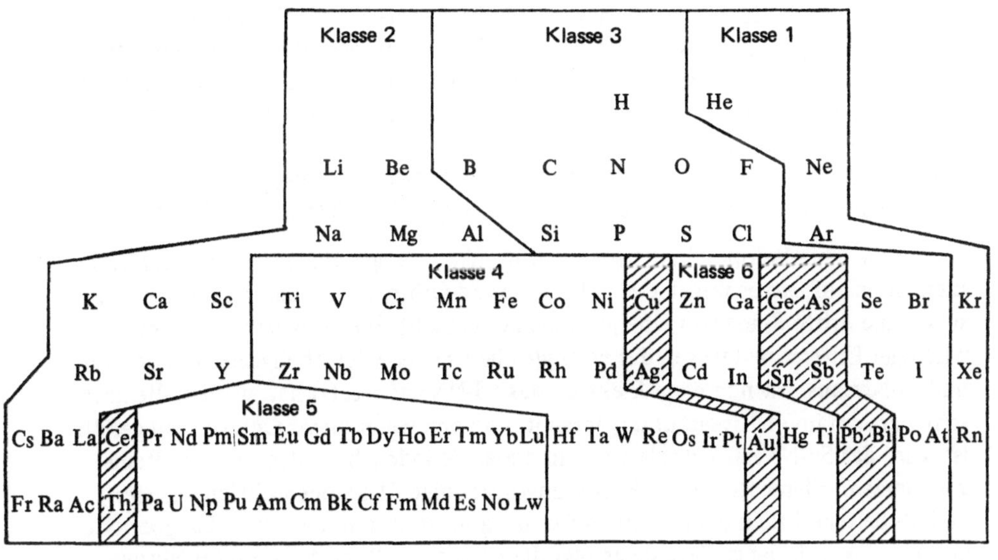


Klasse 1. Edelgase
Klasse 2. Elektropositive Metalle
Klasse 3. Nichtmetalle
Klasse 4. Übergangsmetalle
Klasse 5. Seltene Erden und Actiniden
Klasse 6. B-Gruppen Metalle

## 2.4. Elektronenstrukturen und die periodische Klassifikation

Nunmehr wird der Zusammenhang zwischen der Tabelle 1 und der periodischen Klassifikation der Elemente (von der eine moderne Form in Tabelle 2 gezeigt wird), erörtert.

Die Edelgase (He, Ne, Ar, Kr, Xe und Rn) nehmen Schlüsselstellungen in beiden Tabellen ein, weil ihre Atome die Besonderheit haben, alle Elektronen in vollständig gefüllten Unterniveaus zu besitzen, wobei die äußeren Unterniveaus (mit Ausnahme des He) immer aus acht s- und p-Elektronen bestehen. Deswegen sind die Edelgase an den Enden der sogenannten „Perioden" von Elementen der Tabelle 2 angeordnet. Das einzige andere Element in der Helium enthaltenden Periode ist verständlicherweise Wasserstoff. Nach Helium werden die 2s- und 2p-Unterniveaus aufgefüllt, und dies ergibt die erste Kurzperiode, beginnend mit Lithium (Z = 3) und endend mit Neon (Z = 10). In der zweiten Kurzperiode von Natrium (Z = 11) bis Argon (Z = 18) werden analog die 3s- und 3p-Niveaus gefüllt. Die beiden nächsten hinzukommenden Elektronen (die Kalium und Calcium ergeben) gelangen in die 4s-Unterschale und nicht in die 3d-Orbitale, weil 4s-etwas niedrigere Energie repräsentiert. Für die nächsten zehn Elemente (Scandium bis Zink) wird jedoch das 3d-Niveau zunehmend gefüllt und erst nach vollständiger Füllung gelangen Elektronen in das 4p-Niveau und komplettieren die „erste Langperiode" mit dem Edelgas Krypton. Wie in Tabelle 1 gezeigt wird, haben die Elemente K, Ca, Ga, Ge, As, Se, Br und Kr eine analoge Elektronenkonfiguration wie die der Elemente aus der ersten und zweiten Kurzperiode, außer daß alle Atome bis auf K und Ca zusätzlich ein vollständig gefülltes Niveau von zehn 3d-Elektronen besitzen. Aber diese Periode ist erweitert um eine Gruppe von zehn Elementen — alles Metalle —, die wegen der Auffüllung der inneren 3d-Schale dazwischengeschoben ist, und deren Atome fast alle zwei unvollständig gefüllte Elektronenschalen statt einer haben. Es gibt eine zweite Reihe solcher „Übergangselemente" in der zweiten Langperiode, wo das 4d-Niveau bevorzugt vor dem 5p-Niveau gefüllt wird (von Yttrium bis Cadmium).

Eine neue Besonderheit tritt in der nächsten Langperiode von zweiunddreißig Elementen auf, wo es wegen der Füllung der 5d-Orbitale, von Lanthan bis Quecksilber eine dritte Reihe von Übergangselementen gibt. Hier existiert jedoch ein wichtiger Unterschied wegen der etwa gleichen Energie der 4f-Niveaus und der 5d- und 6s-Niveaus. Nachdem ein Elektron das 5d-Niveau besetzt hat, werden die nächsten vierzehn im 4f-Niveau untergebracht, und erst wenn dieses Unterniveau gefüllt ist, wird das 5d-Niveau komplettiert. In dieser Periode gibt es deshalb eine Reihe von vierzehn Elementen, die alle *drei* unvollständige Elektronenschalen besitzen und als Seltene Erden oder Lanthaniden bekannt sind. Für die zweite Langperiode und für diese sehr lange Periode erfolgt die normale Füllung der s- und p-Niveaus vor und nach den verschiedenen Reihen von Übergangselementen. Nach Radon bilden weitere siebzehn Elemente den Anfang einer zweiten sehr langen Periode.

Mit Francium und Radium ist das 7s-Unterniveau gefüllt und das nächste Elektron gelangt beim nächsten Element in das 6d-Unterniveau. Bei einigen wenigen der nächsten Elemente gibt es einige Unsicherheit über die Elektronenkonfiguration, aber die Position wird von den Elementen ab Uran klarer. Es herrscht heute ziemliche Einhelligkeit darüber, daß diese letzten Elemente in eine zweite Reihe von Seltenerdtyp-Elementen einzuordnen sind, die durch die Auffüllung des 5f-Niveaus gebildet wird.

Das Energieniveaudiagramm in Abb. 16 ist überraschend erfolgreich bei der Vorhersage der Elektronenkonfigurationen von Tabelle 1 und damit des Periodensystems. Die erwartete Reihenfolge wird dennoch nicht immer ganz eingehalten, und die in Tabelle 1 gegebenen Konfigurationen sind in Wirklichkeit aus experimentellen Daten, hauptsächlich aus Atomspektren hergeleitet. Z.B. besitzen Chrom und Kupfer nur ein 4s-Elektron statt der erwarteten zwei. Solche Unregelmäßigkeiten sind jedoch für das Verständnis der chemischen Eigenschaften ohne besonderen Belang.

**Die Periodische Klassifikation und chemische Eigenschaften**

Der rationale Kern der periodischen Klassifikation ist nunmehr klargestellt; Elemente haben analoge chemische und physikalische Eigenschaften wegen analoger Elektronenkonfigurationen ihrer Atome. Mendelejews periodisches Gesetz war deshalb so erfolgreich, weil der Gang der Ordnungszahlen im wesentlichen der Gang der Atomgewichte ist, aber die zugrunde liegenden Gesetzmäßigkeiten werden viel klarer durch die moderne Anordnung der Tabelle 2 wiedergegeben, die ursprünglich auf *Bohr* und *Thomsen* zurückgeht. (In Tabelle 2 sind die Mendelejewschen Gruppennummern weggelassen, sie werden jedoch auch oft benutzt.) Beiläufig sei erwähnt, daß die Zahl der Elemente jeder Periode durch die Anzahl der Elektronen, die zur Auffüllung jeder Hauptquantenschale benötigt wird, bestimmt wird. Der Zusammenhang ist allerdings durchaus nicht einfach. So gelangen z.B. in der sehr langen Periode von zweiunddreißig Elementen die zweiunddreißig Elektronen nicht alle in die gleiche Hauptquantenschale; vierzehn sind im 4f-Unterniveau, zehn im 5d- und acht in den 6s- und 6p-Unterniveaus.

In Tabelle 2 werden sechs verschiedene Klassen von Elementen unterschieden:

*Klasse 1 – Edelgase*

Ihre Atome haben alle Elektronen in vollständig gefüllten Unterniveaus mit einer Gruppe von insgesamt acht s- und p-Außenelektronen.

*Klasse 2 – stark elektropositive Metalle*

Ihre Atome haben bis zu drei Elektronen über eine Edelgaskonfiguration hinaus und bilden Kationen mit Edelgaskonfiguration.

### Klasse 3 – Nichtmetalle

Ihre Atome besitzen bis zu vier Elektronen weniger als ein Edelgas und sind in ihren Verbindungen typisch kovalent.

### Klasse 4 – Übergangsmetalle

Diese Elemente bilden Kationen und Verbindungen, in denen ihre Atome ein unvollständig besetztes d-Elektronenniveau besitzen.

### Klasse 5 – Seltene Erden und Actiniden

Diese Elemente bilden Kationen und Verbindungen, in denen ihre Atome zwei unvollständige Elektronenniveaus – d und f haben.

### Klasse 6 – B-Untergruppen-Metalle

Die Atome haben bis zu drei Elektronen mehr als eine *Pseudoedelgaskonfiguration,* wobei die letztere aus einer Edelgaskonfiguration plus einem komplett gefüllten Niveau von zehn d-Elektronen besteht.

Um den noch folgenden Inhalt des Buches geeignet vorzubereiten, schließt sich eine kurze Diskussion der chemischen Eigenschaften der sechs Klassen von Elementen an.

### Klasse 1

Die Edelgase verdanken ihren nahezu völligen Mangel an Reaktivität der Tatsache, daß sich alle ihre Elektronen in vollständig gefüllten Niveaus befinden. Edelgasatome sind kaum befähigt, Valenzkräfte untereinander oder gegenüber anderen Atomen zu betätigen; sie treten in allen physikalischen Zuständen als Einzelatome auf und bilden sehr wenige chemische Verbindungen (siehe S. 58). Weil ihre interatomaren Kräfte nicht gerichtet und sehr schwach sind (van der Waalssche oder *Dispersions*-Kräfte, siehe Kapitel 8), haben die Edelgase niedrige Schmelz- und Siedepunkte und kristallisieren in dichtest gepackten Anordnungen.

### Klasse 2

Diese Klasse umfaßt die Alkali- und Erdalkalimetalle der Gruppen IA und IIA des Mendelejewschen Systems. Die Chemie dieser Metalle ist im Grunde genommen die Chemie ihrer Kationen, das heißt Kationen mit Edelgaskonfiguration, die wegen der herausragenden Stabilität solcher Konfigurationen keine Tendenzen haben, Elektronen abzugeben oder aufzunehmen, um Ionen anderer Ladung zu bilden. Die Alkali- und Erdalkalimetalle zeigen von allen Elementen (außer den Edelgasen) die geringste Tendenz, kovalente Bindungen einzugehen. Alle Elemente mit drei Elektronen mehr als ein Edelgas gehören naturgemäß zur Klasse 2, mit Ausnahme von Bor. Von den übrigen Elementen zeigt nur das Aluminium eine ziemliche bemerkenswerte Tendenz zur Ausbildung kovalenter Bindungen. Die meisten Autoren klassifizieren Scandium, Yttrium, Lanthan und Actinium zusammen mit den verschiedenen Reihen von Übergangsmetallen, aber dafür gibt es wenig Berechtigung.

Die gasförmigen Atome besitzen sicher (wie in Tabelle 1 gezeigt) d-Elektronen,
aber das ist kaum entscheidend. Wichtig dagegen ist die Tatsache, daß drei Außenelektronen abgegeben werden, wenn Kationen mit Edelgaskonfigurationen gebildet
werden. Die Verbindungen des Scandiums und der schwereren Elemente sind einheitlich dreiwertig, diamagnetisch und farblos (außer, wenn das Anion farbig ist),
und es ist falsch, sie gemeinsam mit den Übergangsmetallen zu klassifizieren, die
typischerweise paramagnetisch und farbig sind und verschiedene Oxydationszahlen
zeigen. Scandium, Yttrium, Lanthan und Actinium bilden eine in gleicher Weise
nahe verwandte Reihe wie Calcium, Strontium, Barium und Radium in der vorhergehenden Gruppe.

Es wäre denkbar zwei weitere Elemente in Klasse 2 unterzubringen, nämlich
Cer und Thorium. Beide Elemente haben vier Elektronen mehr als ein Edelgas, und
sie gehören zu der sehr kleinen Gruppe von Elementen, die einfache, vierfache positiv geladene Kationen bilden können. $Th^{4+}$ tritt mit Sicherheit in sauren Lösungen
auf und es gibt dafür auch für $Ce^{4+}$ Hinweise. Jedoch ist keines der beiden Elemente
ausschließlich vierwertig, und für die meisten Zwecke sind sie mit Vorteil zu den
inneren Übergangselementen der Klasse 5 zu zählen. Titan und Zirkon sind die beiden einzigen anderen Elemente mit vier Elektronen über ein Edelgas; es ist zweifelhaft, ob $Ti^{4+}$ in Lösung vorkommt, und Zirkon bildet mit Sicherheit keine einfachen
Ionen und deshalb sollten diese zwei Elemente offensichtlich zu Klasse 4 gerechnet
werden.

### Klasse 3

Alle Elemente bis zu vier Elektronen weniger als ein Edelgas können kovalente
Bindungen eingehen, und dies ist der verbreitetste Typ der chemischen Bindung für
die meisten dieser Elemente, die Nichtmetalle sind. Ebenfalls möglich ist die Bildung
einfacher Anionen mit Edelgaskonfiguration durch Elektronenaufnahme, aber bis
auf die Halogenidionen existieren diese Anionen nur im festen Zustand. Einige
der schwereren Elemente dieses Teils des Systems sind Metalle, weil sie durch die
mögliche Abgabe von „zwei Elektronen weniger als die Gruppennummer angibt",
Kationen mit einem *inerten Elektronenpaar* ergeben. Sie werden zur Klasse 3 gezählt, weil sie *auch* kovalente Bindungen unter Inanspruchnahme aller ihrer Außenelektronen bilden, aber vom Gesichtspunkt ihres metallischen Charakters aus gesehen, gehörten sie besser in Klasse 6. Die Trennlinie zwischen Metallen und Nichtmetallen verläuft schräg durch das System, weil die Elektronenabgabetendenz mit
steigender Gruppennummer kleiner wird.

### Klasse 4

Zu dieser Klasse zählen drei Reihen von Elementen – Titan bis Nickel, Zirkon
bis Palladium und Hafnium bis Platin. Sie unterscheiden sich von den elektropositiven Metallen der Klasse 2 in fünferlei wesentlicher Hinsicht: Mannigfaltigkeit der

Oxydationszahlen, leichte Bildung kovalenter Bindungen sowohl in komplexen Ionen als auch in neutralen Molekeln, Farbigkeit, Paramagnetismus und katalytische Wirksamkeit. In ihren einfachen Kationen (die, abgesehen von den Elementen der ersten Reihe der Übergangsmetalle, kaum gebildet werden), in komplexen Ionen und in ihren neutralen Molekeln beanspruchen die Übergangselemente die d-Elektronen ihrer vorletzten Schale. Die resultierenden Energieniveaus liegen beträchtlich näher aneinander, als es bei ausschließlicher Verwendung von s- und p-Elektronen der Fall wäre, und dies ist in einem allgemeinen Sinne der Grund für die oben aufgeführten Besonderheiten. Die beiden ersten Eigenschaften werden in den Kapiteln 3 und 6 behandelt und die Frage der Farbigkeit im Kapitel 12. Magnetische Eigenschaften sind bereits erörtert.

*Klasse 5*

Diese Klasse wird von zwei Reihen von Elementen gebildet: Von den vierzehn Elementen, die auf das Lanthan folgen und die gemeinhin als die Seltenen Erden oder die Lanthaniden bekannt sind und von den Elementen, die auf das Actinium folgen und die man Actiniden nennt, einschließlich der *Trans-Uran-Elemente*, der künstlichen Elemente nach dem Uran. Die Lanthaniden bilden alle dreiwertige Kationen mit der Elektronenkonfiguration $4f^n$, von denen sich stabile Salze ableiten, die in Lösung wenig hydrolysieren und in jeder Hinsicht mit den entsprechenden Salzen von Scandium und Yttrium vergleichbar sind. Tatsächlich ist die Chemie der Lanthaniden so sehr die Chemie ihrer dreiwertigen Ionen, daß man das unvollständige 4f-Niveau als Teil der Edelgasschale betrachten kann und die Seltenen Erden den elektropositiven Metallen der Klasse 2 zuordnen kann. Lanthan, das oft als das erste Seltenerd-Element angesehen wird, aber hier richtiger zur Klasse 2 gezählt wird, besitzt ein Kation $La^{3+}$ mit Edelgaskonfiguration, dagegen bildet Lutetium ein dreiwertiges Ion $Lu^{3+}$ mit der Konfiguration $4f^{14}$ und seine sämtlichen Elektronen sind in völlig gefüllten Schalen.

Die Existenz der teilweise gefüllten 4f-Orbitale legt jedoch den Lanthaniden zusätzliche Eigenheiten auf, und deshalb werden sie, gleich den Actiniden, doch besser als eine Gruppe betrachtet. Herausragend unter den zusätzlichen Besonderheiten sind die *anormalen* Oxydationszahlen am Beginn, in der Mitte und am Ende der Reihe. Die Vierwertigkeit des Cers ist bereits erwähnt worden; offensichtlich ist hier der bestimmende Faktor die Stabilität der Edelgaskonfiguration, ohne 4f-Elektronen. Das Gadoliniumion, $Gd^{3+}$, besitzt gerade sieben 4f-Elektronen — eines in jedem 4f-Orbital — und im Sinne der Bemerkungen auf Seite 35 über die Extrastabilität eines Satzes halbgefüllter Orbitale überrascht es nicht, daß Gadolinium ausschließlich dreiwertig auftritt. Noch bemerkenswerter ist die Tatsache, daß das voranstehende Element, Europium sowohl zwei-als auch dreiwertig sein kann, während das folgende Element, Terbium sowohl vier-als auch dreiwertig auftreten kann. $Eu^{2+}$ und $Tb^{4+}$ sind natürlich isoelektronisch mit $Gd^{3+}$ und haben den gleichen Satz halbgefüllter 4f-Orbitale. Ytterbium, wiederum, das Element vor Lutetium, kann sowohl zweiwertig als auch dreiwertig sein; $Yb^{2+}$ und $Lu^{3+}$ haben beide die andere besonders stabile Konfiguration $4f^{14}$. Die wechselnde Wertigkeit der Lanthaniden ist deshalb ganz verschieden von der der Übergangselemente (siehe S. 59). Genau wie die Übergangselemente und aus den gleichen Gründen ergeben aber die Lanthaniden farbige und paramagnetische Ionen.

Die Actiniden bieten ein ähnliches, wenn auch beträchtlich komplexeres Bild. Thorium ist in vieler Hinsicht ähnlich dem Cer, jedoch zeigen die nächsten Elemente (Protactinium bis Americium) Eigenheiten, die an keiner anderen Stelle des Periodensystems noch einmal anzutreffen sind. Curium ähnelt jedoch wieder sehr dem Gadolinium und die übrigen Elemente sind in vieler Beziehung analog zu den entsprechenden Lanthaniden.

*Klasse 6*

Die zentralen Glieder dieser Klasse umfassen die Metalle der Gruppen IB, IIB und IIIB, nämlich Kupfer, Silber und Gold; Zink, Cadmium und Quecksilber und Gallium, Indium und Thallium. Sie besitzen ein, zwei oder drei Elektronen über eine „Pseudoedelgaskonfiguration" hinaus, das heißt, eine Edelgaskonfiguration plus ein vollständig besetztes d-Niveau mit zehn d-Elektronen, und sie sind typisch ein-, zwei- und dreiwertig in ihren Verbindungen, die gewöhnlich farblos und diamagnetisch sind. Das Vorhandensein des völlig gefüllten d-Niveaus macht die Kationen weit mehr polarisierbar als jene der Metalle der A-Untergruppen, so daß die Metalle dieser Klasse nicht besonders elektropositiv sind.

Kupfer, Silber und Gold sind insofern anomal, als sie als alleinige Elemente dieser Klasse bei der Bildung von Verbindungen d-Elektronen beanspruchen können. Diese drei Metalle müssen deshalb, solange sie zwei- und dreiwertig auftreten, auch als Übergangselemente betrachtet werden, die sowohl zu Klasse 4 als auch zur Klasse 6 gehören. Die Münzmetalle einmal ausgenommen, fehlt jedoch das Kennzeichen der Übergangselemente, die Mannigfaltigkeit in den Wertigkeiten, die sich jeweils um eins unterscheiden, in dieser Klasse völlig. Die Einwertigkeit von Quecksilber wird durch das in seiner Art einzigartige $Hg_2^{2+}$-Ion hervorgerufen, während die Einwertigkeit von Thallium ein Beispiel für das Phänomen des inerten Elektronenpaares darstellt, demzufolge die beiden s-Elektronen des äußersten Niveaus bei der Bindungsbetätigung nicht beansprucht werden.

Andererseits überlappt die Klasse 6 auch mit Klasse 3. Das liegt daran, daß die Wirkung des Inertpaar-Effektes einigen der schweren Elementen der Klasse 3 metallische Eigenschaften verleiht. Die Elemente Zinn, Blei, Antimon und Wismut sind in ihren Verbindungen mit niedriger Oxydationszahl sowie in ihren metallurgischen Eigenheiten streng mit den Metallen der Gruppe IIIB vergleichbar.

Einige Charakteristika der verschiedenen Klassen von Elementen sind in Tabelle 3 zusammengefaßt.

**Tabelle 3.** Einige Charakteristika der sechs Elementklassen

| | Klasse 1<br>*Edelgase* | Klasse 2<br>*Elektropositive Metalle* | Klasse 3<br>*Nichtmetalle* | Klasse 4<br>*Übergangsmetalle* | Klasse 5<br>*Seltene Erden und Actiniden* | Klasse 6<br>*B-Untergruppen-Metalle* |
|---|---|---|---|---|---|---|
| Typische Elektronenkonfiguration | $-Xs^2Xp^6$ | $-Xs, -Xs^2$<br>$-Xs^2p, -Xs^2d$ | $-Xs^2p^n$<br>$n = 2{-}5$ | $-(X{-}1)\,d^nXs^2$<br>$(n = 2{-}9)$ | $-(X{-}2)\,f^nXs^2$<br>$(n = 2{-}14)$<br>oder<br>$-(X{-}2)\,f^n$<br>$(X{-}1)\,dXs^2$<br>$(n = 1{-}14)$ | $-(X{-}1)\,d^{10}Xs$<br>$-(X{-}1)\,d^{10}Xs^2$<br>oder<br>$-(X{-}1)\,d^{10}Xs^2p$ |
| Magnetismus | diamagnetisch | diamagnetisch | diamagnetisch | paramagnetisch | paramagnetisch | diamagnetisch |
| Farbe | nein | nein<br>(Falls nicht **Anionen farbig**) | zuweilen | ja | ja | nein<br>(falls nicht **Anionen farbig**) |
| Einfache Kationen | sehr selten | ja, (Edelgaskonfiguration) stark elektropositiv | nein (außer wenn Inertpaareffekt wirkt) | ja (aber selten außer in der ersten **Kurzperiode**), ziemlich elektropositiv | ja, elektropositiv | ja, „Pseudoedelgaskonfiguration", nicht sehr elektropositiv |
| Einfache Anionen | nein | nein | ja (Edelgaskonfiguration) | nein | nein | nein |
| Kovalente Molekeln | selten | sehr wenig | ja | ja, für hohe Oxydationszahlen | einige, besonders **bei Actiniden** | ja |
| Komplexe | nein | sehr wenig | ja | ja | ja | ja |
| Mehrere Oxydationszahlen | nein | nein | ja, jeweils um 2 verschieden | ja, jeweils um 1 verschieden | ja, jeweils um 1 verschieden (selten bei seltenen Erden) | ja, jeweils um 2 verschieden; verursacht durch Inertpaareffekt |
| Struktur der Elemente | Kristalle einatomig dichtest gepackt, einatomige Flüssigkeiten und Gase | dichtest gepackt o. nahezu dichtest gepackt | Strukturen der Molekeln und Festkörper **hängen von** Gruppe und Periode ab | meist dichtest gepackt | meist dichtest gepackt | viele ungewöhnliche Metallstrukturen |

Anmerkung: Es sei festgestellt, daß der letzte Teil dieses Kapitels (S. 37—43) eine persönliche Auffassung des Autors darstellt. Die meisten Anorganiker klassifizieren die Elemente als *typische-, Übergangs-* und *innere Übergangs*-Elemente, wobei die typischen Elemente die Klassen 1, 2, 3 und 6 dieses Kapitels umfassen und die Übergangselemente auch solche Elemente wie Scandium und Zink einschließen. Der Autor findet jedoch, daß die vorliegende Einteilung bestimmte Vorzüge vor der allgemein üblichen besitzt.

# 3. Die elektrovalente Bindung

## 3.1. Allgemeine Merkmale der Elektrovalenz

Die Bildung vieler Verbindungen zwischen Metallen und Nichtmetallen kann durch einen vollständigen Übergang von Elektronen vom Metall zum Nichtmetall beschrieben werden. Die treibende Kraft wäre dann ganz einfach die Tendenz aller Atome, die Elektronenkonfiguration des nächsten Edelgases zu erreichen. Die Edelgase haben keine eigentliche chemische Reaktionsfähigkeit, ein Umstand, den wir bereits der Tatsache, daß sich alle ihre Elektronen in vollständig besetzten Niveaus befinden, zugeschrieben haben. So hat Natrium ein Elektron mehr als Neon, und Fluor hat ein Elektron weniger. Der Übergang eines Elektrons vom Natrium zum Fluor vermittelt beiden Atomen die gleiche Elektronenzahl (10) wie Neon, weil aber der Übergang die Kerne unverändert ließ, ist aus dem Natriumatom $Na^+$ geworden und aus Fluor $F^-$. Die elektrostatische Anziehung zwischen den Ionen hält die Verbindung zusammen.

Verbindungen dieses Typs werden von den meisten Elementen der drei ersten Gruppen des Periodensystems mit den meisten Elementen der drei letzten Gruppen gebildet. Die Elemente der ersten Gruppen sind Metalle, die zur Erlangung der Edelgaskonfiguration Elektronen abgeben, während die Nichtmetalle der letzten Gruppen Elektronen aufnehmen. Die Oxydationszahl der Elemente in diesen Verbindungen ist gleich der Anzahl der bei der Bildung eines Ions mit Edelgaskonfiguration aufgenommenen oder abgegebenen Elektronen. Die Anwendung des Elektroneutralitätsprinzips (wonach die Zahl der positiven Ladungen in einer Verbindung gleich der der negativen sein muß) liefert die richtige Formel. Ein Verzeichnis von Ionen mit Edelgaskonfiguration ist in Tabelle 4 gegeben. Die meisten dieser Ionen existieren sowohl im festen Zustand, als auch in Lösung, aber die mit * bezeichneten trifft man nur in wenigen festen Ionenverbindungen an.

Zum Beispiel steht Aluminium in der Gruppe III des Periodensystems und Sauerstoff in Gruppe VI. Aluminium ist deshalb dreiwertig und bildet $Al^{3+}$, während Sauerstoff die Oxydationszahl zwei besitzt und $O^{2-}$ bildet. Damit eine Verbindung aus Aluminium und Sauerstoff elektrisch neutral ist, müssen offensichtlich auf zwei $Al^{3+}$ jeweils drei $O^{2-}$ kommen. Die Formel des Aluminiumoxides ist deshalb $Al_2O_3$, es sollte aber vermerkt werden, daß damit nur die Atomverhältnisse von Aluminium und Sauerstoff wiedergegeben werden. Die Formel der Verbindung könnte ebenso gut $Al_4O_6$ sein, aber auch $Al_{200}O_{300}$.

**Tabelle 4.** Ionen mit einer Edelgaskonfiguration (Die Radien sind in Å angegeben)

| | | | | | | H⁻ 2,08 | |
|---|---|---|---|---|---|---|---|
| $Li^+$ 0,60 | $Be^{2+}$ 0,31 | | | $*C^{4-}$ 2,60 | $*N^{3-}$ 1,71 | $*O^{2-}$ 1,40 | $F^-$ 1,36 |
| $Na^+$ 0,95 | $Mg^{2+}$ 0,65 | $Al^{3+}$ 0,50 | | $*Si^{4-}$ 2,71 | $*P^{3-}$ 2,12 | $S^{2-}$ 1,84 | $Cl^-$ 1,81 |
| $K^+$ 1,33 | $Ca^{2+}$ 0,99 | $Sc^{3+}$ 0,81 | $*Ti^{4+}$ 0,68 | $*Ge^{4-}$ 2,72 | $*As^{3-}$ 2,22 | $Se^{2-}$ 1,98 | $Br^-$ 1,95 |
| $Rb^+$ 1,48 | $Sr^{2+}$ 1,13 | $Y^{3+}$ 0,93 | | | | $*Te^{2-}$ 2,21 | $I^-$ 2,16 |
| $Cs^+$ 1,69 | $Ba^{2+}$ 1,35 | $La^{3+}$ 1,15 | $Ce^{4+}$ 1,01 | | | $*Po^{2-}$ | $At^-$ |
| $Fr^+$ | $Ra^{2+}$ | $Ac^{3+}$ | $Th^{4+}$ | | | | |

Die vorstehende Beschreibung der Elektrovalenz ist rein qualitativ und muß in verschiedener Beziehung ausführlicher dargestellt werden. Insbesondere erfordert die Bildung einer stabilen Verbindung einen konstanten Gleichgewichtsabstand zwischen den Atomen. Natrium- und Fluorionen werden sich mit Sicherheit gegenseitig wegen ihrer Ladungen anziehen, es müssen aber auch Abstoßungskräfte ins Spiel kommen, damit das schließliche Verschmelzen von Kation und Anion verhindert wird. Weiterhin gibt es das Problem der räumlichen Anordnung der Ionen, wobei Experimente zeigen, daß Verbindungen wie Natriumfluorid normalerweise Ionenaggregate bilden und keine einfachen Molekeln. Diese Fragen werden in Kapitel 8 behandelt. Der Hauptteil des vorliegenden Kapitels wird sich mit drei untereinander zusammenhängenden Themen beschäftigen, nämlich mit der Ionengröße, mit den Ionisierungspotentialen und Elektronenaffinitäten und mit den Energieänderungen, die mit der Bildung von Ionenverbindungen einhergehen. Die Diskussion wird hauptsächlich Ionen mit Edelgaskonfiguration gewidmet sein, es werden aber auch einige Hinweise für andere einfache Ionen gegeben.

## 3.2. Die Größe und Bildungstendenz von Ionen mit Edelgaskonfiguration

### Faktoren, die die Ionengröße bestimmen

Die Verteilung von Elektronen in Atomen wird durch die Wahrscheinlichkeitsdichtefunktion bestimmt, und es kann sogar in großer Entfernung vom Kern eine beträchtliche Elektronendichte existieren. Infolgedessen ist es unmöglich, die genaue Größe eines Atoms festzulegen. Trotzdem war es möglich, Tabellen von Atom- und Ionenradien aufzustellen, indem man experimentell beobachtete Abstände zwischen Atomen in Molekeln und Ionen in Kristallen benutzte (siehe

Kapitel 8 usw), und solange man daran denkt, daß diese Abstände nicht völlig invariabel sind, können sie als gute Richtschnur für die folgende Erörterung benutzt werden.

Die „kovalenten" Radien der Tabelle 5 entsprechen in etwa den Radien neutraler Atome. Grob gesprochen, verringert sich die Atomgröße längs einer Periode bis zu einem Edelgas, wo die völlige Füllung des „p"-Niveaus ein merkliches Anwachsen verursacht. Die stetige Verkleinerung wird durch die Tatsache hervorgerufen, daß jeder Schritt längs einer Periode das Anwachsen der Kernladung um eins bedeutet. Das hinzukommende Elektron gelangt in ein Niveau, das bereits teilweise besetzt ist, so daß das Gesamtresultat in einer effektiveren Anziehung der Elektronen nach innen hin und in einer Verkleinerung des Radius besteht.

**Tabelle 5.** „Kovalente" Atomradien (in Å)

|      |      |      |      | H    |      |      | He   |
|------|------|------|------|------|------|------|------|
|      |      |      |      | 0,37 |      |      | 0,93 |
| Li   | Be   | B    | C    | N    | O    | F    | Ne   |
| 1,34 | 0,90 | 0,82 | 0,77 | 0,75 | 0,73 | 0,72 | 1,31 |
| Na   | Mg   | Al   | Si   | P    | S    | Cl   | Ar   |
| 1,54 | 1,30 | 1,18 | 1,11 | 1,06 | 1,02 | 0,99 | 1,74 |
| K    | Ca   | Sc   | Ge   | As   | Se   | Br   | Kr   |
| 1,96 | 1,74 | 1,44 | 1,22 | 1,19 | 1,16 | 1,14 | 1,89 |
| Rb   | Sr   | Y    | Sn   | Sb   | Te   | I    | Xe   |
| 2,11 | 1,92 | 1,62 | 1,41 | 1,38 | 1,35 | 1,33 | 2,09 |

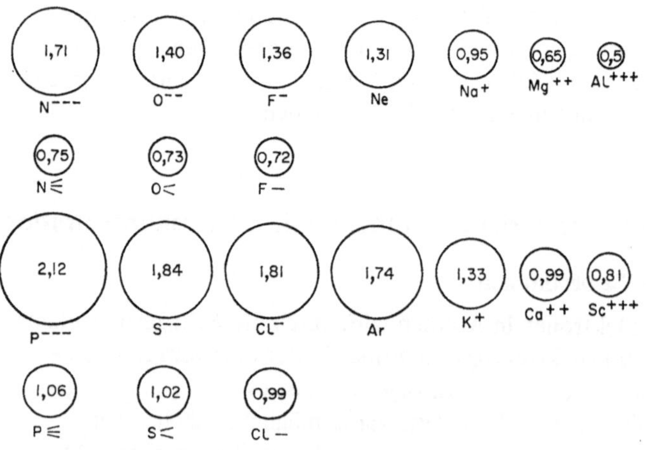


**Abb. 21.** Relative Größe von Ionen und kovalent gebundenen Atomen

In Tabelle 4 sind Ionenradien aufgeführt. Um den Einfluß der Aufnahme oder des Verlustes von Elektronen auf die Atomgröße besser abschätzen zu können, kann man eine Reihe von Ionen und Atomen mit der gleichen Anzahl von Elektronen betrachten. Zwei Reihen solcher isoelektrischer Teilchen sind:

$$N^{3-}\ 1{,}71;\ O^{2-}\ 1{,}40;\ F^-\ 1{,}36;\ Ne\ 1{,}31;\ Na^+\ 0{,}95;\ Mg^{2+}\ 0{,}65;\ Al^{3+}\ 0{,}50$$

$$P^{3-}\ 2{,}12;\ S^{2-}\ 1{,}84;\ Cl^-\ 1{,}81;\ Ar\ 1{,}74;\ K^+\ 1{,}33;\ Ca^{2+}\ 0{,}99;\ Sc^{3+}\ 0{,}81$$

(Wie üblich stellen die Zahlen die Atom- bzw. Ionenradien in Å dar.) Beginnend mit Neon oder Argon bedeutet jeder Gang nach links eine Verminderung der Kernladung um eins, aber keine Verminderung in der Elektronenschale. Je kleiner seine Ladung ist, um so schwächer ist der Einfluß des Kernes auf die Elektronen und um so größer ist das resultierende Anion. Vergleicht man nun die negativen Ionen mit den entsprechenden kovalent gebundenen Atomen, so bewirkt die Addition eines Elektrons ein deutlich erkennbares relatives Ansteigen im Radius:

| | | |
|---|---|---|
| N    0,75; | O    0,73; | F    0,72; |
| $N^{3-}$ 1,71; | $O^{2-}$ 1,40; | $F^-$ 1,36; |
| P    1,06; | S    1,02; | Cl   0,99; |
| $P^{3-}$ 2,12; | $S^{2-}$ 1,84; | $Cl^-$ 1,81. |

Wiederum handelt es sich um ein Absinken des Verhältnisses Kernladung/Anzahl von Elektronen, aber nunmehr ändert sich auch die wirkliche Elektronenanordnung. In jedem Atom ist die Außenschale nur teilweise besetzt, dagegen ist sie im entsprechenden Ion komplett und kugelsymmetrisch. Diese Vervollständigung des Niveaus ist verständlicherweise bei der Bestimmung der Ionengröße wichtiger als das oben erwähnte Verhältnis. Diese Verhältnisse werden außerdem in Abb. 21 veranschaulicht.

Anionen sind demzufolge viel weniger kompakt als die entsprechenden neutralen Atome. Weiterhin bedeutet der verringerte Einfluß des Kernes auf die Elektronenhülle, daß diese viel leichter durch ein äußeres elektrisches Feld verzerrt wird. Das heißt, Anionen sind leicht *polarisierbar*, und die Polarisierbarkeit ist um so größer, je größer das Anion ist und je größer seine Ladung.

Vergleicht man die Radien von Kationen mit denen isoelektrischer Edelgasatome, so erkennt man, daß ein Elektronenverlust einen bedeutend größeren Einfluß auf die Größe hat, als eine Elektronenaufnahme. Qualitativ gesehen, gibt es dafür wieder zwei Gründe. Der Verlust von Elektronen verursacht ein *Anwachsen* des Verhältnisses Kernladung/Elektronenzahl, so daß die verbleibenden Elektronen fester gebunden werden; außerdem verschwindet, was noch wichtiger ist, eine ganze Quantenschale. Wie wir bereits gesehen haben, beeinflußt die *Zahl* der Elektronen in einer gegebenen unvollständigen Schale die Größe eines Atoms oder Ions nicht merklich; die Hauptsache ist vielmehr, daß sich *einige* Elektronen in dieser Schale befinden. Die Bedeutung des Ladungseinflußes selbst jedoch zeigt sich klar in den bereits erwähnten beiden isoelektronischen Reihen und in Abbildung 21.

Die große Polarisierbarkeit von Anionen wurde soeben erwähnt. Die Elektronenwolken von Kationen mit Edelgaskonfiguration sind viel zu fest gebunden, als daß sie durch äußere Felder leicht deformiert würden. Die positive Ladung und die Kleinheit der Kationen sorgen im Gegenteil für eine sehr starke *polarisierende* Wirkung. Dieser Effekt wird durch die elektrische Feldstärke an der Oberfläche des Ions gemessen. Weil die Gesamtladung eines Ions als vom Zentrum aus wirkend betrachtet werden kann, ist die polarisierende Wirkung proportional $ze/r^2$, wobei z die Ladung und r der Radius ist. Das hohe z und das kleine r mehrwertiger Kationen machen vereint die polarisierende Wirkung sehr groß. Das ist wichtig für die Erörterung, ob eine gegebene Verbindung wahrscheinlich elektrovalent oder kovalent ist, so wie es in Kapitel 8 diskutiert wird.

Schließlich zeigt Tabelle 4, daß zwar wie erwartet analoge Ionen in der Größe anwachsen, aber innerhalb einer Gruppe die Vergrößerungsrate nach unten abfällt. Das liegt zum Teil daran, daß das Anwachsen der Orbitalgröße stark mit der Hauptquantenzahl nachläßt und zum anderen Teil an der Tatsache, daß das Verhältnis Kernladung/Elektronenzahl ebenfalls nach der zweiten Kurzperiode aufhört sich stark zu ändern. So ist dieses Verhältnis für die Alkalimetallionen:

$$\begin{array}{cccc} & Li^+ & Na^+ & K^+ \\ \text{Verhältnis:} & 3/2 = 1{,}5 & 11/10 = 1{,}1 & 19/18 = 1{,}06 \\ & Cs^+ & Rb^+ & \\ & 37/36 = 1{,}03 & 55/54 = 1{,}02 & \end{array}$$

**Ionisierungspotentiale (Ionisierungsenergien)**

In Tabelle 6 sind die Ionisierungspotentiale für die Edelgase und die Metalle der drei ersten Gruppen angegeben. Die Zahlen bedeuten Volt und sind numerisch gleich den Ionisierungs-*Energien* in Elektronenvolt, wobei ein Elektronenvolt gleich der Energie ist, die ein Elektron erlangt, wenn es längs eines Potentialgefälles von einem Volt beschleunigt wird. Berechnet man die Ionisierungsenergie für ein Grammatom des Elementes, anstatt für ein Atom, so entspricht die Ionisierungsenergie von einem Elektronenvolt 23,07 kcal/g Atom.

Solche Ionisierungsenergien sind ebenfalls in Tabelle 6 aufgeführt und zwar mit positiven Vorzeichen. Dies entspricht der modernen Auffassung, wonach die Enthalpieänderungen $\Delta H$ als *Zuwachs* des Wärmeinhaltes für das betreffende System aufgefaßt werden. Eine exotherme Reaktion besitzt danach ein negatives $\Delta H$, weil nunmehr der Gesamtwärmeinhalt des Systems abnimmt.

Die Anordnung der Tabelle 6 ist so, daß die Zahl unmittelbar rechts der Senkrechten die Ionisierungsenergie des zweiten s-Elektrons des äußersten Niveaus im Atom angibt, während die Zahl links dieser Linie den Wert für die Ablösung des ersten Elektrons aus der darunterliegenden (vollständigen) Schale darstellt. Analog dazu bedeutet die zweite Zahl nach rechts die Ionisierungsenergie des ersten der beiden s-Elektronen der äußersten Schale und die dritte Zahl die des letzten der p-Elektronen. Die äußerste rechte Zahl bei jedem Element gibt deshalb die erste Ionisierungsenergie an und die nächste Zahl links davon die zweite Ionisierungsenergie usw.

**Tabelle 6.** Ionisierungspotentiale und Ionisierungsenergien
(Die obere Zahl ist $\Delta H_I$, die Ionisierungsenergie in kcal/g Atom; die untere eingeklammerte Zahl ist das Ionisierungspotential in Volt, das numerisch gleich der Ionisierungsenergie in Elektronenvolt ist.)

| | | | | | |
|---|---|---|---|---|---|
| H | | +313 (13,59) | | | |
| He | +567 (24,58) | | | | |
| Li | +1743 (75,63) | +124 (5,39) | | | |
| Be | +3547 (153,9) | +420 (18,22) | +215 (9,32) | | |
| B | | +874 (37,93) | +579 (25,12) | +191 (8,30) | |
| Ne | +495 (21,56) | | | | |
| Na | +1090 (47,30) | +120 (5,14) | | | |
| Mg | +1847 (80,15) | +346 (15,01) | +176 (7,64) | | |
| Al | +2766 (120,0) | +656 (28,46) | +434 (18,83) | +138 (5,99) | |
| Si | | +1040 (45,12) | +772 (33,50) | +377 (16,35) | +188 (8,16) |
| Ar | +362 (15,76) | | | | |
| K | +733 (31,81) | +100 (4,34) | | | |
| Ca | | +274 (11,89) | +141 (6,12) | | |
| Sc | | +571 (24,77) | +297 (12,89) | +154 (6,68) | |
| Kr | +322 (14,00) | | | | |

Fortsetzung Tabelle 6

| Rb | +634 | +96 | | |
| | (27,52) | (4,18) | | |
| Sr | | +254 | +131 | |
| | | (11,02) | (5,69) | |
| Y | | +473 | +286 | +152 |
| | | (20,52) | (12,41) | (6,60) |
| Xe | +279 | | | |
| | (12,13) | | | |
| Cs | +548 | +90 | | |
| | (23,78) | (3,89) | | |
| Ba | | +200 | +120 | |
| | | (8,68) | (5,21) | |
| La | | +442 | +263 | +129 |
| | | (19,18) | (11,41) | (5,60) |
| Rn | +248 | | | |
| | (10,76) | | | |

Betrachten wir zunächst die Reihe K, Ca und Sc. Es wird Energie zur Entfernung des einzelnen Außenelektrons von einem Kaliumatom benötigt, weil Arbeit für das System aufgewendet werden muß, um das Elektron gegen die elektrostatische Anziehung zwischen dem Elektron und dem zurückbleibenden Kation abzulösen. Die erste Ionisierungsenergie für Calcium ist beträchtlich größer als die für Kalium (114 gegenüber 100 kcal) und dafür gibt es zwei Gründe. Erstens ist das neutrale Calciumatom etwas kleiner als das neutrale Kaliumatom. Mit guter Näherung wirkt die Ladung des zurückbleibenden Kations so, als ob sie im Zentrum konzentriert sei, so daß die anfängliche Kraft zwischen Elektron und Kation beträchtlich größer bei Calcium als bei Kalium sein wird. Zweitens und weit wichtiger, wird zusätzliche Energie benötigt, um das geschlossene Niveau der beiden 4s-Elektronen im Calcium aufzubrechen. Von Calcium zum Scandium ist das Anwachsen der ersten Ionisierungsenergie unbeträchtlicher, weil das erste zu entfernende Elektron bei Scandium aus einem 4p-Orbital stammt und weil deshalb die 4s-Elektronen unbeeinflußt bleiben.

Sowohl für Calcium als auch für Scandium ist die zweite Ionisierungsenergie viel größer als die erste, weil nunmehr das Elektron gegen die Anziehung von $M^{2+}$ anstatt $M^+$ entfernt werden muß. Überdies ist $M^+$ beträchtlich kleiner als das neutrale M, so daß der anfängliche Abstand zwischen Elektron und Zentrum des Ions kleiner sein wird, und die Kraft dementsprechend größer. Die dritte Ionisierungsenergie für Scandium ist noch größer, weil hier das Elektron von dem sehr kleinen $Sc^{3+}$ Ion weggezogen werden muß. In Tabelle 7 ist die Gesamtenergie tabelliert, die zur Erzeugung eines Ions mit Edelgaskonfiguration aus den Metallen

der drei ersten Gruppen benötigt wird und ebenfalls die durchschnittliche Energie
pro Elektron. In beiden Angaben ausgedrückt, wächst der Energiebedarf für die
Bildung eines Ions vom Edelgastyp beträchtlich von links nach rechts innerhalb
einer Periode.

**Tabelle 7.** Gesamtenergie für die Bildung von Ionen mit Edelgaskonfiguration
(Die obere Zahl ist $\Delta H$ in kcal/für die Reaktion $M(g) \rightarrow M^{n+}(g) + n\,\epsilon$,
die untere Zahl ist $\Delta H/n$, die Durchschnittsenergie pro Elektron)

| | | | |
|---|---|---|---|
| H | | | |
| +313 | | | |
| +313 | | | |
| Li | Be | B | |
| +124 | +635 | +1644 | |
| +124 | +317 | +548 | |
| Na | Mg | Al | Si |
| +120 | +522 | +1228 | +2377 |
| +120 | +261 | +409 | +594 |
| K | Ca | Sc | |
| +100 | +415 | +1022 | |
| +100 | +207 | +341 | |
| Rb | Sr | Y | |
| +96 | +385 | +911 | |
| +96 | +192 | +304 | |
| Cs | Ba | La | |
| +90 | +320 | +834 | |
| +90 | +160 | +278 | |

Die Tatsache, daß die erste Ionisierungsenergie für ein Edelgas so viel größer
ist als die für irgend ein anderes Atom, ist natürlich eine Folge der außergewöhn-
lichen Stabilität einer vollständig gefüllten Edelgasschale und zeigt die extreme
Schwierigkeit bei der Bildung von Verbindungen dieser Elemente. Aus dem gleichen
Grunde ist die zweite Ionisierungsenergie der Alkalimetalle außerordentlich hoch,
so daß irgendeine Oxydationszahl größer als eins für diese Metalle tatsächlich unmöglich ist.

Die Ionisierungsenergien werden innerhalb einer Gruppe nach unten hin
kleiner, hauptsächlich deshalb, weil die Atome größer werden, so daß die ursprüngliche Anziehung zwischen Elektron und verbleibendem Ion kleiner ist. Ein zusätzlicher Faktor macht die Ionisierungsenergie in der ersten und zweiten Kurzperiode
ungewöhnlich groß. Bei diesen Atomen umgeben den Kern relativ wenig Elektronen,
so daß die *effektive* Ladung des übrig bleibenden Ions (soweit es die Anziehung
zwischen ihm und dem Elektron betrifft) beträchtlich größer ist als die Gesamtzahl der abgegebenen Elektronen. Mit anderen Worten schirmen die verbleibenden

Elektronen den Kern nicht so wirksam ab wie in den nächsten Perioden. Dies ist einer der Hauptgründe für die qualitativen Unterschiede, die oft zwischen den ersten und zweiten Element einer Gruppe und den nachfolgenden Elementen sichtbar werden.

Aus der vorhergehenden Diskussion folgen zwei umfassende Verallgemeinerungen:

1. Die Ionisierungstendenz zu einem Ion mit Edelgaskonfiguration nimmt in einer Gruppe nach unten hin zu.

2. Die Ionisierungstendenz zu einem Ion mit Edelgaskonfiguration nimmt innerhalb einer Periode von links nach rechts ab.

Diese Prinzipien liefern eine allgemeine Erklärung für die bekannten Tatsachen, daß der elektropositive Charakter und das Reaktionsvermögen innerhalb einer Gruppe nach unten hin zunehmen und innerhalb einer Periode nach rechts abnehmen. In diesem Zusammenhang ist der mutmaßliche Grund dafür, daß Bor kein Metall ist, die viel zu große Energie für die Bildung von $B^{3+}$. In der zweiten Kurzperiode sind alle Ionisierungsenergien kleiner, und es ist die Bildung von $Al^{3+}$ unter normalen Umständen möglich. Deshalb verläuft die Trennlinie zwischen den Metallen und Nichtmetallen diagonal über das Periodensystem, mit allen Nichtmetallen in der oberen rechten Ecke. Die wohlbekannten „Schrägbeziehungen" zwischen Lithium und Magnesium, Beryllium und Aluminium und Bor und Silizium sind analog erklärbar.

### Elektronenaffinitäten

Die Elektronenaffinität eines Atoms ist die Energie, die freigesetzt wird, wenn es Elektronen aufnimmt und zu einem negativen Ion wird. Ihre Messung ist viel schwieriger als die der Ionisierungsenergie; die Werte wurden meist durch eine indirekte Methode, die unten beschrieben wird, erhalten. In Tabelle 8 sind die Elektronenaffinitäten der Halogene, des Wasserstoffs und der Elemente der Gruppe VIB aufgeführt (in jedem Falle für die Bildung eines Ions mit Edelgaskonfiguration). Die Elektronenaffinitäten der Halogene sind negativ; das heißt, es wird Energie frei, wenn ein Halogenatom ein Elektron aufnimmt und ein Halogenidion bildet.Diese Energie verkörpert die große Stabilität einer vollständigen Elektronenschale. Anders gesagt, bildet ein Halogenatom mit einem halbgefüllten Orbital plus einem freien Elektron ein System, das eine höhere Energie repräsentiert als ein Halogenidion. Elektrostatische Kräfte sind nicht unmittelbar einbezogen und es gibt keinen unmittelbaren Zusammenhang zwischen der Elektronenaffinität und der Atomgröße.

Die Summe aus erster und zweiter Elektronenaffinität ist bei Sauerstoff, Schwefel und Selen groß und positiv, das heißt es wird viel Energie benötigt, um zwei Elektronen zusätzlich in jedem dieser Atome unterzubringen. Zweifellos

|  | H |
|---|---|
|  | $-17{,}8$ |
| O | F |
| $+156{,}9$ | $-83{,}5$ |
| S | Cl |
| $+79{,}4$ | $-87{,}3$ |
| Se | Br |
| $+97{,}0$ | $-82{,}0$ |
|  | I |
|  | $-75{,}7$ |

**Tabelle 8.**   Elektronenaffinitäten
(Die für jedes Element angegebene Zahl ist $\Delta H$
in kcal für die Reaktion $X(g) + n\epsilon \longrightarrow X^{n-}(g)$,
wobei $X^{n-}$ ein Ion mit Edelgaskonfiguration ist)

*wird* Energie bei der Addition des ersten Elektrons abgegeben, aber das zweite muß an $O^-$ oder $S^-$ gegen die starke elektrostatische Abstoßung zwischen den beiden negativen Ladungen herangebracht werden. Offensichtlich würde die Gesamtelektronenaffinität noch viel positiver für Ionen wie $N^{3-}$ sein [1]).

## Zusammenfassung

Für Ionen mit einer Edelgaskonfiguration lassen sich folgende Eigenschaften aus der vorangegangenen Diskussion ableiten:

1. Die Anlagerung von Elektronen zur Anionenbildung vergrößert die Atome beträchtlich. Allerdings sind die Radienunterschiede zwischen isoelektronischen Anionen mit einem, zwei oder drei negativen Ladungen unerheblich.
2. Die Abgabe eines Elektrons verursacht eine erhebliche Verkleinerung, und isoelektronische Kationen mit zwei und drei Ladungen sind zunehmend kleiner.
3. Die Ionengröße nimmt in jeder Gruppe nach unten hin zu.
4. Kleine, hochgeladene Kationen haben die größte polarisierende Wirkung, dagegen sind große Anionen am meisten polarisierbar.
5. Die Bildungstendenz von Kationen wächst innerhalb jeder Gruppe nach unten hin und nimmt in jeder Periode nach rechts hin ab.
6. Die Bildungstendenz von Anionen nimmt in einer Periode von rechts nach links hin ab.

Die Einflüsse 5. und 6. sind für die Begrenzungen der Bildung von Ionen mit Edelgaskonfiguration verantwortlich, die bereits angeführt wurden. Als Ionen dieser Sorte können nur die in Tabelle 4 angeführten vorkommen. Alle Kationen davon existieren im festen Zustand und zumindest unter bestimmten Konzentrations- und pH-Bedingungen, in wäßriger Lösung. Die Anionen trifft man in bestimmten ionischen festen Verbindungen an, aber in wäßriger Lösung können nur die Halogenidionen und die der Gruppe VIB (außer dem Oxidion) existieren.

---

[1]) Siehe Aufgabe 23

## 3.3. Die Stabilität elektrovalenter Verbindungen

### Der Born-Haber-Kreisprozeß

Viele Metalle verbrennen in Sauerstoff, Chlor oder Fluor und ergeben binäre Verbindungen, dennoch werden große Energiebeträge benötigt ($\Delta H$ positiv), wenn Elektronen zur Bildung von Kationen entfernt werden. Bei der Bildung eines Halogenidions kann zumindest ein Teil dieser Energie durch die Elektronenaffinität des Halogens geliefert werden, jedoch ist für die Kombination mit Sauerstoff oder Schwefel auch die Elektronenaffinität positiv. Die Freisetzung von Wärmeenergie ist nicht das alleinige Kriterium der chemischen Affinität (siehe S. 130), jedoch stellt sie bei einer Reihe verwandter Reaktionen dafür eine gute Faustregel dar und wird als Grundlage für die vorliegende Erörterung benutzt. Die naheliegende Aufgabe ist, zu untersuchen, wie ein Metall und ein Nichtmetall exotherm zu einer ionischen Festsubstanz kombinieren können, und dies ist möglich, wenn man sich die Reaktion schrittweise ablaufend vorstellt.

Stellen wir uns also vor, daß festes Natrium und gasförmiges Fluor zu festem Natriumfluorid reagieren und die Bildungswärme $\Delta H_f$ beträgt. Weil sich die Ionisierungsenergien und Elektronenaffinitäten auf isolierte gasförmige Atome beziehen, muß das Natrium zunächst verdampft und das Fluor in Atome dissoziiert werden. Anschließend kann der Elektronenübergang stattfinden und dann können die Ionen zu einem Natriumfluoridkristall kombinieren. Diese Folge von Reaktionen ist als Born-Haber-Kreisprozeß bekannt und graphisch in Abb. 22 dargestellt. Die Ionisierungsenergie von Natrium ist als $\Delta H_I$ bezeichnet, die Elektronenaffinität von Fluor als $\Delta H_E$, seine Dissoziationswärme als $\Delta H_D$ und die Gitterenergien von Natrium und Natriumfluorid als $\Delta H_L$ bzw. $\Delta H_S$. Diese Größen beziehen sich alle auf ein Mol der betreffenden Teilchen und die Gitterenergien entsprechen den Prozessen

$$Na(c) \rightarrow Na(g); \quad \Delta H_L$$

und $\quad NaF(c) \rightarrow Na^+(g) + F^-(g); \quad \Delta H_S.$

Die Größen können alle gemessen werden außer $\Delta H_S$, welches berechnet werden muß (siehe S. 173). [Die Klammern (c) und (g) bedeuten „kristallin" und „gasförmig".

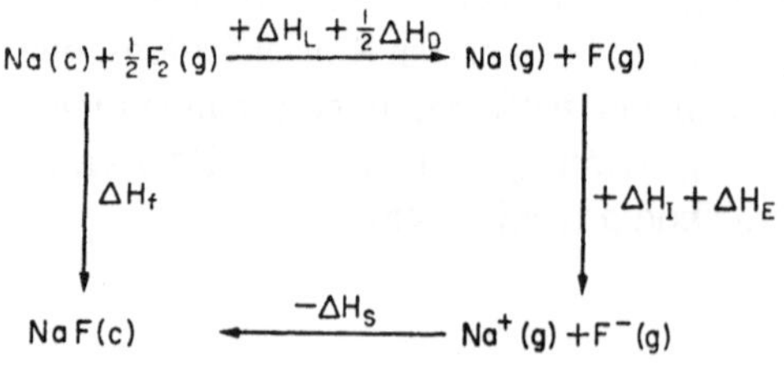

Abb. 22
Born-Haber-Kreisprozeß für die Bildung von Natriumfluorid

Die Änderungen der Wärmeinhalte $\Delta H$ (Enthalpieänderungen[1])) sind Reaktionswärmen bei konstantem Druck; sie unterscheiden sich nur wenig von den Reaktionswärmen $\Delta U$ bei konstantem Volumen.]

Die Bildungswärme $\Delta H_f$ wird aus den folgenden thermochemischen Gleichungen erhalten:

$$
\begin{array}{lcll}
\mathrm{Na(c)} & \rightarrow & \mathrm{Na(g);} & \Delta H_L \ (=+\ \ 26{,}0 \ \mathrm{kcal}) \\
\tfrac{1}{2}\,\mathrm{F_2(g)} & \rightarrow & \mathrm{F(g);} & \tfrac{1}{2}\,\Delta H_D \ (=+\ \ 18{,}3 \ \mathrm{kcal}) \\
\mathrm{Na(g)} & \rightarrow & \mathrm{Na^+(g)} + \epsilon; & \Delta H_I \ (=+\,120{,}0 \ \mathrm{kcal}) \\
\mathrm{F(g)} + \epsilon & \rightarrow & \mathrm{F^-(g);} & \Delta H_E \ (=-\ \ 83{,}5 \ \mathrm{kcal}) \\
\mathrm{Na^+(g)} + \mathrm{F^-(g)} & \rightarrow & \mathrm{NaF(c);} & -\Delta H_S \ (=-\,216{,}7 \ \mathrm{kcal}) \\
\hline
\mathrm{Na(c)} + \tfrac{1}{2}\,\mathrm{F_2(g)} & \rightarrow & \mathrm{NaF(c);} & \Delta H_f
\end{array}
$$

so daß $\Delta H_f = \Delta H_L + \tfrac{1}{2}\,\Delta H_D + \Delta H_I + \Delta H_E - \Delta H_S = -135{,}9$ kcal ist. Die direkte
Messung liefert für $\Delta H_f = -136{,}0$ kcal. Von den Größen auf der rechten Seite der
Gleichung für $\Delta H_f$ sind die Terme $\Delta H_E$ und $-\Delta H_S$ genügend negativ, um die drei
anderen Terme zu überwiegen, die sämtlich positiv sind und um $\Delta H_f$ den hohen
negativen Betrag zu verleihen, der durch das Experiment bestätigt wird. Die Über-
einstimmung mit dem Experiment ist nicht immer so gut wie in dem erwähnten
Beispiel, aber sie reicht aus, um die wesentliche Gültigkeit der Beweisgründe für
Ionenkristalle zu zeigen. Für einige Anionen läßt sich $\Delta H_E$ nicht direkt bestimmen,
und der Born-Haber-Kreisprozeß gestattet dann die Herleitung aus meßbaren
Größen[2]).

**Faktoren, die die Stabilität von Ionenkristallen bestimmen**

Die obige Gleichung für $\Delta H_f$ läßt sich nun (geeignet modifiziert, wo die
Formel nicht MX lautet) für die Erörterung der wahrscheinlichen Stabilitäten verschiedener ionischer Verbindungen anwenden. Zum Beispiel ist die Elektronenaffinität des Wasserstoffs viel kleiner als die der Halogene (Tabelle 8). Infolgedessen
werden ionische Hydride nur von den elektropositivisten Metallen, für die der Term
$(\Delta H_I + \Delta H_E)$ noch nicht zu groß ist, gebildet. Analog bilden nur diese Metalle
ionische Nitride und Phosphide. Schlußfolgerungen dieser Art dürfen wegen der
drei übrigen Glieder im Ausdruck für $\Delta H_f$ nicht zu weit getrieben werden. Im
folgenden Fall ist das Urteil zuverlässiger. Die erste Ionisierungsenergie von Aluminium ist nicht viel größer als die von Natrium (138 kcal/mol gegenüber 120),

---

[1]) Anmerkung des Übersetzers
[2]) Siehe Aufgaben 24—27

und man fragt sich, warum Aluminium kein stabiles Monofluorid bildet. Die Antwort, daß $Al^+$ keine Edelgaskonfiguration besitzt, ist überhaupt keine Antwort; viele Ionen ohne Edelgaskonfiguration bilden völlig stabile Verbindungen und $Al^+$ könnte sehr wohl die Elektronenanordnung $3s^2$ ohne ungepaarte Elektronen wie die stabilen Ionen $Tl^+$, $Pb^{2+}$ und $Bi^{3+}$, die alle die Anordnung $6s^2$ haben, besitzen (siehe S. 41 u. 59). Besser ist es, die vermutlichen Werte von $\Delta H_f$ für die beiden Verbindungen NaF und AlF zu vergleichen. Die Terme $\Delta H_E$ und $\frac{1}{2} \Delta H_D$ sind in beiden Fällen gleich und $\Delta H_S$ wird wohl kaum sehr verschieden sein, weil $Al^+$ etwa die gleiche Größe besitzen würde wie $Na^+$, so daß etwa die gleiche Energie bei der Bildung des Kristalls aus den gasförmigen Ionen freigesetzt würde. Deshalb verbleiben die Terme $(\Delta H_L + \Delta H_I)$, die wahrscheinlich die Ursache für die Nichtexistenz von AlF ausmachen. $\Delta H_L$ sollte für metallisches Aluminium größer sein als für metallisches Natrium, weil Aluminium einen viel höheren Schmelzpunkt hat. Mit großer Wahrscheinlichkeit würde demnach $\Delta H_f$ für AlF wesentlich kleiner sein als für NaF und zwar deshalb, weil Aluminium gegenüber Natrium die größere Gitterenergie und die größere erste Ionisierungsenergie besitzt. Es gibt jedoch Hinweise dafür, daß AlF bei höheren Temperaturen existieren kann.

Eine verwandte Frage ist, warum in Hinblick auf die beträchtlich größeren Energien, die für die Bildung solcher Ionen wie $Ca^{2+}$ und $Al^{3+}$, verglichen mit $K^+$, benötigt werden, mehrwertige Ionen in Ionenkristallen vorkommen. Die Antwort ist zweifach. Erstens wird der Term $\Delta H_E$, zumindest für die Halogenide, zu $2 \Delta H_E$ oder $3 \Delta H_E$, weil nunmehr zwei oder drei Halogenidionen für jedes Kation benötigt werden. (Andererseits wird der Term $\frac{1}{2} \Delta H_D$ zu $\Delta H_D$, beziehungsweise $\frac{3}{2} \Delta H_E$ und dies wirkt in entgegengesetzter Richtung.) Zweitens und viel wichtiger, wird weit mehr Energie freigesetzt, wenn die gasförmigen Ionen den festen Kristall bilden, weil diese Energie in hohem Maße von einem elektrostatischen Term von der Form $-ze^2/r$ bestimmt wird. $z$ ist offensichtlich für ein mehrwertiges Ion größer und $r$ ist kleiner, weil es die Radiensumme von Kation und Anion ist und mehrwertige Kationen viel kleiner als einwertige Kationen sind. All das setzt voraus, daß die Verbindung wirklich elektrovalent ist. In Wirklichkeit haben viele Verbindungen mit mehrwertigen Ionen einen hohen Anteil an kovalenter Bindung und die obige Analyse ist nicht streng sachgemäß.

Ein auffallendes Ergebnis von Kristallstrukturuntersuchungen ist (Kapitel 8), daß Fluoride fast immer Ionengitter bilden, während die anderen Metallhalogenide mit Ausnahme der Alkalimetalle gewöhnlich Kristalle mit einem hohen Grad kovalenter Bindungsanteile liefern. Vergleicht man $\Delta H_f$ für die Fluoride und Chloride eines gegebenen Metalls, so sind die Terme $\Delta H_L$ und $\Delta H_I$ gleich, so daß irgendein Unterschied durch den Term $(\frac{1}{2} \Delta H_D + \Delta H_E - \Delta H_S)$ verursacht sein muß. $\Delta H_E$ ist für Fluor kleiner als für Chlor, so daß, wenn die Elektronenaffinitäten der allein bestimmende Faktor wäre, Chloride einen stärkeren ionischen Charakter besitzen müßten als Fluoride. $\Delta H_S$ wird jedoch für Fluoride wesentlich größer sein als für

Chloride gleicher Struktur, weil das Fluoridion viel kleiner als das Chloridion ist
(Tabelle 4). Das bedeutet, daß für die Fluoride der interionische Abstand viel kleiner
ist und die elektrostatische Energie (s. o.) entsprechend größer. Schließlich beträgt
die Dissoziationsenergie $\Delta H_D$ 58,0 kcal/mol für Chlor, aber nur 36,6 kcal/mol für
Fluor. Infolgedessen ist $\Delta H_f$ groß für ein ionisches Fluorid, aber für das entsprechende Chlorid ist normalerweise ein anderer Strukturtyp, der kovalente Bindungsanteile einschließt, stabiler.

Es gibt viele ionische Kristalle, in denen eine oder beide Ionensorten mehr als
ein Atom enthalten. Solche Verbindungen können oft aus einer einfachen ionischen
Verbindung und einer kovalenten molekularen Substanz gebildet werden oder in
diese beiden Komponenten zerfallen. Beispiele dafür sind offensichtlich:

$$CaO + CO_2 \; \rightleftharpoons \; CaCO_3$$

$$KJ + J_2 \; \rightleftharpoons \; KJ_3$$

$$KF + BF_3 \; \rightleftharpoons \; KBF_4$$

$$2Na_2O + O_2 \; \rightleftharpoons \; 2Na_2O_2$$

$$Ba_3N_2 + 8N_2 \; \rightleftharpoons \; 3Ba(N_3)_2$$

Für den allgemeinen Fall des Komplexes $M[YX]$ (wobei Y selbst Atome von X
enthalten kann) erhält man die Bildungswärme aus den Bestandteilen MX und Y
wie folgt:

$$
\begin{array}{rcll}
MX(c) & \rightarrow & M^+(g) + X^-(g); & \Delta H_S \\
Y + X^-(g) & \rightarrow & YX^-(g); & \Delta H_C \\
M^+(g) + YX^-(g) & \rightarrow & M[YX](c); & -\Delta H_U \\
\hline
MX(c) + Y & \rightarrow & M[YX](c); & \Delta H_k
\end{array}
$$

und $\Delta H_k = \Delta H_S + \Delta H_C - \Delta H_U$. Damit $M[YX]$ maximale Stabilität besitzt, muß
$\Delta H_k$ so negativ wie möglich sein. Weil $YX^-$ immer viel größer als $X^-$ ist, wird der
interionische Abstand in $M[YX]$ viel größer sein als in MX, und in erster Näherung
kann $\Delta H_U$ im Vergleich zu $\Delta H_S$ vernachlässigt werden. Von den verbleibenden
Termen $(\Delta H_S + \Delta H_C)$ ist der erste positiv und der zweite negativ. Die Stabilität
von $M[YX]$ ist deshalb um so größer, je exothermer die Bildung von $YX^-$ aus Y
und $X^-$ ist. Für gegebenes $YX^-$ ist $\Delta H_C$ konstant und die Stabilität hängt nur von
$\Delta H_S$ ab (die um so größer ist, je kleiner $\Delta H_S$ ist) und damit von der Natur von $M^+$.
Die Gitterenergie $\Delta H_S$ von MX hängt (s.o.) ab vom Term $-ze^2/r$ und ist deshalb
für große Ionen mit einfacher Ladung minimal. Daraus folgt die wichtige allgemeine
Regel, für die es sehr viele Beispiele gibt, daß Salze mit „komplexen" Anionen
um so stabiler sind a) je größer das Kation und b) je kleiner dessen Ladung ist. Zum

Beispiel zersetzt sich von den Alkalicarbonaten nur das des Lithiums leicht beim Erhitzen; für die Carbonate der Gruppe IIA fällt der Dissoziationsdampfdruck bei gegebener Temperatur stetig von $Be^{2+}$ zu $Ba^{2+}$ und die Carbonate dreiwertiger Metalle existieren, bis auf die großer Seltenerd-Kationen gar nicht. Außerdem lassen sich viele „komplexe" Salze im festen Zustand nur dann erhalten, wenn das Kation sehr groß und einfach positiv ist, so z.B. $K^+$, $Rb^+$, $Cs^+$, $NH_4^+$, $N(CH_3)_4^+$, $C(C_6H_5)_3^+$ usw.

Eine ganz ähnliche Diskussion ergibt, daß die Stabilität eines Salzes mit komplexem Kation am größten ist, wenn das Anion groß ist.

### Verbindungen der Edelgase

Bis in die unmittelbare Vergangenheit gab es keine Fälle von Bindungsbetätigung bei Edelgasatomen, außer für das Teilchen $He_2^+$, dessen Existenz spektroskopisch in Entladungsröhren nachgewiesen wurde. Von den festen Hydraten der schwereren Edelgase und von kristallinen Verbindungen wie beispielsweise aus Argon und Hydrochinon weiß man, daß sie nichts mehr als eine mechanische Umhüllung von Edelgasatomen im Eis- oder Hydrochinongitter darstellen (siehe S. 192). Es war deshalb möglich, die Edelgase als „inerte" Gase zu beschreiben und ihre Inertheit als Ausgangspunkt für die Elektronentheorie der Valenz zu benutzen.

1962 jedoch stellte *Bartlett* eine Verbindung $PtF_6O_2$ durch Einwirkung von Sauerstoff auf Platinhexafluorid bei Raumtemperatur dar und zeigte, daß sie ionisch ist: $[O_2]^+[PtF_6]^-$. Er schlußfolgerte, daß Platinhexafluorid, wenn es in der Lage ist molekularen Sauerstoff zu $O_2^+$ zu oxydieren (siehe S. 134 zur Diskussion von Oxydations-Reduktionsreaktionen), auch fähig sein sollte, Xenon in $Xe^+$ umzuwandeln, weil die ersten Ionisierungsenergien von molekularem Sauerstoff (12,2 eV) und Xenon (12,13 eV) nahezu identisch sind — vgl. S. 55. Er behandelte Xenon mit Platinhexafluorid (das ebenfalls gasförmig ist) und erhielt eine orangerote feste Substanz $[Xe]^+[PtF_6]^-$. Sie sublimiert im Vakuum und wird durch Wasser zu Xenon, Sauerstoff, Fluorwasserstoff und Platindioxid hydrolysiert. Wenig später erhielten amerikanische Wissenschaftler durch Einwirkung von Xenon auf Fluor bei 400 °C farblose Kristalle von $XeF_4$. Das Produkt ist völlig stabil bei Zimmertemperatur und schmilzt kurz oberhalb 100 °C. Diese fesselnden Entdeckungen entfachten verständlicherweise eine intensive Aktivität auf dem neuen Gebiet der Chemie der Edelgase, und als das Manuskript zu diesem Buch geschrieben wurde, waren über zwölf Verbindungen des Xenons synthetisiert, zusammen mit je einer von Krypton und von Radon ($KrF_4$ und $RnF_x$). Die Xenonverbindungen umfassen weitere zwei Fluoride $XeF_2$ und $XeF_6$, wenigstens ein Oxidfluorid $XeOF_4$ und Verbindungen wie $XeRhF_6$ und $XeF_2(SbF_5)_2$. Die meisten dieser Verbindungen sind bei normalen Temperaturen einigermaßen stabil, aber $XeO_3$ (aus den aus $XeF_4$ und $XeF_6$ mit Wasser resultierenden, stark oxydierenden Lösungen als farblose feste Substanz erhältlich) explodiert beim Erhitzen auf 40 °C im Vakuum.

Es ist bedeutsam, daß diese Verbindungen alle die stark elektronegativen Elemente Sauerstoff und Fluor sowie die schwereren Edelgase enthalten. Es ist unwahrscheinlich, daß Helium und Neon, in denen die Außenelektronen noch fester gebunden sind, auch nur annähernd so viele Verbindungen bilden, wie Xenon, dennoch ist es möglich, daß einige darstellbar sind. Auch ist es denkbar, daß Chloride der schwereren Edelgase dargestellt werden können.

Obwohl es diese Darlegungen unmöglich machen, von „inerten" Edelgasen überhaupt zu sprechen, beeinflussen sie den Zugang zur chemischen Bindung nicht, der sich nicht länger auf die „Inertheit" der Edelgase stützt.

## 3.4. Andere einfache Kationen

Die Ausführungen dieses Kapitels betrafen bis jetzt einfache Ionen mit Edelgaskonfiguration. Normalerweise existieren keine einfachen Anionen eines anderen Typs, jedoch gibt es für Kationen einen viel größeren Spielraum. Tabelle 9 bringt Kationen mit einer *Pseudoedelgaskonfiguration* – das heißt einer Edelgasanordnung plus einem vollständigem Niveau von zehn d-Elektronen. Diese werden von den Elementen der Klasse 6 gebildet (S. 41). Bei Elementen dieses Typs beteiligen sich die beiden äußeren s-Elektronen manchmal nicht an der Bindungsbetätigung, sondern verhalten sich als ein „inertes Paar". In diesem Falle werden Kationen mit einer um zwei geringeren Ladung, als normalerweise erwartet, gebildet. Sie sind in Tabelle 10 aufgeführt. Für die verbleibenden metallischen Elemente gibt es keine allgemeine Regel für die wahrscheinliche Zahl der bei Kationenbildung abgegebenen Elektronen. In der ersten Reihe der Übergangselemente sind zwei- und dreiwertige Kationen am häufigsten, obwohl Kationen anderer Ladung nicht unbekannt sind (Tabelle 11). Weil keines dieser Kationen Edelgaskonfiguration besitzt, gibt es keinen besonderen Grund dafür, warum eine bestimmte Zahl von Elektronen abgegeben werden sollte, und tatsächlich bilden die meisten dieser Elemente die Kationen $M^{2+}$ und $M^{3+}$. Allgemein gesagt ist am Anfang der Reihe $M^{3+}$ am stabilsten, möglicherweise deshalb, weil die Edelgaskonfiguration nicht allzuweit entfernt ist und $M^{2+}$ am Ende. (Deshalb sind $Ti^{2+}$ und $Cr^{2+}$ viel weniger stabil als $Ti^{3+}$ und $Cr^{3+}$, während normale einfache Kobalt- und Nickelverbindungen $Co^{2+}$ und $Ni^{2+}$ anstatt $Co^{3+}$ und $Ni^{3+}$ enthalten.) Die unerwartete Stabilität von $Mn^{2+}$ und $Fe^{3+}$ wird durch die Existenz eines halbgefüllten 3d-Niveaus in diesen Ionen verursacht (siehe S. 35). Einwertige Kationen $M^{+}$ sind in der ersten Reihe der Übergangselemente praktisch unbekannt, ohne daß es dafür einen klar ersichtlichen Grund gibt. In der zweiten und dritten Reihe der Übergangselemente sind einfache Kationen selten. Die Seltenen Erden geben gewöhnlich drei Elektronen ab und liefern $M^{3+}$, in einigen wenigen Fällen können aber zwei- und vierwertige Kationen gebildet werden, aus Gründen, die auf Seite 40 besprochen wurden. Bei den Actiniden gibt es eine größere Tendenz zur Bildung vierwertiger Kationen und anscheinend keine zur Bildung zweiwertiger, aber wiederum ist $M^{3+}$ am häufigsten.

Ein Metall ist einzig in seiner Art, indem es ein Kation bildet, das aus *zwei* Atomen besteht, die durch eine kovalente Bindung verknüpft sind. Es läßt sich mit mehreren Methoden zeigen, daß Quecksilber(I)-Verbindungen das Ion $^+$Hg-Hg$^+$ enthalten, und es gibt dazu kein weiteres analoges Ion.

Die bisherige Diskussion hat sich hauptsächlich mit der Erörterung der Ionen-*Typen,* die gebildet werden können, beschäftigt. Die *Strukturen,* die von diesen Ionen im festen Zustand aufgebaut werden, besprechen wir in Kapitel 8.

| $Cu^+$ | $Zn^{2+}$ | $Ga^{3+}$ | |
|---|---|---|---|
| 0,96 | 0,74 | 0,62 | |
| $Ag^+$ | $Cd^{2+}$ | $In^{3+}$ | $Sn^{4+}$ |
| 1,26 | 0,97 | 0,81 | 0,71 |
| $Au^+$ | $Hg^{2+}$ | $Tl^{3+}$ | $Pb^{4+}$ |
| 1,37 | 1,10 | 0,95 | 0,84 |

**Tabelle 9**     Kationen mit Pseudo-Edelgaskonfiguration (Radien in Å)

| | $Sn^{2+}$ | $Sb^{3+}$ |
|---|---|---|
| | 1,12 | |
| $Tl^+$ | $Pb^{2+}$ | $Bi^{3+}$ |
| 1,40 | 1,20 | |

**Tabelle 10**     Kationen mit Inertpaar (Radien in Å)

**Tabelle 11**     Zwei- und dreiwertige Kationen der ersten Reihe der Übergangselemente (Radien in Å)

| | (Sc) | Ti | V | Cr | Mn | Fe | Co | Ni | Cu | (Zn) |
|---|---|---|---|---|---|---|---|---|---|---|
| $M^{2+}$ | | 0,90 | 0,88 | 0,84 | 0,80 | 0,76 | 0,74 | 0,72 | 0,72 | 0,74 |
| $M^{3+}$ | 0,81 | 0,76 | 0,74 | 0,69 | 0,66 | 0,64 | 0,63 | 0,62 | | |

## Die Atom- und Ionengröße der Übergangselemente und der inneren Übergangselemente

Die erste Reihe der Übergangselemente ist insofern von Interesse, weil alle Elemente zwei- und dreiwertige Ionen bilden, die sich nur in der Zahl der 3d-Elektronen voneinander unterscheiden. Beim Übergang von einem Übergangsmetallion zum nächsten wachsen sowohl die Kernladung, als auch die Zahl der 3d-Elektronen um eins, wegen der tief eindringenden Natur der d-Orbitale ist jedoch das Nettoergebnis eine geringe *Abnahme* im Ionenradius, so wie es in Tabelle 11 gezeigt ist. Weil die Kristallstrukturen und Löslichkeiten von Salzen weitgehend von der Ionengröße bestimmt werden (wenn andere Faktoren gleich sind, so wie es hier der Fall ist), ist die Ähnlichkeit zwischen einem Übergangsmetall und dem nächsten für Verbindungen mit gleichem Oxydationszustand sehr groß. Zum Beispiel bilden fast alle Metalle der ersten Reihe der Übergangsmetalle Sulfate, die mit Eisen(II)-Sulfat-Heptahydrat isomorph sind (die Vitriole), und Doppelsulfate, die mit Eisen (II)-ammoniumsulfat-Hexahydrat isomorph sind.

Ein noch überzeugenderes Beispiel für horizontale Ähnlichkeit sind die Lanthaniden und Actiniden, die sich voneinander nur im 4f- bzw. 5f-Niveau unterscheiden. Wiederum nehmen Atom - und Ionenradius von einem Element zum nächsten hin ab (Tabelle 12), so daß benachbarte Lanthaniden oder Actiniden gegebenen Oxydationszustandes praktisch identische Eigenschaften aufweisen. Als Ergebnis dieser „Lanthanidenkontraktion" hat Hafnium, das nächste Element nach Lutetium (bei dem das 4f-Niveau gerade komplett ist), einen viel kleineren Radius als Lanthan. Tatsächlich ist der Atomradius von Hafnium praktisch gleich dem des in Gruppe IVA über ihm stehenden Elementes Zirkon. In Gruppe VA sind die Radien von Niob und Tantal fast gleich groß, aber bei Molybdän und Wolfram ist die Ähnlichkeit weniger ausgeprägt. Das wirkt sich so aus, daß Zirkon- und Hafniumverbindungen nahezu identische Eigenschaften aufweisen, und vor Jahren verursachte ihre Trennung erhebliche Schwierigkeiten.

**Tabelle 12**    Die Lanthanidenkontraktion
(Radien der dreiwertigen Kationen der Seltenen Erden in Å)

| $La^{3+}$ | 1,15 | $Sm^{3+}$ | 1,04 | $Ho^{3+}$ | 0,97 |
|---|---|---|---|---|---|
| $Ce^{3+}$ | 1,11 | $Eu^{3+}$ | 1,03 | $Er^{3+}$ | 0,96 |
| $Pr^{3+}$ | 1,09 | $Gd^{3+}$ | 1,02 | $Tm^{3+}$ | 0,95 |
| $Nd^{3+}$ | 1,08 | $Tb^{3+}$ | 1,00 | $Yb^{3+}$ | 0,94 |
| $Pm^{3+}$ | 1,06 | $Dy^{3+}$ | 0,99 | $Lu^{3+}$ | 0,93 |

**Einige Schlußbemerkungen**

In diesem Kapitel kann der Eindruck vermittelt worden sein, daß viele Elemente im festen Zustand und in Lösung als einfache Kationen und Anionen auftreten. Dies trifft jedoch nicht streng zu. Es gibt keinen völlig idealen Ionenkristall; sogar in Cäsiumfluorid, der Verbindung des elektropositivsten Metalls mit dem elektronegativsten Nichtmetall, ist ein geringer Anteil kovalenter Bindung vorhanden. Ein „Ion" ist in jeder kristallinen Festsubstanz von einer koordinierten Gruppe von anderen Atomen oder Ionen umgeben, und es ist immer eine bestimmte Wechselwirkung zwischen ihnen vorhanden, während in Lösung jedes Ions von einer mehr oder weniger definierten Hülle von Solvensmolekeln umgeben ist. Dennoch ist es sinnvoll, von „Ionen" zu spreche   so wie es in diesem Kapitel getan worden ist, weil aus dieser Näherung viele nützliche Schlußfolgerungen gezogen werden können. Eine detaillierte Diskussion der Bindungstypen wird in den Kapiteln 6 und 8 vorgenommen.

Aus den Ionisierungsenergien hat man viele Schlußfolgerungen über das chemische Verhalten gezogen. Diese Verhältnisse sind in der Tat eine wertvolle Richtschnur, es darf aber nicht vergessen werden, daß sie sich auf die Abgabe von Elektronen aus isolierten Atomen im gasförmigen Zustand beziehen, was kaum eine Situation von *unmittelbarem* chemischen Interesse darstellt. Zum Beispiel beträgt die Summe aus der ersten und zweiten Ionisierungsenergie bei Kupfer 645 kcal/mol und bei Zink 630 kcal/mol. Trotz dieser sehr kleinen Differenz ist Zink ein weit elektropositiveres und reaktionsfreudigeres Metall als Kupfer. Ein viel besseres Maß für das chemische Verhalten ist das Elektrodenpotential, das in Kapitel 7 besprochen wird.

# 4. Die kovalente Bindung und die Molekülgeometrie

## 4.1. Allgemeine Gesichtspunkte zur kovalenten Bindung

Chemische Bindungen zwischen Nichtmetallatomen können keinen Elektronenübergang bedingen, weil beide Atome Elektronen aufzunehmen trachten, um eine Edelgaskonfiguration zu erreichen (oder sich dieser anzunähern). Solche Bindungen beruhen deshalb auf einem anderen Prinzip — dem Prinzip der gemeinsamen Elektronen. So kann z.B. die Kombination zweier Fluoratome zu einer Fluormolekel und die Kombination von Wasserstoffatomen mit Kohlenstoff, Stickstoff und Sauerstoff zu Methan, Ammoniak bzw. Wasser wie folgt dargestellt werden:

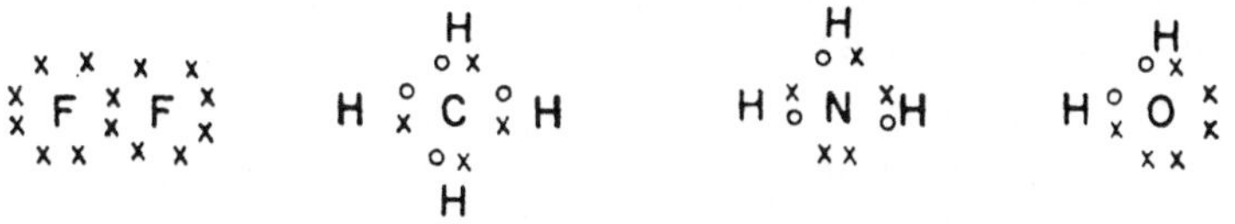

$$
\begin{array}{cccc}
& \overset{\displaystyle H}{} & \overset{\displaystyle H}{} & \overset{\displaystyle H}{} \\
\underset{x\;x\;\;x\;\;x}{\overset{x\;\;x\;\;x\;\;x}{x\;F\;x\;F\;x}} \quad & H\;x\;C\;x\;H & H\;N\;H & H\;O\;x \\
& \underset{\displaystyle H}{} & & \\
\end{array}
$$

In diesen und den folgenden Darstellungen der kovalenten Bindung sind nur die äußersten (oder „Valenz"-)Elektronen jedes Atoms angeführt. Elektronen, die ursprünglich zu verschiedenen Atomen gehörten, sind mit verschiedenen Symbolen versehen, um graphisch bequemer darstellen zu können, was sich ereignet hat. Das ist nicht so zu verstehen, als ob es noch irgend einen anderen Unterschied zwischen ihnen gäbe. Durch das Anteiligwerden von Elektronen erreicht jedes Atom ein vollständiges Oktett von Valenzelektronen (die gleiche Zahl wie bei Edelgasen) oder im Fall des Wasserstoffs die zwei Elektronen, die der Heliumkonfiguration entsprechen. Deshalb werden die beiden Bindungselektronen als beiden Atomen zugehörig angesehen. In diesem Buch wird keine zulängliche Behandlung der Art und Weise vorgenommen, wie das Anteiligwerden der Elektronen beide Atome zusammenhält. Die Anziehungskraft ist ihrer Natur nach im wesentlichen elektrisch, sie läßt sich jedoch nicht völlig mit klassischen elektrostatischen Termen beschreiben.

In Kapitel 2 haben wir gesehen, daß jedes Elektron in einem isolierten Atom ein bestimmtes Orbital besetzt, wobei jedes Orbital, entsprechend dem Pauli-Prinzip, gerade zwei Elektronen mit entgegengesetzten Spin aufnehmen kann. In der gleichen Weise besetzen zwei Elektronen, die eine kovalente Bindung bilden, das gleiche „gemeinschaftliche" Orbital, so daß auch sie entgegengesetzte Spins haben müssen. Es ist nun instruktiv, im Sinne dieser Vorstellungen die Bindungsbildung bei Kohlenstoff-, Stickstoff- und Sauerstoffatomen zu betrachten. Kohlenstoff besitzt vier

Außenelektronen, die in einem isolierten Kohlenstoffatom normalerweise so angeordnet sind: $2s^2 2p_x 2p_y$ oder

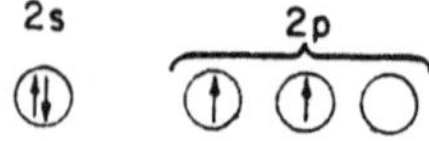

[Nicht $2s^2 2p_x^2$, weil diese Anordnung entsprechend der Hundschen Regel (S. 34)
einen höheren Energiezustand repräsentieren würde und deshalb instabiler wäre.
Siehe auch den Beweis aus den Ionisierungsenergien auf S. 34.] In diesem Zustand
würde Kohlenstoff jedoch zweibindig sein, weil er nur zwei ungepaarte Elektronen
besitzt. Da aber Kohlenstoff fast immer vierbindig ist, muß sein Zustand kurz vor
Bindungsbildung sein:

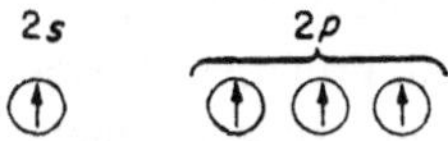

Für die „Promotion" eines der 2s-Elektronen in ein 2p-Orbital wird Energie ver-
braucht, aber es wird mehr als der dafür erforderliche Betrag bei der Bildung der
vier Bindungen freigesetzt, so daß $CH_4$ und nicht $CH_2$ das bei der Reaktion von
Kohlenstoff und Wasserstoff entstehende stabile Produkt ist.

Für Stickstoff und Sauerstoff besteht keine Notwendigkeit, Elektronen ein-
leitend vor einer Bindungsbildung in den Valenzzustand zu promovieren, weil
diese Atome drei beziehungsweise zwei ungepaarte Elektronen in ihren Grundzu-
ständen besitzen: $2s^2 2p_x 2p_y 2p_z$ für Stickstoff und $2s^2 2p_x^2 2p_y 2p_z$ für Sauerstoff. Angesichts dessen könnten Stickstoff und Sauerstoff jedoch *alle* Valenzelektronen betätigen, was zu Verbindungen wie $NF_5$ und $OF_6$ führen würde. (Dies
würde aufgrund der einfachen Oktettvorstellung mit der Edelgaskonfiguration als
Stabilitätskriterium nicht eintreten, wäre aber im Orbitalbild möglich.) Danach
müßten fünf oder sechs Orbitale um Stickstoff bzw. Sauerstoff besetzt werden, es
gibt aber nur vier Orbitale in der zweiten Quantenschale. Die hinsichtlich der Energie nächsthöheren Orbitale sind 3s und 3p, es würde jedoch weit mehr Energie als
Einleitung zur Bindungsbildung für die Anhebung von Elektronen in diese Orbitale
benötigt, als bei der Knüpfung der zusätzlichen Bindungen wiedergewonnen würde.
Das gilt für alle Atome der ersten Kurzperiode, von denen keines jemals mehr als
vier kovalente Bindungen eingeht. Deshalb bestimmt die „Oktett"-Regel die Bindungsverhältnisse der Elemente Lithium bis Fluor. (Für Wasserstoff, bei dem ohne
größeren Energieaufwand nur das 1s-Orbital verfügbar ist, ist die maximale Kovalenz
in Übereinstimmung mit dem Experiment offensichtlich eins.) Jedoch ist es denkbar,
daß *weniger* als ein Valenzelektronenoktett vorhanden ist. Zum Beispiel könnte
Stickstoff eine, anstatt drei Bindungen bilden. In der Praxis tritt dies jedoch selten
auf, wenn es *möglich* ist, das vollständige Oktett zu bilden. In letzteren Fall wird
nämlich mehr Energie frei und die resultierenden Verbindung ist um so stabiler, je

mehr Bindungen gebildet werden. In Verbindungen wie $BF_3$ besitzt B weniger als ein Oktett, jedoch ist Bor als einziges Nichtmetall mit weniger als vier Valenzelektronen, abgesehen von Wasserstoff, ein Sonderfall. Außerdem bildet Bor in solchen Verbindungen gern weitere Bindungen aus und liefert negative Ionen, in denen Bor ein vollständiges Oktett *besitzt* (siehe S. 125).

Zwei Atome können mehr als zwei Elektronen gemeinsam haben und entweder eine Doppel- oder Dreifachbindung ergeben, indem entweder zwei oder drei gemeinsame Orbitale, so wie in den Molekeln Kohlendioxid und Sauerstoff, vorhanden sind:

$$O=C=O \qquad N\equiv N$$

(In Bindungsdarstellungen entspricht ein Strich zwischen zwei Atomen immer einer Zweielektronenbindung, zwei Striche bedeuten zwei solche Bindungen, oder eine Doppelbindung und drei Striche eine Dreifachbindung.)

**Weitere Besprechung von Orbitalen und Bindung**

Damit zwei Atome eine Atombindung eingehen können, muß jedes Atom ein nur einfach besetztes Orbital zur Verfügung haben, daß heißt, ein ungepaartes Elektron besitzen. Wenn die Bindung gebildet worden ist, besetzen beide Elektronen das gleiche kombinierte Orbital, so daß ein Orbital als ein Ergebnis des Gesamtvorganges verloren gegangen zu sein scheint. In Wirklichkeit kombinieren beide Atomorbitale bei der Annäherung der Atome miteinander und ergeben zwei Verbindungsorbitale, von denen eines eine niedrigere Energie als die ursprünglichen Atomorbitale aufweist und das andere eine höhere Energie (siehe Abb. 23). Die beiden Elektronen besetzen naturgemäß das Orbital mit der niedrigsten Energie, das sogenannte „bindende" Orbital, weil dann bei der Bindungsbildung Energie freigesetzt wird.

Es ist damit nunmehr möglich, zu verstehen, warum nur dann eine Bindung gebildet werden kann, wenn *ungepaarte* Elektronen vorhanden sind. Nehmen wir z.B. an, daß sich zwei Heliumatome einander nähern, jedes mit zwei 1s-Elektronen. Aus energetischen Gründen sind höhere als 1s-Orbitale unbrauchbar. Aus den beiden

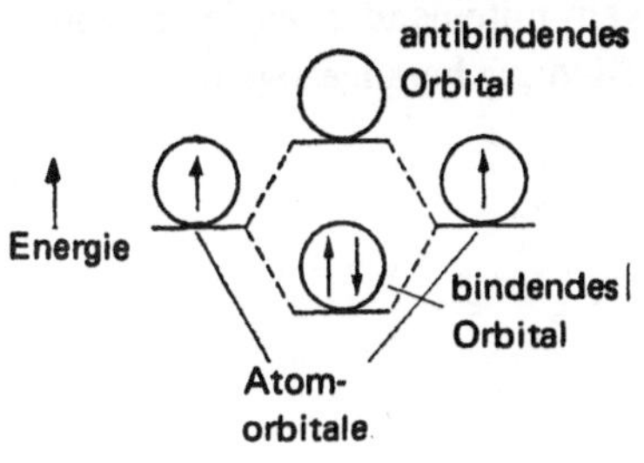


**Abb. 23**
Die Entstehung bindender und
antibindender Orbitale

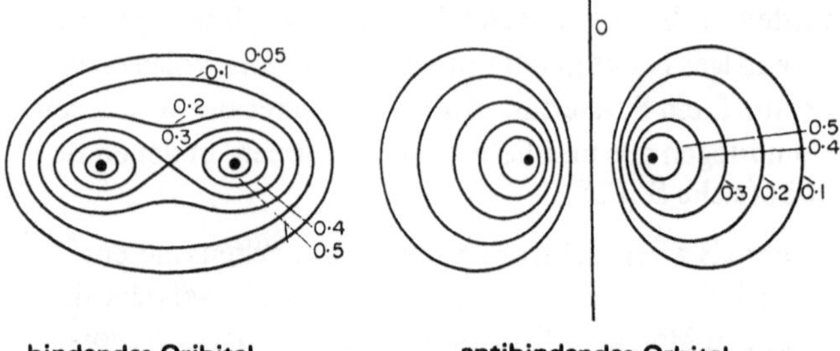



**Abb. 24.** Querschnitte von Elektronendichte-Oberflächen für bindende und antibindende Orbitale

1s-Orbitalen können zwei Verbindungsorbitale gebildet werden, ein bindendes und ein zweites mit höherer Energie als die Atomorbitale und deshalb „antibindend" genannt. Beide Orbitale müssen voll besetzt werden, weil vier Elektronen unterzubringen sind. Infolgedessen wird wenig oder keine Energie freigesetzt, und die Bindung ist nicht stabil. Durch Rechnungen ergibt sich, daß ein bindendes Orbital einer hohen Wahrscheinlichkeit entspricht, Elektronen zwischen den Atomen anzutreffen, so daß die Bindungskraft mit einer Anhäufung von Ladung in dieser Region verknüpft ist; umgekehrt bedeutet ein antibindendes Orbital eine geringe Elektronendichte an dieser Stelle. Dies ist in den Querschnitten der Elektronendichteflächen in Abb. 24 gezeigt, wobei die Linien Punkte gleicher Elektronenauffindungswahrscheinlichkeit verbinden. (Dabei sind die Abbildungen der Elektronendichte nicht maßstäblich aufzufassen.)

### Dative kovalente Bindung

Die beiden Elektronen, die eine kovalente Bindung bilden, müssen nicht notwendigerweise von verschiedenen Atomen stammen. Z.B. reagieren die beiden farblosen Gase Ammoniak und Bortrifluorid miteinander zu einer weißen Festsubstanz der Zusammensetzung $NH_3 \cdot BF_3$. In Bortrifluorid besitzt Bor nur sechs Valenzelektronen, während der Stickstoff in Ammoniak ein unbeanspruchtes oder „einsames" Elektronenpaar hat. Wenn die beiden Molekeln miteinander reagieren, wird dieses einsame Paar zur Bildung der Bor-Stickstoff-Bindung herangezogen:

Der einzige Unterschied zwischen einer solchen Bindung und einer gewöhnlichen kovalenten Bindung besteht darin, daß *beide* Elektronen aus nur *einem* der beiden betreffenden Atome stammen. Sie wird deshalb als semipolare Doppelbindung, koordinative Bindung oder als dative kovalente Bindung bezeichnet. Wahrscheinlich ist der letzte Name der beste, weil er betont, daß die Bindung im wesentlichen mit einer normalen kovalenten Bindung identisch ist; er wird in diesem Buch verwendet. Eine dative Kovalenz läßt sich auf einem der beiden folgenden Wege darstellen:

$$H_3N \rightarrow BF_3 \quad \text{oder} \quad \overset{+}{H_3N}{-}\overset{-}{BF_3}$$

Wir benutzen hier vorwiegend die zweite Art der Darstellung, weil sie die Aufmerksamkeit auf eine wichtige Eigenschaft der dativen Kovalenz lenkt. Weil beide Bindungselektronen vom Stickstoff herrühren, hat dieser effektiv ein Elektron an das Bor abgegeben, so daß beide Atome die angegebenen Ladungen erlangen. Als Alternative kann der Ladungsübergang bereits vor der Bindungsbildung eintretend angesehen werden:

$$\overset{+}{H_3N}{}^{\times} \quad {}_{\times}\overset{-}{BF_3} \quad \rightarrow \quad \overset{+}{H_3N}{-}\overset{-}{BF_3}$$

Additionsverbindungen, die aus zwei neutralen Molekeln auf diesem Wege gebildet werden, sind nicht allzu häufig, sehr oft aber treten dative Kovalenzen zwischen den Atomen einer Molekel und zwischen Ionen und Atomen oder Molekeln auf. Kohlenmonoxid, Stickstoffwasserstoffsäure und Salpetersäure sind Beispiele für Molekeln, die nur mit dativen Kovalenzen formuliert werden können:

$$\overset{-}{C}\equiv\overset{+}{O} \qquad \overset{H}{{}_{\diagup}}\overset{+}{N}{=}\overset{-}{N}{=}N \qquad H{-}O{-}\overset{+}{N}\diagdown\overset{\diagup O^-}{{}_{\diagdown O}}$$

Hydroxonium- und Ammoniumionen werden oft als Beispiele für diese Bindungsart angeführt; dabei soll entweder eine Wasser- beziehungsweise Ammoniakmolekel eine dative Kovalenzbindung mit einem Wasserstoffion bilden:

$$\overset{+}{H}{\leftarrow}O\diagdown\overset{\diagup H}{{}_{\diagdown H}} \qquad \overset{+}{H}{\leftarrow}\overset{\overset{H}{|}}{N}{-}H$$
$$\qquad\qquad\qquad |$$
$$\qquad\qquad\qquad H$$

(Isolierte Protonen sind, außer im Gaszustand bei sehr niedrigen Drücken, nie vorhanden; in Lösung sind sie durchweg solvatisiert, indem sie $OH_3^+$ in Wasser und $NH_4^+$ in flüssigem Ammoniak ergeben.) Diese Betrachtungsweise der Hydroxonium- und Ammoniumionen ist ziemlich irreführend, weil sie den Eindruck erweckt, als sei ein

ausgezeichnetes Wasserstoffatom verschieden von den anderen, während Experimente
zeigen, daß beide Ionen symmetrisch sind und alle Wasserstoffatome äquivalent
angeordnet sind. Eine weit besser geeignete Auffassung besteht darin, sich vorzustellen, daß jedes Sauerstoff- und Stickstoffatom ein Elektron verlieren und $O^+$ mit
fünf Elektronen wie N und $N^+$ mit vier Elektronen wie C entstehen. Sie kombinieren
dann naturgemäß mit drei oder vier Wasserstoffatomen (wie N oder C), jedoch sind
die resultierenden Atomgruppen positive Ionen und keine neutralen Molekeln.

Anionen lassen sich ähnlich formulieren:

$$\text{oder} \quad O\!=\!N\!\!\left\langle \begin{array}{c} O^- \\ O^- \end{array} \right. \quad \text{und} \quad \bar{O}\!-\!\overset{++}{S}\!-\!\bar{O} \quad \text{oder}$$

(In diesen Darstellungen bedeutet das Symbol * ein zusätzliches Elektron über die
ursprünglich an den Atomen vorhandenen hinaus.) Die Gesamtladung eines Ions läßt
sich immer durch einen Vergleich der Gesamtzahl der vorhandenen Valenzelektronen
mit der Gesamtzahl der an den betreffenden Atomen vor der Kombination vorhandenen ermitteln.

## Maximale Kovalenz

Die Elemente der ersten Kurzperiode können nicht mehr als vier kovalente
Bindungen bilden, weil nur vier Orbitale niedriger Energie verfügbar sind, unabhängig
davon ob neutrale Atome vorliegen oder ob Elektronen abgegeben oder aufgenommen wurden. In den nächstfolgenden Perioden ist jedoch die Energiedifferenz zwischen
den äußeren s- und p-Orbitalen und den nächsthöheren Orbitalen wesentlich kleiner
als in der ersten Kurzperiode und die letzteren können zur Bindungsbetätigung herangezogen werden. In der zweiten Kurzperiode z.B. haben die 3d- und 4s-Orbitale
etwa die gleiche Energie und können aus diesem Grunde beide beansprucht werden.
Tatsächlich werden die d-Orbitale der äußersten Schale anscheinend immer bevorzugt, wahrscheinlich wegen ihrer vergleichbaren Größe mit der der s- und p-Orbitale
der gleichen Schale. (Es sollte jedoch verstanden werden, daß sich diese Betrachtung
nicht auf die Übergangselemente bezieht, die gewöhnlich die d-Orbitale der nächst-
*niedrigeren* Schale beanspruchen, so wie es in einem folgenden Kapitel erläutert
wird.)

Für solche Elemente werden viele Verbindungen mit ausschließlicher s- und
p-Orbitalbeteiligung gebildet; es gilt dann die Oktettregel wie in der ersten Kurzperiode, die Valenzen sind innerhalb einer Gruppe gleich und entsprechende Verbindungen haben analoge Formeln, wie z.B. $CCl_4$, $SiCl_4$, $GeCl_4$, $SnCl_4$, $PbCl_4$, $NH_3$,

$PH_3$, $AsH_3$, $SbH_3$, $BiH_3$, $H_2O$, $H_2S$, $H_2Se$, $H_2Te$. Es kann aber die Verwendung zusätzlicher Orbitale zu Molekeln führen, in denen die Zentralatome mehr als ein Oktett von Valenzelektronen und zuweilen eine Kovalenz größer als vier haben. Z.B. haben die folgenden Molekeln oder Ionen, die von Elementen der zweiten Kurzperiode gebildet werden, keine Analoga in der ersten Kurzperiode:

$SiF_6^{--}$   $PCl_5$   $PF_6^{-}$   $SF_6$   $ClF_3$   $SO_2$
*(12)*   *(10)*   *(12)*   *(12)*   *(4,6)*   *(2,8)*

Es ist oft nützlich, die Valenzgruppe des Zentralatoms (das heißt, die Zahl und Anordnung seiner Außenelektronen) zu kennen, und unter den Formeln ist die jeweilige Valenzgruppe angegeben, wobei die Zahl der anteiligen Elektronen kursiv gesetzt ist.

Weil die Atome der späteren Perioden immerhin 18 Elektronen in den äußeren s-, p- und d-Orbitalen haben können, ist im Prinzip eine Kovalenz von 9 sogar ohne Verwendung von f-Orbitalen möglich. In Wirklichkeit wird ein Maximum von sechs in der zweiten Kurzperiode und in der ersten Langperiode gefunden, vermutlich deshalb, weil es nicht möglich ist, mehr als 6 Atome um ein Zentralatom aus diesen Perioden so nahe anzuordnen, daß eine kovalente Bindung gebildet werden kann. Die Bedeutung solcher geometrischer Beschränkungen erklärt sich daraus, daß die maximale Kovalenz bei vielen Atomen nur dann auftritt, wenn die umgebenden Atome selbst hinreichend klein sind. Wie wohl bekannt ist, verursacht Fluor die höchsten Kovalenzen mit anderen Elementen; $SiF_6^{2-}$ existiert, aber nicht $SiCl_6^{2-}$, $SF_6$ aber nicht $SCl_6$ usw. Andererseits sei festgestellt, daß solche Verbindungen mit hoher Kovalenz wie $PH_5$ und $SH_6$ mit Wasserstoff nicht gebildet werden. Das liegt wahrscheinlich daran, daß „Rückbindung" (siehe S. 97) bei Fluor möglich ist, nicht aber bei Wasserstoff; ein anderer Faktor ist die viel größere Dissoziationswärme von Wasserstoff (103 kcal) gegenüber der von $F_2$ (36.6 kcal). In höheren Perioden, bei denen die Zentralatome größer sind, beträgt das Kovalenzmaximum 8, jedoch treten Kovalenzen größer als 6 wirklich nur selten auf, so z.B. in $JF_7$ und $Mo(CN)_8^{4-}$.

Wenn die Valenzgruppe 8 übersteigen kann, lassen sich Molekeln und Ionen oft in mehrfacher Weise formulieren, so wie $POCl_3$ und $SO_4^{2-}$:

$$
\begin{array}{ccc}
& \overset{\displaystyle Cl}{\underset{\displaystyle Cl}{\overset{|}{\underset{|}{O^- {-} \overset{+}{P} {-} Cl}}}} \;\; \textit{(8)} & \quad oder \quad \overset{\displaystyle Cl}{\underset{\displaystyle Cl}{\overset{|}{\underset{|}{O {=} P {-} Cl}}}} \;\; \textit{(10)}
\end{array}
$$

$$
\begin{array}{ccc}
\overset{-O}{\underset{-O}{\diagup}}\overset{++}{S}\overset{O^-}{\underset{O^-}{\diagdown}} \;\; \textit{(8)} & \quad oder \quad & \overset{-O}{\underset{O}{\diagup}}S\overset{O^-}{\underset{O}{\diagdown}} \;\; \textit{(12)}
\end{array}
$$

Diese Formulierungen sind nicht einfach alternative Schreibweisen, sie widerspiegeln bestimmte Elektronenanordnungen, wobei die Zahl der gemeinsamen Elektronen in jedem Falle verschieden ist. Welche davon wirklich zutreffend ist, muß sowohl durch Experimente wie durch die Theorie entschieden werden.

### Die wechselnde Valenz von Nichtmetallen

Wenn die Valenzgruppe größer als 8 ist, kann ein Element mehr als eine Valenz aufweisen. Daher kann Phosphor die Valenzen 3 und 5 haben, so wie in $PCl_3$ und $PCl_5$ mit den Valenzgruppen von $(2,6)$ beziehungsweise *(10)*; Schwefel kann die Valenzen 2, 4 und 6 aufweisen wie in $H_2S(4,4)$, $SO_2$ $(2,8)$ und $SF_6$ *(12)*; Jod hat die Valenzen 1, 3, 5 und 7 wie in HJ $(6,2)$, $JCl_3$ $(4,6)$, $JF_5$ $(2,10)$ und $JF_7$ *(14)*. Es sei erwähnt, daß diese Valenzen entweder alle gerade oder alle ungerade sind. Jod z.B. könnte eine gerade Valenz nur dann aufweisen, wenn es ein „einzelnes" oder „ungepaartes" Elektron hätte; dies tritt aber, außer bei den Übergangselementen, sehr selten auf.

In der bisherigen Erörterung sind die Ausdrücke „Valenz" und „Kovalenz" in einem ziemlich speziellem Sinn gebraucht worden. Stickstoff hat die Valenz drei, im Ammoniumion zeigt er jedoch eine Kovalenz von vier. Diese Nomenklatur ist verwirrend, unglücklicherweise aber allgemein üblich. „Valenz" ist vielleicht am besten definiert als a) die Zahl der Elektronen, die ein Atom aufnimmt oder abgibt, wenn es ein einfaches Ion bildet; b) als die Zahl der Elektronenpaarbindungen, die von einem *neutralen* Atom eingegangen werden. Wenn dative Kovalenzen benutzt werden oder wenn das Atom Teil eines Ions ist, kann es eine davon verschiedene Anzahl von Elektronenpaarbindungen eingehen und *diese* Zahl nennt man seine „Kovalenz". Siehe auch die Diskussion auf Seite 139.

Lehrbücher pflegen darzulegen, daß die Valenz eines Elementes entweder N oder (8-N) beträgt, wobei N die Gruppennummer ist, und es ist nunmehr interessant, wie und unter welchen Umständen diese Regel gilt. Für die Metalle der Klasse 2 (Kapitel 2) ist die Valenz offensichtlich N, wobei dies die Zahl der Elektronen ist, die abgegeben werden müssen, um ein Ion mit Edelgaskonfiguration zu erhalten. Für Nichtmetalle ist die Valenz (8-N), wenn kovalente Bindungen in Übereinstimmung mit der Oktettregel gebildet werden oder wenn das Element Anionen mit Edelgaskonfiguration bildet. Andererseits kann ein Maximum von N kovalenten Bindungen gebildet werden, wenn die Oktettregel erweiterbar ist und auch (N-2) und (N-4) Bindungen sind möglich, wie in den oben erwähnten Beispielen. Wenn der Inertpaareffekt wirkt (siehe S. 41 und S. 59), beträgt die Valenz offensichtlich (N-2), unabhängig davon, ob ionische oder kovalente Bindung vorliegt. Deshalb werden bei den Nichtübergangselementen nie wechselnde Valenzen, die sich nur um eine Einheit unterscheiden, gefunden.

## 4.2. Orbitale und Molekülgeometrie

Wir kennen nun Einzelheiten der Geometrie (Gestalt, Bindungswinkel und Bindungslängen) vieler Moleküle und lernen die verfügbaren experimentellen Methoden zu ihrer Ermittlung in den Kapiteln 11 bis 13 kennen. Um die Ergebnisse mittels der Elektronentheorie der Valenz beschreiben und erklären zu können, muß zunächst die Natur der Orbitale der enthaltenen Atome betrachtet werden. Wie bereits festgestellt wurde, kombinieren diese über gemeinsame Orbitale, die von den zwei Elektronen jeder Bindung besetzt werden. Wellenmechanische Näherungsrechnungen zeigen, daß die Atomorbitale der Komponenten so weit wie irgend möglich im Raum überlappen müssen, um eine starke Bindung zu ergeben. Die Bildung der drei Molekeln HF, $H_2O$ und $NH_3$ wird in Abb. 25 gezeigt. In allen drei Fällen betätigen die Wasserstoffatome ihr einziges verfügbares Orbital, das 1s-Orbital. Fluor besitzt ein ungepaartes Elektron, hier als ein $2p_x$-Elektron dargestellt. Infolgedessen muß sich das Wasserstoffatom dem Fluor längs der x-Achse nähern, damit eine starke Bindung erzielt wird, weil dies eine maximale Überlappung der beiden Orbitale ermöglicht. Die resultierende Bindung wird als eine „sp-" oder „σ"-Bindung bezeichnet. Sauerstoff hat zwei ungepaarte Elektronen, hier als $2p_x$ und $2p_y$ bezeichnet. Die beiden Wasserstoffatome müssen deshalb auf der x- und y-Achse angeordnet sein, um maximale Überlappung zu ergeben und die beiden

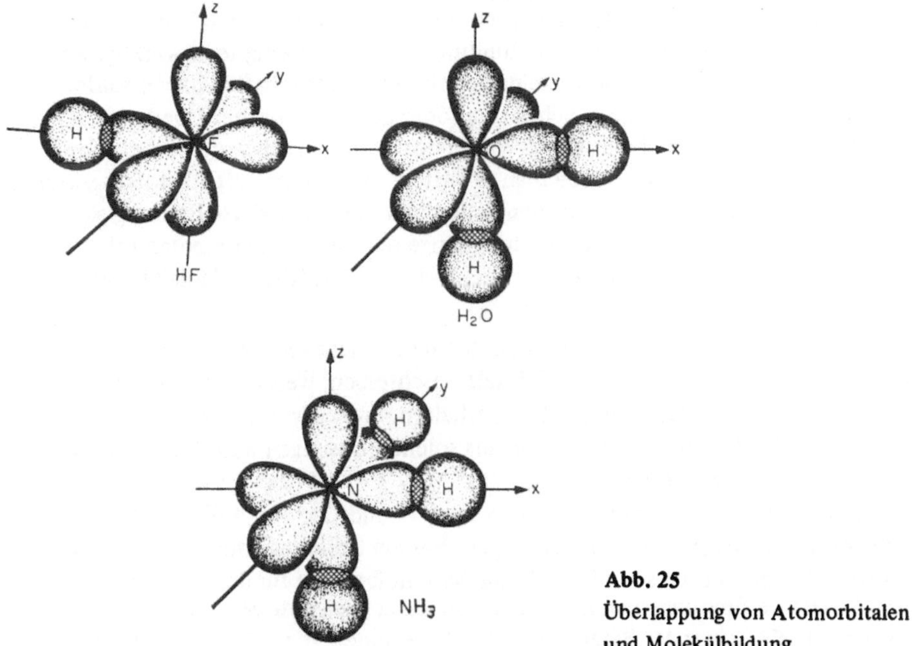


**Abb. 25**
Überlappung von Atomorbitalen
und Molekülbildung

O—H-Bindungen in der Wassermolekel sollten deshalb einen rechten Winkel miteinander bilden. Tatsächlich bestätigen Experimente, daß Wasser gewinkelt ist und nicht linear, obwohl der H—O—H-Winkel in Wirklichkeit 104,5° beträgt, wahrscheinlich wegen der Abstoßung zwischen beiden Wasserstoffatomen. Immerhin beträgt der H—S—H-Winkel in $H_2S$ 92°. Ganz analog befinden sich die drei Elektronen in den $2p_x$-, $2p_y$- und $2p_z$-Orbitalen, wenn ein Stickstoffatom mit drei Wasserstoffatomen Bindungen eingeht, und die drei N—H-Bindungen sollten untereinander rechte Winkel bilden und ein pyramidales Ammoniakmolekül ergeben. Dies wird wiederum experimentell bestätigt, wenn auch die H—N—H-Winkel mit 107,5° beträchtlich größer als rechtwinklig sind. Andererseits ist der H—P—H-Winkel 94°.

## Hybridisierung von Orbitalen

Es ist außerordentlich befriedigend, daß einfache Betrachtungen über Atomorbitale und Überlappung zu richtigen Voraussagen über die Gestalt einfacher Molekeln führen — gewinkelt anstatt linear für Wasser und pyramidal anstatt planar für Ammoniak. Jedoch wird für Methan eine Erweiterung dieser Vorstellungen benötigt. Fluor, Sauerstoff und Stickstoff besitzen jedes zwei Elektronen im 2s-Orbital, die in den Molekeln HF, $H_2O$ und $NH_3$ bei der Bindungsbildung unberücksichtigt bleiben. Damit aber Kohlenstoff vier Bindungen betätigen kann (siehe S. 64), ist es zunächst notwendig, eines der beiden 2s-Elektronen zu „promovieren", so daß jedes der vier Orbitale, 2s, $2p_x$, $2p_y$ und $2p_z$, je einfach besetzt ist..Wenn nun diese vier Orbitale für die Bildung von Bindungen mit vier Wasserstoffatomen benutzt werden, erwartet man die resultierenden C—H-Bindungen als gegenseitig rechtwinklig, während die vierte Bindung überhaupt keine gerichteten Eigenschaften haben sollte. Mit anderen Worten, es würde gleich starke (oder gleich schwache) Überlappung erzielt, wo auch immer sich das vierte Wasserstoffatom bezüglich der anderen drei befinden würde. Tatsächlich würde man erwarten, daß Wasserstoff-Abstoßungskräfte es soweit wie möglich abstoßen würden, jedenfalls würde die vierte Bindung sicher schwächer und von verschiedener Bindungslänge sein. Aus Experimenten folgt jedoch, daß Methan ein vollkommen symmetrisches, tetraedrisches Molekül mit vier völlig äquivalenten C—H-Bindungen ist.

Um diesen Sachverhalt zu erklären, wurde ein neues Konzept eingeführt. Die Wellenfunktionen, die die s- und p-Orbitale beschreiben, werden als Lösungen einer partiellen, linearen Differentialgleichung erhalten, und es ist mathematisch eine Gegebenheit, daß jede Linearkombination aus solchen Lösungen wiederum eine Lösung der Gleichung darstellt. (Der Ausdruck $7(x^2 + 3y + 7) + 5(2x^2 + y + 9)$ ist eine Linearkombination der Funktionen $(x^2 + 3y + 7)$ und $(2x^2 + y + 9)$). Anders gesagt, es gibt keinen *alleinigen* Satz von Lösungen. Für ein isoliertes Atom ist der vorteilhafteste Satz der, der die s- und p-Orbitale beschreibt, aber für den Fall, daß das Atom kovalente Bindungen eingeht, kann der dafür geeignete Satz davon völlig verschieden sein. *Einer* der Sätze von Wellenfunktionen, die durch Linearkombinationen der vier s- und p-Funktionen eines gegebenen Quanteniveaus konstruiert werden können, entspricht den vier Orbitalen, die einander völlig äquivalent sind und räumlich symmetrisch in die vier Ecken eines regulären Tetraeders weisen. (Selbstverständlich muß die Zahl der einzelnen „gemischten" Orbitale, die durch dieses Vorgehen erhalten werden, gleich sein der Zahl der ursprünglich dafür benutzten Orbitale.) Jedes dieser Orbitale beinhaltet in einem gewissen Umfang den Charakter von sowohl s- als auch p-Orbitalen, weshalb sie als „$sp^3$-Hybridorbitale" bezeichnet werden. Die Elektronen in der Methanmolekel können in s- und p-Orbitalen, in $sp^3$-Hybridorbitalen oder in bestimmten anderen Orbitalen untergebracht sein. Es stellt sich aber heraus, daß die stabilste Bindung, entsprechend der größten möglichen Überlappung, dann gebildet wird, wenn von den $sp^3$-Hybridorbitalen (siehe Abb. 26) Gebrauch gemacht wird, die in ganz bestimmten Richtungen orientiert und konzentriert sind. Und in der Tat tritt höchstwahrscheinlich immer dann, wenn ein Kohlenstoffatom vier Bindungen mit anderen Atomen eingeht, eine $sp^3$-Hybridisierung auf. Ein anderes Beispiel für $sp^3$-Hybridisierung findet sich im Ammoniumion, das ebenfalls tetraedrisch ist. Eine $sp^3$-Hybridisierung kann sogar dann eintreten, wenn das Zentralatom weniger als vier kovalente Bindungen bildet. So kann z.B. die Tatsache, daß die beobachteten Bindungswinkel in Wasser und Ammoniak dem Tetraederwinkel von 109° viel näher sind als dem rechten Winkel, sehr wohl bedeuten, daß die von den Sauerstoff- und Stickstoffatomen betätigten

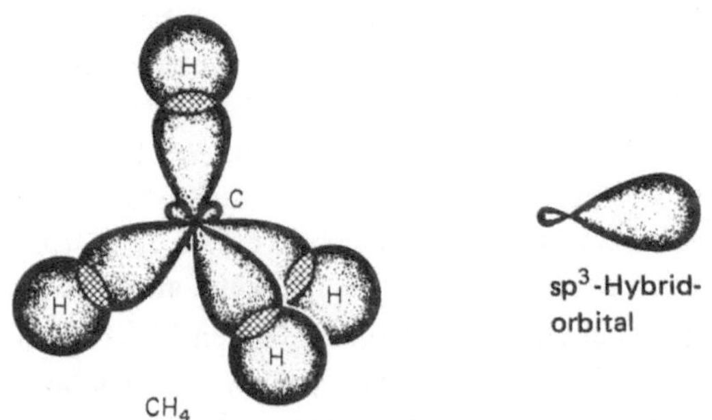


**Abb. 26.** $sp^3$-Hybridisierung in einfachen Molekülen

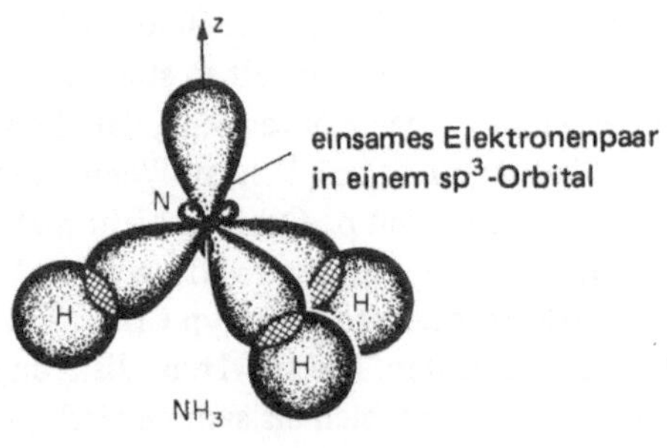

Orbitale viel näher den $sp^3$-Hybriden sind als den reinen p-Orbitalen. Aus dieser Betrachtungsweise heraus sind die ausgeprägten Donoreigenschaften von Ammoniak leicht verständlich, weil das nichtbeanspruchte Elektronenpaar (das sich in einem $sp^3$-Orbital befindet) stark herausragt, so wie es in Abb. 26 dargestellt ist. Wenn das nichtbeteiligte Elektronenpaar das kugelsymmetrische 2s-Orbital besetzen würde, würde es keine Projektion in irgend eine ausgezeichnete Richtung geben.

Weitere wichtige Beispiele für das Auftreten von Hybridisierung sind durch die Äthylen- und Acetylenmolekeln gegeben. Äthylen wird normalerweise mit einer Doppelbindung zwischen den beiden Kohlenstoffatomen beschrieben. Wenn die Kohlenstofforbitale $sp^3$-Hybride sind, ist die Überlappung in der Doppelbindung offensichtlich gering und die Bindung wird beträchtlich unter dem Wert zweier Einfachbindungen liegen (Abb. 27a). Dieser Wert wird aber tatsächlich experimentell gefunden. Eine alternative Beschreibung der Bindung in Äthylen geht von der experimentell gesicherten planaren Struktur der Äthylenmolekel aus und untersucht, wie das Molekül in dieser Anordnung zusammengehalten werden kann. Aus Rechnungen folgt, daß aus einem s- und zwei p-Orbitalen drei äquivalente „$sp^2$"-Hybridorbitale konstruierbar sind, die in einer Ebene liegen und in Richtungen konzentriert sind, die untereinander Winkel von $120°$ bilden. Sind die beiden p-Orbitale $p_x$ und $p_y$, so ist die Ebene, die die Hybridorbitale enthält, die x-y-Ebene. Wenn diese Hybridorbitale nunmehr zur Verknüpfung der Kohlenstoff und Wasserstoffatome in der planaren Äthylenmolekel benutzt werden, so würde dies symmetrisch geschehen, wobei alle Bindungswinkel $120°$ betragen (Abb. 27b). In Wirklichkeit weichen die Bindungswinkel etwas von diesem Wert ab, der $C = C-H$-Winkel beträgt etwa $121,5°$ und der $H-C-H$-Winkel etwa $117°$. Die $sp^2$-Hybridisierung ist deshalb eine bessere Beschreibung für Äthylen als die $sp^3$-Hybridisierung. Von jedem Kohlenstoffatom wurden nur drei Elektronen beansprucht, das vierte befindet sich in einem $2p_z$-Orbital. Die beiden $2p_z$-Orbitale überlappen in einem gewissen Umfang, wenn auch nicht annähernd so stark wie in den eben besprochenen Bindungen. Die beiden Elektronen befinden sich in einem sogenannten „$\pi$"-Orbital und werden als „$\pi$"-Elektronen bezeichnet. Diese „$\pi$"-Bindung unterscheidet sich von den schon besprochenen „$\sigma$"-Bindungen dadurch, daß sie nicht mehr axialsymmetrisch bezüglich der Bindungsrichtung ist. Folglich ist die Kohlenstoff-Kohlenstoff-Bindung in Äthylen, obwohl sie stärker ist als eine Einfachbindung, nicht doppelt so stark. Die kleine Überlappung der $p_z$-Orbitale hat jedoch die sehr wichtige Konsequenz, daß die freie Rotation um die Kohlenstoff-Kohlenstoff-Bindung nicht möglich ist. Wenn nämlich eine solche Rotation einsetzen würde, wären die beiden $p_z$-Orbitale nicht mehr länger in der gleichen Ebene, ihre Überlappung würde sich rasch verringern und die Gesamtenergie der Molekel würde ansteigen. Äthylenderivate vom Typ CHX : CHX können deshalb in geometrisch isomeren Formen auftreten. Die $sp^2$-Hybridisierung spielt auch in Bortrifluorid, $BF_3$, eine Rolle. $BF_3$ erweist sich als symmetrisch planare Molekel.

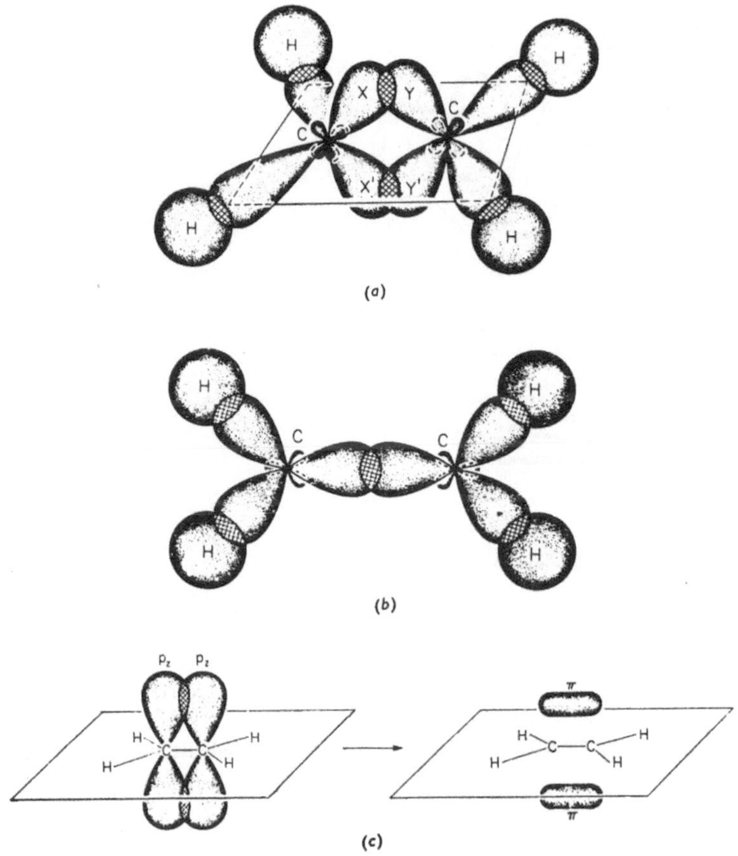



**Abb. 27.** sp$^3$- und sp$^2$-Hybridisierung in Äthylen

a) sp$^3$-Hybridisierung. — Beachte, daß alle sechs Atome in einer Ebene senkrecht zur Papierebene liegen. Die Achsen der Orbitale X, X', Y, Y' liegen alle in der Papierebene.

b) sp$^2$-Hybridisierungs-Grundriß. — Beachte, daß alle sechs Atome und die Achsen aller sp$^2$-Orbitale in der Papierebene liegen. Die p$_z$-Orbitale sind nicht eingezeichnet.

c) sp$^2$-Hybridisierung — perspektivische Ansicht. Die sp$^2$-Hybridorbitale sind durch Striche angedeutet. Das π-Orbital hat zwei „Flügel"; einer liegt oberhalb und der andere unterhalb der Molekülebene

Die Betätigung von entweder sp$^3$- oder sp$^2$-Hybridisierung würde für Acetylen, einer linearen Molekel, eine sehr schwache Überlappung ergeben. Die Kombination eines s- mit einem p-Orbital jedoch liefert zwei starke „sp-Hybridorbitale", die in Richtungen konzentriert sind, welche einen Winkel von 180° miteinander bilden.

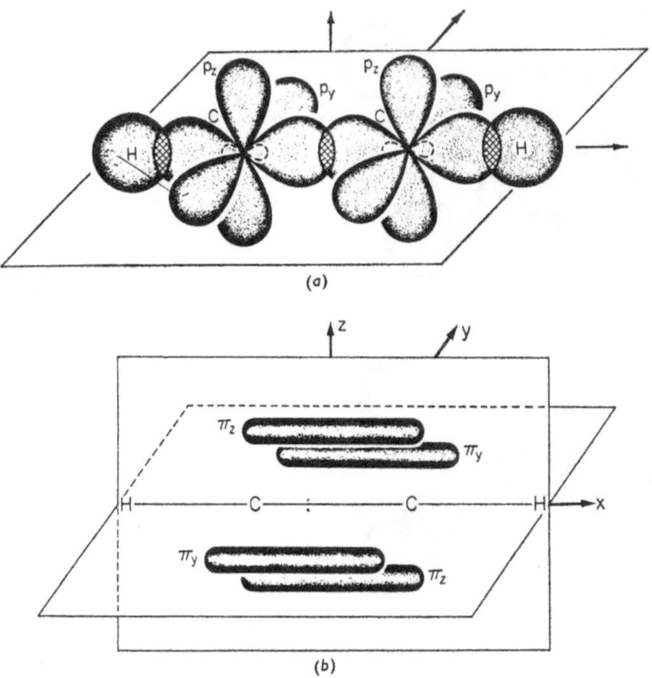



**Abb. 28.** sp-Hybridisierung und $\pi$-Bindungen in Acetylen

a) sp-Hybride längs der x-Achse. Die Überlappung der $p_y$- und der $p_z$-Orbitale ist nicht dargestellt.

b) sp-Hybride, dargestellt durch Linien; das $\pi_y$-Orbital liegt in der xy-Ebene und das $\pi_z$-Orbital in der xz-Ebene

Benutzt man dazu das $p_x$-Orbital, so ergeben sich daraus die H—C- und die C—C-Bindungen, wie in Abb. 28 dargestellt, wobei jedes Kohlenstoffatom noch zwei ungepaarte Elektronen in $2p_y$- und $2p_z$-Orbitalen besitzt. Zusätzliche Überlappung tritt hier zwischen den beiden $2p_y$- und den beiden $2p_z$-Orbitalen auf und führt zu „$\pi_y$"- und „$\pi_z$"-Orbitalen. Die entstehende Dreifachbindung ist schwächer als die von drei Einfachbindungen. Ein weiteres Beispiel für sp-Hybridisierung wird durch die lineare Dimethylquecksilbermolekel $Hg(CH_3)_2$ geliefert.

In der Molekel $SF_6$ und in den komplexen Ionen $PF_6^-$ und $SiF_6^{--}$ benutzen die Zentralatome ein 3s-, drei 3p- und zwei 3d-Orbitale für die Bindungsbildung. Diese können zu einem Satz von sechs „$sp^3d^2$"-Orbitalen hybridisiert werden, die weitgehend in Richtung der sechs Ecken eines Oktaeders konzentriert sind. Aus Experimenten folgt tatsächlich, daß fast alle Molekeln oder Ionen des Typs $XY_6$ oktaedrische Struktur haben.

## 4.3. Die elektrostatische Auffassung von der Molekülgeometrie

Es sind die verschiedensten Hybridisierungen möglich, und im Zusammenhang mit den Übergangselementen werden zwei weitere Möglichkeiten besprochen werden. Für Nichtübergangselemente gibt es jedoch eine Regel, die auf elektrostatischen Vorstellungen beruht und die erstaunlich gut für die Vorhersage von Molekülstrukturen gilt. Die Regel besagt, daß jedes Außenelektronenpaar eines Zentralatoms, unabhängig davon, ob es anteilig oder ungepaart ist, von gleicher Wichtigkeit in struktureller Hinsicht ist. Die verschiedenen Elektronenpaare stoßen sich untereinander ab und nehmen deshalb die günstigste Lage hinsichtlich der räumlichen Symmetrie ein; wenn mehr als ein einsames Elektronenpaar vorhanden ist, so befinden sich diese so weit wie möglich voneinander entfernt. Für Wasser, Ammoniak und Methan sagt diese Regel offensichtlich die bereits besprochenen Strukturen voraus, weil jedes dieser Moleküle vier Elektronenpaare besitzt, die Positionen einzunehmen trachten, die in die vier Ecken eines Tetraeders weisen. Bei Wasser sind zwei Positionen durch die anteiligen Elektronenpaare besetzt, so daß Wasser ein gewinkeltes und kein lineares Molekül ist. Für Ammoniak sind in ähnlicher Weise die drei Wasserstoffatome in drei Ecken des Tetraeders gelegen, so daß Ammoniak pyramidal anstatt planar ist. Schließlich wird die tatsächliche tetraedrische Struktur für Ammoniak mit vier anteiligen Elektronenpaaren vorausgesagt.

Die Anordnung höchster Symmetrie für drei Elektronenpaare ist diejenige in den Ecken eines gleichseitigen Dreiecks. Demzufolge sollte Bortrifluorid mit der Valenzgruppe von $6$ planar sein, was durch das Experiment bestätigt wird. Im Gaszustand existieren kovalente Blei- und Zinndihalogenide ($SnCl_2$ usw.), die die Valenzgruppe $(2,4)$ besitzen. Demzufolge sollten sie gewinkelt gebaut sein, (im Gegensatz zu Dimethylquecksilber und Quecksilber(II)-chlorid, die die Valenzgruppe $(4)$ haben und deshalb linear sind), und das wird in der Tat gefunden.

Von sechs Elektronenpaaren erwartet man, daß sie in die Ecken eines Oktaeders weisen, und viele Molekeln und Ionen mit sechs um ein Zentralion koordi-

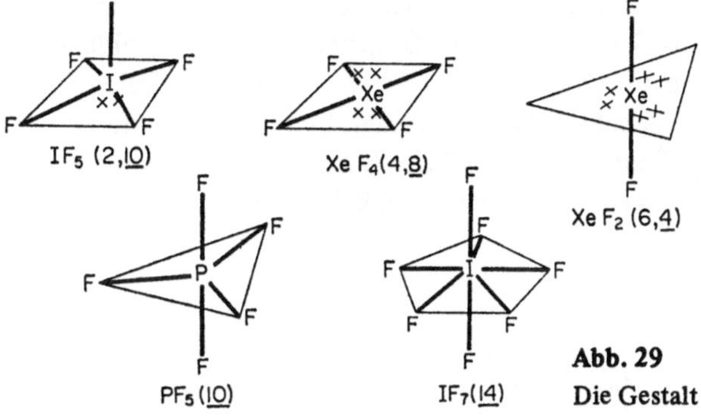

**Abb. 29**  Die Gestalt einiger halogenhaltiger Moleküle

nierten Gruppen zeigen diese Anordnung. Beispiele sind $SF_6$ und $SiF_6^{2-}$, die beide die Valenzgruppe *(12)* haben. Molekeln und Ionen mit gemischten Valenzgruppen stellen ein noch geeigneteres Überprüfungsmaterial für die Regel dar. So hat z.B. Jodpentafluorid eine Valenzgruppe von (2,*10*) und eine Oktaederspitze des durch die sechs Elektronenpaare gebildeten Oktaeders ist demzufolge unbesetzt. Die Molekel sollte deshalb quadratisch pyramidal sein, mit dem Jodatom im Zentrum der quadratischen Grundfläche. Das wird auch gefunden, wenn auch das Jodatom in Wirklichkeit oberhalb der Ebene der vier Fluoratome liegt (Abb. 29). Das sehr stabile Interhalogenion $JCl_4^-$ und das kürzlich entdeckte $XeF_4$ (siehe S. 58) haben beide die Valenzgruppe (4,*8*) mit zwei freien Elektronenpaaren. Von diesen beiden Elektronenpaaren erwartet man, daß sie so weit wie möglich voneinander entfernte Positionen einnehmen; das heißt, daß sie sich an zwei gegenüberliegenden Ecken des Oktaeders befinden. $JCl_4^-$ und $XeF_4$ sollten deshalb planar sein und sind es auch tatsächlich.

Einige wenige Molekeln haben Valenzgruppen von zehn oder vierzehn, und es besteht dann die Schwierigkeit, daß es keinen vollkommen regulären mathematischen Körper mit fünf oder sieben Ecken gibt. Die trigonale und die pentagonale Bipyramide sind semireguläre Figuren und wenn die Elektronenpaare räumlich so angeordnet sind, befinden sie sich tatsächlich weit voneinander getrennt. Es erweist sich, daß die Molekeln $PF_5$ und $PCl_5$ (Valenzgruppen *(10)*) trigonale Bipyramiden sind, dagegen bildet die Molekel $JF_7$ (Valenzgruppe (14)) wahrscheinlich eine pentagonale Bipyramide (Abb. 29). Das Interhalogenion $JCl_4^-$ besitzt die Valenzgruppe (6,4) und man erwartet, daß die drei freien Elektronenpaare die drei Positionen in der Äquatorialebene der trigonalen Bipyramide besetzen, woraus für das Ion eine lineare Konfiguration resultiert. Auch das wird durch das Experiment bestätigt. Ebenso hat sich $XeF_2$ mit der gleichen Valenzgruppe (6,*4*) als linear erwiesen.

Molekeln und Ionen mit Doppel- und Dreifachbindungen lassen sich in die Betrachtungen mit einbeziehen, unter der Annahme, daß alle anteiligen Elektronen einer Mehrfachbindung in die gleiche Raumrichtung weisen. Es ist dann nur notwendig, die Anzahl der Bindungen und die Anzahl der freien Elektronenpaare, und um ein Zentralion zu zählen. Die Gültigkeit dieses Argumentes läßt sich anhand einiger drei- und vieratomiger Molekeln zeigen. Die Kohlenstoffatome in Kohlendioxid und Cyanwasserstoffsäure, $O=C=O$ und $H-C\equiv N$, besitzen keine freien Elektronenpaare, so daß diese Molekeln linear sein sollten. In Schwefeldioxid und Nitrosylchlorid jedoch hat jedes Zentralatom ein freies Elektronenpaar, das an einer Ecke eines gleichseitigen Dreiecks sitzt. Die beiden Molekeln sollten deshalb gewinkelt gebaut sein:

In Phosgen, Schwefeltrioxid und im Carbonation haben die Zentralatome keine
einsamen Elektronenpaare, so daß diese Molekeln alle die Form eines ebenen
gleichseitigen Dreiecks besitzen sollten:

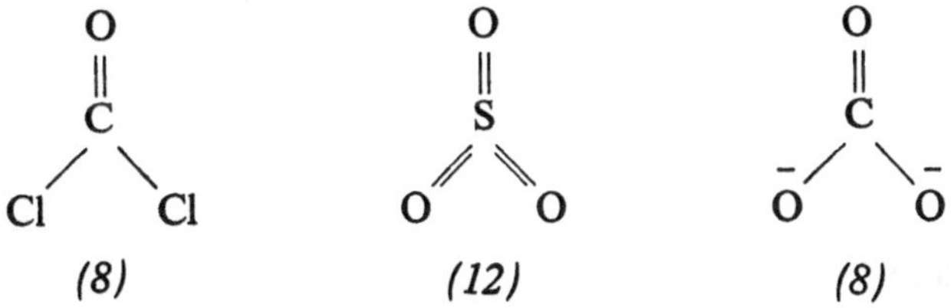

In Thionylchlorid, in den Ionen Sulfit und Jodat und im explosiven $XeO_3$ jedoch
gibt es in jedem Falle ein einsames Elektronenpaar, das in eine Tetraederecke weist.
Aus diesem Grunde müssen diese Molekeln pyramidal sein, wobei das Zentralatom
in einer von den drei anderen Atomen verschiedenen Ebene liegt:

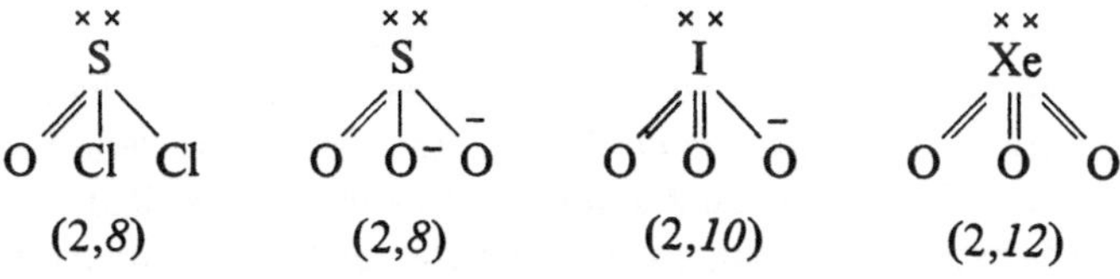

Diese Voraussagen sind sämtlich durch das Experiment bestätigt worden [1]).

(Beim Auflösen von $SO_2$ in Wasser ist mit der Bildung von $SO_3^{2-}$ eine geringere
Veränderung der molekularen Geometrie verbunden, als bei der Lösung von $CO_2$
unter Bildung von $CO_3^{2-}$. Darauf wird teilweise die im Vergleich zu Kohlendioxid
größere Löslichkeit von Schwefeldioxid in Wasser zurückgeführt.)

Kalottenmodelle einiger einfacher Molekeln und Ionen finden sich auf den
Photos 5 bis 9. Diese vermitteln einen richtigen Eindruck von den Atomen, die sich
in unmittelbarem Kontakt miteinander befinden.

**Isoelektronische Molekeln**

Molekeln und Ionen, die die gleiche Valenzgruppe haben, nennt man isoelektronisch. Vom vorausgegangenen Abschnitt her ist es verständlich, daß isoelektronische Teilchen die gleiche Geometrie haben müssen. Demzufolge sind Phosgen und
das Carbonation (Valenzgruppe *(8)*) beide planar, Thionylchlorid und das Sufition
(Valenzgruppe *(2,8)*) sind beide pyramidal usw. Andere isoelektronische Reihen
sind: $SiF_6^{2-}$, $PF_6^-$ und $SF_6$ (alle oktaedrisch); $NH_3$ und $OH_3^+$ (beide pyramidal);
$BH_4^-$, $CH_4$ und $NH_4^+$ (sämtlich tetraedrisch). Eine weitere interessante isoelektronische Reihe ist: $CN^-$, $N_2$, $NO^+$, CO. Die physikalischen Eigenschaften von Stickstoff und Kohlenmonoxid sind fast identisch, mutmaßlich deswegen, weil die
gleiche Valenzgruppe die Kraftfelder um die Molekeln herum nahezu gleich macht.

---

[1]) Siehe Aufgaben 29–31

# 5. Die Verteilung der Elektronen in Molekülen

## 5.1. Molekülorbitale

**Das Benzolmolekül und seine Molekülorbitale**

Bis jetzt haben wir die kovalente Bindung mittels der Überlappung von Atomorbitalen besprochen, wobei stillschweigend angenommen wurde, daß die nicht an der Bindung beteiligten Elektronen die gleichen Orbitale besetzen, die sie in den isolierten Atomen einnehmen. Dieses Bild trägt weitgehend der Notwendigkeit der Erklärung von qualitativen Eigenschaften der Valenz Rechnung, und wenn Kenntnisse von der räumlichen Verteilung von Atomorbitalen zuzüglich des Konzeptes der Hybridisierung angewendet werden, lassen sich erstaunlich gute Voraussagen über die molekulare Geometrie machen. Für einige Moleküle sind diese Vorstellungen jedoch völlig ungeeignet. Das beste und bekannteste Beispiel dafür ist Benzol, für das die Unzulänglichkeiten der Kekulé-Formel seit langem anerkannt sind. Wenn die Benzolmolekel drei Kohlenstoff-Kohlenstoff-Doppelbindungen enthalten *würde,* so wie es die Kekulé-Struktur angibt, sollte es sich chemisch wie Äthylen verhalten, nämlich Halogene und Halogenwasserstoffe sehr leicht addieren. Obwohl auch Additionsprodukte von Benzol erhältlich sind, liefert diese Verbindung gewöhnlich Substitutionsprodukte; darüberhinaus müssen für die Ringöffnung des Benzols extreme Bedingungen angewandt werden, wohingegen drei olefinische Doppelbindungen sehr leicht oxydativ spaltbar wären. Darüberhinaus ist die C—C-Bindung in Äthan länger als die C = C-Bindung in Äthylen, so daß nach der Kekulé-Formel Benzol ein unregelmäßiges Sechseck sein sollte, während es in Wirklichkeit ein ebenes regelmäßiges Sechseck ist. Die ebene Form mit Winkeln von 120° weist eindeutig darauf hin, daß das Kohlenstoffgerüst mit den Wasserstoffatomen durch $sp^2$-Hybridbindungen zusammengehalten wird, wodurch ein ungepaartes $p_z$-Elektron an jedem Kohlenstoffatom unbeansprucht bleibt (Abb. 30a). Wenn diese $p_z$-Orbitale paarweise überlappen würden (Abb. 30b), entstünde ein „Kekulé"-Molekül mit all seinen Nachteilen. Außerdem gibt es keinen Grund dafür, warum die Paarung gerade so wie in Abbildung 30b erfolgen sollte und nicht wie in Abbildung 30c. Und tatsächlich nimmt man an, daß die sechs $p_z$-Orbitale kombinieren und daraus drei bindende und drei antibindende „$\pi$"-Orbitale resultieren, die den Benzolring, wie in Abbildung 30d gezeigt, umschließen. Die sechs $\pi$-Elektronen werden in den drei bindenden $\pi$-Orbitalen untergebracht und man kann offensichtlich nicht von einem Verbleib in einer bestimmten Bindung sprechen — sie sind vielmehr *delokalisiert.*

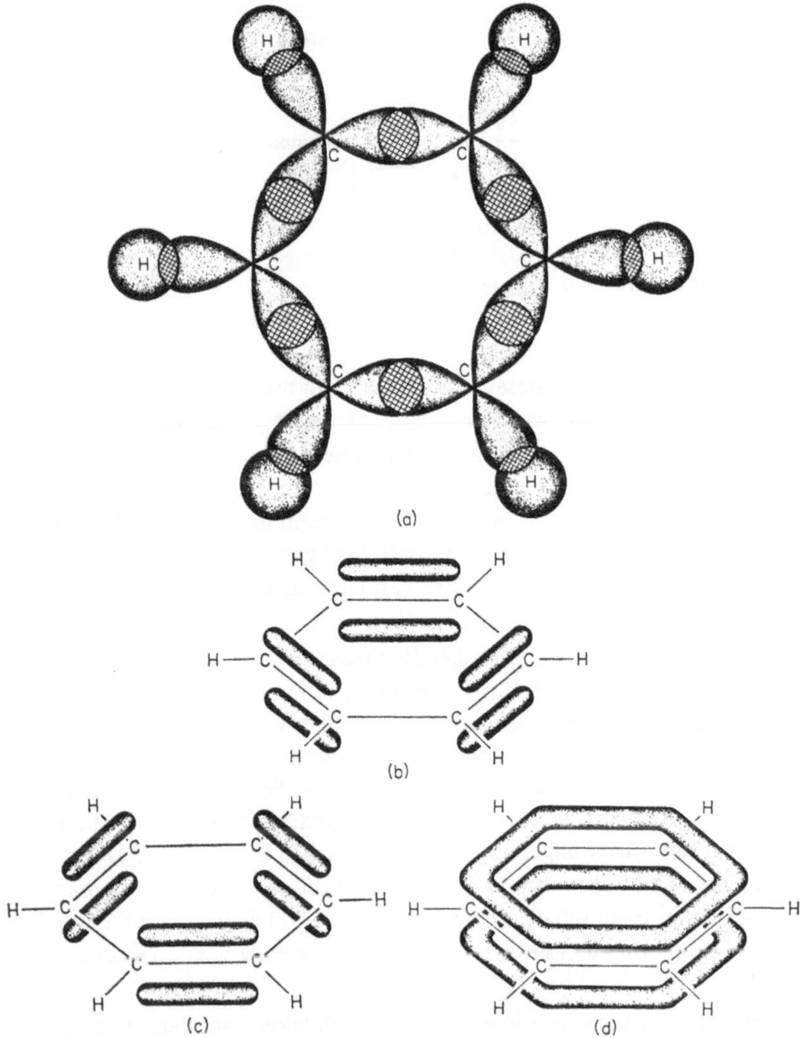


**Abb. 30.** $sp^2$-Hybridisierung und $\pi$-Orbitale im Benzolmolekül.

a) Aufsicht, die die Überlappung der $sp^2$-Orbitale zeigt. $p_z$-Orbitale sind nicht dargestellt.

b) Perspektivische Ansicht. Die $sp^2$-Orbitale sind durch Striche dargestellt.
$p_z$-Orbitale überlappen paarweise und ergeben lokalisierte $\pi$-Orbitale.

c) Wie Abb. 30 b). Alternative Überlappungsmöglichkeit.

d) Wie Abb. 30 b) und c), aber mit vollständig delokalisierten $\pi$-Orbitalen, gebildet aus
$p_z$-Orbitalen

6  Spice

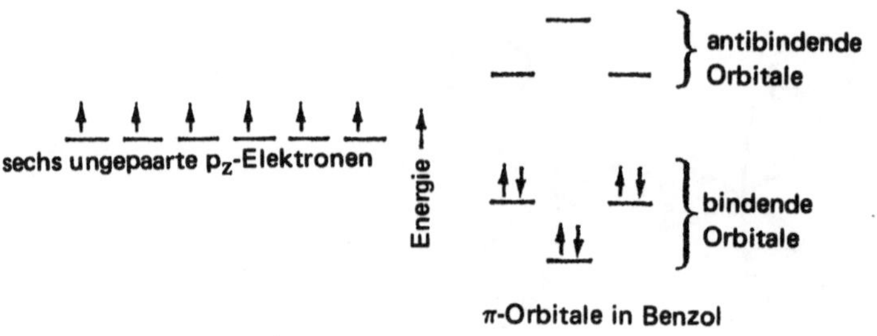

sechs ungepaarte $p_z$-Elektronen

Energie

antibindende Orbitale

bindende Orbitale

$\pi$-Orbitale in Benzol

**Abb. 31.** Bindende und antibindende Orbitale in Benzol

Die Energieniveaus und ihre Besetzung sind schematisch in Abbildung 31 dargestellt. Es sei bemerkt, daß dies das Sechs-Elektronenanalogon zu dem auf S. 65 diskutierten Zwei-Elektronenfall ist. Im allgemeinen liefert die Wechselwirkung von $2n$ ungepaarten Elektronen $n$ antibindende Orbitale mit höherer Energie als die Ausgangsorbitale und $n$ Orbitale mit niedrigerer Energie, in die gerade die $2n$-Elektronen passen. Auf diese Weise erhält man ein stabiles System. Von diesem Sachverhalt wird weiter Gebrauch gemacht bei der Besprechung der metallischen Bindung (S. 170) und der Farbe der Polyene (S. 245).

Angesichts dieser Verhältnisse läßt sich die Struktur von Benzol nicht durch irgendeine Strukturformel, in der ein Strich ein Elektronenpaar bedeutet, wiedergeben. Wenn die sechs $\pi$-Elektronen gleichmäßig über den Ring verteilt sind, läßt sich nur sagen, daß jede Kohlenstoff-Kohlenstoff-Bindung drei Elektronen enthält oder eineinhalb Einfachbindungen entspricht. Eine solche Beschreibung ist nicht besonders behilflich, und wenn sie den Eindruck hervorruft, daß die Stärke und das Reaktionsverhalten dieser Bindungen in der Mitte zwischen Einfach- und Doppelbindungen liegen, so ist sie sogar ernsthaft irreführend. Besser ist es, klar zu erkennen, daß die besonderen Eigenschaften von Benzol (und von allen „aromatischen" Molekülen) durch das Vorhandensein von Elektronen in delokalisierten Orbitalen verursacht werden.

Diese Situation liegt nicht nur in aromatischen Molekeln, sondern in allen „konjugierten" Molekeln vor, daß heißt in Molekeln mit alternierenden Einfach- und Doppelbindungen. So hat z.B. Butadien, $CH_2 : CH \cdot CH : CH_2$, mit dem gezeigten Kohlenstoffgerüst, $sp^2$-Bindungen, durch die es zusammengehalten wird (Abb. 32a). Eine Überlappung der $p_z$-Orbitale könnte dann, entweder wie in Abb. 32b oder wie in Abb. 32c gezeigt, stattfinden. Diese beiden Möglichkeiten haben nicht die gleiche Wahrscheinlichkeit, sie werden aber beide in einem gewissen Umfang eintreten, so daß der wirkliche Zustand des Moleküls am besten so wie in Abb. 32d dargestellt wird, wobei die vier Elektronen sich in delokalisierten Orbitalen befinden.

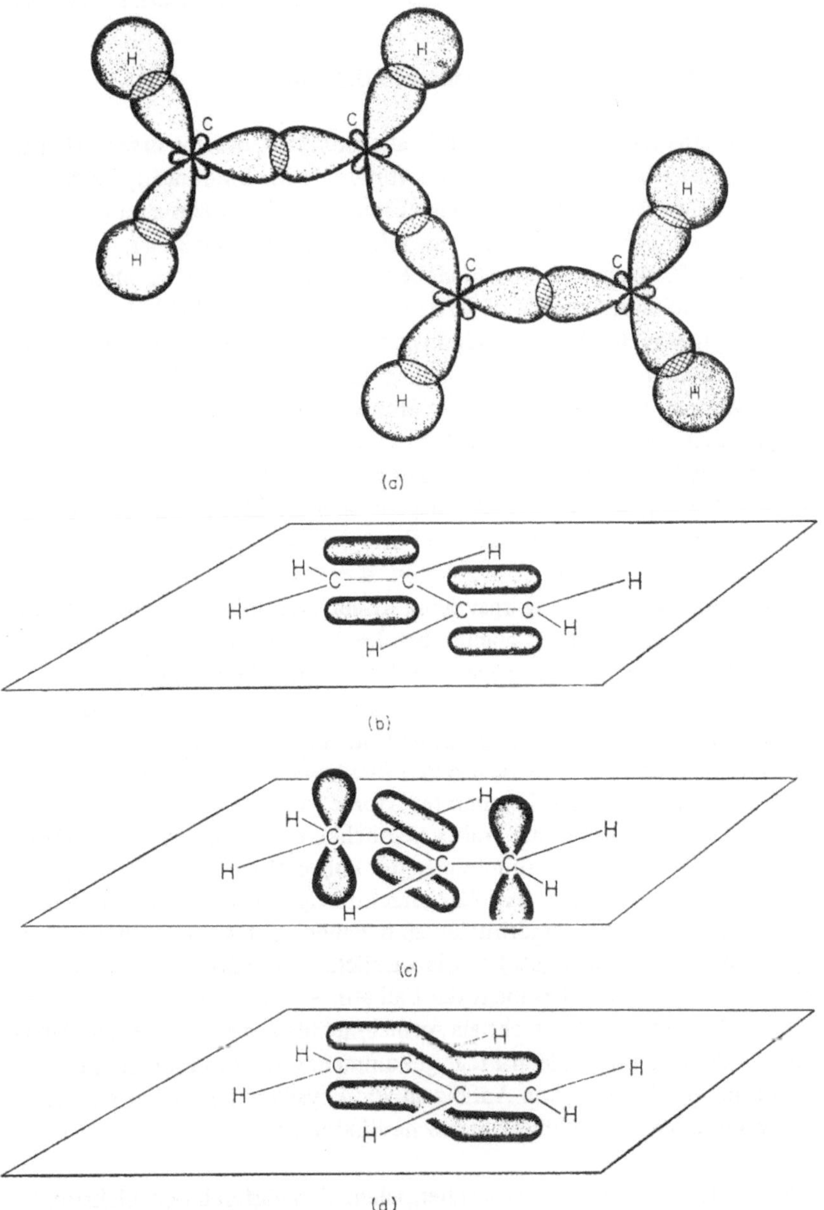









**Abb. 32.** Bindung in Butadien.

a) Aufsicht, die die Überlappung der $sp^2$-Orbitale zeigt; $p_z$-Orbitale sind nicht dargestellt.

b) Perspektivische Darstellung, die $sp^2$-Orbitale sind durch Striche angedeutet. $p_z$-Orbitale überlappen paarweise und ergeben lokalisierte $\pi$-Orbitale.

c) Wie Abb. 32 b); eine alternative Überlappungsmöglichkeit.

d) Wie b), aber mit völlig delokalisierten $\pi$-Orbitalen, die aus den $p_z$-Orbitalen gebildet werden

## Die beiden Zugangsmöglichkeiten zur chemischen Bindung

In der vorhergehenden Diskussion wurde angenommen, daß die ursprünglichen Vorstellungen über die Überlappung der Atomorbitale für die Bindungen, die das Benzol- und Butadiengerüst zusammenhalten, ausreichend sind, nicht aber für die $\pi$-Bindungen. Es erhebt sich nun die Frage, inwiefern es gerechtfertigt ist, diese beiden verschiedenen Konzepte für verschiedene Elektronen im gleichen Molekül zu verwenden. Das delokalisierte Orbital wird manchmal als „Molekül"-Orbital bezeichnet, weil man es nicht als zu irgendeinem bestimmten Atom oder Atompaar zugehörig betrachten kann, und es muß nunmehr erkannt werden, daß genau genommen *alle* Elektronen einer Molekel sich in Molekülorbitalen befinden. Wenn das chemische Bindungsproblem wellenmechanisch behandelt wird, so muß die Wellengleichung für jedes Molekül aufgestellt und gelöst werden. Dies ist in geschlossener Form nur selten möglich, aber es ist genügend über die Eigenschaften von Wellenfunktionen bekannt, um die allgemeine Form der Lösungen und die durchschnittliche Verteilung der Elektronen abzuleiten. *A priori* gibt es zunächst keinen Grund dafür, warum diese Verteilung irgendeine Ähnlichkeit mit der von der Chemie postulierten Elektronenanordnung in chemischen Bindungen haben sollte. Weil das Gerüst, in dem sich die Elektronen bewegen, ein Molekül und kein Atom ist, ist es ziemlich offensichtlich, daß die Orbitale, die von den Elektronen besetzt werden, sich über die ganze Molekel ausdehnen. Offenbar sind aber die Wellenfunktionen für viele Moleküle so beschaffen, daß die *meisten* Elektronen (die inneren Elektronen) den Hauptteil ihrer Zeit in der Nähe bestimmter Atome verbringen, während der Rest (die Valenzelektronen) mit hoher Wahrscheinlichkeit in Regionen angetroffen wird, die in etwa den Elektronenpaarbindungen der konventionellen Darstellungen entsprechen. Für solche Moleküle ist es völlig gerechtfertigt, die Situation mit dem Konzept der Überlappung von Atomorbitalen zu behandeln, obwohl dies nur eine Annäherung (wenn auch eine sehr gute) an die wirklichen Verhältnisse darstellt. Für manche Moleküle aber kann dies nicht der Fall sein — wenigstens für *einige* ihrer Elektronen. Diese Molekeln sollten nicht als Ausnahmefälle angesehen werden. Und sie wären niemals als Ausnahmefälle in Frage gekommen, wenn das Problem der Molekülstruktur und der Bindung von Anfang an von Physikern bearbeitet worden wäre, ohne vorgefaßte Meinungen über chemische Bindungen.

Chemiker stellen sich trotz der Heisenbergschen Unschärferelation Elektronen oft als kleine lokalisierte Ladungen vor. Das ist für viele Zwecke völlig gerechtfertigt, solange die Elektronen wirklich um ein bestimmtes Atom oder in einer bestimmten Bindung lokalisiert sind. Für delokalisierte Elektronen kann es schwierig sein, sich die Wahrscheinlichkeitsdichtefunktion vorzustellen. Stattdessen ist es oft nützlich, sie sich als ein Elektronen-„Gas" vorzustellen, dessen Dichte unterschiedlich und dort am größten ist, wo $\psi^2$ seinen größten Wert hat.

Die Anwendung der Wellenmechanik auf Probleme der chemischen Bindung macht notwendigerweise wegen der enormen Schwierigkeiten einer exakten Lösung der Wellengleichung von Näherungsmethoden Gebrauch. Es sind zwei unterschiedliche Näherungsverfahren entwickelt worden. Bei der *Methode der Valenzstrukturen* (VB-Methode [1])) wird die Vorstellung von einem Molekül als Atomkollektion, die durch definierte Bindungen zusammengehalten wird, beibehalten, und das Konzept von der Überlappung der Atomorbitale wird dann halbquantitativ angewendet. In der Molekülorbitalmethode (MO-Methode [1])) wird jedoch die Vorstellung von chemischen Bindungen vollständig aufgegeben. Stattdessen wird das Molekül als eine Anordnung von Atomkernen aufgefaßt, in deren Potentialfeld sich die Elektronen bewegen. Daraufhin werden die möglichen Molekülorbitale konstruiert (wieder mittels halbquantitativer Methoden) in etwa der gleichen Weise, in der die Atomorbitale für Elektronen um einen einzigen Kern hergeleitet werden. Der Nachteil der Molekülorbitalmethode besteht darin, daß sie für viele Moleküle eine übertriebene Betonung der *molekularen* Natur der Orbitale mit sich bringt.

Wie bereits erörtert, ist für viele Orbitale die Wahrscheinlichkeit, daß die zugehörigen Elektronen über die gesamte Molekel verteilt sind, außerordentlich gering. Vielmehr befinden sich diese Elektronen um ein bestimmtes Atom oder zwischen zwei bestimmten Atomen. Aus diesem Grunde ist das Konzept der *lokalisierten Molekülorbitale* eingeführt worden und entsprechend dem rein qualitativen Charakter der gegenwärtigen Erörterung läuft dies auf das Gleiche hinaus, wie die Vorstellung der Valenzstrukturmethode von der Überlappung der Atomorbitale.

Die Methode der Molekülorbitale läßt sich zwangloser als die Valenzstrukturmethode auf Molekeln wie Benzol und Butadien anwenden, ungeachtet der Tatsache, daß im nächsten Abschnitt eine alternative Behandlung dieser und anderer Molekeln auf der Grundlage der Valenzstrukturmethode gegeben werden wird. Quantitative Berechnung konjugierter Molekeln lassen sich einfacher mit der Molekülorbitalvorstellung durchführen. Für einige einfache Molekeln ermöglicht sie zusätzliche Vorteile gegenüber der alternativen VB-Behandlung. Insbesondere ist die Tatsache, daß molekularer Sauerstoff paramagnetisch ist, im Valenzstrukturbild kaum erklärbar, weil alle Bindungselektronen notwendigerweise gepaart sind und weil die nicht für Bindungen beanspruchten Elektronen die Atomorbitale wie üblich paarweise besetzen sollten. In der Molekülbahntheorie jedoch erweist es sich, daß drei verfügbare Bindungsorbitale für die vier Elektronen vorhanden sind, die noch für die Bindungsbildung zur Verfügung stehen (Abb. 33); eines ist energetisch tiefer als die beiden anderen, die gleiche Energie besitzen. Zwei der vier Bindungselektronen besetzen dieses tiefliegende Orbital, aber in Übereinstimmung mit der Hundschen Regel besetzen die beiden anderen Elektronen die verbleibenden zwei Orbitale einzeln, so daß Sauerstoff paramagnetisch ist.

---

[1]) Anmerkung des Übersetzers

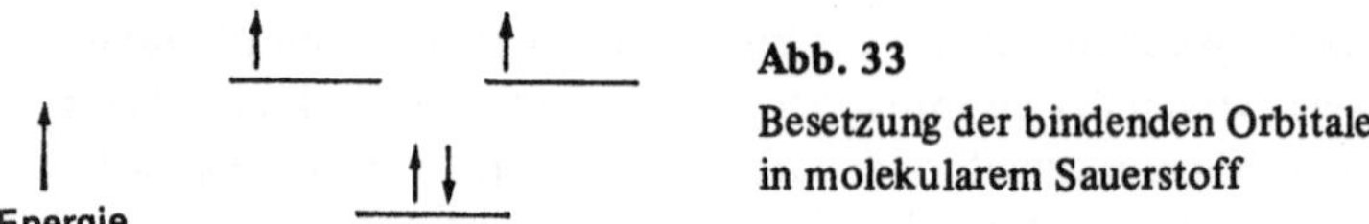

**Abb. 33**

Besetzung der bindenden Orbitale
in molekularem Sauerstoff

Es muß jedoch darauf hingewiesen werden, daß beide Methoden Näherungsverfahren darstellen und es aus diesem Grunde berechtigt ist, das für das betreffende
Problem geeignetere Verfahren anzuwenden.


## 5.2. Resonanz

Wie bereits besprochen, gibt es zwei äquivalente und gleich wahrscheinliche
Strukturen für die Benzolmolekel (die sogenannten Kekulé-Strukturen der Abb. 30).
Eine alternative Beschreibung der Bindung in Benzol bezeichnet die Molekel als
„Resonanzhybrid" der beiden Kekulé-Formen. Eine andere Alternative beschreibt
es als „in Resonanz befindlich" zwischen den beiden Formen. Die Benzolmolekel
wird dann als stabiler als die beiden isolierten Formen definiert; sie ist durch
„Resonanz stabilisiert". 

Es ist außerordentlich wichtig zu wissen, was dadurch alles vermittelt wird
und was nicht. Eine Benzolprobe ist *keine* Gleichgewichtsmischung aus beiden
Molekülarten. Die individuellen Kekulé-Strukturen besitzen keine isolierte Existenz.
Jede Benzolmolekel ist mit jeder anderen identisch, und der wirkliche Zustand jeder
Molekel liegt in irgend einer Weise zwischen den Zuständen, die durch die Komponentenstrukturen repräsentiert werden. Dieser Umstand ist so wichtig, daß eine
weitere Diskussion durchaus angebracht ist. Acetessigester ist ein Beispiel für eine
„tautomere" Verbindung:

$$CH_3COCH_2COOC_2H_5 \leftrightharpoons CH_3C\,(OH):CHCOOC_2H_5$$

Bei Normaltemperatur stellt Acetessigester eine Gleichgewichtsmischung zwischen
„Keto"- und „Enol"-Form dar, die 2 Prozent der letzteren enthält. Beide Formen
lassen sich durch geeignete Methoden isolieren, obwohl sie ziemlich schnell in die
Gleichgewichtszusammensetzung zurückkehren. Weiterhin verändert sich die Gleichgewichtszusammensetzung sowohl mit der Temperatur als auch mit dem physikalischen
Zustand des Esters. Z.B. befinden sich in alkoholischer Lösung bei Raumtemperatur
7,5 % in der Enolform, während in der Gasphase der Anteil viel höher ist. Die tautomeren Formen des Acetessigesters unterscheiden sich in der Position eines Wasserstoffatoms und es ist möglich, beide tautomere Formen zu isolieren, weil der Positionswechsel des Wasserstoffatoms innerhalb der Molekel eine gewisse Zeit erfordert.
(Selbstverständlich ist der wirkliche Mechanismus des Austausches komplizierter als
eine einfache Verschiebung des Wasserstoffatoms, aber das ändert nichts Grundsätz-

liches an der Argumentation.) Die Resonanzformen des Benzols jedoch unterscheiden sich nur in der Verteilung der Elektronen; die Atomanordnung ist in jeder Form die gleiche. Es ist tatsächlich möglich, eine Vibrationsfrequenz für die Elektronen auszurechnen. Diese ist aber so groß, daß die Zeit für den Positionswechsel der Elektronen zu extrem klein ist, um den Komponentenstrukturen eine Existenz für länger als den Bruchteil einer Sekunde zu ermöglichen. Deshalb kann von einer schnellen Oszillation der Elektronen als meßbare Größe keine Rede sein.

### Resonanzenergie und Delokalisierungsenergie

Es ist aus kalorimetrischen Messungen möglich, die Bildungswärme $\Delta H_a$ einer Molekel aus ihren Atomen zu ermitteln. Diese Größe läßt sich zerlegen in die durchschnittlichen Bindungsenergien für die Bindungen, die konventionell gesehen, die Molekel zusammenhalten. $\Delta H_a$ ist natürlich negativ, man erteilt aber den durchschnittlichen Bindungsenergien positive Vorzeichen, wodurch sie die für die Aufbrechung der Bindungen notwendigen Energien darstellen. In dieser Weise lassen sich durchschnittliche Bindungsenergien für Bindungen wie $C-H$, $C=C$, $C=O$ usw. finden. Das Vorgehen wird in Kapitel 13 erläutert. Solche Bindungsenergien lassen sich nun für die Berechnung von $\Delta H_a$ einer Molekel verwenden und zwar auf der Grundlage einer postulierten Struktur. Z.B. liefert die Addition der Bindungsenergien dreier $C-C$-Bindungen, dreier $C=C$-Bindungen und von sechs $C-H$-Bindungen sowie Umkehr des Vorzeichens ein $\Delta H_a = -1286$ kcal/mol für das hypothetische „Kekulé"-Benzolmolekül. Aus der gemessenen Verbrennungswärme von Benzol erhält man jedoch $\Delta H_a$ zu $-1323$ kcal/mol. Die Diskrepanz weist nach, daß die Kekulé-Formel ungeeignet ist, weil Benzol um 37 kcal/mol stabiler ist, als wenn es diese Struktur hätte.

Jede Kekulé-Struktur repräsentiert eine mögliche Lösung ($\psi_{A'}$ oder $\psi_{A''}$) der Wellengleichung für Benzol. Weil jede Linearkombination einer Lösung selbst wieder eine Lösung der Gleichung darstellt (siehe S. 72), ist die Funktion $a\psi_{A'} + a\psi_{A''}$ auch eine Lösung, wobei die Koeffizienten beider Wellenfunktionen gleich sind wegen der vollständigen Äquivalenz beider Kekulé-Strukturen. Es erweist sich, daß diese Lösung eine niedrigere Energie repräsentiert als jede der beiden Kekulé-Strukturen für sich.

Für Benzol sind auch noch weitere Strukturen, so wie in Abb. 34 dargestellt, in Vorschlag gebracht worden. Die Funktion $a(\psi_{A'} + \psi_{A''}) + b(\psi_{B'} + \psi_{B''} + \psi_{B'''})$ ist deshalb ebenfalls eine mögliche Lösung der Wellengleichung für Benzol. Dabei haben natürlich die der Strukturen B entsprechenden Funktionen andere Koeffizienten als diejenigen für die Struktur A. Berechnungen zeigen, daß die zweite, zusammengesetzte Wellenfunktion eine noch kleinere Energie repräsentiert als die Funktion $a(\psi_{A'} + \psi_{A''})$, aber die Differenz ist nicht groß und der Koeffizient b ist im Vergleich zu a klein.

**Abb. 34**
Mögliche Bindungsanordnungen
im Benzolmolekül

Die berechnete Differenz zwischen der Energie der Kekulé-Form und der einer zusammengesetzten Wellenfunktion wird als Resonanzenergie dieser bestimmten Wellenfunktion bezeichnet. Offensichtlich ist die Differenz von 37 kcal/mol zwischen $\Delta H_a$ für eine Kekulé-Struktur und dem wirklichen Wert für Benzol der experimentelle Wert für diese Größe. In der Sprache der Molekülorbitaltheorie wird diese Differenz von 37 kcal/mol als die „Delokalisierungsenergie" bezeichnet und stellt die Differenz zwischen der Energie einer „Kekulé"-Molekel mit lokalisierten Elektronen und der Energie der tatsächlichen Molekel mit allen sechs Elektronen in delokalisierten Orbitalen dar.

Resonanz mit den zusätzlichen Strukturen B bringt eine weitere Stabilisierung des Benzols, aber die Strukturen B sind viel weniger gewichtig als die Kekulé-Strukturen A, weil b im Vergleich zu a klein ist. Im allgemeinen ist die Resonanzstabilisierung (d.h. die Resonanzenergie) um so größer, je näher beieinander die Komponentenstrukturen in energetischer Hinsicht sind. Wenn sich zwei Strukturen erheblich in ihrer Energie unterscheiden, so trägt die Struktur mit der höheren Energie nur wenig zur wirklichen Struktur der Molekel bei, die fast die gleiche ist wie die der stabileren Komponente und sich energetisch nur wenig von ihr unterscheidet.

Es werden oft Feststellungen wie „Benzol verdankt seine Stabilität der Resonanz" gemacht, woraus leicht der völlig falsche Eindruck entstehen kann, daß Resonanz ein Phänomen darstellt, das nach Belieben an- oder abzustellen ist. Zutreffender ist die Angabe: „Die wirkliche Struktur von Benzol ist so, daß sie nicht durch eine Struktur repräsentierbar ist, nicht einmal annäherungsweise. Sie kann jedoch als zwischen mehreren hypothetischen Strukturen liegend betrachtet werden, wobei jede von diesen einen höheren Energieinhalt als das wirkliche Molekül besitzen würde". Der wirkliche Zustand eines Moleküls muß derjenige mit dem niedrigsten Energieinhalt sein; wenn irgendeine seiner „Komponentenstrukturen" einen niedrigeren Energieinhalt hätte, gäbe es keinen Grund, warum die Molekel nicht diese Struktur allein einnehmen sollte. Resonanz ist in keiner Hinsicht ein fundamentales Phänomen und um zu einer hypothetischen Situation zurückzukehren: wenn die Physiker zuerst das Problem aufgegriffen hätten, wäre die Resonanz niemals erwähnt worden, weil es ein Konzept ist, das lediglich hinsichtlich der Formelbilder der Chemiker bedeutungsvoll ist. Keine der „kanonischen" Komponentenstrukturen hat irgendeine reale separate Existenz.

Trotzdem ist die Vorstellung von der Resonanz oft für die Fälle nützlich, wenn zwei oder mehr Elektronenanordnungen für eine Molekel möglich sind, weil diese Molekel dann in der Regel stabiler ist, als sonst zu erwarten gewesen wäre.

Solche Verbindungen nennt man (unter Beachtung aller obigen Vorbehalte) „durch Resonanz stabilisiert". Das Konzept von der Resonanz ist qualitativ der Vorstellung von delokalisierten Molekülorbitalen äquivalent und die Tatsache, daß die Resonanzstabilisierung oft um so größer ist, je größer die Zahl der plausiblen Strukturen ist, die für die Molekel aufschreibbar sind (siehe z.B. S. 94), wird am besten mittels der Vorstellung der Elektronendelokalisation verständlich. Mit noch größerer Vereinfachung lassen sich delokalisierte Elektronen als „Teilchen im Kasten" betrachten, deren Energie (siehe S. 14) um so kleiner ist, je größer der Kasten ist. Demzufolge wird die Energie der delokalisierten Elektronen um so kleiner erwartet, und die Molekel um so stabiler, je größer der Bereich ist, in dem die Elektronen wahrscheinlich auffindbar sind.

### Weitere Beweise für Resonanz

Eine Zersetzungswärme, die beträchtlich größer ist, als für eine bestimmte Bindungsstruktur einer Molekel berechnet, ist wie soeben besprochen, ein vortrefflicher Hinweis für Resonanz. Andere Hinweise resultieren aus Vergleichen zwischen wirklichen und erwarteten Werten für bestimmte Bindungseigenschaften, in der Hauptsache Bindungslängen. Z.B. ist die Bindungslänge einer Kohlenstoff-Kohlenstoff-Einfachbindung in Molekülen, die mit nur einer Bindungsstruktur vernünftig beschreibbar sind, etwa 1,54 Å, während die einer Kohlenstoff-Kohlenstoff-Doppelbindung in Molekeln mit nur einer wahrscheinlichen Struktur etwa 1,34 Å beträgt (siehe Tabelle 13). Die Länge der Kohlenstoff-Kohlenstoff-Bindungen in Benzol beträgt jedoch 1,40 Å, was mutmaßlich als Wert für Bindungen gerade in der Mitte zwischen Einfach- und Doppelbindungen liegt. Auf der anderen Seite beträgt die Länge der mittleren Bindung in Butadien, $CH_2 : CH \cdot CH : CH_2$, 1,46 Å, während die der mittleren Bindung in Diacetylen, $CH : C : C : CH$, 1,38 Å beträgt. Die letztere Bindung dürfte deshalb einen größeren „Doppelbindungscharakter" als die Bindungen in Benzol haben und die mittlere Bindung in Butadien beträchtlich weniger.

Eine andere nützliche Eigenschaft ist die der Molekel-Polarität, die alsbald besprochen werden wird.

**Tabelle 13.**  Hinweise für Resonanz aus den Bindungslängen

| Bindungstyp | Verbindung | Länge (Å) |
|---|---|---|
| Reine C–C (Einfachbindung) | Diamant | 1,54 |
| | Äthan | 1,53 |
| Übergang zwischen | Butadien, $CH_2=CH–CH=CH_2$ | |
| Einfach- und Doppelbindung | (mittlere Bindung) | 1,46 |
| | Graphit | 1,42 |
| | Benzol | 1,40 |
| | Diacetylen, $CH\equiv C–C\equiv CH$ | |
| | (mittlere Bindung) | 1,38 |
| Reine C=C (Doppelbindung) | Äthylen | 1,33 |

**Weitere Diskussion der Resonanz**

Zwei Bedingungen müssen erfüllt sein, ehe man vom Auftreten von Resonanz zwischen zwei oder mehreren Komponentenstrukturen, die oft als „kanonische" Strukturen bezeichnet werden, sprechen kann.

1. Die Komponentenstrukturen dürfen sich nur in den Elektronenpositionen unterscheiden, das Atomgerüst muß in allen Fällen das gleiche bleiben.

2. Die Zahl der ungepaarten Elektronen muß, wenn vorhanden, in allen Komponentenstrukturen die gleiche sein.

Die erste dieser Bedingungen unterstreicht nachdrücklich die wesentliche Unwirklichkeit der Resonanzausdrucksweise. Z.B. hätten die beiden Kekulé-Strukturen der Benzolmolekel offensichtlich verschiedene Gestalt (Abb. 35), wenn die Kohlenstoff-Kohlenstoff-Einfach- und Doppelbindungen ihre übliche Länge besäßen. Die Hauptkomponenten-Strukturen für Benzol sind deshalb eigentlich *verzerrte* Versionen der Kekulé-Strukturen, in denen sowohl die Einfach- als auch die Doppelbindungen *erzwungenermaßen* die gleiche Länge besitzen. Dieser Umstand kann in theoretischen Berechnungen berücksichtigt werden, doch wird dies selten getan, weil solche Berechnungen in jedem Falle nur halbquantitativ sind.

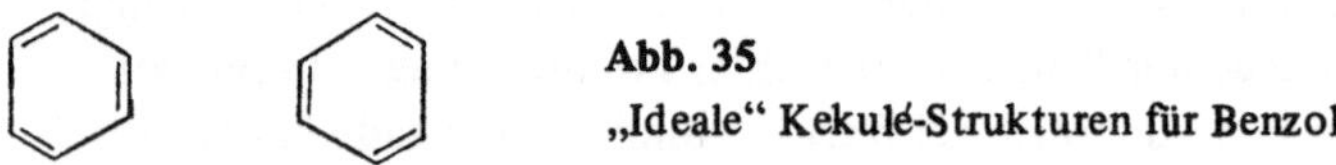

**Abb. 35**
„Ideale" Kekulé-Strukturen für Benzol

Das Charakteristische der Resonanz ist bereits besprochen worden, es wird aber nützlich sein, alles zusammenzufassen:

1. Der Energieinhalt des wirklichen Moleküls ist gegenüber der stabilsten Komponentenstruktur um einen Betrag geringer, den man als Resonanzenergie bezeichnet.

2. Die Resonanzenergie ist um so größer (d.h. das Molekül ist um einen um so größeren Betrag stabilisiert), je näher die Energien der Komponentenstrukturen einander sind und je mehr dieser Strukturen es gibt.

3. Eine Komponentenstruktur, deren Energieinhalt viel größer als die der anderen Strukturen ist, trägt nur wenig zur wirklichen Molekel bei.

4. Solche Eigenschaften wie die Bindungslängen und die Elektronenverteilung im wirklichen Molekül liegen zwischen denen, die für die Komponentenstrukturen erwartet werden, am nächsten jedoch den Werten für die wichtigsten dieser Strukturen.

### Weitere Beispiele für Resonanz

Die folgenden plausiblen Strukturen lassen sich für die Moleküle Distickstoffmonoxid, Stickstoffwasserstoffsäure, Salpetersäure und Kohlendioxid schreiben:

Nach Ausweis der Bindungslängen tritt in allen vier Molekeln Resonanz auf. Bei
Distickstoffmonoxid und Stickstoffwasserstoffsäure tragen nicht alle Strukturen
in gleicher Weise bei, weil sie nicht äquivalent sind; außerdem gibt es Gründe zu
der Annahme, daß Strukturen mit gleichen Ladungen an benachbarten Atomen
weniger bedeutsam sind als solche ohne Ladungen. Für Kohlendioxid tragen die
beiden Strukturen mit Ladungen natürlich in gleicher Weise bei, aber beträchtlich
geringer als die Form mit den beiden Doppelbindungen. Die beiden Strukturen
für Salpetersäure sind äquivalent und deshalb von gleichem Einfluß; der gleiche
Typ von Resonanz findet sich bei organischen Nitroverbindungen.

Auf den Seiten 68 und 79 sind Strukturen für das Carbonat- und Nitration
mit einer Doppel- und zwei Einfachbindungen angeführt worden. Aus Experimenten folgt, daß diese Ionen eben sind und daß die Zentralatome äquidistant zu allen
drei Sauerstoffatomen sind, so daß Resonanz zwischen den drei äquivalenten Strukturen eintreten muß, so wie:

In der Sprache der Molekülorbitale bildet das Kohlenstoff- oder Stickstoffatom
drei äquivalente, planare $sp^2$-Bindungen mit den drei Sauerstoffatomen. Die ver-

bleibenden $p_z$-Elektronen werden in einem delokalisierten Orbital untergebracht, das über das gesamte Ion verteilt ist:

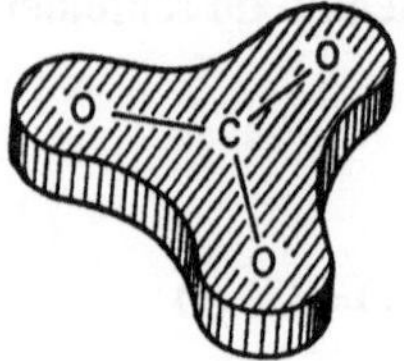

Auf Seite 69 wurde ausgeführt, daß das $POCl_3$-Molekül und das $SO_4^{2-}$-Ion entsprechend den Valenzgruppen der Zentralatome in verschiedener Weise formuliert werden können. Weil der P—O-Abstand in $POCl_3$ erwiesenermaßen kürzer ist, als für eine Einfachbindung erwartet wird, nimmt man Resonanz zwischen den beiden Formen an. In ähnlicher Weise spricht die Länge der S—O-Bindungen im Sulfation (für das Kristallstrukturuntersuchungen einen regulär tetraedrischen Bau erwiesen haben) für eine Struktur des Ions zwischen den folgenden Formen:

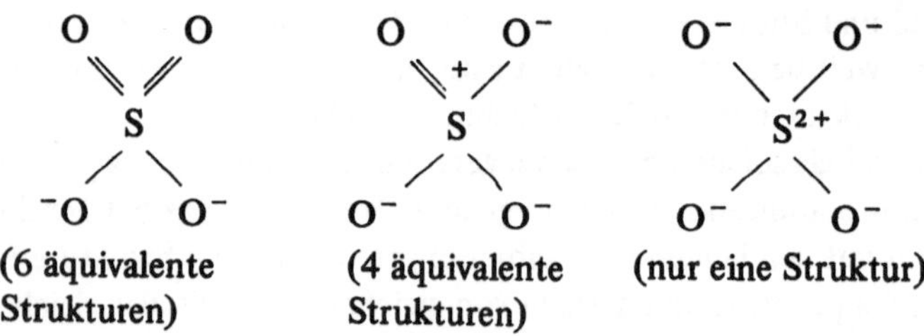

Die sauren Eigenschaften der Hydroxylgruppe sind wohl bekannt als rudimentär in Alkoholen, als ausgeprägter in Phenolen und als ganz ausgesprochen in Carbonsäuren (siehe S. 150). Der Verlust eines Protons aus einem Alkohol hinterläßt ein Alkoholation mit der gleichen Elektronenstruktur, und dies kann nur in Gegenwart eines stark elektropositiven Metalls eintreten. Für das Phenolation lassen sich nicht weniger als fünf plausible Strukturen schreiben, obwohl nur in zwei dieser Strukturen die negative Ladung auf dem Sauerstoffatom verbleibt:

Ein Phenolation ist deshalb wahrscheinlich „durch Resonanz stabilisiert", so daß Phenole ihre Protonen leichter als Alkohole abgeben. In ähnlicher Weise liefert der Verlust eines Protons aus einer Carbonsäure ein Carboxylation, für das zwei äquivalente Strukturen formulierbar sind:

In diesem Falle wird die Resonanz noch ausgeprägter sein, mit dem Ergebnis, daß Carbonsäuren bedeutend stärker als Phenole sind.

Andererseits ist Anilin ($K_b \sim 3 \times 10^{-10}$) wesentlich schwächer basisch als Methylamin ($K_b \sim 5 \times 10^{-4}$). Dies mag auf eine Resonanzstabiliserung des neutralen Moleküls im Gegensatz zum Ion zurückführbar sein. Das Stickstoffatom in Anilin besitzt ein einsames Elektronenpaar, so daß drei Strukturen vom Typ

möglich sind, abgesehen von der üblichen Formel. Im Aniliniumion $C_6H_5 \cdot NH_3^+$, besitzt der Stickstoff jedoch keine einsamen Elektronenpaare mehr, so daß Resonanz dieses Typs nicht mehr möglich ist. (Selbstverständlich müssen für Phenol Strukturen wie

in Betracht gezogen werden; wegen der notwendigen Ladungstrennung ist die Resonanzstabilisierung aber viel geringer als für das Phenolation.)

Guanidin ist im Gegensatz zu den meisten Aminen eine starke Base. Das hängt zweifellos damit zusammen, daß sich für das Guanidiniumion drei äquivalente Resonanzstrukturen formulieren lassen (vergleiche die Strukturen für $CO_3^{2-}$ und $NO_3^-$), wohingegen die einzigen wahrscheinlichen Resonanzstrukturen für Guanidin selbst eine Ladungstrennung bedingen und deshalb weniger wahrscheinlich sind als die normalerweise geschriebene Struktur. Die Resonanzstabilisierung wird deshalb für das Ion viel größer sein als für die Ausgangsbase.

Freie Radikale wie Methyl, Äthyl und Acetyl:

$$H_3C^\bullet \qquad H_3C{-}CH_2{}^\bullet \qquad H_3C{-}C^\bullet{=}O$$

sind als wichtige Zwischenstufen für viele Reaktionen wohlbekannt. Sie reagieren jedoch so schnell untereinander oder mit anderen Molekeln, daß es kaum möglich ist, sie in größeren Konzentrationen zu erhalten. (In den Formeln bedeutet das $\dot{-}$ Symbol das ungepaarte Elektron.) Für Radikale mit aromatischen Ringen jedoch ist die Situation gänzlich verschieden. Wird eine Lösung von Triphenylmethylchlorid in Benzol mit Silberpulver behandelt, so reagiert die resultierende Lösung sehr schnell mit Sauerstoff, Stickstoffoxyd und Jod und ist paramagnetisch. Sowohl der Paramagnetismus als auch das hohe Reaktionsvermögen weisen auf die Anwesenheit von ungepaarten Elektronen hin, in Übereinstimmung mit folgender Gleichung:

$$2C(C_6H_5)_3Cl \xrightarrow{2\,Ag} C_2(C_6H_5)_6 \rightleftharpoons 2\dot{C}(C_6H_5)_3{}^{1)}$$

Aus Molekulargewichtsbestimmungen folgt, daß die Dissoziation des Hexaphenyläthans bei Zimmertemperatur etwa 2 Prozent beträgt. Es lassen sich 44 plausible Strukturen für das Triphenylmethylradikal schreiben:

usw.

---

1) Siehe jedoch H. Lankamp u. Mitarb., wonach die Triphenylmethylradikale zu einem Cyclohexadienderivat reagieren (Anm. d. Übers.).

Durch Resonanz zwischen ihnen wird die Stabilität des Radikals beträchtlich erhöht. Ein solcher Effekt ist mit dem Methylradikal nicht möglich, was deshalb eine viel kürzere Lebenszeit hat. Es sind viele solcher Radikale dargestellt worden, und im allgemeinen ist ihre Stabilität (gemessen als prozentuale Dissoziation der dimeren Form bei Zimmertemperatur) um so größer, je mehr Resonanzformen möglich sind (vgl. S. 89). Zuweilen erreicht die Dissoziation fast 100 Prozent und die Verbindung liegt nahezu völlig in Form freier Radikale vor, z.B.

$$\cdot C \left( -\!\!\left\langle \phantom{x} \right\rangle\!\!-\!\!\left\langle \phantom{x} \right\rangle\!\! \right)_3 \quad \text{usw.}$$

Die angeführten Beispiele hätten sich natürlich auch genau so gut mittels der Molekülorbitale und der Elektronendelokalisierung diskutieren lassen. Das leitende Prinzip ist dabei im wesentlichen, daß die Delokalisierung von Elektronen die Stabilität erhöht; die Triphenylmethylradikale und die Guanidiniumionen verdanken ihre Stabilität der Tatsache, daß das ungepaarte Elektron oder die positive Ladung über die gesamte Molekel ausgedehnt werden kann, anstatt in der Nähe eines Atoms verbleiben zu müssen. Viel Information über die Elektronenverteilung in freien Radikalen ist durch die Technik der Elektronenspinresonanz erhalten worden (siehe S. 262).

## 5.3. Partieller Ionencharakter kovalenter Bindungen

Die „Valenzstrukturbeschreibung" der Bildung einer kovalenten Bindung zwischen zwei Atomen X und Y der Valenz eins beginnt mit den folgenden vier Möglichkeiten für die beiden Valenzelektronen, die hier als „1" und „2" bezeichnet werden:

$$
\begin{array}{ll}
\left.\begin{array}{l} X(1)\ Y(2) \\ X(2)\ Y(1) \end{array}\right\} \begin{array}{l}\text{„kovalente"} \\ \text{Formen}\end{array}
\qquad
\left.\begin{array}{l} X(1,2)^-\ Y^+ \\ X^+\ Y(1,2)^- \end{array}\right\} \begin{array}{l}\text{„ionische"} \\ \text{Formen}\end{array}
\end{array}
$$

Jeder dieser möglichen Formen entspricht eine Wellenfunktion und eine Energie. Das wirkliche Molekül wird dann als Resonanzhybrid der vier Formen angesehen und seine Energie erweist sich (lt. Berechnung) als tiefer als die irgend einer der vier Formen. Das wird in Abb. 36 dargestellt, wo die potentielle Energie der Molekel XY als Funktion des Abstandes X—Y dargestellt ist. Das sehr flache Minimum für den Fall $X(1)\ Y(2)$ zeigt, daß die Lokalisierung je eines Elektrons an beiden Atomen kein stabiles Molekül liefert. Ein viel deutlicher ausgeprägtes Minimum wird erhalten, wenn alle vier Formen in Rechnung gezogen werden und es resultiert dann eine starke Bindung.

Wenn X gleich Y ist, wie bei den Molekeln Wasserstoff oder Chlor, so sind die Beiträge der beiden „kovalenten" Formen identisch, ebenso wie die Beiträge der beiden „ionischen" Formen. Der Beitrag jeder ionischen Form ist jedoch viel geringer als der jeder kovalenten Formen. Demzufolge verursacht ihre vollständige Auslassung aus der Berechnung nur eine geringe Differenz zur berechneten Energie. Andererseits führt die Beschreibung einer Molekel mittels nur einer kovalenten Form zu einer viel höheren Energie, als wenn beide Formen beitragen. Die Stabilisierung, die (in der vorliegenden Beschreibungsart) durch das Zusammenwirken beider kovalenten Formen hervorgebracht wird, heißt oft „Austauschenergie". Wenn die ionischen Strukturen völlig vernachlässigt würden, könnte die Bindung als „rein kovalente Bindung" bezeichnet werden. Bei ihrer Berücksichtigung könnte man von der Bindung als „kovalent mit einem geringen Anteil ionischen Charakters" sprechen. Diese Beschreibung darf nicht die Tatsache verdunkeln, daß die beiden Elektronen völlig gleichberechtigt zwischen beiden Atomen verteilt sind. Obwohl es eine definierte Chance für das Antreffen beider Elektronen am gleichen Atom gibt, ist die Wahrscheinlichkeit für das Auffinden der beiden Elektronen am anderen Atom genau so groß. Eine Bindung zwischen zwei gleichen Atomen bedingt notwendigerweise eine gleichartige Verteilung der Elektronen und stellt die größte mögliche Annäherung an die vollständig kovalente Bindung dar. Der ionische Charakter bei der obigen Beschreibung ist im wesentlichen nur eine Konsequenz einer besonderen Art und Weise der Betrachtung der Situation.

Der Standpunkt ist gänzlich verschieden für Bindungen zwischen verschiedenen Atomen, die im allgemeinen verschiedene Anziehungstendenz für Elektronen haben. So bildet z.B. Chlor viel leichter negative Ionen als Wasserstoff, und es ist vernünftig anzunehmen, daß die Elektronen im Chlorwasserstoffmolekül mehr Zeit in der Nähe des Chloratoms als in der Nähe des Wasserstoffs verbringen. (Der ex-

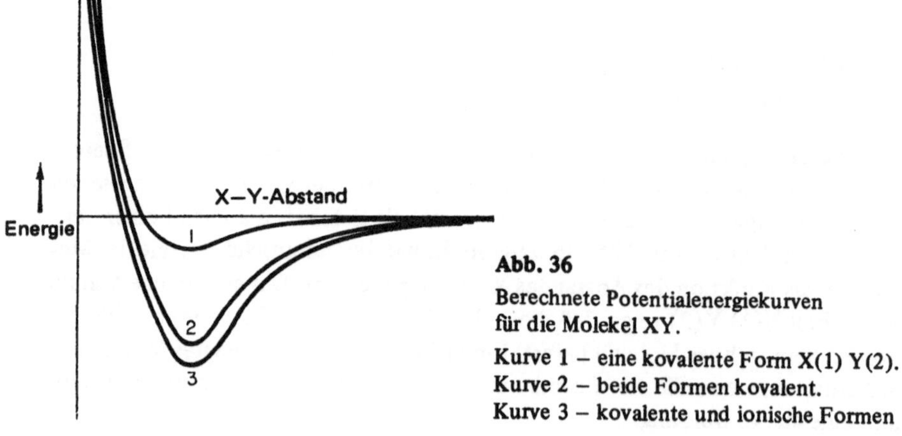


**Abb. 36**

Berechnete Potentialenergiekurven
für die Molekel XY.

Kurve 1 – eine kovalente Form X(1) Y(2).
Kurve 2 – beide Formen kovalent.
Kurve 3 – kovalente und ionische Formen

perimentelle Beweis für dieses Verhalten wird später besprochen.) In der Sprache
des vorhergehenden Abschnittes bringen die beiden kovalenten Strukturen noch
gleiche Beiträge, nicht aber die zwei ionischen Strukturen; $H^+ Cl^-$ wird viel wahrscheinlicher sein als $H^- Cl^+$, das für die meisten Zwecke vernachlässigbar ist. Das
HCl-Molekül läßt sich deshalb mittels der beiden äquivalenten kovalenten Strukturen
und der ionischen Form $H^+ Cl^-$ diskutieren. Wenn die Wellenfunktion, die der Resonanz zwischen den beiden kovalenten Formen allein entspricht, $\psi_{cov}$ ist und die
der ionischen Form $\psi_{ion}$, so läßt sich die Gesamtwellenfunktion schreiben:
$\psi = \psi_{cov} + a\,\psi_{ion}$. Weil $\psi_{cov}$ einer Form entspricht, in der beide Elektronen gleich
verteilt sind, drückt der Koeffizient a den Anteil des „ionischen Charakters" in
der Bindung aus.

Die vorhergehende Diskussion gilt nicht nur für zweiatomige Molekeln, sondern für alle Bindungen in einem Molekül mit mehr als zwei Atomen. Durch den
„partiellen Ionencharakter" oder die ungleiche Verteilung der Elektronen trägt
das elektronegativere Atom eine negative Teilladung und das weniger elektronegative Atom eine positive Teilladung. Unter Berücksichtigung dieses Sachverhaltes
wird verständlich, daß bei der Bildung von dativer Kovalenz den beiden Atomen
keine Einheitsladungen zugeordnet werden, so wie es auf Seite 66 vorausgesetzt
wurde. Die Additionsverbindung zwischen Bortrifluorid und Ammoniak möge dafür als Beispiel dienen. Bor ist elektropositiver als Stickstoff und würde in einer
normalen B—N-Bindung eine positive Teilladung tragen. Die Bildung einer dativen
Kovalenzbindung ordnet jedoch dem Bor eine *formale* negative Einheitsladung zu
und dem Stickstoff eine *formale* positive Einheitsladung, und in diesem Ladungszu-
stand ist Bor sogar noch elektropositiver und Stickstoff noch elektronegativer,
als wenn beide Atome ungeladen wären. Infolgedessen befinden sich die Elektronen
der B—N-Bindung der Bortrifluorid-Ammoniak-Verbindung im Durchschnitt viel
näher am Stickstoff als am Bor, und die effektiven Ladungen auf beiden Atomen
sind beträchtlich kleiner als eins.


**Die Resonanz zwischen Ionenbindung und Atombindung und die Rückkoordination**

Die Resonanz zwischen Ionenbindung und Atombindung oder die ungleich-
wertige Paarung von Elektronen wird gewöhnlich unter dem Symbol A—B für eine
kovalente Bindung mit eingeschlossen. Zuweilen jedoch ist es wünschenswert, diesen Sachverhalt noch zusätzlich im einzelnen auszudrücken. So ist z.B. der Si—Cl-
Abstand in $SiCl_4$ beträchtlich geringer als für eine Einfachbindung zwischen diesen
Atomen erwartet würde. Es ist deshalb eine mögliche Resonanz zwischen der nor-

malen —Si—Cl-Form und einer Doppelbindungsform $\overset{-}{>}Si=\overset{+}{Cl}$ oder $>Si\overset{\leftharpoonup}{=}Cl$ ange-

nommen worden, wobei das Chlor eines seiner freien Elektronenpaare beisteuert und das Silicium eines seiner nichtbeanspruchten 3d-Orbitale betätigt. Obwohl so die beobachtete Bindungsverkürzung erklärt wird, schließt diese Annahme einen eigentlich unwahrscheinlichen Ladungsübergang vom elektronegativeren Chlor zum Silicium ein. Das läßt sich vermeiden, wenn die Rückkoordination mit der ionischen Form einer anderen Si-Cl-Bindung kombiniert wird. Strukturen vom Typ

$$
\begin{array}{ccc}
Cl^- & & Cl^+ \\
 & Si & \\
Cl & & Cl
\end{array}
$$

werden deshalb als wesentlicher erachtet als solche des Typs:

$$
\begin{array}{ccc}
Cl & & Cl^+ \\
 & Si & \\
Cl & & Cl
\end{array}
$$

Für Bortrichlorid, andererseits, mögen Strukturen wie

$$
\begin{array}{ccc}
Cl^+ & & \\
B^- & & \\
Cl & Cl &
\end{array}
\qquad \text{wichtiger sein als} \qquad
\begin{array}{ccc}
Cl^+ & & \\
B & & \\
Cl & Cl &
\end{array}
$$

weil Bor nach Möglichkeit immer eine vierte kovalente Bindung bildet und dabei durch Vervollständigung des Oktetts an Stabilität gewinnt.

Rückkoordination ist offensichtlich in X—H-Bindungen nicht möglich, weil Wasserstoff keine freien Elektronenpaare besitzt. Daraus ist zum Teil erklärlich, warum $B_2H_6$ existiert und nicht $BH_3$ und warum $PH_5$ und $SH_6$ nicht darstellbar sind (siehe S. 69).

Die Bindungsstärken der Einfachbindungen N—N, O—O und F—F sind beträchtlich geringer als nach den Stärken der Bindungen P—P, S—S und Cl—Cl usw. vermutbar ist. So würden z. B. die für die anderen Halogene gefundenen Werte (J—J 36,1 kcal/mol; Br—Br 46,1; Cl—Cl 58,0) für F—F einen viel größeren Wert als die gefundenen 36,6 kcal/mol erwarten lassen. (Und in der Tat ist diese niedrige Bindungsdissoziationsenergie für $F_2$ zusammen mit der großen Bindungsstärke der Bindungen zwischen Fluor und den meisten anderen Elementen hauptsächlich für die extreme Reaktionsfähigkeit des elementaren Fluor verantwortlich.) Ein Grund für diese Diskrepanz kann die Möglichkeit sein, daß die schwereren Halogene einen gewissen Doppel- oder Dreifachbindungsanteil besitzen,

$$\overset{\times}{\underset{\times}{\overset{\times}{\times}}} \overset{+}{Cl} = \overset{-}{Cl} \overset{\times\ \times}{\underset{\times\ \times}{\times}} \quad \text{oder} \quad Cl \leftharpoonup Cl \quad \text{und} \cdot \quad \overset{\times}{\underset{\times}{\times}} \overset{\times}{Cl} \equiv \overset{\times}{Cl} \overset{\times}{\underset{\times}{\times}}$$

was eine Valenzgruppe größer als acht für ein oder beide Atome voraussetzt. Eine erweiterte Valenzgruppe ist aber für Fluor nicht möglich, das abweichend von Chlor usw. über keine unbeanspruchten Orbitale genügend niedriger Energie verfügt. Der andere Grund kann sein, daß die gegenseitige Abstoßung der freien Elektronenpaare viel größer für das kleine $F_2$-Molekül ist als im größeren $Cl_2$, $Br_2$ und $J_2$.

## Elektronegativität

Es sind verschiedene Versuche gemacht worden, um die elektronenanziehende Fähigkeit oder „Elektronegativität" von Atomen quantitativ auszudrücken. *Mulliken* bewies, daß die Ionisierungsenergie eines Atoms (S. 48) den Mittelwert aus der elektronenanziehenden Kraft eines neutralen Atoms und seines positiven Ions repräsentiert, während seine Elektronenaffinität (S. 52) den Durchschnittswert für das neutrale Atom und sein negatives Ion darstellt. Der Mittelwert aus der Ionisierungsenergie und der Elektronenaffinität sollte deshalb die elektronenanziehende Tendenz des neutralen Atoms repräsentieren, das heißt, seine Elektronegativität. Der Hauptnachteil des Mullikanschen Verfahrens ist der, daß Elektronenaffinitäten schwierig meßbar sind und es in vielen Fällen notwendig ist, geschätzte Werte zu verwenden.

*Pauling* benutzte Angaben über die Bindungsstärke, die mittels der in Kapitel 13 besprochenen Methoden erhalten wurden. Er beobachtete, daß Bindungen zwischen Atomen, die sich stark in der Elektronegativität unterscheiden, sehr stark sind, wie z.B. Bindungen zwischen Silicium und Fluor, dem stärksten elektronegativen Element überhaupt. Angenommen, jede dieser Bindungen ist eine Mischung aus einer kovalenten und einer ionischen Bindung, so sollte ihre Stärke offenbar durch Ionenbindung-Kovalenz-Resonanz verursacht werden und um so stärker sein, je größer der prozentuale Ionencharakter ist. *Pauling* erhielt die Stärke der hypothetischen „vollständig kovalenten" Bindung zwischen zwei Atomen A und B (wobei die beiden Elektronen als völlig gleichwertig zwischen beiden Atomen verteilt angesehen werden) als Mittel der Bindungsstärken der Bindungen A–A und

B–B. Er benutzte zunächst das arithmetische Mittel, später das geometrische, was bessere Resultate lieferte. Die Differenz zwischen der wahren Stärke der Bindung A–B und dem geometrischen Mittel ergab ein Maß für den Ionenbindungscharakter der Bindung und damit für die Elektronegativitätsdifferenz zwischen beiden Atomen. Auf diese Weise stellte *Pauling* eine Skala der Elektronegativitätswerte (Tabelle 14) auf, die von 0,7 für Cäsium, dem elektropositivsten Metall, über 2,1 für Wasserstoff bis zu 4,0 für Fluor reicht. Diese Werte laufen im allgemeinen parallel zu den Werten von *Mulliken.*

|     |     | H   |     |     |
| --- | --- | --- | --- | --- |
|     |     | 2,1 |     |     |
| B   | C   | N   | O   | F   |
| 2,0 | 2,5 | 3,0 | 3,5 | 4,0 |
|     | Si  | P   | S   | Cl  |
|     | 1,8 | 2,1 | 2,5 | 3,0 |
|     | Ge  | As  | Se  | Br  |
|     | 1,8 | 2,0 | 2,4 | 2,8 |
|     | Sn  | Sb  | Te  | I   |
|     | 1,8 | 1,9 | 2,1 | 2,5 |
|     | Pb  | Bi  |     |     |
|     | 1,8 | 1,9 |     |     |

**Tabelle 14**
Paulingsche Elektronegativitätswerte

Obwohl die Elektronegativitätswerte im wesentlichen Richtwerte darstellen und nicht unmittelbar auf direkt meßbare Größen der Elemente, auf die sich beziehen, zurückführbar sind, sind sie von bestimmten Nutzen für die Diskussion der Phänomene der anorganischen Chemie. Ebenso wie sie die Abschätzung des prozentualen Ionencharakters kovalenter Bindungen gestatten, können sie auch für die Erörterungen von Dipolmomentmessungen herangezogen werden. Für einige Elemente können Elektronegativitäten aus Kernquadrupolresonanzmessungen ermittelt werden (S. 260).

## 5.4. Molekülpolarität

In manchen Molekülen sind die Ladungen innerhalb des Moleküls voneinander getrennt und der „Schwerpunkt" der positiven Ladung fällt nicht mit dem der negativen zusammen. Das Molekül ist in einem solchen Falle ein elektrischer Dipol, das elektrische Analogen zu einem Magneten; man nennt es polar und spricht von einem Dipolmoment.

Alle *heteronuclearen* zweiatomigen Molekeln (in denen die beiden Atome verschieden sind) sind polar, wie im letzten Abschnitt gezeigt wurde, und die Bindungen zwischen verschiedenen Atomen schließen zwangsläufig die Trennung zwischen positiver und negativer Ladung ein. Das Dipolmoment einer zweiatomigen Molekel ist (in Analogie zum magnetischen Moment) definiert als die Ladung auf jedem Atom, multipliziert mit dem Abstand zwischen ihnen. Weil die Ladung des Elektrons und der Atomabstand die Größenordnung $10^{-10}$ el. stat. Einheiten, bzw. $10^{-8}$ cm haben, sind Dipolmomente von der Größenordnung $10^{-18}$. Dementsprechend werden sie in Debye-Einheiten gemessen, mit $1\,D = 10^{-18}$ el. stat. Einheiten $\times$ cm (*Debye* ist ein holländischer Physiker, der als erster die Theorie der Dipolmomente entwickelte).

Ob eine polyatomare Molekel ein Dipolmoment hat, hängt von ihrer geometrischen Form ab, denn die verschiedenartigen Bindungsmomente in ihr können sich entweder gegenseitig verstärken und das Gesamtmolekül polar machen, oder sich gegenseitig auslöschen. So ist z.B. ein Molekül $AB_2$ unpolar, wenn es linear ist, denn die beiden Bindungsdipole sind genau entgegengesetzt, unabhängig von ihrer Größe, aber polar, wenn es gewinkelt ist:

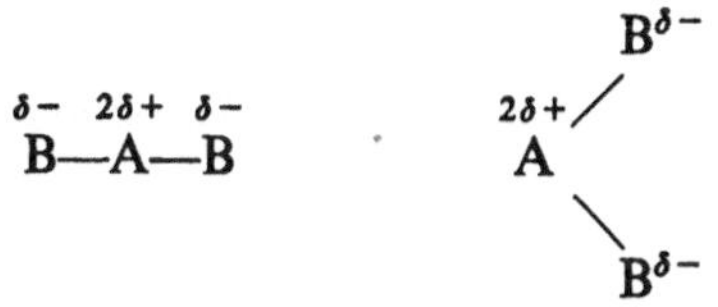

$$
\overset{\delta-}{B}\!\!-\!\!\overset{2\delta+}{A}\!\!-\!\!\overset{\delta-}{B}
\qquad\qquad
\overset{2\delta+}{A}\!\!\begin{array}{c}\nearrow B^{\delta-}\\[4pt]\searrow B^{\delta-}\end{array}
$$

($\delta+$ und $\delta-$ bedeuten kleine positive und negative Ladungen.) Wiederum ist ein Molekül $AB_3$ nicht polar, wenn sich die drei B-Atome an den Ecken eines gleichseitigen Dreiecks mit dem Atom A als Zentrum befinden, weil sich der Ladungsschwerpunkt der drei Ladungen der B-Atome ebenfalls im Zentrum befinden muß. Befindet sich aber A außerhalb der Ebene, in einer pyramidalen Struktur, so ist die Molekel polar.

### Dielektrizitätskonstante und die Messung von Dipolmomenten

Ist die Kapazität eines Kondensators C und besteht zwischen den Platten eine Potentialdifferenz V, so beträgt seine Energie $\frac{1}{2}\,CV^2$. Für Vakuum zwischen den Platten ist $\frac{1}{2}\,C_{vac}\,V^2$ die Arbeit zum Transport von Elektronen von einer Platte zur anderen, solange, bis die Potentialdifferenz V beträgt. Wird nun eine polare Verbindung zwischen die Platten gebracht, so bildet sie ein dielektrisches Medium, und das elektrische Feld verursacht eine bestimmte Ausrichtung der molekularen Dipole parallel zum Feld, so daß die gesamte Probe ein elektrisches Moment annimmt, das proportional zur Feldstärke ist. Weil der Ausrichtung durch die thermische Bewegung entgegengewirkt wird, sinkt mit steigender Temperatur der Bruchteil der zum Feld parallelen Moleküle im Gleichgewicht und damit das induzierte Moment. Für eine gegebene Temperatur muß Extraarbeit zur Orientierung der Molekeln des Dielektrikums aufgebracht werden, so daß die Gesamtenergie des Kondensators für gleiches Potential V größer ist, als wenn sich zwischen den Platten

Vakuum befände, wobei die zusätzliche Energie im dielektrischen Medium gespeichert wird. Die neue Kapazität $C'$ des Kondensators ist deshalb größer als $C_{vac}$ und das Verhältnis $C'/C_{vac}$ heißt die Dielektrizitätskonstante $\epsilon$ des dielektrischen Mediums. Dielektrizitätskonstanten lassen sich ohne Schwierigkeiten messen.

Wenn das dielektrische Medium aus nichtpolaren Molekeln besteht, so ist die Kapazität des Kondensators noch größer als $C_{vac}$, weil das Feld ständig Extraarbeit leistet, indem es eine gewisse Verschiebung von Elektronen und Kernen gegeneinander verursacht, unabhängig davon, ob die Molekeln polar oder unpolar sind. Das dadurch induzierte elektrische Moment m ist proportional der Feldstärke F, aber nunmehr temperaturunabhängig, weil es immer parallel zur Feldrichtung liegt. Die Proportionalitätskonstante $\alpha_D$ in der Gleichung $m = \alpha_D F$ heißt Verschiebungspolarisation.

Es läßt sich zeigen, daß für alle Substanzen gilt

$$\left(\frac{\epsilon - 1}{\epsilon + 2}\right) \frac{M}{d} = \frac{4\pi N}{3} \left(\alpha_D + \frac{\mu^2}{3\,kT}\right),$$

wobei M die Molmasse und d die Dichte der Probe darstellen und $\mu$ das permanente Dipolmoment. Anders ausgedrückt ist

$$P_M = P_D + P_O$$

wobei $P_M$ die gesamte molare Polarisation, $P_D$ die molare Verschiebungspolarisation und $P_O$ die molare Orientierungspolarisation darstellen. Für unpolare Substanzen verschwindet dieser zweite Term. Die Analogie zum Dia- und Paramagnetismus (S. 32) ist sehr groß, der Hauptunterschied ist jedoch, daß im Fall der elektrischen Momente beide Momente $P_D$ und $P_O$ gleiches Vorzeichen haben.

Die Molekülpolarität kann durch die Temperaturabhängigkeit der Molpolarisation nachgewiesen werden, und die Dipolmomente lassen sich aus dieser Temperaturabhängigkeit bestimmen. Eine andere Methode besteht darin, Messungen bei einer Temperatur zu machen und die Verschiebungspolarisation entsprechend zu berücksichtigen (siehe Kapitel 13).

### Andere Effekte der Molekülpolarität

Ein weiterer Bruttoeffekt der Molekülpolarität läßt sich abschätzen, wenn man die Kraft zwischen zwei elektrischen Ladungen $q_+$ und $q_-$ in einem materiellen Medium betrachtet. Das elektrische Feld zwischen den Ladungen induziert ein elektrisches Moment in dem Medium, das ein elektrisches Feld entgegengesetzt zur ursprünglichen Feldrichtung errichtet. Das effektive Feld (und damit die anziehende Kraft) zwischen den Ladungen ist dadurch reduziert. Verständlicherweise ist der Effekt für polare Substanzen viel größer als für unpolare. Tatsächlich ist die Anziehungskraft gegeben durch $q_+ q_-/\epsilon\, d^2$, wobei d der Abstand zwischen den Ladungen ist (siehe Abb. 37).

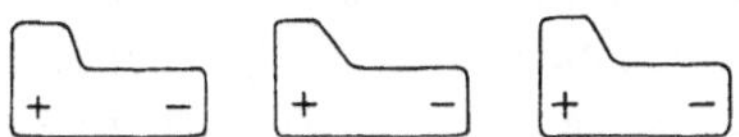



**Abb. 37**
Polarisierende Wirkung eines elektrischen
Feldes auf ein dielektrisches Medium

In Flüssigkeiten mit hoher Dielektrizitätskonstante (so wie Wasser und flüssiges Ammoniak) sind die Kräfte zwischen den Ionen deshalb viel kleiner als in Lösungsmitteln mit niedriger Dielektrizitätskonstante, und das ist ein Grund dafür, warum Wasser und flüssiges Ammoniak gute ionisierende Lösungsmittel sind.

Ein weiterer Bruttoeffekt der Molekülpolarität ist ihr Einfluß auf die Siedepunkte. Je größer die Kräfte zwischen den Molekülen einer Verbindung sind, desto leichter wird es möglich sein, das Gas zu verflüssigen und um so schwieriger, die Flüssigkeit zu verdampfen; das heißt, desto höher wird der Siedepunkt liegen. Wenn sich die Moleküle zweier Flüssigkeiten nicht wesentlich in ihrer Gestalt unterscheiden, so hat die Verbindung mit der höheren Molmasse normalerweise den höheren Siedepunkt. Nun sind die Kräfte zwischen polaren Molekülen beträchtlich größer als die zwischen unpolaren Molekeln von angenähert der gleichen Größe, weil das negative Ende eines Dipol das positive eines anderen anzieht usw.

Demzufolge haben polare Verbindungen im allgemeinen höhere Siedepunkte als unpolare Verbindungen von vergleichbarer Molmasse, ein Punkt, der durch die Meßdaten an isomeren Paaren gut illustriert wird. So siedet z. B. Methylnitrit, $CH_3O \cdot N=O$, mit einem Dipolmoment von 2,27 D bei $-18\,^\circ$C, während das isomere Nitromethan

mit dem größeren Dipolmoment von 3,19 D, das durch die dative Kovalenz verursacht wird, bei 101 °C siedet. Ferner siedet *cis*-Dichloräthylen mit einem Dipolmoment von 1,89 D bei 60 °C, während *trans*-Dichloräthylen nicht polar ist und bei 48 °C siedet.

Ebenso wie die Dipol-Dipol-Kräfte gibt es auch starke Anziehungskräfte zwischen Ionen und Dipolen, wobei das Ion zum entgegengesetzt geladenen Ende der polaren Molekel gezogen wird. Deshalb ist jedes Ion in wäßriger Lösung in einem gewissen Umfang hydratisiert. Unabhängig von der möglichen Bildung von definierteren Bindungen hat jedes Kation eine Anzahl Wassermolekeln um sich herum gruppiert, mit den Sauerstoffatomen (den negativen Enden der Wasserdipole) auf sich gerichtet. In ähnlicher Weise ziehen Anionen die positiven Enden der Wasserdipole an, wenn auch in einem geringeren Ausmaß. Bei diesem Prozeß wird ein beträchtlicher Energiebetrag frei. Das ist die Hydratisierungsenergie, die zusammen mit der durch die hohe Dielektrizitätskonstante bedingten Verringerung der elektrostatischen Kräfte das Wasser zu solch einem geeigneten ionisierenden Lösungsmittel macht.

## Anwendungen der Dipolmomentmessungen

Die Molekülpolarität ist somit für eine Anzahl Phänomene verantwortlich, die Dipolmomentmessungen haben aber auch einen unmittelbaren Nutzen, so z. B. bei der Bestimmung der Molekülgeometrie. So ist z. B. Kohlendioxid unpolar und muß deshalb linear sein, dagegen hat Wasser ein ziemlich großes Dipolmoment und muß gewinkelt sein (siehe S. 72 und 77). Ammoniak ist polar und deshalb pyramidal, während Bortrifluorid unpolar und deshalb planar ist usw. In gewissen Fällen versagt allerdings dieses Kriterium. So hat ein Molekül $AB_4$ ein Dipolmoment von Null, ganz gleich, ob es regulär tetraedrisch ist oder die B-Atome sich an den Ecken eines Quadrates mit den A-Atomen im Zentrum befinden. *Cis*-Isomere lassen sich gewöhnlich von *trans*-Isomeren unterscheiden, weil die letzten ein Symmetriezentrum besitzen und die Bindungsdipole sich gegenseitig aufheben. Z.B. ist eines der isomeren Dichloräthylene unpolar und das andere besitzt ein Moment von 1,89 D.

Das erstere muß *trans* sein und das letztere *cis:*

$$
\begin{array}{ccccc}
Cl & & H & \quad\quad & Cl & & Cl \\
 \diagdown & & \diagup & & \diagdown & & \diagup \\
 & C{=}C & & & & C{=}C & \\
 \diagup & & \diagdown & & \diagup & & \diagdown \\
H & & Cl\ trans & & H & & H\ cis
\end{array}
$$

In den Fällen, in denen es möglich ist, die individuellen Bindungsmomente zu ermitteln, ließen sich sogar aus den numerischen Werten der Dipolmomente Werte für die Bindungswinkel in Molekülen erhalten.

Dipolmomente liefern Informationen über die Verteilung von Elektronen in Molekeln und damit über solche Eigenschaften wie den partiellen Ionencharakter kovalenter Bindungen und den relativen Beitrag der verschiedenen Resonanzformen. Z.B. zeigen die Dipolmomente der Halogenwasserstoffe

| HF | HCl | HBr | HJ |
|---|---|---|---|
| 1,98 D | 1,03 D | 0,79 D | 0,38 D |

eine Abnahme des prozentualen Ionencharakters der H—X-Bindung innerhalb der Gruppe der Halogene nach unten.

Stickstoffmonoxid hat ein Dipolmoment von nur 0,17 D, woraus folgt, daß die beiden ersten Resonanzstrukturen auf Seite 91 etwa gleich beitragen müssen und die dritte sehr wenig. Als Nebenergebnis wird dadurch der Unterschied zwischen Resonanz und Tautomerie verdeutlicht; wäre Stickstoffmonoxid eine Gleichgewichtsmischung aus den drei Molekülsorten, so hätte das Dipolmoment einen mittleren Wert und wäre deshalb viel größer.

**Die Faktoren, die das Dipolmoment bestimmen**

Die in der obigen Diskussion inbegriffene und ausgedrückte Annahme, wonach die molekularen Dipolmomente allein durch die Bindungsmomente hervorgerufen werden, die durch das unsymmetrische Anteiligwerden von Elektronen bedingt sind, stellt eine nicht ganz zulässige Vereinfachung dar.

Erstens wird jede Bindung zwischen ungleichen Atomen in Wirklichkeit polar sein, selbst dann, wenn die Elektronegativitäten genau gleich sind. Wenn z.B. die H—Cl-Bindung rein kovalent wäre, ohne jeden Ionencharakter, so würden die beiden Elektronen fast ihre gesamte Zeit in der Überlappungsregion der beiden Orbitale verbringen (siehe Abb. 38). Da aber das Wasserstoff-1s-Orbital viel kleiner ist als das von Chlor betätigte Orbital, liegt die Überlappungsregion zwischen den Wasserstoffkern und dem Mittelpunkt der H—Cl-Achse. Infolgedessen gäbe es ein Bindungsdipolmoment mit dem *negativen* Ende zum Wasserstoff gewandt.

Zweitens sind die freien Elektronenpaare nicht berücksichtigt worden. Im Falle von HCl bilden die 1s-, 2s- und 2p-Elektronen kugelsymmetrische Schalen, die im Chlorkern zentriert sind und nicht zu einer Ladungstrennung beitragen können. Wenn die H—Cl-Bindung ein $3p_x$-Chlororbital benutzt, so befinden sich die freien Elektronenpaare in den 3s-, $3p_y$- und $3p_z$-Orbitalen, die alle symmetrisch bezüglich des Chlorkernes sind. Wenn aber, wie es wahrscheinlich ist (siehe S. 73) für das Chlor in gewissem Umfang $sp^3$-Hybridisierung vorliegt, dann befinden sich die freien Elektronenpaare in Orbitalen, die unter keinen Umständen symmetrisch hinsichtlich des Kernes sind (siehe Abb. 38). Nunmehr gibt es einen zusätzlichen Beitrag zum Gesamtmoment, hervorgerufen durch die Assymetrie dieser freien Elektronenpaare.

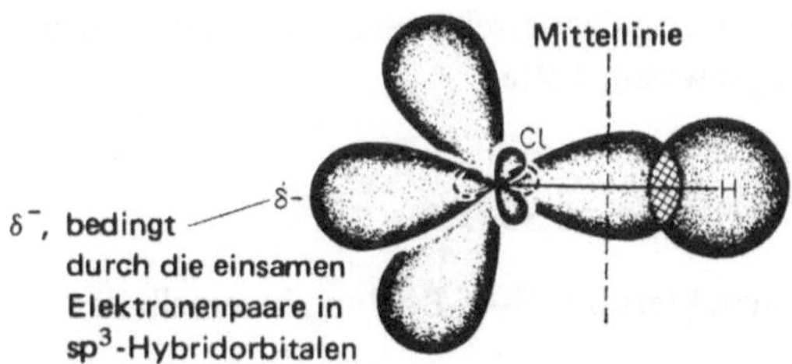



**Abb. 38**
Beiträge zum Dipolmoment
von HCl

Dipolmomente müssen deshalb mit gewisser Vorsicht interpretiert werden, weil diese verschiedenen Einflüsse oft in entgegengesetzter Richtung beitragen. Darüberhinaus ist es oft sehr schwierig, genau sicherzustellen, welches das positive und negative Ende des gegebenen Bindungsdipols ist.

Ammoniak und Stickstofftrifluorid (beides pyramidale Molekeln mit fast gleichen Bindungswinkeln) liefern dafür ein treffendes Beispiel. Ammoniak besitzt ein Dipolmoment von 1,5 D und Stickstofftrifluorid ein Moment von nur 0,2 D, was wegen der nahezu gleichen Differenz der Elektronegativitäen zwischen N und F einerseits und N und H andererseits (Tabelle 14) überraschend erscheint. Die beobachteten Bindungswinkel lassen vermuten, daß ein beträchtlicher Anteil von $sp^3$-Hybridisierung für die Stickstoffatome in diesen Molekeln vorliegt (siehe S. 73). Deshalb wird das freie Elektronenpaar an jedem Stickstoffatom zur Ausbildung eines molekularen Dipols mit dem negativen Ende zum Stickstoff gerichtet führen. Die Einflüsse des „ionischen Charakters" und der „Größe" wirken in entgegengesetzter Richtung für jede N–H-Bindung; wenn der erstere größer ist, hat jeder Bindungsdipol sein negatives Ende am Stickstoff. In diesem Falle verstärken die Bindungsdipole den Effekt des freien Elektronenpaares, und das beträchtliche Dipolmoment von Ammoniak ist erklärt (siehe Abb. 39). Der „Größeneffekt" ist für die Bindung N–F unwichtig, weil beide Atome etwa von der gleichen Größe sind; aber sowohl der Effekt des „ionischen Charakters" als auch der Beitrag der freien Elektronenpaare am Fluoratom (wenn diese einen $sp^3$-Charakter besitzen) kombinieren zu N–F-Bindungsdipolen mit den negativen Enden am Fluor. In $NF_3$ wirkt der Effekt des freien Elektronenpaares am Stickstoff somit entgegen dem der N–F-Bindungsmomente und es ist nicht überraschend, daß $NF_3$ ein sehr kleines Dipolmoment hat.

## 5.5. Die Wasserstoffbrückenbindung

Ein letztes Beispiel für die Effekte der Bindungspolarität wird durch die sogenannte Wasserstoffbindung (oder Wasserstoffbrückenbindung [1])) geliefert. Diese wurde erstmalig 1912 von *Moore* und *Winmill* postuliert, als sie damit erklärten,

---

[1]) Anmerkung des Übersetzers

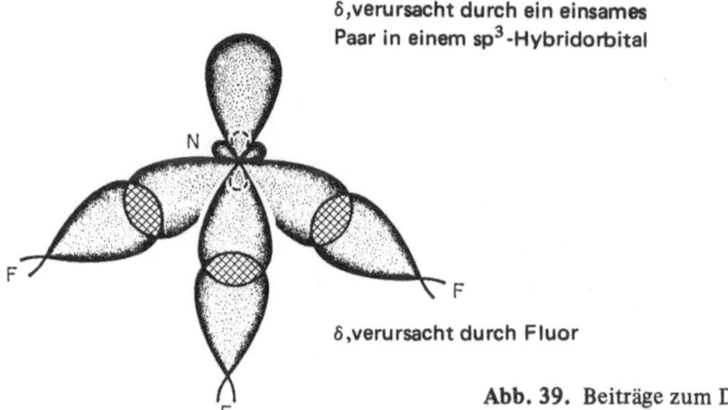



**Abb. 39.** Beiträge zum Dipolmoment von $NF_3$

warum Ammoniak, Methylamin, Dimethylamin und Trimethylamin alle schwache
Basen sind, während Tetramethylammoniumhydroxid so stark basisch ist wie Kaliumhydroxid. Sie nahmen an, daß Ammoniak oder eines seiner Substitutionsprodukte eine spezielle Bindungsart mit Wasser — eine „Wasserstoffbindung" — bilden
kann und daß der resultierende Komplex teilweise in Kationen und Hydroxylionen
dissoziieren kann:

$$R_3N + H_2O \leftrightharpoons R_3N \ldots H \ldots OH \leftrightharpoons R_3NH^+ + OH^-$$

Weil ein Ion $NR_4^+$ kein an das Stickstoffatom gebundenes Wasserstoffatom besitzt,
kann es sich nicht in analoger Weise mit Hydroxylionen vereinigen und Tetramethylammoniumhydroxid dissoziiert deshalb in wäßriger Lösung eben so vollständig wie
Kaliumhydroxid.

Es sind inzwischen genügend Beweise vorhanden, um zu zeigen, daß unter
zahlreichen anderen Umständen ein Wasserstoffatom zwei andere Atome miteinander verketten kann und zwar gewöhnlich Stickstoff, Sauerstoff oder Fluor. Die
anomal hohen Siedepunkte der Hydride dieser Elemente liefern einen klaren Hinweis für Wasserstoffbindung. Je stärker die Kräfte zwischen den Molekeln einer
Verbindung sind, desto höher ist ihr Siedepunkt. Weil die intermolekularen Kräfte
um so größer sind, je größer die Molmasse ist (bei sonst gleichen Verhältnissen),
erwartet man einen stetigen Anstieg der Siedepunkte innerhalb einer Reihe wie
$H_2O$, $H_2S$, $H_2Se$ und $H_2Te$. Das trifft zu für die Hydride der Gruppe IV B; bei
den Hydriden der Gruppen V B, VI B und VII B fällt jeweils die erste Verbindung
aus der Reihe (Abb. 40). Die Erklärung dafür ist, daß die Wasserstoffbindung effektiv
viel größere Molekeln als $H_2O$ usw. liefert, mit größeren intermolekularen Kräften
und demzufolge höheren Siedepunkten (Abb. 41). Diese *Assoziation* im flüssigen
Zustand ist verantwortlich für andere anomale Eigenschaften solcher Flüssigkeiten,
so für die Tatsache, daß Wasser eine extrem hohe Dielektrizitätskonstante hat und
seine maximale Dichte bei 4 °C aufweist.

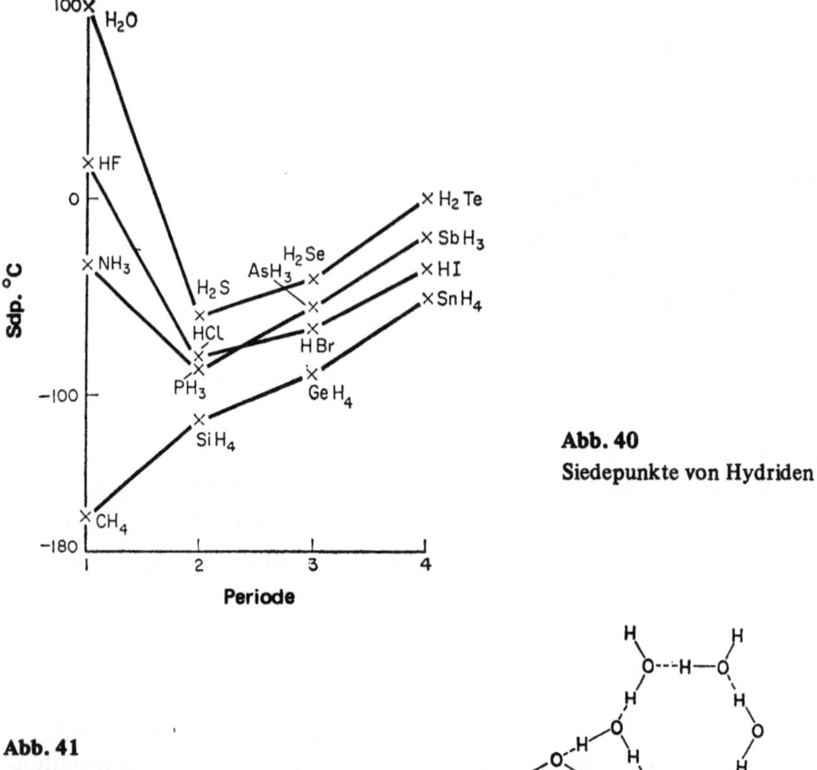



**Abb. 40**
Siedepunkte von Hydriden

**Abb. 41**
Wasserstoffbrückenbindung in Wasser

Ferner zeigen Dampfdichtemessungen und Verteilungsmessungen, daß viele Carbonsäuren zu Doppelmolekeln assoziiert sind und zwar sowohl im Gaszustand, als auch gelöst in nichtwäßrigen Lösungsmitteln. Elektronenbeugungsmessungen haben ergeben, daß das Dimere der Ameisensäure durch Wasserstoffbindungen wie folgt zusammengehalten wird:

und die Strukturen der anderen dimerisierten Säuren sind wahrscheinlich ähnlich. Die Wasserstoffbindung liefert auch eine einleuchtende Erklärung für die Unterschiede in den physikalischen Eigenschaften einiger isomerer Verbindungen. Z.B.

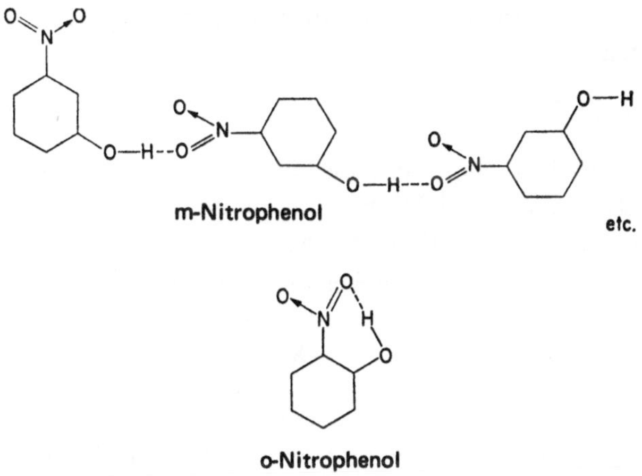

m-Nitrophenol

etc.

o-Nitrophenol

**Abb. 42**
Wasserstoffbrückenbindung
bei Nitrophenolen

haben m-Nitrophenol (97 °C) und p-Nitrophenol (114 °C) bedeutend höhere
Schmelzpunkte als o-Nitrophenol (45 °C). Man nimmt an, daß intermolekulare
Wasserstoffbindung in den *meta-* und *para*-Verbindungen wirksam ist, die in der *ortho*-Verbindung aber effektiv durch *intra*molekulare Wasserstoffbindung (hier möglicherweise aus sterischen Gründen) verhindert ist (siehe Abb. 42). Die intermolekularen Kräfte sind deshalb in der *ortho*-Verbindung beträchtlich kleiner als in
den anderen Isomeren, und der Schmelzpunkt liegt entsprechend tiefer. Zum Nachweis dieser Art von intramolekularer Wasserstoffbindung wurden spektrokopische
Messungen herangezogen (S. 241). Die Wasserstoffbindung ist ebenfalls wichtig
für die Strukturermittlung vieler, Wasserstoffatome enthaltender kristalliner Substanzen. Dieser Aspekt wird in Kapitel 8 behandelt.

### Der Mechanismus der Wasserstoffbindung

Die Wasserstoffbindung tritt somit in den verschiedensten Umgebungen auf,
immer aber beinhaltet sie die Verbrückung zweier elektronegativer Atome X und Y
durch ein Wasserstoffatom. X, H und Y liegen immer auf einer Geraden und X und
Y haben immer einen beträchtlich kleineren Abstand, als wenn sie überhaupt nicht
verbunden wären, wenn auch nicht so klein, wie bei unmittelbarer Bindung. In den
meisten Fällen ist das Wasserstoffatom näher an X als an Y, sogar dann, wenn beide
Atomsorten gleich sind. Jedoch ist in einigen Verbindungen — bemerkenswert ist
festes Kaliumhydrogenfluorid (das $HF_2^-$ Ionen enthält) — der Wasserstoff symmetrisch angeordnet. Wasserstoff ist auf keinen Fall zweiwertig, wenn er eine Wasserstoffbindung bildet; Wenn dies der Fall wäre, müßten sich nämlich zwei der vier
Bindungselektronen in einem 2s-Orbital befinden, und die dafür benötigte Anregungsenergie würde die zusätzliche Bindungsenergie bei weitem übersteigen. Auf alle Fälle

ist die zur Aufbrechung einer unsymmetrischen Wasserstoffbindung benötigte Energie, das heißt die Energie für den Prozeß

$$-X \ldots H \ldots Y- \rightarrow -X-H + Y-$$

viel geringer als die für normale kovalente Bindungen. Sie beträgt gewöhnlich etwa 5 kcal/mol und gelegentlich bis zu 10 kcal/mol. Die Energien für symmetrische Wasserstoffbindungen können immerhin 50 kcal/mol betragen.

Eine Möglichkeit besteht in der Resonanz zwischen den drei Formen:

$$-X-H \quad {}^{x}_{x}Y- \qquad \overset{-}{-X{}^{x}_{x}} \quad \overset{+}{H} \quad {}^{x}_{x}Y- \qquad \overset{-}{-X{}^{x}_{x}} \quad H-\overset{+}{-Y}-$$
$$\quad\quad A \qquad\qquad\qquad\qquad B \qquad\qquad\qquad C$$

Sogar dann, wenn die beiden Atome X und Y gleich sind, wird die Struktur C von geringerer Bedeutung sein als die Struktur A, weil die Bindungslänge Y–H größer ist als die Bindungslänge X–H, und die Resonanzenergie wird geringer sein, als wenn diese Strukturen von etwa gleichem Einfluß wären. Tatsächlich ergeben Berechnungen, daß die Resonanz nicht für die Stabilität der meisten Wasserstoffbindungen verantwortlich ist, nicht einmal für die symmetrischen Brücken wie in $HF_2^-$, wo die Resonanzenergie maximal sein würde.

Gegenwärtig ist man der Auffassung, daß der Hauptteil der Bindungsstärke der meisten Wasserstoffbindungen von der elektrostatischen Anziehung zwischen den beiden Dipolen X–H und H–Y herrührt. Weil X und Y immer stark elektronegativ sind, sind diese Dipole beträchtlich. Außerdem können sie sich sehr weit einander nähern, weil das Wasserstoffatom ohne innere Schalen, also sehr klein ist. Dies schließt einen Resonanzbeitrag nicht aus, der für einige symmetrische Wasserstoffbindungen tatsächlich von gleichem Gewicht wie der elektrostatische Anteil sein kann.

Über die Bedeutung der Wasserstoffbindung in der Chemie ist nunmehr genügend gesagt worden. Die Wasserstoffbindungen sind sogar noch wichtiger in vielen biologischen Prozessen, weil Wasserstoffbindungen wegen ihrer geringen Stärke leicht gebildet und gelöst werden können. So werden z.B. die einzelnen Konfigurationen von Polypetidketten in Proteinen durch Wasserstoffbindungen fixiert, die auch für die Querverbindungen in den Doppelhelices von Nucleinsäuren verantwortlich sind und deshalb von großer Bedeutung für den Mechanismus der Vererbung.

# 6. Komplexe von Übergangsmetallen; Elektronenmangelverbindungen

## 6.1. Allgemeine Merkmale von Übergangsmetallkomplexen

Im herkömmlichen Sinne ist ein „komplexes" Ion ein Ion wie $Ag(CN)_2^-$ oder $Cu(NH_3)_4^{2+}$, in dem Anionen oder neutrale Molekeln um ein Zentralion koordiniert sind. Die Gesamtladung kann entweder positiv, negativ oder Null sein, so daß die Bezeichnung „Komplex" dem Begriff „komplexes Ion" vorgezogen werden sollte. Die Übergangsmetalle bilden besonders zahlreich Komplexe und weil diese Verbindungen bestimmte Besonderheiten aufweisen, verdienen sie ein besonderes Kapitel. Eingeschlossen ist ein Abschnitt über Elektronenmangelverbindungen, nicht deshalb, weil etwa Übergangsmetalle normalerweise solche Verbindungen bilden, sondern weil die Annahme von „Dreizentren-Orbitalen" am besten im Zusammenhang mit bestimmten Eigentümlichkeiten der Chemie der Übergangsmetalle eingeschätzt werden kann.

Die meisten Übergangsmetallkomplexe sind vom Typ $MX_4$ oder $MX_6$. $MX_4$-Komplexe sind entweder von quadratisch planarem oder tetraedrischem Bau, während $MX_6$-Komplexe oktaedrisch sind [1]). Wenn ein Nichtübergangselement einen oktaedrischen Komplex bildet (z.B. $SiF_6^{2-}$), so wird von einem s-, drei p- und zwei d-Orbitalen, jeweils aus der Valenzschale Gebrauch gemacht, um zu sechs starken, vollständig äquivalenten „$sp^3d^2$"-Hybridorbitalen zu gelangen, die in die Richtung der drei Koordinatenachsen weisen. Wenn ein Übergangselement einen oktaedrischen Komplex bildet, so tritt eine ähnliche Art von Hybridisierung auf, nunmehr stammen aber die notwendigen d-Orbitale gewöhnlich von inneren Schalen. Deshalb sind die von einem Übergangsmetall der ersten Reihe benutzten Orbitale zwei 3d- ein 4s- und drei 4p-Orbitale, die zur „$d^2sp^3$"-Hybridisierung führen. Viele der charakteristischen Eigenschaften solcher Komplexe erwachsen aus der Tatsache, daß es drei 3d-Orbitale des Zentralatoms gibt, die *nicht* in die Hybridisierung und Bindungsbildung einbezogen sind.

Aus Gründen der „Elektronenbuchhaltung" nehmen wir an, daß jeder Komplex, wie kompliziert er auch immer gebaut sein mag, aus der Koordination einer Anzahl von Neutralmolekeln oder negativer Ionen, *Liganden* genannt, um ein Zentralion herum aufgefaßt werden kann. Beide Arten von Liganden müssen Donatoreigenschaften besitzen, das heißt, sie müssen wenigstens ein freies Elektronenpaar haben.

---

[1]) Zweizähnige S-haltige Liganden bilden auch trigonal-prismatische Komplexe (Anmerkung des Übersetzers).

Unter der Voraussetzung, daß das Zentralion genügend unbeanspruchte Orbitale des geeigneten Typs besitzt, können Bindungen zwischen ihm und den Liganden gebildet werden. Die Gesamtladung des Komplexes läßt sich dann einfach berechnen. Z.B. liefert bei Kobalt(III)-Komplexen die Koordination von sechs Ammoniakmolekülen an $Co^{3+}$ den Komplex $Co(NH_3)_6^{3+}$, der nach wie vor drei positive Ladungen hat. Die Koordination von sechs Chloridionen jedoch liefert den Komplex $CoCl_6^{3-}$, weil die Gesamtladung nunmehr $(+3\ -6)$ beträgt. Die Ammoniakmolekeln lassen sich schrittweise durch Chloridionen ersetzen, woraus Komplexe mit beliebiger Ladung von $+3$ bis $-3$ resultieren, einschließlich des Neutralkomplexes $Co(NH_3)_3Cl_3$.

Einige Moleküle und Ionen besitzen mehr als eine Donatorgruppe und es kann mehr als eine Kontaktstelle zum Zentralatom geben. Z.B. haben beide Stickstoffatome in Äthylendiamin $H_2N \cdot CH_2 \cdot CH_2 \cdot NH_2$ und beide Sauerstoffatome im Oxalation Donatoreigenschaften. Demzufolge bildet dreiwertiges Chrom einen kationischen Komplex $Cr(en)_3^{3+}$ mit Äthylendiamin und einen anionischen Komplex $Cr(C_2O_4)_3^{3-}$ mit dem Oxalation:

$$Cr\left(\begin{array}{c} NH_2\!-\!CH_2 \\ | \\ NH_2\!-\!CH_2 \end{array}\right)_3^{3+} \qquad\qquad Cr\left(\begin{array}{c} O\!-\!C\!=\!O \\ | \\ O\!-\!C\!=\!O \end{array}\right)_3^{3-}$$

Liganden wie Äthylendiamin und Oxalat heißen oft „zweizähnig" (während normale Liganden wie Ammoniak und das Chloridion „einzähnig" sind) und Komplexe, die sie enthalten, werden als „Chelate" bezeichnet. Viele Ionen und Molekeln können mehr als zwei Koordinationsstellen besetzen; besonders wichtig sind Moleküle vom Typ der Äthylendiamintetraessigsäure (ÄDTE), die ionisiert nicht weniger als sechs Koordinationsmöglichkeiten für ein Zentralatom bietet:

„Vielzählige" Gruppierungen dieser Art legen sich um das Zentralion herum und bilden auf diese Weise enorm stabile 1:1 Komplexe, die die freien (hydratisierten) Ionen im wesentlichen in wäßriger Lösung maskieren. Weil diese Komplexe meist wasserlöslich sind, haben Verbindungen wie ÄDTE große Bedeutung für die Analytik und die Industrie als „Maskierungsmittel" erlangt.

Dreiwertiges Chrom und dreiwertiges Kobalt zeigen eine besonders große Mannigfaltigkeit in ihren gebildeten Komplexen, und diese gehören zu den verschiedensten Typen mit zahlreichen Kombinationen von ein-, zwei- und vielzähnigen Neutral- und ionischen Liganden. Einige Komplexe können in isomeren Formen auftreten. So wurden z.B. die *cis*- und *trans*-Isomeren der Verbindung $[Co(en)_2(NO_2)_2]^+Cl^-$ isoliert. Von diesen wiederum ist die *cis*-Form asymmetrisch und sie ließ sich tatsächlich in die optisch aktiven (spiegelbildisomeren) Formen trennen:

*trans*                    *cis*

Ein besonders wichtiger Typ von Komplexen — die Neutralchelatkomplexe — entsteht, wenn folgende Bedingungen erfüllt sind:

1. Der Ligand ist zweizähnig und einfach negativ geladen.
2. Die Koordinationszahl des Zentralions ist doppelt so groß wie seine Ladung.

Diese Bedingungen treffen z.B. auf vierfach koordiniertes Cu(II) und sechsfach koordiniertes Co(III) zu. In den folgenden Beispielen sind die Liganden die Anionen von Glycin, $H_2N \cdot CH_2 \cdot COOH$ bzw. von Acetylaceton, $CH_3 \cdot CO \cdot CH_2 \cdot CO \cdot CH_3 \rightleftharpoons CH_3 \cdot C(OH) : CH \cdot CO \cdot CH_3$ (siehe Abb. 43). Beim Kupfer-Glycin-Komplex gibt es die Möglichkeit der geometrischen Isomerie (wie dargestellt), weil die von Cu(II) ausgehenden Bindungen alle in einer Ebene liegen. Das Acetylacetonderivat von Kobalt ist asymmetrisch und wird deshalb als in unterschiedlichen spiegelbildisomeren Formen auftretend erwartet; es wäre jedoch schwierig, die racemische Mischung aufzutrennen, die bei normaler Synthese entstehen würde. Es sei vermerkt, daß eine alternative Anordnung der Einfach- und Doppelbindungen in den Ringen des Acetylaceton möglich ist. Zweifellos ist jeder Ring ein Resonanzhybrid der beiden Formen. Die stabilsten Chelatkomplexe enthalten spannungsfreie Fünf- und Sechsringe.

Ungeladene Chelatkomplexe sind normalerweise unlöslich in Wasser, aber löslich in organischen Lösungsmitteln, und manche sind ziemlich flüchtig. Sie sind wichtig für die qualitative und quantitative Analyse und in der Färbereiindustrie.

8 Spice

Die Bildung eines komplexen Ions in Lösung ist im wesentlichen ein schrittweiser Prozeß. Es ist deshalb korrekter, die Bildung des Cu(II)-ammin-Ions als in folgenden Stufen ablaufend aufzufassen:

$$Cu^{2+} \xrightleftharpoons{NH_3} Cu(NH_3)^{2+} \xrightleftharpoons{NH_3} Cu(NH_3)_2^{2+} \xrightleftharpoons{NH_3} Cu(NH_3)_3^{2+} \xrightleftharpoons{NH_3} Cu(NH_3)_4^{2+}$$

als etwa nach:

$$Cu^{2+} + 4NH_3 \rightleftharpoons Cu(NH_3)_4^{2+}$$

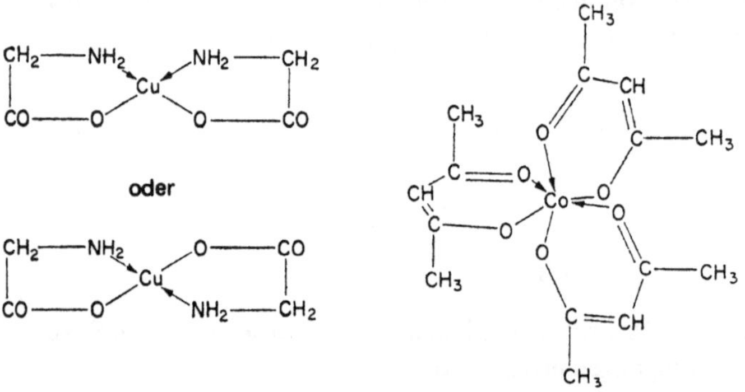

Abb. 43
Neutralchelatkomplexe

Weil in wäßriger Lösung die Ionen immer hydratisiert vorliegen, führt die Zugabe von Ammoniak zu einer Cu(II)-Salzlösung in Wirklichkeit eigentlich zu einem schrittweisen Ersatz von Wasser durch Ammoniakmolekeln:

$$Cu(H_2O)_4^{2+} + NH_3 \rightleftharpoons Cu(H_2O)_3(NH_3)^{2+} + H_2O$$

$$Cu(H_2O)_3(NH_3)^{2+} + NH_3 \rightleftharpoons Cu(H_2O)_2(NH_3)_2^{2+} + H_2O$$

$$Cu(H_2O)_2(NH_3)_2^{2+} + NH_3 \rightleftharpoons Cu(H_2O)(NH_3)_3^{2+} + H_2O$$

$$Cu(H_2O)(NH_3)_3^{2+} + NH_3 \rightleftharpoons Cu(NH_3)_4^{2+} + H_2O$$

## 6.2. Die Natur der Bindung in Komplexen; Die Kristallfeldtheorie

Für die Bindung in Komplexen lassen sich zwei extreme Möglichkeiten formulieren, was anhand der Komplexe $Co(H_2O)_6^{3+}$ und $Co(CN)_6^{3-}$ illustriert sei:

1. Es werden dative Kovalenzen gebildet, indem unbeteiligte oder freie Elektronenpaare des Sauerstoffs oder Kohlenstoffs verwendet werden. Wenn die beiden Elektronen jeder Bindung gleichwertig gepaart werden, so werden sechs

negative Ladungen auf das Kobalt übertragen, wodurch jedes Kobaltatom eine Nettoladung von $-3$ erhält. Im hydratisierten Co(III)-Ion erhält jedes Sauerstoffatom eine Ladung von $+1$, während im Ion $Co(CN)_6^{3-}$ jede Cyanidgruppe neutral wird.

2. Die Wassermoleküle werden durch Ion-Dipolkräfte an das Kobalt(III)-Ion gebunden (S. 104) und die negativen Cyanidionen werden in ähnlicher Weise elektrostatisch festgehalten.

Es ist nahezu sicher, daß der wirkliche Sachverhalt zwischen diesen Extremen liegt, mit einem bestimmten Grad von kovalenter Bindung zwischen Zentralatom und Liganden, jedoch mit *unsymmetrischem* Anteiligwerden der Elektronen, woraus eine realistischere Elektronenverteilung als nach der ersten Möglichkeit resultiert.

## Der Orbitalansatz für die Bindung in Übergangsmetallkomplexen

*Pauling* erklärte viele Eigenschaften in der Chemie der Übergangsmetalle, indem er die Besetzung der Orbitale des Zentralatoms durch Elektronen betrachtete, die nicht an der Bindung beteiligt sind. So ist z.B. Kobalt normalerweise in seinen einfachen Verbindungen zweiwertig; die Oxydation in den dreiwertigen Zustand in Abwesenheit von Komplexbildnern ist sehr schwierig, und einfache Kobalt(III)-Ionen sind in wäßriger Lösung instabil und werden durch Wasser unter Entwicklung von Sauerstoff zu Kobalt(II) reduziert. In Gegenwart von Ammoniak oder anderen Komplexbildnern dagegen findet die Oxydation zum dreiwertigen Zustand sehr leicht statt, so z.B. durch Luftsauerstoff. Die Stabilitätsverhältnisse sind nunmehr umgekehrt; einige sechsfach koordinierte Komplexe des zweiwertigen Kobalt werden sogar durch Wasser unter Entwicklung von Wasserstoff oxydiert, z.B. $Co(CN)_6^{4-}$.

*Pauling* wies darauf hin, daß die sechs 3d-Elektronen des Kobalt(III)-Ions gerade in den drei 3d-Orbitalen untergebracht werden können, die noch zur Verfügung stehen, wenn zwei für $d^2sp^3$-Orbitale beansprucht sind, die für die Bindung der sechs Liganden verwendet werden. Wenn das Kobalt(II)-Ion einen solchen Komplex bildet, so muß das siebente Elektron in ein energetisch viel höheres 4d-Orbital angehoben werden, was verursacht, daß solche Komplexe im Vergleich zu den entsprechenden Kobalt(III)-Komplexen weniger stabil sind (siehe Abb. 44).

Vorwiegend aus dem gleichen Grunde bilden weder Nickel(II) noch Cu(II) gern sechsfach koordinierte Komplexe. Ni(II) und Cu(II) besitzen acht bzw. neun 3d-Elektronen und die Bildung von sechs $d^2sp^3$-Bindungen ist nur möglich, wenn zwei oder drei dieser Elektronen in 4d-Orbitale überführt werden.

Für die vielen stabilen vierfach koordinierten Komplexe des Nickel(II) und Kupfer(II) gibt es zwei stereochemische Möglichkeiten. Eine davon ist die Bildung tetraedrischer Bindungen bei Benutzung von $sp^3$-Hybridorbitalen. *Pauling* zeigte

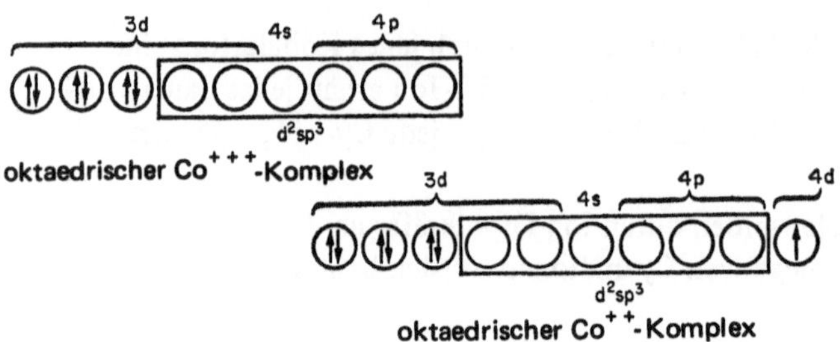


**Abb. 44.** Orbitalbesetzung in oktaedrischen Kobaltkomplexen

jedoch, daß eine $dsp^2$-Hybridisierung vier stärkere Bindungen liefern könnte, die in die vier Ecken eines Quadrates wiesen. Im Falle von Nickel sagen die Hundschen Regeln zwei ungepaarte Elektronen für tetraedrische Hybridisierung voraus, während die planare Alternative keine ungepaarten Elektronen erwarten ließe. Tatsächlich sind die meisten Verbindungen des zweiwertigen Nickels diamagnetisch, woraus $dsp^2$-Hybridisierung geschlußfolgert werden kann. Dies ist durch zahlreiche Strukturuntersuchungen bekräftigt worden, die zeigen, daß Nickel(II)-Komplexe fast immer planar sind. Für Kupfer(II) würden beide Möglichkeiten einem ungepaarten Elektron entsprechen, so daß eine Entscheidung auf magnetischem Wege nicht möglich ist. Kupfer(II)-Komplexe sind tatsächlich planar (siehe Abb. 45) [1].

Aus hier nicht weiter zu erörternden Gründen wird gegenwärtig die obige Interpretation nicht mit allen ihren Details für gültig angesehen. Dennoch erlaubt das Paulingsche Modell einen qualitativen Einblick in die Bindungsverhältnisse bei Komplexen.

### Die Kristallfeldtheorie

Eisen(III)-Komplexe lassen sich in zwei Hauptgruppen einteilen. Eine Gruppe, zu der Komplexe wie $Fe(H_2O)_6^{3+}$ und $FeF_6^{3-}$ gehören, ist durch ein hohes paramagnetisches Moment charakterisiert, was die Anwesenheit von fünf ungepaarten Elektronen anzeigt; andere Komplexe, wie $Fe(CN)_6^{3-}$ haben ein viel kleineres Moment, entsprechend einem ungepaarten Elektron. *Pauling* nahm ursprünglich an, daß die ersteren Komplexe im wesentlichen ionisch seien, die die fünf 3d-Orbitale jedes Eisen(III)-Ions je einfach besetzt hätten, wobei die Liganden durch elektrostatische oder Ion-Dipolkräfte vom Eisen gebunden werden. Komplexe wie Hexacyanoferrat(III) jedoch sind kovalent; weil zwei der 3d-Orbitale nunmehr als Teil des $d^2sp^3$-Satzes beansprucht werden, müssen sich die fünf 3d-Elektronen in nur drei Orbitale zusammendrängen, wobei ein Elektron ungepaart bleibt, anstatt fünf (siehe Abb. 46).

---

[1] Sehr oft handelt es sich allerdings dabei um verzerrte Oktaeder, mit zwei axial weiter entfernten Liganden (Anmerkung des Übersetzers), s. a. S. 122.

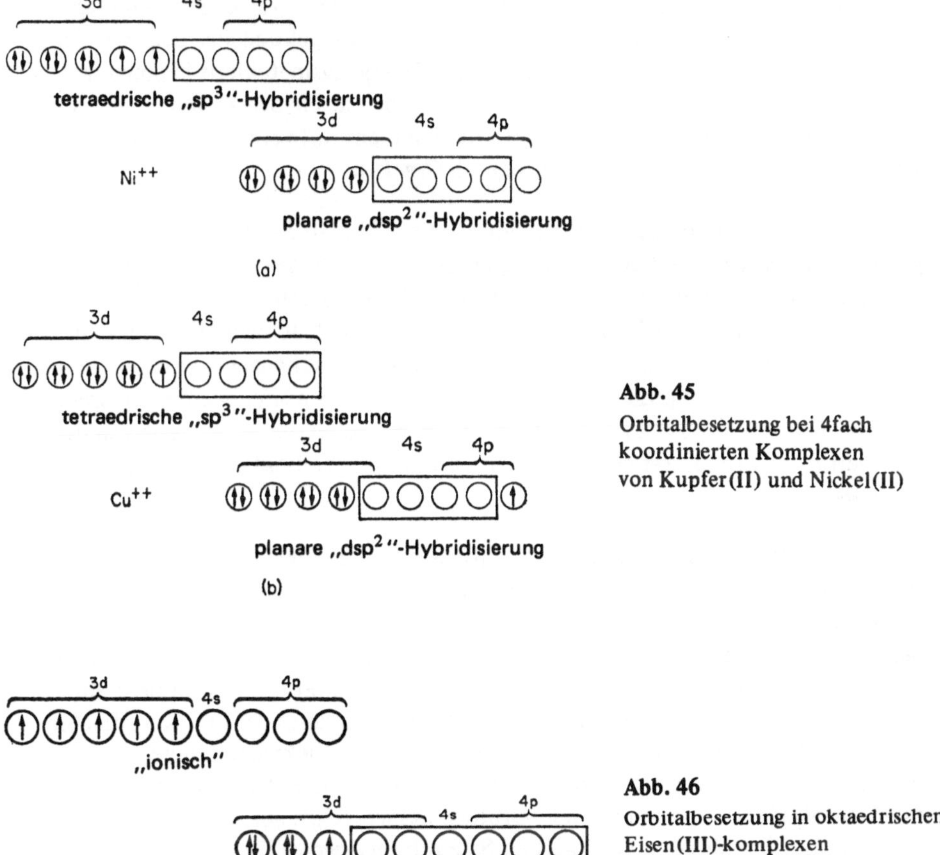



**Abb. 45**

Orbitalbesetzung bei 4fach koordinierten Komplexen von Kupfer(II) und Nickel(II)



**Abb. 46**

Orbitalbesetzung in oktaedrischen Eisen(III)-komplexen

In Wirklichkeit gibt es keinen Grund zu der Annahme, daß die Bindung in den beiden Komplextypen wesentlich verschieden ist; obwohl die Bindungen in $FeF_6^{3-}$ durchaus einen größeren ionischen Charakter besitzen werden als die in $Fe(CN)_6^{3-}$, sind sie mit großer Wahrscheinlichkeit oktaedrische kovalente Bindungen vom gleichen allgemeinen Typ. Wegen der fünf ungepaarten 3d-Elektronen kann die Hybridisierung dennoch $sp^3d^2$ sein, wobei die d-Orbitale der äußersten Quantenschale benutzt werden und nicht $d^2sp^3$. Deswegen werden Komplexe wie Hexafluoroferrat(III) „Außenorbital-Komplexe" genannt und solche wie Hexacyanoferrat(III) „Innerorbital-Komplexe". Die gegenwärtige Nomenklatur bezieht sich einfach auf die experimentell ermittelten magnetischen Eigenschaften, wobei Hexafluoroferrat(III) als ein *Hochspin-* oder *Freispin*-Komplex und Hexacyanoferrat(III) als *Niedrigspin-* oder *spingepaarter* Komplex bezeichnet werden.

Die elektrostatische Kristallfeldtheorie wurde etwa 1930 durch *Bethe* und *van Vleck* entwickelt, um die Einwirkung von einer Umgebung aus nicht kovalent gebundenen Ionen auf die Energieterme eines Übergangsmetallions in einem Kristall zu diskutieren. Während der 50er Jahre wurde die Theorie erweitert und auf Übergangsmetallkomplexe angewendet, die sich nicht notwendigerweise in Kristallen befinden mußten, größtenteils durch *Orgel* [1]).

Die Theorie unterscheidet sich von *Paulings* Modell dadurch, daß sie die gesamte Aufmerksamkeit auf die *Energien* der d-Orbitale des Zentralatoms lenkt. Sie beginnt mit der Betrachtung des Einflusses der umgebenden Liganden auf diese Energien. Wenn die Liganden polare Molekeln sind, so weisen sie mit den negativen Enden ihrer Dipole auf die Zentralatome. Unabhängig davon, ob dieser Fall vorliegt oder ob die Liganden wirklich negative Ionen sind, werden mehrere negative Ladungen um das Zentralatom gruppiert, wobei die Anordnung von der Geometrie des Komplexes abhängt. Hier wird nur der Fall oktaedrischer Komplexe behandelt.

Bei Abwesenheit eines äußeren Einflusses sind die fünf 3d-Orbitale von gleicher Energie und alle äquivalent bis auf ihre Orientierung im Raum. Sie werden üblicherweise bezeichnet als $d_{z^2}$, $d_{x^2-y^2}$, $d_{xy}$, $d_{xz}$ und $d_{yz}$. Die ersten beiden Orbitale sind längs der Koordinatenachsen orientiert und die drei letzteren zwischen den Achsen (siehe Abb. 47). (Die Orbitale $d_{x^2-y^2}$ und $d_{z^2}$ sehen zwar nicht äquivalent aus, sie sind es aber tatsächlich.) Wenn nun sechs Liganden längs der drei Koordinatenachsen an das Atom herangebracht werden, so werden Elektronen in den $d_{z^2}$- und $d_{x^2-y^2}$-Orbitalen viel stärker abgestoßen als Elektronen in den anderen drei Orbitalen. Infolgedessen spalten die fünf Orbitale in zwei Sätze auf, wobei die drei Orbitale vom Typ des $d_{xy}$-Orbitals den Satz mit niedrigerer Energie bilden. Sie werden im allgemeinen mit $d_\epsilon$ bezeichnet und der obere Satz mit $d_\gamma$. Die Art und Weise der Besetzung dieser Orbitale durch die fünf 3d-Elektronen des Fe(III) hängt nun von der Energiedifferenz zwischen den beiden Sätzen ab. Wenn diese klein ist („schwaches Feld"), so ist der Stabilitätsverlust, der dadurch verursacht wird, daß zwei Elektronen in $d_\gamma$-Orbitalen untergebracht werden müssen, mehr als ausgeglichen durch den Stabilitätsgewinn durch die einfache Besetzung der Orbitale (Hundsche Regel, S. 33). Ist die Energiedifferenz jedoch groß genug (starkes Feld), so wird die für den Komplex niedrigst mögliche Energie erzielt, indem soviel wie möglich den energetisch niedrigen Satz von Orbitalen besetzen, obwohl die durch die einfache Besetzung der Orbitale resultierende Stabilität dabei geopfert wird. Für ein Ion mit fünf 3d-Elektronen lassen sich deshalb in einem oktaedrischen Feld zwei Grenzfälle unterscheiden (siehe Abb. 48).

---

[1]) und *Hartmann* und *Ilse* (Anmerkung des Übersetzers)

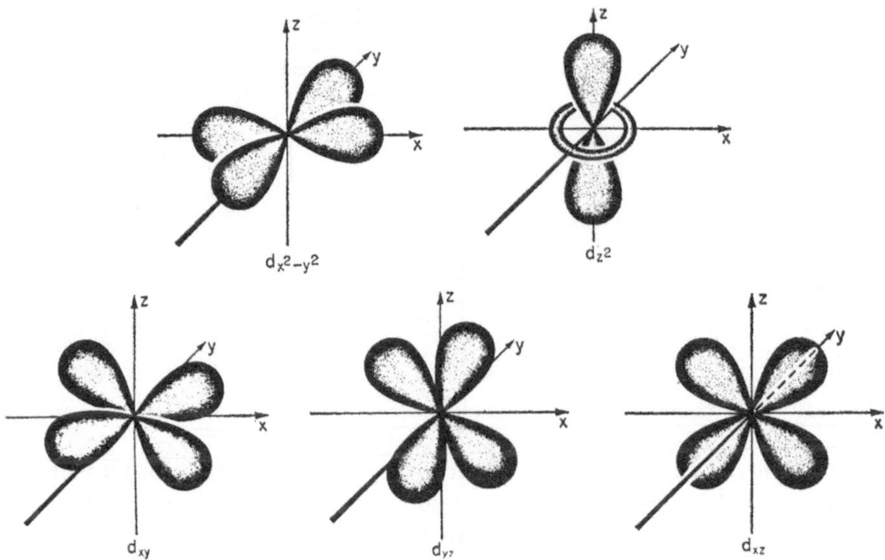



**Abb. 47.** Winkelabhängigkeiten der 3d-Orbitale

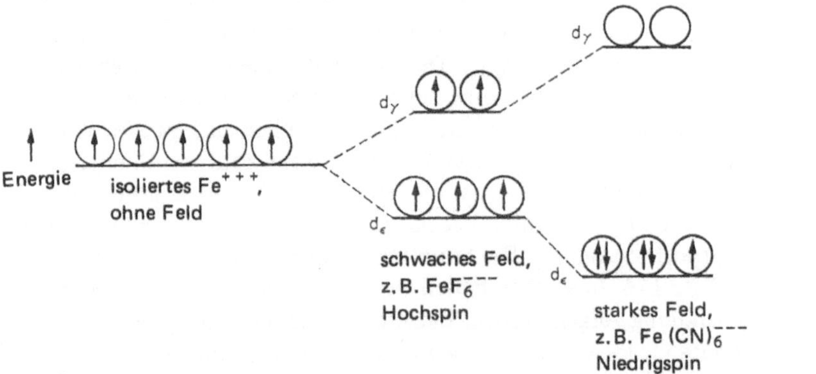



**Abb. 48.** Orbitalbesetzung für Eisen(III) für schwache und starke Ligandenfelder

Offensichtlich verursachen das Wassermolekül und das Fluoridion nur ein schwaches Feld, während das Cyanidion ein starkes Feld produziert. Den Beweis dafür liefern die Absorptionsspektren der Ionen; es lassen sich nämlich daraus leicht die Energiedifferenzen zwischen den beiden Orbitalsätzen ermitteln (siehe S. 247). In Tabelle 15 sind die möglichen Besetzungsarten der d$_\epsilon$- und d$_\gamma$-Orbitale angeführt, für alle Elektronenzahlen von eins bis neun und für schwache und starke Felder. Daraus ist zu sehen, daß sich die verschiedenen Besetzungsmöglichkeiten nur dann unterscheiden, wenn vier, fünf, sechs oder sieben d-Elektronen vorhanden sind.

**Tabelle 15.** Besetzung der $d_\epsilon$ und $d_\gamma$ Orbitale für schwache und starke Felder

| Zahl der d-Elektronen | Schwaches Feld $d_\epsilon$ | Schwaches Feld $d_\gamma$ | Starkes Feld $d_\epsilon$ | Starkes Feld $d_\gamma$ |
|---|---|---|---|---|
| 1 | ↑ | | ↑ | |
| 2 | ↑ ↑ | | ↑ ↑ | |
| 3 | ↑ ↑ ↑ | | ↑ ↑ ↑ | |
| 4 | ↑ ↑ ↑ | ↑ | ↑↓ ↑ ↑ | |
| 5 | ↑ ↑ ↑ | ↑ ↑ | ↑↓ ↑↓ ↑ | |
| 6 | ↑↓ ↑ ↑ | ↑ ↑ | ↑↓ ↑↓ ↑↓ | |
| 7 | ↑↓ ↑↓ ↑ | ↑ ↑ | ↑↓ ↑↓ ↑↓ | ↑ |
| 8 | ↑↓ ↑↓ ↑↓ | ↑ ↑ | ↑↓ ↑↓ ↑↓ | ↑ ↑ |
| 9 | ↑↓ ↑↓ ↑↓ | ↑↓ ↑ | ↑↓ ↑↓ ↑↓ | ↑↓ ↑ |
| 10 | ↑↓ ↑↓ ↑↓ | ↑↓ ↑↓ | ↑↓ ↑↓ ↑↓ | ↑↓ ↑↓ |

Die vorhergehende Erörterung hat sich völlig mit dem Einfluß der Liganden auf die Energien der d-Orbitale des Zentralatoms beschäftigt. Die Wechselwirkung zwischen den Liganden und dem Zentralatom wurde dabei entsprechend der Alternative 2 auf Seite 115 als vollständig elektrostatisch angesehen. Tatsächlich ist natürlich immer ein bestimmtes Maß an Überlappung zwischen den Liganden- und Metallorbitalen vorhanden; dies wird durch viele verschiedene experimentelle Befunde bewiesen, so z. B. durch Elektronenspinresonanz-Untersuchungen (siehe S. 264). Bei der weiteren Entwicklung der Theorie werden die Bedingungen der Orbitalüberlappung den elektrostatischen Überlegungen der Kristallfeldtheorie überlagert. Die daraus folgende Theorie wird dann gewöhnlich als *Liganden*feldtheorie bezeichnet; sie läßt sich befriedigend auf eine große Zahl von Übergangsmetallkomplexen anwenden. Manchmal ist die Orbitalüberlappung so groß, daß die Modellvorstellungen der Kristallfeldtheorie insgesamt ungeeignet sind und nicht einmal als Ausgangsposition taugen. Die Situation entspricht nun angenähert der Alternative 1 auf Seite 114. In solchen Fällen wird gewöhnlich eine vollständige Molekülorbitalbehandlung vorgenommen. Einzelheiten dieser weitergehenden Entwicklung überschreiten jedoch den Umfang dieses Buches beträchtlich.

Kristallfeld- und Ligandenfeldtheorie sind sehr erfolgreich bei der Korrelation des Tatsachenmaterials der Chemie der Übergangsmetalle mit deren Elektronenkonfiguration: Bildungstendenz der Komplexe und Stabilität bereits gebildeter Komplexe, Reaktionsverhalten, Absorptionsspektren, magnetische Eigenschaften und Stereochemie lassen sich alle vorteilhaft mit ihnen behandeln. Das bedeutet nicht, daß das Paulingsche Valenzstrukturmodell völlig ungeeignet wäre. In mancher Hinsicht ist es komplementär zur Ligandenfeldtheorie. Der große Vorteil der Kristallfeld- und Ligandenfeldtheorien besteht darin, daß sie sich viel besser für eine quantitative Behandlung eignen. Hier folgt nur eine Anwendung der Kristallfeldtheorie.

## Kristallfeldtheorie und Stereochemie

Die Anwendung der Theorie auf stereochemische Probleme besteht in der Untersuchung des Einflusses, den die Art und Weise der Besetzung der d-Orbitale auf die Komplexgeometrie ausübt. Wenn ein Satz entweder ungefüllt, halbgefüllt oder vollständig gefüllt ist, so ist die Ladungsverteilung sphärisch symmetrisch, und es gibt keinen Grund zu einer anderen als einer regulär oktaedrischen Anordnung der Liganden. In anderen Fällen kann eine mit der oben erwähnten nicht übereinstimmende Orbitalbesetzung die Verzerrung des Oktaeders verursachen. Z.B. sind die meisten Komplexe des dreiwertigen Chroms und Kobalts vom „starken Feld Niedrigspin-Typ", indem sie drei beziehungsweise sechs Elektronen in den $d_\epsilon$-Orbitalen haben. (Selbstverständlich ist dies die Elektronenanordnung für Chrom sowohl für starkes, als auch für schwaches Ligandenfeld, bei Kobalt würden sich jedoch im schwachen Ligandenfeld vier Elektronen in $d_\epsilon$-Orbitalen befinden und zwei Elektronen in $d_\gamma$-Orbitalen.) Für dreiwertiges Chrom und Kobalt sollte deshalb immer regulär oktaedrische Ligandenanordnung gefunden werden, und es gibt auch keine Hinweise für irgendeine andere Anordnung.

Zweiwertiges Chrom und dreiwertiges Mangan besitzen vier 3d-Elektronen, und im schwachen Feld besetzen diese die drei $d_\epsilon$-Orbitale und eins der $d_\gamma$-Orbitale, jeweils einfach (siehe Tabelle 15). Deshalb gibt es für das eine $d_\gamma$-Elektronen eine Auswahlmöglichkeit: Es kann entweder das $d_{x^2-y^2}$- oder das $d_{z^2}$-Orbital besetzen. Wenn es das erstere besetzt, so werden die längs der x- und y-Achse an das Zentralatom koordinierten Liganden eine Abstoßung erfahren. Alternativ betrachtet gibt es eine weniger wirksame Abschirmung des Kernes längs der z-Richtung, so daß die beiden längs dieser Achse gebundenen Liganden näher an den Kern herangezogen werden. Mit beiden Vorstellungen sollte die Besetzung des $d_{x^2-y^2}$-Orbitals durch das einzelne $d_\gamma$-Elektron jedenfalls zu einer Stauchung des Oktaeders führen, wobei die längs der z-Achse koordinierten Liganden sich näher am Zentralatom befinden als die in der xy-Ebene. Besetzt das einzelne $d_\gamma$-Elektron andererseits das $d_{z^2}$-Orbital, so bewirkt dies eine Streckung des Oktaeders mit den Liganden längs der z-Achse in größerer Entfernung vom Zentralatom als die Liganden in der xy-Ebene. Es gibt keine einfache Methode, die vorhersagt, welche Möglichkeit in einem gegebenen Fall das Elektron wählt, jedoch zeigen Experimente, daß es normalerweise die letzte ist. In den kristallinen Chrom(II)- und Mangan(II)-fluoriden ist z.B. die Anordnung der Fluoratome um die Chrom(II)- bzw. Mangan(II)-Ionen angenähert oktaedrisch, aber in beiden Fällen ist der M—F Abstand in z-Richtung unzweideutig länger als in der planaren $MF_4$ Gruppe, die die Äquatorialebene des Oktaeders bildet.

Zweiwertiges Nickel und Kupfer mit acht bzw. neun 3d-Elektronen liefern ein weiteres Beispiel. Ob im starken oder schwachen Feld, es gibt sechs Elektronen in $d_\epsilon$-Orbitalen und entweder zwei oder drei in $d_\gamma$-Orbitalen. Bei Kupfer scheint

fast immer das $d_{z^2}$-Orbital doppelt besetzt zu sein und sich im $d_{x^2-y^2}$-Orbital nur
ein Elektron zu befinden. Das bedeutet eine kleinere Abstoßung für Gruppen in
der Äquatorialebene als längs der z-Achse und es werden die gleichen Besonderheiten der langen Bindungen in dieser z-Richtung beobachtet wie bei Chrom(II)-
und Mangan(II)-Verbindungen. Es gibt viele kristalline Kupfer(II)-Verbindungen,
in denen Kupfer von vier Liganden in einer Ebene umgeben ist und von zwei weiteren Liganden mit größerem Abstand oberhalb und unterhalb der Ebene. Ein einfaches Beispiel ist hydratisiertes Tetrammin-Kupfersulfat, in der es etwa quadratische
$Cu(NH_3)_4^{2+}$-Gruppen mit zwei Wassermolekeln darüber und darunter gibt. Als Grenzfall sind schließlich die beiden Gruppen längs der z-Achse überhaupt nicht mehr an
das Kupfer gebunden und es resultiert ein quadratisch planarer Komplex. Bei zweiwertigem Nickel im schwachen Feld sind die beiden $d_\gamma$-Orbitale einfach besetzt
und es wird weder eine Verzerrung erwartet noch beobachtet, so z.B. im Ion
$Ni(NH_3)_6^{2+}$. Im starken Feld jedoch scheint der stabilere Zustand derjenige zu sein,
bei dem sich beide $d_\gamma$-Elektronen im $d_{z^2}$-Orbital befinden. Dadurch wird ein oktaedrischer Komplex instabil, und tatsächlich bilden Liganden mit starkem Feld immer
vierfach koordinierte quadratisch planare Komplexe mit zweiwertigem Nickel, z.B.
$Ni(CN)_4^{2-}$.

Es verbleibt schließlich noch die Frage nach dem Einfluß der ungleichmäßigen
Besetzung der $d_\epsilon$-Orbitale auf die Stereochemie. Eisen(III)-Komplexe im starken
Feld besitzen z.B. fünf $d_\epsilon$-Elektronen, die zwei doppelt und ein einfach besetztes
$d_\epsilon$-Orbital ergeben müssen. Für Komplexe dieses Typs werden Verzerrungen aus
der regulär oktaedrischen Ligandenanordnung beobachtet, sie sind aber viel kleiner
als bei ungleichmäßiger Besetzung der $d_\gamma$-Orbitale. Die Ursache dafür ist zweifellos,
daß die $d_\epsilon$-Orbitale zwischen die Bindungsrichtungen weisen und nicht direkt längs
der Bindungsrichtungen liegen.

## 6.3. Metallcarbonyle und Sandwichverbindungen

Übergangsmetalle bilden eine mannigfaltige und interessante Gruppe von
Verbindungen mit Kohlenmonoxid und gewissen anderen Neutralmolekeln. Die
erste dargestellte Verbindung dieses Typs war Nickeltetracarbonyl, $Ni(CO)_4$, das
sich als leichtflüchtige Flüssigkeit beim Überleiten von Kohlenmonoxid über fein
verteiltes Nickel bildet. Von den Eigenschaften her gesehen ist es eine typisch
kovalente Verbindung, und verschiedene physikalische Methoden haben erwiesen,
daß die Molekel tetraedrisch ist, wobei jedes Kohlenmonoxidmolekül eine lineare
Ni—C—O-Gruppe mit dem Zentralatom bildet. Die einzigen anderen Carbonyle
vom Typ $M(CO)_x$ in der ersten Reihe der Übergangselemente sind $Fe(CO)_5$ und
$Cr(CO)_6$. Auch sie sind typisch kovalente Molekeln, die erste ist eine trigonale
Bipyramide (siehe Abb. 50), die zweite bildet ein Oktaeder.

Es ist dabei bedeutungsvoll, daß neutrale Chrom-, Eisen- und Nickelatome alle eine gerade Elektronenzahl haben und daß ihnen zwölf, zehn beziehungsweise acht Elektronen zum nächsten Edelgas fehlen. Wenn demnach jede Kohlenmonoxidmolekel mittels einer dativen Kovalenz an das Zentralatom koordiniert wäre, würden gerade soviel Elektronen in jedem Falle addiert, wie zur Erreichung einer Edelgasordnungszahl nötig wären. Die Molekeln können als Komplexe von neutralen Atomen angesehen werden, die sich im Oxydationszustand 0 befinden, weil sie selbst keine Elektronen zur Bindung beitragen (siehe S. 134). Nickel besäße dann z.B. zehn Außenelektronen zur Füllung der fünf 3d-Orbitale. Die 4s- und die 4p-Orbitale könnten tetraedrische Hybride für die Bindungsbetätigung mit den Kohlenmonoxidmolekeln bilden. Obwohl Kobalt kein „einkerniges" Carbonyl bildet, existiert die Verbindung $Co(CO)_3NO$, ebenso wie $Fe(CO)_2(NO)_2$. Unter der vernünftigen Annahme, daß jede Stickstoffmonoxidmolekel ihr „ungerades" Elektron genauso wie ihr freies Elektronenpaar beisteuert, haben diese Komplexe eine Edelgaskonfiguration von Elektronen um das Zentralatom.

Zu dieser einfachen Vorstellung gibt es zwei Einschränkungen. Erstens würde die Ausbildung von vier dativen Kovalenzen im Nickeltetracarbonylmolekül eine formale Ladung von $-4$ auf jedes Nickelatom bringen und selbst bei unsymmetrischer Elektronenpaarung würde das Nickel unweigerlich doch eine ganz beträchtliche negative Ladung tragen. Zweitens ist die gemessene Ni—C-Bindungslänge beträchtlich kleiner als sie für eine Einfachbindung zwischen diesen Atomen erwartet wird. Es wird deshalb angenommen, daß Rückkoordination stattfindet. Elektronen aus gefüllten d-Orbitalen des Nickels werden in ein leeres antibindendes $\pi$-Orbital jedes Kohlenmonoxidmoleküls gefüllt; eine ausführliche Erörterung zeigt, daß ein Orbital des erforderlichen Typs verfügbar ist (siehe Abb. 49). Somit wird die durch das einfache Bindungsschema vermittelte Vorstellung von der Ladungsverteilung korrigiert und die beobachtete Bindungslänge ist erklärt. Ähnliche Modellvorstellungen lassen sich auf Carbonyle von komplizierterem Bau, wie z.B. $Co_3(CO)_{12}$ und $Fe_2(CO)_9$ anwenden. Die letzte Verbindung hat die in Abb. 50 gezeigte Struktur.

**Abb. 49**

Rückkoordination in Nickelkarbonyl.

Beachte – die „$\sigma$"-Bindungsorbitale zwischen Ni und C sind nicht dargestellt; außerdem ist die genaue Natur der C—O-Bindung nicht spezifisch angegeben. Es ist nur eine d $\pi$-Bindung abgebildet

Die CO-„Brücken" bilden wahrscheinlich normale kovalente Bindungen mit den beiden Eisenatomen. Weil der Fe—Fe-Abstand kleiner ist als für zwei nichtgebundene Eisenatome erwartet wird, hat man angenommen, daß es eine Fe—Fe-Bindung gibt, wodurch das Eisen effektiv tetravalent ist.

Kohlenmonoxid läßt sich in diesem Verbindungstyp durch verschiedene andere Gruppen z. B. wie $PF_3$, Alkylphosphine wie $P(CH_3)_3$ und $CN^-$ ersetzen. ($CN^-$ ist mit CO isoelektronisch und die Verbindung $K_4Ni(CN_4)$ enthält Nickel in der Oxydationszahl Null, genauso wie $Ni(CO)_4$). Es wird die gleiche Betrachtungsweise benutzt, indem nämlich die Rückbindung für die Erklärung der ansonsten unerwarteten Stabilisierung der niedrigen Oxydationszustände der Metalle verantwortlich gemacht wird.

Auch ungesättigte Kohlenwasserstoffe können Komplexe mit Metallen bilden. So wird z. B. beim Durchleiten von Äthylen durch eine wäßrige Suspension von Kupfer(I)-chlorid die Verbindung $CuCl \cdot C_2H_4$ gebildet. Es werden hier die Elektronen eines der $\pi$-Orbitale benutzt, um eine Bindung mit dem Metall zu bewerkstelligen, in der das Kohlenwasserstoffmolekül in einer „auf Kante"-(edge on [1])) Beziehung zum Zentralatom orientiert ist. In Abb. 51 ist die gezeigte Bindung eine „$\sigma$"-Bindung, soweit es das Kupfer betrifft. Gleichzeitig ist wahrscheinlich auch etwas „$d\pi$"-Bindung, die nicht gezeigt ist, vorhanden. Es ist dies eine Rückkoordination vom Metall zu einem leeren antibindenden Orbital des Äthylens, wie in Nickeltetracarbonyl. Der Prozeß erreicht eine weitere Etappe in solchen Verbindungen wie Dibenzolchrom und Dicyclopentadienyleisen, in denen die Orbitale eines aromatischen Ringes mit den Metallorbitalen überlappen und extrem stabile Moleküle entstehen. Auch hier sind die Ringe mit ihrer Breitseite zum Metallatom situiert, das oft zwischen zwei solchen Ringen gehalten wird — deshalb der Name *sandwich-Verbindungen* (Abb. 52). Es sind inzwischen sehr viele Verbindungen dieses Typs synthetisiert worden; ein Metallatom kann nicht nur mit einem oder zwei Ringen kombinieren, es kann auch mehr als ein metallisches Zentrum geben, Kohlenmonoxid und andere kleine Molekeln ebenso wie aromatische Ringe und verschiedene Kombinationen dieser Eigenarten.

Obwohl viele dieser Verbindungen keine Edelgaskonfiguration von Elektronen um das Zentralatom herum besitzen, so haben dies doch einige der stabilsten unter ihnen. Beispiele dafür die sind eben erwähnten Moleküle, die mit Chromhexacarbonyl und Eisenpentacarbonyl vergleichbar sind. Während jedes Kohlenmonoxidmolekül zwei Elektronen zur Verfügung stellen kann, wodurch zwölf oder zehn Elektronen für Chrom und Eisen geliefert werden, bietet jeder aromatische Ring sechs oder fünf Elektronen und ein weiterer macht die notwendigen insgesamt zwölf oder zehn Elektronen aus.

---

[1]) Anmerkung des Übersetzers

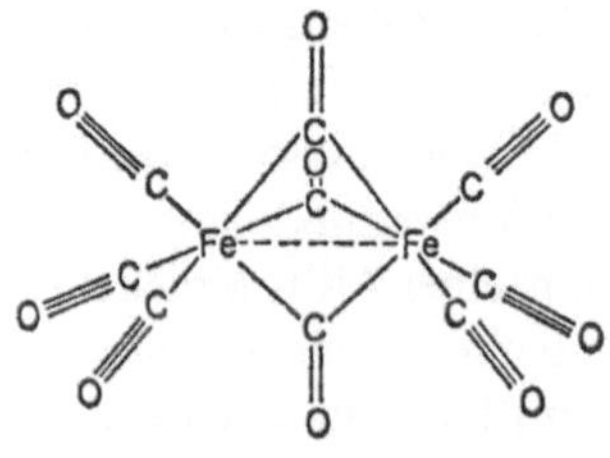

Eisenenneacarbonyl

**Die Anordnung der Kohlenstoffatome
rings um jedes Eisenatom ist oktaedrisch**

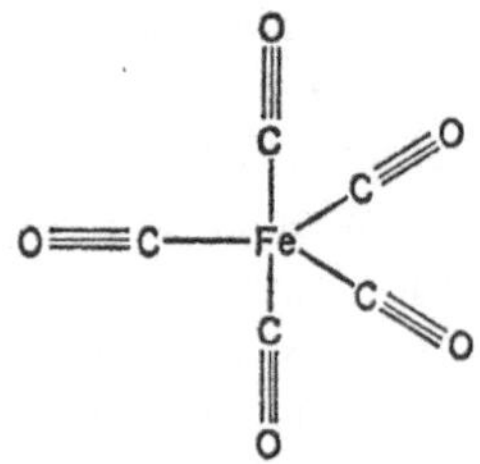

Eisenpentacarbonyl

**Abb. 50**
Eisencarbonyle

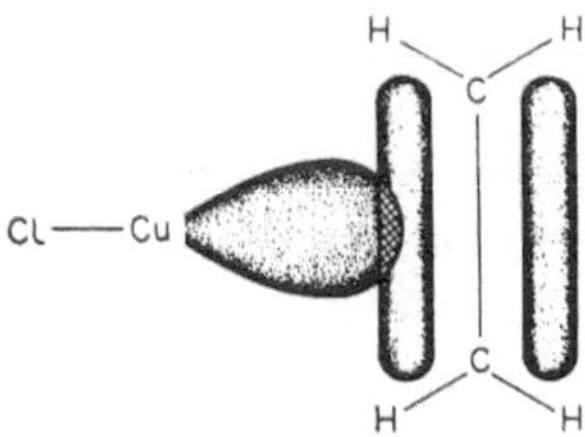

**Abb. 51**
Bindung im Kupfer(I)-chlorid-Äthylen-
komplex

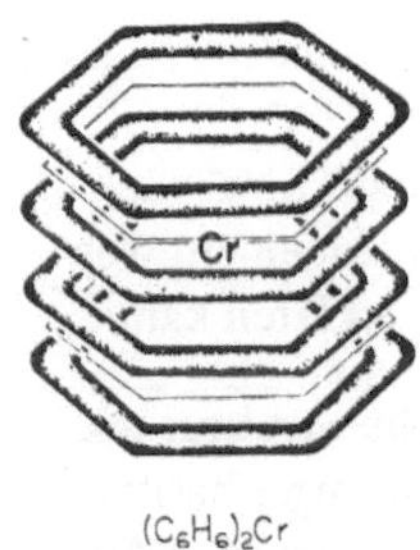

$(C_6H_6)_2Cr$

$(C_5H_5)_2Fe$

**Abb. 52**
Sandwichverbindungen.
(Die Metall-d-Orbitale sind nicht
angedeutet)

## 6.4. Elektronenmangelverbindungen

Wenn einzelne Atome aus den drei ersten Gruppen kovalente Bindungen in
neutralen Molekeln bilden, so ist notwendigerweise weniger als ein Oktett von Valenzelektronen vorhanden. Beispiele sind kovalente Verbindungen wie Beryllium-
dimethyl, $Be(CH_3)_2$ und die Trichloride von Bor und Aluminium. Weil die Stabilität einer Verbindung weitgehend von der durch jedes Atom gebildeten Zahl von
Bindungen abhängt, ist die Chemie solcher Molekeln in beträchtlichem Maße durch

die Möglichkeit der Verwendung unbeanspruchter Orbitale des Zentralatoms für die Bindungsbildung bestimmt. Z.B. sind die Bortrihalogenide kräftige Elektronenakzeptoren, die leicht Halogenidionen unter Bildung stabiler Komplexe wie $BF_4^-$ addieren, und neutrale Molekeln unter Bildung von Additionsverbindungen wie $BF_3 \cdot NH_3$. Aluminiumchlorid existiert kaum in Form einzelner $AlCl_3$-Molekeln. Sie sind in Donor-Solventien wie Äther solvatisiert und liefern dabei tetraedrische Komplexe wie z.B. $Et_2O-AlCl_3$. In unpolaren Lösungsmitteln und in der Gasphase wird die koordinative Sättigung durch Bildung von Dimeren erreicht:

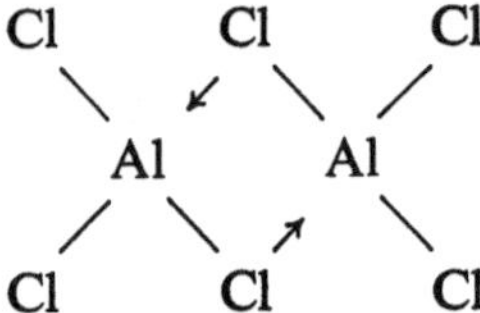

Bortrihalogenide bilden keine solchen Doppelmoleküle, aber die B–X-Bindungslängen sind kürzer als für Einfachbindungen erwartet wird, so daß Resonanz mit Strukturen wie

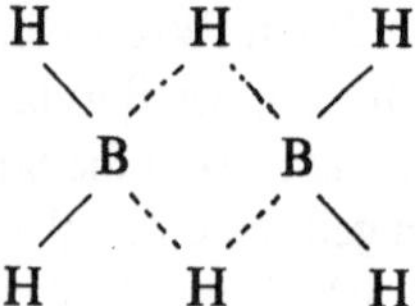

stattfinden kann. Dies wurde auf Seite 98 erörtert, wo ebenfalls darauf hingewiesen wurde, daß die Unmöglichkeit einer solchen Rückkoordination von einem Wasserstoffatom aus zum Teil die Existenz von $B_2H_6$ anstelle von $BH_3$ erklären kann.

Von Diboran wurde lange Zeit angenommen, daß es die gleiche Struktur wie Äthan besitzt, aber es gab die Schwierigkeit, daß Bor ein Elektron weniger besitzt als Kohlenstoff, so daß der $B_2H_6$-Molekel zwei Elektronen fehlten. Es wurden Annahmen gemacht, daß am Molekül verschiedene ionische Resonanzstrukturen beteiligt sind, oder daß Einelektronenbindungen eingeschlossen sind. Vor etwa zwanzig Jahren jedoch wurde erkannt, daß das Molekül tatsächlich die Brückenstruktur hat und nicht die Äthanstruktur. Es gibt viele experimentelle Beweise in dieser Hinsicht. Z.B. haben Kernresonanzuntersuchungen überzeugend bewiesen (S. 255), daß es vier Wasserstoffatome des gleichen Typs in der $B_2H_6$-Molekel gibt und zwei eines anderen. Auf diese Weise ergibt sich für jedes Boratom eine tetraedrische Bindung. Es verbleibt die Frage nach dem *Typ* der Bindung, weil zwölf Valenzelektronen offensichtlich noch weniger ausreichend sind für die acht Bindungen der Brückenstruktur als für die sieben einer äthanähnlichen Molekel, und in keinem Falle Wasserstoff mehr als eine kovalente Bindung bildet. Die Entfernung von zwei „Brückenwasserstoffatomen" als Protonen würde $B_2H_4^{2-}$ zurücklassen, das isoelektronisch mit $C_2H_4$ ist und aus diesem Grunde die gleiche Bindungsart aufweisen sollte. Die beiden Protonen könnten dann auf geeignete Weise in die Elektronen der Doppelbindung eingebettet sein, die entsprechend als „protonierte Doppelbindung" bezeichnet worden ist. Unterstützend für diese Anschauung sind verschiedene Ähnlichkeiten in den Ultraviolettspektren von Diboran und Äthylen sowie die Tatsache, daß der B—B-Bindungsabstand ziemlich genau dem Wert für eine Doppelbindung zwischen zwei Boratomen entspricht. Dagegen spricht die Tatsache, daß die Brückenwasserstoffatome in keiner Hinsicht sauer sind.

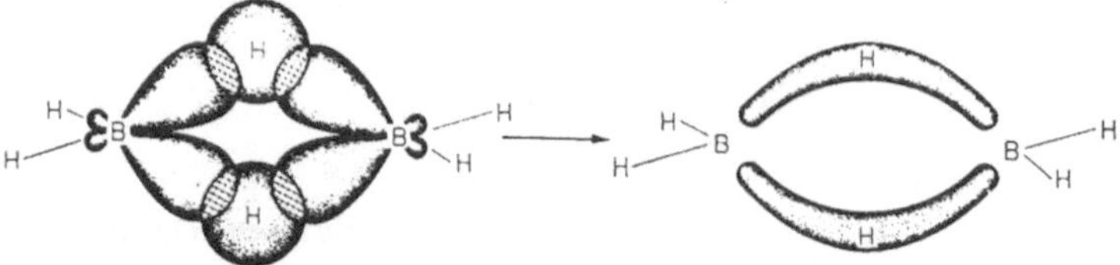

**Abb. 53.** Dreizentrenorbitale in Diboran.
Beachte — das $B_2H_6$-Skelett befindet sich in einer Ebene senkrecht zur Papierebene, dagegen liegen die $sp^3$-Hybride, die mit den Wasserstoff-1s-Orbitalen zu den „Dreizentren"-Orbitalen kombinieren, in der Papierebene

Eine andere Ansicht ist die, daß zwei „Dreizentren"-Orbitale gebildet werden, von denen jedes das 1s-Orbital eines Wasserstoffatoms und ein $sp^3$-Orbital-Hybrid an jedem Boratom umfaßt. Wenn jedes dieser Dreizentrenorbitale von zwei Elektronen besetzt ist, so sind genügend Elektronen vorhanden, um gerade auszukommen (Abb. 53). Es sind noch verschiedene Variationen dieser Theorie vorgelegt worden, aber die „Dreizentrenorbital"-Vorstellung ist wahrscheinlich der wirklichen Situation am nächsten. Daß wirklich zwei der Wasserstoffatome in Diboran eine wesentliche Rolle für den Zusammenhalt der Molekel spielen, wird durch die Tatsache gezeigt, daß vier, aber nicht mehr, der sechs Wasserstoffatome durch andere Gruppen ersetzt werden können. Durch eine genügend starke Donorgruppe wird die gesamte Molekel zum Zerfallen gebracht. Z.B. liefert die Einwirkung von Kohlenmonoxid auf Diboran die Verbindung $BH_3 \cdot CO$, in der das Bor nunmehr ein vollständiges Elektronenoktett besitzt. Die wesentliche Funktion der Wasserstoffatome für diese

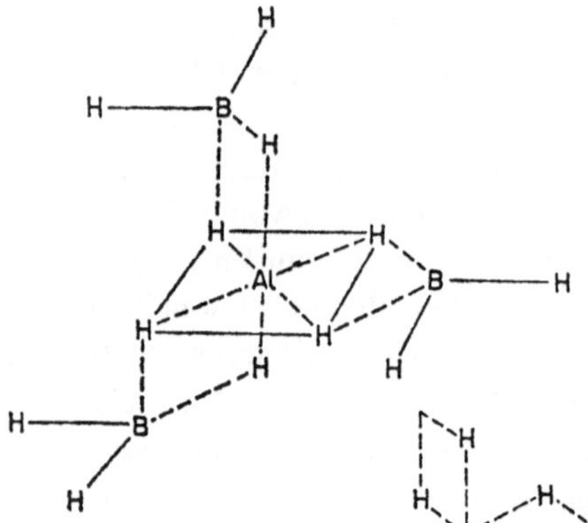

**Abb. 54**
Wasserstoffbrücken in $Al(BH_4)_3$

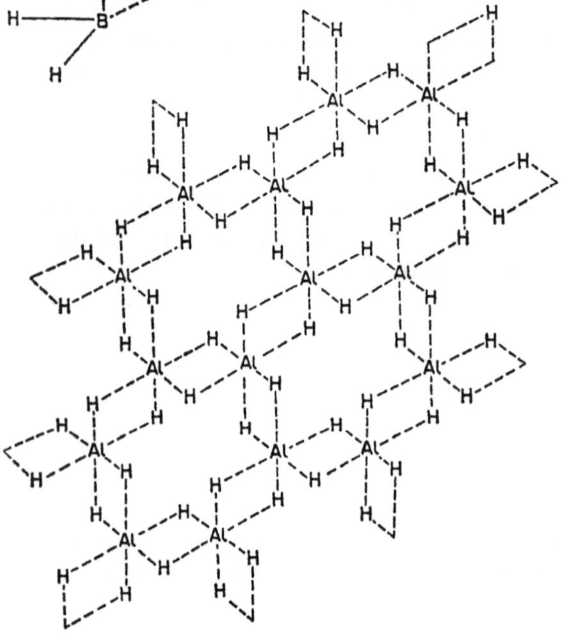

**Abb. 55**
Wasserstoffbrücken in $(AlH_3)_n$.
(Man beachte, daß sich die
beiden Protonen jeder Brücke
oberhalb und unterhalb der
Papierebene befinden)

Bindungsart wird durch die Verwendung des Begriffes „Wasserstoffbrücke" erkannt, ohne daß damit eine bestimmte Anschauung über den wirklichen Mechanismus mit einbegriffen ist.

Wasserstoffbrücken werden auch bei den höheren Borhydriden und in gemischten Hydriden der Elemente der drei ersten Gruppen gefunden. Z.B. besitzt Aluminiumhydrid $(Al(BH_4)_3)$ (Abb. 54) drei solcher Bindungen pro Molekül. Festes Aluminiumborhydrid kann aus unendlichen Schichten bestehen, die untereinander durch Wasserstoffbrücken zusammengehalten werden (Abb. 55).

Dreizentrenbindungen anderer Art können für die Bindung in anderen „verbrückten" Molekeln wie $Al_2Cl_6$ (siehe S. 126) und $Fe_2(CO)_9$ (siehe S. 125) verantwortlich sein, obwohl diese Molekeln keinen Elektronenmangel wie die Borhydride haben. Genau dieselbe Situation erhält man bei Aluminiumtrimethyl, das sowohl im Gaszustand, als auch in benzolischer Lösung dimer vorliegt. Das dimere $Al_2(CH_3)_6$

*ist* eine Elektronenmangelverbindung, und um seine Existenz zu erklären, nimmt man die Bildung von zwei Dreizentrenorbitalen an, wobei jedes aus je einem $sp^3$-Hybridorbital der Aluminiumatome und einem dritten $sp^3$-Hybridorbital des Kohlenstoffatoms der Brücken-Methylgruppe besteht (Abb. 56). Jedes dieser Dreizentrenorbitale wird von zwei Elektronen besetzt. Wahrscheinlich gibt es einen ähnlichen Bindungstyp in den polymeren Formen anderer Metallalkyle. Aus den gemessenen Abständen kann auch auf eine direkte Bindung zwischen den Boratomen in Diboran und den beiden Aluminiumatomen in $Al_2(CH_3)_6$ geschlossen werden. Vielleicht umschließt die wahre Situation etwas von jeder dieser Möglichkeiten. Es ist wichtig, auf die mögliche Eisen — Eisenbindung in Eisenennearcarbonyl (S. 125) hinzuweisen; Metall — Metallbindungen sind auch in anderen Metallkomplexen bekannt.

Verbindungen wie $B_2H_6$, $Al_2(CH_3)_6$ und Dibenzolchrom lassen sich mittels der einfachen „Elektronentheorie der Valenz" nicht beschreiben. Es ist einer der großen Vorzüge der wellenmechanischen Theorie der chemischen Bindung, daß das Konzept der Molekülorbitale die Situation in Molekülen dieser Art verständlich macht. Fast noch wichtiger ist, daß die Vorstellungen von Dreizentrenorbitalen, von Überlappungen der $\pi$-Elektronenwolken mit Metallorbitalen usw. eine große Zahl experimenteller Arbeiten auf metallorganischem Gebiet und auf dem Gebiet der Chemie der Übergangsmetalle angeregt haben. Die Ergebnisse dieser Arbeiten erweisen sich als von großer Wichtigkeit sowohl in akademischer Hinsicht, als auch wegen ihrer aktuellen und potentiellen praktischen Anwendungen.

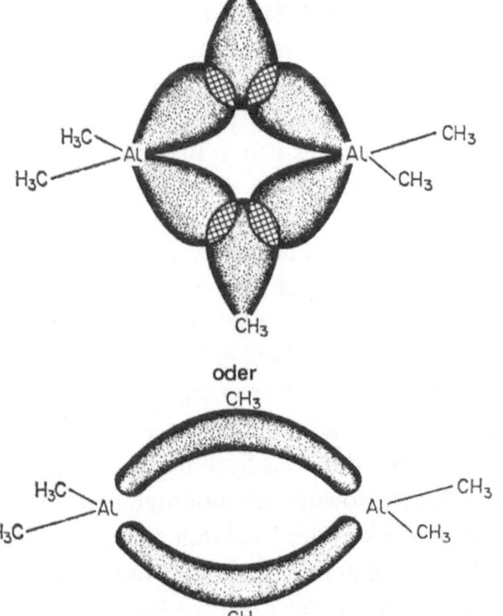


**Abb. 56**

Dreizentrenorbitale in $Al_2(CH_3)_6$.

Beachte — die Al-Atome und die End-$CH_3$-Gruppen liegen senkrecht zur Papierebene. Die Dreizentrenorbitale liegen in der Papierebene

9 Spice

# 7. Elektronenstruktur und chemische Reaktionen

## 7.1. Die Stabilität und das Reaktionsverhalten chemischer Verbindungen

In den vorausgegangenen Kapiteln sind die Elektronenstrukturen von Ionen und Molekeln betrachtet worden. Weil chemische Reaktionen die Bildung und Lösung von Bindungen bedeuten, ist es nur natürlich, den Zusammenhang zwischen Elektronenstruktur und Reaktivität zu erörtern. Eine solche Diskussion werden wir für ein oder zwei wichtige Typen von chemischen Prozessen in Angriff nehmen, aber zunächst muß die Bedeutung der Begriffe „Stabilität" und „Reaktivität" untersucht werden.

„Stabilität" bezieht sich darauf, in welchem Maße sich eine Verbindung dem Zerfall in bestimmte einfachere Bruchstücke widersetzt, oder sie sollte sich zumindest darauf beziehen. „Reaktivität" andererseits bezieht sich auf die Bereitwilligkeit der Reaktion mit irgendeinem Reaktionspartner. Aluminiumtrimethyl ist z.B. bei Raumtemperatur vollkommen *stabil* (was die Zersetzung anbetrifft), wenn es in einer Stickstoff- oder Argonatmosphäre aufbewahrt wird. Auf der anderen Seite ist es extrem *reaktionsfähig* sowohl gegenüber Wasser (wodurch es augenblicklich zu Methan und Aluminiumoxid hydrolysiert wird) als auch Sauerstoff (in dessen Gegenwart es sich sofort entzündet) und vielen anderen Substanzen. Acetylchlorid ist gegenüber Wasser sehr reaktionsfähig, nicht aber gegenüber Sauerstoff. Bleitetrachlorid jedoch ist wesentlich weniger stabil als Aluminiumtrimethyl oder Acetylchlorid; bei Temperaturanstieg über 0 °C zersetzt es sich in Bleichlorid und Chlor.

Für jede chemische Reaktion gilt es, zwei Fragen zu beantworten. Erstens: Wie ist die Gleichgewichtslage? Zweitens: Wie schnell erreicht das System diese Gleichgewichtslage? In allen obigen Beispielen entspricht die Gleichgewichtslage einer im wesentlichen vollständig verlaufenden Reaktion. Darüber hinaus verlaufen alle erwähnten Reaktionen schnell. Es existiert aber nicht notwendigerweise ein Zusammenhang zwischen der Geschwindigkeit einer Reaktion und ihrer Gleichgewichtslage. Z.B. entspricht der Gleichgewichtszustand für das System $2H_2 + O_2 \rightleftharpoons 2H_2O$ der nahezu vollständigen Bildung von Wasser, sowohl bei Raumtemperatur als auch bei 200 °C. Bei 200 °C ist die Geschwindigkeit der Reaktion zwischen Wasserstoff und Sauerstoff groß, aber bei Raumtemperatur ist sie so gering, daß eine Wasserstoff-Sauerstoff-Mischung unbegrenzt aufbewahrt werden kann, ohne daß wahrnehmbare Reaktion eintritt. In diesem Falle ist das Ausbleiben einer merklichen Reaktion nicht darauf begründet, daß die Gleichgewichtslage für die

Reaktionsprodukte ungünstig ist, sondern darauf, daß die Reaktion unmeßbar langsam verläuft. Wasser ist bei Raumtemperatur wegen der Gleichgewichtslage „stabil"; eine Wasserstoff-Sauerstoffmischung ist, streng genommen, nur „meta-stabil".

## Die Spontaneität von Reaktionen

Die Erörterung der Gleichgewichtslage von Reaktionen wird oft nur mittels der Reaktionswärme geführt; wenn eine Reaktion stark exotherm ist, so wird angenommen, daß sie nahezu vollständig verläuft. Obwohl ein solches Vorgehen in vielen Fällen gerechtfertigt erscheint (aus Gründen, die sogleich erhellen werden), ist es grundsätzlich unreell. Die Größe, die wirklich die Gleichgewichtsposition einer Reaktion bestimmt, ist nicht die Änderung des Wärmeinhaltes, der die Reaktion begleitet (die Enthalpieänderung) $\Delta H$ (siehe S. 48), sondern die Änderung der freien Enthalpie $\Delta G$, die ein Maß für die Arbeitsleistungsfähigkeit des Systems ist. Wenn $\Delta G$ negativ ist, dann sinkt die „Arbeitsfunktion" des Systems als Ergebnis der Reaktion, es kann im Prinzip Arbeit geleistet werden, und die Reaktion verläuft spontan. Die Hauptsache dabei ist, daß nicht die gesamte bei einer Reaktion entwickelte Wärmeenergie immer in Arbeit umgewandelt werden, sondern ein Teil davon verloren gehen kann. Die Differenz zwischen $\Delta H$ und $\Delta G$ entspricht dieser „unverfügbaren" Energie; sie ist ein temperaturabhängiger Ausdruck, der die Entropieänderung $\Delta S$ für den Vorgang einschließt:

$$\Delta G = \Delta H - T\Delta S$$

(Beachte, daß ein positives $\Delta X$ das *Anwachsen* von X für *das* System angibt, in dem die Änderung stattfindet.) Die Entropie S ist um so größer, je größer der Grad der Unordnung oder der Zufälligkeit in einem System ist. Sie ist deshalb sehr klein für einen Kristall bei niedriger Temperatur, aber groß für ein Gas.

Damit eine Reaktion spontan eintritt, das heißt, damit die entsprechende Gleichgewichtskonstante groß ist (gleichbedeutend mit einer fast vollständigen Reaktion) oder etwa eins beträgt (so daß eine befriedigende Ausbeute bei geeigneter Wahl der Reaktionsbedingungen erhalten wird), muß $\Delta G$ entweder einen negativen oder einen *kleinen* positiven Wert besitzen. Für viele Reaktionen ist bei Zimmertemperatur $T\Delta S$ im Vergleich zu $\Delta H$ klein und die Spontaneität der Reaktion *ist* dann wirklich durch die Enthalpieänderung bestimmt. Das ist z.B. der Grund dafür, warum die Bildungswärme von Metalloxiden ein ziemlich sicheres Maß für ihre Stabilität darstellt. Es ist aber durchaus möglich, daß ein starkes Anwachsen der Entropie für eine Reaktion (positives $\Delta S$) ein starkes Anwachsen des Wärmeinhaltes (positives $\Delta H$-endotherme Reaktion) überkompensiert und ein negatives $\Delta G$ und damit eine spontane Reaktion bewirkt. Außerdem wird der zweite Term mit steigender Temperatur immer wichtiger. Deshalb zersetzen sich alle chemischen

Verbindungen bei genügend hoher Temperatur in ihre Elemente, trotz der Tatsache, daß dieser Vorgang gewöhnlich endotherm ist. Der eigentliche Grund dafür ist, daß dieser Vorgang ein Übergang von einem Zustand hoher Ordnung zu einem Zustand niedrigerer Ordnung ist; $\Delta S$ ist positiv und für genügend hohe Temperatur wird $T\Delta S$ numerisch größer als $\Delta H$. Die Zersetzung einer Festsubstanz in gasförmige Produkte, das Schmelzen einer festen Substanz und die Verdampfung einer Flüssigkeit sind weitere Beispiele für spontane Vorgänge, die endotherm sind, aber eine Zunahme der Unordnung bringen. Ein letztes Beispiel ist der freiwillig verlaufende endotherme Auflösungsvorgang von Ammoniumchlorid in Wasser; wenn sich der hochgeordnete Kristall auflöst, so liefert er Ammonium- und Chloridionen, die sich ungeordnet in der Lösung bewegen.

$\Delta G$ läßt sich offensichtlich aus $\Delta H$ und $\Delta S$ berechnen [1]). $\Delta H$ ist aus thermochemischen Messungen bestimmbar (siehe S. 268), während $\Delta S$ entweder aus den Wärmeinhalten, Schmelzwärmen usw. der Reaktanten und Produkte, oder aus der Gestalt, Größe und Schwingungsfrequenz der betrachteten Molekeln ermittelbar ist. Das läßt sich alles tun, ohne daß die Reaktion wirklich stattfindet. Mit anderen Worten, die Durchführbarkeit einer Reaktion läßt sich rein aus den Eigenschaften der Reaktanten und der resultierenden Molekeln bestimmen. Sie hängt in keiner Weise vom wirklichen Reaktionsmechanismus ab; umgekehrt liefert die Kenntnis der Gleichgewichtskonstanten einer Reaktion keinerlei Information über ihre Geschwindigkeit oder ihren Mechanismus.

**Die Reaktionsgeschwindigkeit**

Die Geschwindigkeit einer Reaktion hängt nur selten in einfacher Weise von den Konzentrationen der Reaktanten ab, weil die wirklich geschwindigkeitsbestimmenden Schritte gewöhnlich nicht die Reaktanten einschließen, die in der stöchiometrischen Gleichung erscheinen, sondern andere Atome, Molekeln, Radikale oder Ionen, die aus ihnen gebildet werden, manchmal in verschiedenen Schritten. Aus diesem Grunde hat die tatsächliche Reaktionsgleichung kaum einen größeren Zusammenhang mit dem Reaktionsmechanismus. Und es ist eben die Aufgabe der chemischen Kinetik, herauszufinden, welches der Reaktionsmechanismus ist. Kinetische Untersuchungen zeigen, daß jeder Einzelschritt der Reaktion selten, wenn überhaupt, mehr als zwei Atome, Moleküle, Radikale oder Ionen einschließt. Sowohl die Geschwindigkeit der Bruttoreaktion als auch die jedes Einzelschrittes kann für Einheitskonzentrationen der Reaktanten wie folgt ausgedrückt werden:

$$k = A \exp - (E/RT).$$

---

[1]) Siehe Aufgaben 43–45

A ist der sogenannte „Häufigkeitsfaktor"; er umfaßt die Häufigkeit der Zusammenstöße der entsprechenden Teilchen und berücksichtigt spezielle stereochemische Voraussetzungen für die Reaktion. E ist die Aktivierungsenergie und damit die Differenz zwischen der Energie der Reaktanten und der Energie des „Übergangs"-Zustandes [2]). Z.B. kann in der Reaktion zwischen Wasserstoff und Jod, die eine der wenigen Reaktionen mit einfachen Zusammenstößen zwischen den Molekeln der wirklichen Reaktanten darstellt, der Übergangszustand dargestellt werden als:

$$H...H$$
$$\vdots \quad \vdots$$
$$I...I$$

Die Bindungen der Wasserstoff- und Jodmoleküle sind noch nicht völlig gelöst, und die Bindungen zwischen Wasserstoff und Jod haben sich noch nicht vollständig gebildet. Selbstverständlich sind gerade die Eigenschaften des Übergangszustandes ebenso wichtig für die Größe von E und damit für die Geschwindigkeit der Reaktion wie die der Reaktanten, und jede Diskussion von Geschwindigkeiten rein auf der Grundlage der Elektronenstruktur der Reaktanten führt oft zu falschen Schlußfolgerungen. Leider muß diese Art der Erörterung oft vorgenommen werden, weil gewöhnlich wenig über die Struktur und die Eigenschaften der Übergangszustände bekannt ist. Ganz abgesehen von irgendwelchen speziellen stereochemischen Faktoren wird eine kleine Reaktionsgeschwindigkeit oft durch eine hohe Aktivierungsenergie verursacht. Der Übergangszustand befindet sich an der Spitze einer Energiebarriere, und die Reaktion kann nur stattfinden, wenn die Reaktanten genügend Energie besitzen, um diese Barriere zu überwinden. Das gilt sowohl für exotherme (Abb. 57a) als auch für endotherme Reaktionen (Abb. 57b). Katalysatoren ermöglichen andere Reaktionswege mit einem verschiedenen Übergangszustand, für den A größer sein kann und E kleiner.

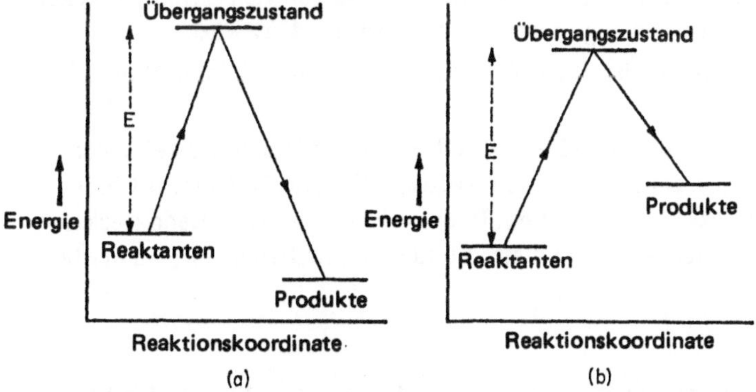


**Abb. 57.** Aktivierungsenergie für exotherme und endotherme Reaktionen

[2]) Siehe Aufgabe 46

Es werden nun einige wichtige Reaktionstypen erörtert: Die beiden einfachsten Teilchen in der Chemie sind das Elektron und das Proton. Es ist deshalb nicht überraschend, daß die Reaktionen, in denen eines dieser beiden Teilchen von einem Atom oder Molekül zu einem anderen übertragen wird, außerordentlich wichtig sind. Elektronenübertragungsprozesse (Elektronen-Transfer) umfassen das, was normalerweise als Oxydation oder Reduktion bezeichnet wird, wohingegen Protonenübertragung (Protonen-Transfer) eine Säure-Base-Reaktion darstellt.

## 7.2. Elektronenübergangsreaktionen

Ein sehr einfaches Beispiel dafür ist die Umwandlung von Eisen(II)-chlorid zu Eisen(III)-chlorid beim Durchleiten von Chlor durch eine wäßrige Fe(II)-chloridlösung. Die Reaktion läßt sich mit den beteiligten Teilchen wie folgt formulieren (wobei die Tatsache, daß die Teilchen in Wirklichkeit hydratisiert sind, die Beweisführung nicht verändert):

$$2\,Fe^{2+} + Cl_2 \longrightarrow 2\,Fe^{3+} + 2\,Cl^-$$

Elektronen sind von den Eisen(II)-Ionen zum Chlor übergegangen:

$$2\,Fe^{2+} \longrightarrow 2\,Fe^{3+} + 2\,\epsilon$$
$$Cl_2 + 2\,\epsilon \longrightarrow 2\,Cl^-$$

Man sagt, daß die Eisen(II)-Ionen zu Eisen(III)-Ionen *oxydiert* worden sind und Chlor zu Chloridionen *reduziert* wurde. (Weil sich Natrium in Natriumchlorid in genau dem gleichen Oxydationszustand befindet wie Natrium in Natriumoxid, ist es nur logisch, den Term *Oxydation* von der Einwirkung von Sauerstoff auf Natrium auf die Einwirkung von Chlor auf Natrium zu übertragen.)

Allgemein gesagt: Das reduzierende Agenz ist das Teilchen (Atom, Molekül oder Ion), welches Elektronen abgibt und dabei selbst oxydiert wird.

Das oxydierende Agenz ist das Teilchen, das Elektronen aufnimmt und dabei selbst reduziert wird.

Jede Oxydation-Reduktion oder *Redox*-Reaktion läßt sich in zwei „Halb"-Reaktionen zerlegen, wie gerade für Eisen(II)/Eisen(III) und für Chlorid/Chlor gezeigt, und jede Halbreaktion schließt ein Redox-„Paar" ein. Jede Redoxreaktion umfaßt somit vier Teilchen — die oxydierten und die reduzierten Formen der beiden Redoxpaare.

### Oxydationszahl

Es läßt sich leicht überblicken, was in den obigen Beispielen mit den Elektronen passiert. Für kompliziertere Fälle ist es nötig, die Vorstellung von der *Oxydationszahl* oder vom *Oxydationszustand* einzuführen. Für Atome und ein-

fache Ionen ist die Oxydationszahl gleich der Ladung. So sind die Oxydationszahlen der Eisen(II)- und Eisen(III)-Ionen + 2 bzw. + 3; die von elementarem
Chlor und Chloridionen sind 0 bzw. $-1$.

Etwas schwieriger ist es, die Oxydationszahl eines Elementes in einer Verbindung zu erkennen, und deshalb wird ein Einzelbeispiel ausführlich erörtert.
Wasserstoffperoxid oxydiert in saurer Lösung Jodidionen zu Jod:

$$H_2O_2 + 2H^+ + 2J^- \longrightarrow 2H_2O + J_2$$

oder genauer:

$$H_2O_2 + 2OH_3^+ + 2J^- \longrightarrow 4H_2O + J_2$$
$$2\times 7 \quad 2\times 8 \quad 2\times 8 \quad 4\times 8 \quad 2\times 7$$

Die Zahlen geben die Außenelektronenanzahl um die Sauerstoff- und Jodatome in
jeder Molekel und jedem Ion an. Die Jodidionen verlieren bei Oxydation zu molekularem Jod Elektronen, aber die Hydroxoniumionen geben bei der Umwandlung
zu Wassermolekülen weder Elektronen ab noch nehmen sie welche auf. Andererseits nimmt jede Wasserstoffperoxidmolekel zwei Elektronen auf, wenn sie zwei
Wassermolekeln bildet. Wasser muß deshalb das Reduktionsprodukt des Wasserstoffperoxid sein. Wasserstoffperoxid kann auch reduzierend wirken, so in seiner Reaktion mit Kaliumpermanganat. Hierbei wird es selbst zu molekularem Sauerstoff
oxydiert:

$$H_2O_2 + 2H_2O \longrightarrow O_2 + 2OH_3^+ + 2\epsilon$$
$$2\times 7 \quad 2\times 8 \quad 2\times 6 \quad 2\times 8$$

(Wenn deshalb mit dem Sauerstoffisotop der Massenzahl 18 „markiertes" Wasserstoffperoxid oxydiert wird, ist das gesamte $^{18}O$ als molekularer Sauerstoff entwickelt. Aus diesem Grunde ist die traditionelle Ansicht, wonach die Hälfte des
Sauerstoffs aus dem Wasserstoffperoxid stammt und die andere Hälfte aus dem
Permanganat, falsch.) Das Redoxverhalten von Wasserstoffperoxid läßt sich deshalb wie folgt summieren:

$$2H_2O \xleftarrow[\text{(zwei Elektronen aufgen.)}]{\text{Reduktion}} H_2O_2 \xrightarrow[\text{(zwei Elektronen abgegeb.)}]{\text{Oxydation}} O_2$$

Selbstverständlich ändert sich bei diesen Reaktionen der Oxydationszustand des
Sauerstoffs und nicht etwa der des Wasserstoffs. Im molekularen Sauerstoff ist die
Oxydationszahl Null, und weil jede Änderung der Oxydationszahl um eins den
Verlust oder Gewinn von einem Elektron voraussetzt, müssen die Oxydationszahlen von Sauerstoff in Wasserstoffperoxid und Wasser $-1$ bzw. $-2$ betragen. Zu
dem gleichen Schluß würde man gelangen, wenn Wasserstoffperoxid und Wasser
als $2H^+2O^-$ oder $2H^+(O_2^{2-})$ und $2H^+O^{2-}$ formulierbar wären. Wenn diese Verbin-

dungen völlig elektrovalent *wären*, würden dies ihre Formeln sein, weil nämlich
Sauerstoff stärker elektronegativ ist als Wasserstoff. Natürlich sind sie in Wirklichkeit kovalent mit unsymmetrischer Paarung der Elektronen, aber mit einer nur sehr
geringen tatsächlichen Ionisation zu $H_3O^+$ und entweder $OOH^-$ oder $OH^-$.

Nunmehr wird die Vorstellung von der Oxydationszahl durch die Annahme
systematisiert, daß die Elektronen jeder Bindung einer Molekel oder eines Teilchens
*vollständig* zum stärker elektronegativen Atom zu zählen sind. Die für jedes Atom
daraus resultierende Ladung wird als die Oxydationszahl angesehen. Die Summe
der Oxydationszahlen aller Atome eines Moleküls ist notwendigerweise Null, während sie in einem Ion gleich der Ladung des Ions ist. Deshalb wird die hypothetische
Formel des Permanganations $Mn^{7+}4O^{2-}$, und die Oxydationszahl des Mangans beträgt + 7. Die oxydierenden Eigenschaften des Permanganats werden dadurch verursacht, daß die Oxydationszahl des Mangans auf + 4 sinkt, wenn die Reaktion in
alkalischer Lösung stattfindet, und auf + 2, wenn sie in saurer Lösung durchgeführt wird:

$$MnO_4^- + 4H^+ + 3\,\epsilon \longrightarrow MnO_2 + 2H_2O$$

$$\text{und} \quad MnO_4^- + 8H^+ + 5\,\epsilon \longrightarrow Mn^{2+} + 4H_2O$$

Weil Wasserstoff von allen Nichtmetallen fast die kleinste Elektronegativität aufweist (siehe Tabelle 14), hat es in seinen Verbindungen normalerweise die Oxydationszahl + 1. (Im Hydridion natürlich − 1.) Sauerstoff ist außer Fluor das am
stärksten elektronegative Element und besitzt deshalb immer die Oxydationszahl
−2, außer in Peroxiden (− 1) und wenn es mit Fluor verbunden ist (+ 2).

Hydroxylamin möge als ein weiteres Beispiel dienen. Die Anwendung der
Regeln ergibt für seine hypothetische elektrovalente Form $3H^+O^{2-}N^-$, so daß die
Oxydationszahl des Stickstoffs −1 beträgt. Die auf diese Weise abgeleiteten verschiedenen Oxydationszahlen für Stickstoff und Chlor sind in Tabelle 16 aufgeführt.

Das Äquivalentgewicht für ein Oxydations- oder Reduktionsmittel wird ganz
einfach definiert als das Formelgewicht, geteilt durch die Zahl der abgegebenen
oder aufgenommenen Elektronen bei der in Frage stehenden Reaktion. Anders
ausgedrückt ist es das Formelgewicht, geteilt durch die Änderung der Oxydationszahl des betreffenden Elementes. Offensichtlich ändern sich die Äquivalentgewichte
entsprechend der jeweiligen Reaktion. Für Kaliumpermanganat ist es ein Fünftel
des Molekulargewichtes, wenn es in saurer Lösung verwendet wird, aber ein Drittel
des Molekulargewichtes für die Reaktion in alkalischer Lösung.

**Tabelle 16.** Oxydationszahlen von Stickstoff und Chlor

| Stickstoff | | Chlor | |
|---|---|---|---|
| Oxydationszahl | Beispiele | Oxydationszahl | Beispiele |
| $-3$ | $NH_3$, $NH_4^+$ | $-1$ | $HCl$, $Cl^-$ |
| $-2$ | $N_2H_4$ | $0$ | $Cl_2$ |
| $-1$ | $NH_2OH$ | $+1$ | $HOCl$, $ClO^-$ |
| $0$ | $N_2$ | $+3$ | $HClO_2$, $ClO_2^-$ |
| $+1$ | $N_2O$ | $+5$ | $HClO_3$, $ClO_3^-$ |
| $+2$ | $NO$ | $+7$ | $HClO_4$, $ClO_4^-$ |
| $+3$ | $N_2O_3$, $HNO_2$, $NO^-$ | | |
| $+4$ | $N_2O_4$ | | |
| $+5$ | $N_2O_5$, $HNO_3$, $NO_3^-$ | | |

Das Grammäquivalent ist die Anzahl Gramm des Elementes oder der Verbindung, die entweder ein Mol Elektronen liefert oder mit einem Mol Elektronen in einer Redoxreaktion reagiert. (Ein Mol Elektronen ist die Avogadro-Zahl von Elektronen.)

Redoxreaktionen, wie kompliziert auch immer, lassen sich leicht durch Kombination der relevanten Halbreaktionen in der Weise aufstellen, daß keine Elektronen übrig bleiben oder fehlen. Ohne daß man eine Gleichung zusätzlich aufzuschreiben brauchte, übersieht man sofort, daß jedes Permanganation in saurer Lösung fünf Eisen(II)-Ionen oxydiert:

$$MnO_4^- + 8H^+ + 5\varepsilon \rightarrow Mn^{2+} + 4H_2O$$
$$5Fe^{2+} \rightarrow 5Fe^{3+} + 5\varepsilon$$
$$\overline{MnO_4^- + 5Fe^{2+} + 8H^+ \rightarrow Mn^{2+} + 5Fe^{3+} + 4H_2O}$$

Falls gewünscht, können nun die nicht reagierenden Ionen einbezogen werden (nachdem die Gleichung zunächst verdoppelt wird), und die gesamte Gleichung kann in der konventionellen Form geschrieben werden. Für die meisten Zwecke werden allerdings bei der Erörterung von Oxydations-Reduktionsreaktionen nur die Halbreaktionen benötigt.

**Beispiele für den Gebrauch von Oxydationszahlen**

Vom Eintreten von *Disproportionierung* spricht man, wenn ein Element von einem mittleren Oxydationszustand in einen höheren und niedrigeren Oxydationszustand übergeht. So wird z.B. Kupfer(I)-sulfat als farblose feste Substanz durch

Einwirken von Dimethylsulfat auf Kupfer(I)-oxid erhalten. Daraus entsteht mit
Wasser augenblicklich metallisches Kupfer und eine Lösung von Kupfer(II)-sulfat:

$$2Cu^+ \longrightarrow Cu + Cu^{2+}$$
$$+1 \qquad 0 \quad +2$$

Ein Kupfer(I)-Ion oxydiert ein anderes zu Kupfer(II) und wird selbst zu metalli-
schem Kupfer reduziert. Auch die Zersetzung von Wasserstoffperoxid kann als
Disproportionierung betrachtet werden:

$$2H_2O_2 \longrightarrow 2H_2O + O_2$$
$$-1 \qquad\quad -2 \qquad 0$$

In der Chemie des Chlors findet man mehrere Beispiele für Disproportionierung:

In kalter verdünnter alkalischer Lösung:

$$Cl_2 + H_2O \longrightarrow Cl^- + ClO^- + 2H^+$$
$$0 \qquad\qquad\quad -1 \quad\; +1$$

In heißer konzentriert alkalischer Lösung:

$$3ClO^- \longrightarrow 2Cl^- + ClO_3^-$$
$$+1 \qquad\; -1 \qquad +5$$

Beim Erhitzen von festem Kaliumperchlorat:

$$4ClO_3^- \longrightarrow 3ClO_4^- + Cl^-$$
$$+5 \qquad\quad +7 \quad -1$$

Manchmal tritt auch der zur Disproportionierung umgekehrte Vorgang, die Syn-
proportionierung, ein, indem ein mittlerer Oxydationszustand aus einem höheren
und einem niedrigeren gebildet wird, z.B.

$$JO_3^- + 5J^- + 6H^+ \longrightarrow 3J_2 + 3H_2O$$
$$+5 \quad -1 \qquad\qquad 0$$

Man findet, daß Hydroxylamin (Oxydationszahl des Stickstoffs ist $-1$) zwei
Mol Eisen(II)-hydroxid zu Eisen(III) in alkalischer Lösung oxydiert und zwei
Eisen(III) zu Eisen(II) in saurer Lösung reduziert. Hydroxylamin muß deshalb in
jedem Falle zwei Elektronen aufnehmen oder abgeben. Das Reduktionsprodukt
der ersten Reaktion sollte deshalb Stickstoff mit der Oxydationszahl $-3$ enthalten,
und in der zweiten Reaktion sollte Stickstoff die Oxydationszahl $+1$ erlangen. Diese
Vorhersagen werden durch das Experiment bestätigt; die Reaktionsprodukte sind

Ammoniak bzw. Distickstoffmonoxid (siehe Tabelle 16). Stickstoffverbindungen liefern mehrere Beispiele für Synproportionierungen:

$$NH_2OH + HNO_2 \rightarrow N_2O + 2H_2O$$
$$\phantom{NH_2OH}{-1}\phantom{aaa}{+3}\phantom{aaa}{+1}$$
$$NH_2OH + HNO_3 \rightarrow 2NO + 2H_2O$$
$$\phantom{NH_2OH}{-1}\phantom{aaa}{+5}\phantom{aaa}{+2}$$
$$NH_4NO_2 \rightarrow (NH_4^+ + NO_2^-) \rightarrow N_2 + 2H_2O$$
$$\phantom{NH_4NO_2aa}{-3}\phantom{aaa}{+3}\phantom{aaa}{0}$$
$$NH_4NO_3 \rightarrow (NH_4^+ + NO_3^-) \rightarrow N_2O + 2H_2O$$
$$\phantom{NH_4NO_3aa}{-3}\phantom{aaa}{+5}\phantom{aaa}{+1}$$

**Valenz, Oxydationszahl und Koordinationszahl**

Die elementare Bezeichnung der Valenz als die Zahl der Wasserstoffatome, mit denen ein Atom eines Elementes kombinieren kann, ermöglicht es, die Formel von binären Verbindungen aus den Wertigkeiten der sie aufbauenden Elemente abzuleiten. Als sich die organische Chemie entwickelte, mußte diese einfache Vorstellung so erweitert werden, daß sie auch die Bindung gleicher Atome untereinander zu erklären gestattete, und man gelangte zu der exakteren Definition der Valenz als die Anzahl der von jedem Atom gebildeten Bindungen. Und auch diese Definition ist noch unzureichend; in gewissem Sinne ist in festem Kupfer jedes Atom (siehe S. 162) an jedes seiner zwölf Nachbarn gebunden. Man sagt, Kupfer hat die *Koordinationszahl* zwölf, was aber ist seine Valenz?

Eine Definition, die sowohl die Elektrovalenz als auch die Kovalenz umfaßt, setzt die Valenz eines Atoms mit der Zahl der Elektronen gleich, die dieses Atom in einem Molekül oder Ion abgibt, aufnimmt oder mit denen es an Elektronenpaarbindungen teilnimmt. Es ist jedoch notwendig, zwischen „Valenz" und „Kovalenz" zu unterscheiden und spezielle Vorsorge für Fälle zu treffen, bei denen dative Kovalenzen auftreten (siehe S. 70). Und selbst dann kann das Reaktionsverhalten eines Atoms in zwei Verbindungen, in welchen es aufgrund der so definierten Valenz gleiche Valenz hat, völlig verschieden sein; so z. B. Chlor in unterchloriger Säure und in Chlorwasserstoff.

All diese Schwierigkeiten werden gelöst, indem man *sowohl* die Oxydationszahl *als auch* die Koordinationszahl eines Atoms angibt; diese beiden Größen genügen, um den Bindungszustand eines Atoms völlig zu definieren.

## 7.3. Geschwindigkeiten und Gleichgewichte bei Elektronenübergangsreaktionen

### Die Spontaneität von Redoxreaktionen

Ob eine gegebene Redoxreaktion vollständig, bis zu einem Gleichgewicht oder überhaupt nicht verläuft, wird durch die Änderung der freien Enthalpie $\Delta G$ bestimmt, die mit der Gleichgewichtskonstanten in Beziehung steht und die aus den Eigenschaften der Reaktanten und Reaktionsprodukte (siehe S. 132) wie für jeden anderen Reaktionstyp berechnet werden kann. Viele Redoxreaktionen lassen sich jedoch so durchführen, daß sie in elektrischen Zellen ablaufen und eine elektromotorische Kraft (EMK) liefern, aus der die Arbeitsleistung berechnet werden kann. Ausführliche Untersuchungen zeigen, daß $\Delta G$ der EMK direkt proportional ist, wenn diese in einem offenen Kreis, das heißt stromlos mit einem Potentiometer, gemessen wird. Z. B. findet die Redoxreaktion $Zn + Cu^{2+} \longrightarrow Zn^{2+} + Cu$ statt, wenn Strom aus einem Daniell-Element entnommen wird, in dem eine Zinkelektrode in Zinksulfatlösung taucht, die sich in einem porösen Gefäß befindet, das in Kupfersulfatlösung mit einer Kupferelektrode steht. Die EMK dieser Zelle ist gleich der Differenz der Potentiale der Zink- und Kupferelektroden und jedes dieser Potentiale wird durch das Elektronenangebot im System $M^{2+} + 2\,\epsilon \rightleftharpoons M$ bestimmt. Die Tatsache, daß Zink ein um 1,1 V negativeres Potential als Kupfer hat, zeigt, daß der Elektronen-„Druck" auf dem Zink größer ist als auf Kupfer. Wenn die Elektroden verbunden werden, fließen Elektronen vom Zink zum Kupfer und die Reaktion verläuft wie angegeben. Zink besitzt ein negativeres *Elektrodenpotential* als Kupfer; infolgedessen reduziert das $Zn^{2+}/Zn$ System das $Cu^{2+}/Cu$ System, und die Reaktion kann im umgekehrten Sinne nicht freiwillig verlaufen.

Auch von Systemen, die keine Metalle als einen der Reaktanten enthalten, (z. B. $Fe^{3+}/Fe^{2+}$) lassen sich experimentell Potentiale bestimmen, indem man das Potential einer in die Lösung tauchenden Platinelektrode mißt. Platin zeigt virtuell keine Tendenz, in Form von Ionen in Lösung zu gehen und sein eigenes Potential zu errichten; sein Potential wird deshalb durch den „Elektronendruck" des betreffenden Redoxgleichgewichtes in der Lösung bestimmt. Die resultierenden Potentiale heißen *Redoxpotentiale.* Einzelpotentiale zwischen einer Elektrode und einer Lösung lassen sich nicht messen, weil eine elektrische Verbindung zur Lösung hergestellt werden muß und dadurch die Ausbildung eines weiteren Potentials unausbleiblich ist. Redoxpotentiale beziehen sich deshalb (einschließlich des Spezialfalles der Elektrodenpotentiale) immer auf ein Standardpotential, das gewöhnlich durch das System $H^+ + \epsilon \rightleftharpoons \frac{1}{2} H_2$ gebildet wird. Auf dieser Skala beträgt das $Zn^{2+}/Zn$ Potential $-0,76$ V und das $Cu^{2+}/Cu$ Potential $+0,34$ V. Diese Werte bedeuten, daß Zink Wasserstoffionen zu Wasserstoff reduzieren sollte, wobei es selbst zu Zinkionen oxidiert wird (gerade so, wie es Kupfer(II)-Ionen zu Kupfer reduziert), wohingegen Kupfer dazu nicht in der Lage sein sollte. In der Tat sollte jedes Metall mit einem negativen Elektrodenpotential fähig sein, Wasserstoff aus einer Säure zu verdrängen. In Tabelle 17 sind einige Redoxpotential aufgeführt; wo sie nicht direkt meßbar sind, können sie aus dem $\Delta G$ für die Reaktion $O + \frac{1}{2} H_2 \rightleftharpoons R + H^+$ abgeleitet werden.(R und O steht für die reduzierten und oxydierten Formen eines Redoxpaares.) Wenn ein System $O'/R'$ ein negativeres Potential hat als ein System $O''/R''$, dann sollte die Reaktion $R' + O'' \longrightarrow O' + R''$ spontan eintreten; wenn es ein positiveres Potential hat, dann wird die Rückreaktion freiwillig verlaufen. Das heißt also, je negativer ein Redoxpotential ist, desto stärker ist die reduzierte Form des Redoxpaares als Reduktionsmittel.

**Tabelle 17.** Normalpotentiale
(Wenn sich das Redoxpotential mit dem pH ändert,
gilt der angegebene Wert für pH = 0)

| Redox-Paar | $E^\circ$ (Volt) | Redox-Paar | $E^\circ$ (Volt) |
|---|---|---|---|
| $Li^+/Li$ | $-3{,}04$ | $Sn^{4+}/Sn^{2+}$ | $+0{,}15$ |
| $K^+/K$ | $-2{,}92$ | $Cu^{2+}/Cu^+$ | $+0{,}15$ |
| $Ca^{2+}/Ca$ | $-2{,}87$ | $Cu^{2+}/Cu$ | $+0{,}34$ |
| $Na^+/Na$ | $-2{,}71$ | $\frac{1}{2}I_2/I^-$ | $+0{,}54$ |
| $Mg^{2+}/Mg$ | $-2{,}37$ | $Fe^{3+}/Fe^{2+}$ | $+0{,}76$ |
| $Al^{3+}/Al$ | $-1{,}66$ | $Ag^+/Ag$ | $+0{,}80$ |
| $Zn^{2+}/Zn$ | $-0{,}76$ | $Hg^{2+}/\frac{1}{2}Hg_2^{2+}$ | $+0{,}92$ |
| $Fe^{2+}/Fe$ | $-0{,}44$ | $\frac{1}{2}Br_2/Br^-$ | $+1{,}07$ |
| $Cr^{3+}/Cr^{2+}$ | $-0{,}41$ | $\frac{1}{2}Cr_2O_7^{2-}/Cr^{3+}$ | $+1{,}33$ |
| $Sn^{2+}/Sn$ | $-0{,}14$ | $\frac{1}{2}Cl_2/Cl^-$ | $+1{,}36$ |
| $H^+/\frac{1}{2}H_2$ | $0{,}0$ | $Ce^{4+}/Ce^{3+}$ | $+1{,}45$ |
| | | $MnO_4^-/Mn^{2+}$ | $+1{,}52$ |
| | | $\frac{1}{2}F_2/F^-$ | $+2{,}80$ |

Aus der Tabelle ist ersichtlich, daß die Alkali- und Erdalkalimetalle die stärksten Reduktionsmittel (d. h. die bereitwilligsten Elektronenlieferanten) sind und Fluor das stärkste Oxydationsmittel. Tatsächlich ist es auf rein chemischen Weg nicht möglich, die Alkali- oder Erdalkalimetalle aus ihren Verbindungen zu erhalten oder Fluoride zu Fluor zu oxydieren; diese Reaktionen müssen elektrolytisch durchgeführt werden, wobei die notwendigen Elektronen durch eine Elektrode geliefert oder abgeführt werden. Die meisten Systeme mit weniger extremen Potentialen lassen sich durch geeignete Methoden entweder oxydieren oder reduzieren. Z. B. werden Eisen(III)-Ionen ($Fe^{3+}/Fe^{2+}$ + 0,76 V) durch Jodidionen reduziert ($\frac{1}{2} J_2/J^-$ + 0,54 V), Eisen(II)-Ionen aber durch Cer(IV)-Ionen oxydiert ($Ce^{4+}/Ce^{3+}$ + 1,45 V).

Aus den gegebenen Redoxpotentialen zweier Redoxpaare läßt sich $\Delta G$ für die Reaktion zwischen ihnen ermitteln und damit die Gleichgewichtskonstante. Wie alle Gleichgewichtsgrößen hängen die Potentiale von den Konzentrationen ab und oft auch vom pH. Wenn die beiden Potentiale ziemlich nahe aneinander liegen, so resultiert gewöhnlich eine Gleichgewichts- oder ausgeglichene Reaktion.

### Die Faktoren, die die Redoxpotentiale bestimmen

Die Summen der ersten und zweiten Ionisierungsenergien von Kupfer und Zink betragen 645 und 630 kcal/mol, so daß diese beiden Metalle als etwa gleich positiv und von gleichem Reaktionsverhalten erwartet werden. Dennoch ist Zink ein viel reaktionsfähigeres Metall als Kupfer, wie aus den Redoxpotentialen hervorgeht. Diese Potentiale beziehen sich jedoch auf die Reaktion $M^{2+}(aq) + H_2(g) \rightleftharpoons$ $M(s) + 2H^+(aq)$, wo M = Zn oder Cu. ((s) bezeichnet das feste Metall und (aq) ein hydratisiertes Ion in Lösung.) Die Ionisierungsenergien andererseits beziehen sich auf einen Vorgang zwischen gasförmigen Metallatomen und Ionen. Weil beiden Gleichgewichten der Wasserstoff gemeinsam ist, sei die Aufmerksamkeit auf das Gleichgewicht zwischen jedem Metall und seinen Ionen konzentriert: $M(s) + aq \rightleftharpoons$ $M(aq)^{2+} + 2\epsilon$. Die Änderung der freien Energie für diesen Prozeß hängt sowohl von $\Delta S$ als auch von $\Delta H$ ab. Die Entropieänderung wird wahrscheinlich für Kupfer nicht allzu verschieden von der für Zink sein, so daß allein der Wärmeinhalt betrachtet sei. Dieser soll mittels des folgenden Kreisprozesses in drei verschiedene Terme zerlegt werden:

$$
\begin{array}{ccc}
M(s) & \xleftarrow{\ \Delta H_L\ } & M(g) \\[4pt]
aq \downarrow \Delta H & & \downarrow \Delta H_I \\[4pt]
M^{2+}(aq) & \xleftarrow{\ \Delta H_H\ } & M^{2+}(g) \\[4pt]
+2\epsilon & aq & +2\epsilon
\end{array}
$$

(vgl. S. 54). Es ist deshalb $\Delta H = \Delta H_L + \Delta H_I + \Delta H_H$. $\Delta H_L$ und $\Delta H_I$ haben die gleiche Bedeutung wie auf Seite 55, während $\Delta H_H$ die Änderung des Wärmeinhaltes für die Auflösung der gasförmigen Ionen in Wasser bedeutet: $M^{2+}(g) + aq \rightarrow$ $M^{2+}(aq)$. Obwohl die beiden ersten Terme positiv sind (Wärme wird absorbiert), ist der letzte Term negativ; bei der Hydratation der gasförmigen Ionen wird Wärme frei. Die Ionisierungswärmen $\Delta H_I$ sind für Kupfer und Zink praktisch gleich (s. o.), ebenso wie die Hydratationswärmen $\Delta H_H$, weil $Zn^{2+}$ und $Cu^{2+}$ etwa den gleichen Radius besitzen und damit sehr ähnliche Hydrathüllen. Kupfer hat jedoch einen viel höheren Schmelz- und Siedepunkt als Zink, und seine Gitterenergie $\Delta H_L$ beträgt 81,1 kcal/mol gegenüber 31,2 kcal/mol für Zink. Das bewirkt, daß das $\Delta H$ für die Reaktion mit Zink beträchtlicher negativ ist als das $\Delta H$ für die Reaktion mit Kupfer. Infolgedessen ist $\Delta H$ für die Reaktion $M^{2+}(aq) + H_2(g) \rightleftharpoons M(s) +$ $2H^+(aq)$ für Zink viel stärker positiv als für Kupfer, und das erklärt ausreichend die Unterschiede in $\Delta G$ und deshalb in den Elektrodenpotentialen.

In ähnlicher Weise sind die hohen Hydratisierungsenergien für $Li^+$ (einem sehr kleinen Ion) und $Ca^{2+}$ (einem doppelt geladenen Ion) für die Elektrodenpotentiale dieser Metalle verantwortlich, die noch stärker negativ sind als die von Natrium, obwohl die Ionisierungsenergien viel größer sind.

Aus den Elektronenaffinitäten für Fluor und Chlor (83,5 bzw. 87 kcal/mol) könnte geschlußfolgert werden, daß beide Elemente etwa die gleiche Elektronegativität haben müßten. Dennoch ist das Redoxpotential von Fluor ($+2,80$ V) viel stärker positiv als das für Chlor ($+1,36$ V). Es braucht wiederum nur die Halbreaktion betrachtet zu werden, und die Unterschiede der Entropieänderungen sind wahrscheinlich nicht entscheidend. Der Kreisprozeß

$$\frac{1}{2} X_2(g) \xrightarrow{\frac{1}{2} \Delta H_D} X(g)$$

$$aq + \epsilon \downarrow \Delta H \qquad\qquad \epsilon \downarrow \Delta H_E$$

$$X^-(aq) \xleftarrow[aq]{\Delta H_H} X^-(g)$$

zeigt, daß für den Vorgang

$$\frac{1}{2} X_2(g) + aq + \epsilon \rightarrow X^-(aq), \quad \Delta H = \frac{1}{2} \Delta H_D + \Delta H_E + \Delta H_H.$$

Hierin ist nur der erste Term positiv. Die Elektronenaffinitäten sind praktisch die gleichen, aber die Hydratationswärme der Fluoridionen (etwa 128 kcal/mol) ist viel größer als die für Chloridionen (etwa 97 kcal/mol), weil Fluorid das viel kleinere Ion ist. Ferner beträgt die Dissoziationswärme $\Delta H_D$ für Chlor 57,2 kcal/mol, während die für Fluor nur 36,6 kcal/mol ist.

Diese Beispiele sollten genügen, um zu zeigen, welche Faktoren die Redoxpotentiale bestimmen. Wenn man zwei Redoxpaare vergleicht, die sich drastischer als in den oben gegebenen Paaren unterscheiden, so ist die Vernachlässigung des Entropiefaktors nicht mehr zulässig. Zweifellos sind deshalb die an anderer Stelle in diesem Buch geführten Diskussionen über das Redoxverhalten (z.B. auf den Seiten 59 und 115) im Grunde unzulänglich gewesen, selbst dann, wenn die Hauptfaktoren in jedem Falle genau getroffen worden sind.

Man muß sich jedoch vergegenwärtigen, daß sich die Redoxpotentiale, obwohl sie eine gute Richtschnur für das allgemeine chemische Verhalten darstellen, genau genommen nur auf Reaktionen in wäßriger Lösung bei Raumtemperatur beziehen. Die Untersuchung der bestimmenden Faktoren für Hochtemperaturreaktionen von Festkörpern, wie z.B. $F_2 + 2KCl \rightarrow 2KF + Cl_2$ und $2Al + Fe_2O_3 \rightarrow Al_2O_3 + 2Fe$, zeigt, daß Gitter- und Dissoziationsenergien, Ionisierungsenergien und Elektronenaffinitäten noch von Einfluß sind, nicht aber Hydratisierungsenergien. Überdies haben diese Größen bei hohen Temperaturen verschiedene Werte gegenüber denen bei Zimmertemperatur, und Entropieänderungen gewinnen mit steigender Temperatur mehr und mehr an Einfluß. Infolgedessen ist ein hinsichtlich der Redoxpotentiale anomales Verhalten nicht notwendigerweise anomal.

### Die Geschwindigkeiten und Mechanismen von Redoxreaktionen

Es gibt viele Redoxreaktionen, die nicht eintreten, obwohl sie es nach den Potentialen tun sollten. Kupfer löst sich nicht in verdünnten Säuren, weil das Gleichgewicht in der Reaktion $Cu + 2H^+ \rightleftharpoons Cu^{2+} + H_2$ eindeutig auf der linken Seite liegt. Andererseits reduziert aber auch molekularer Wasserstoff Kupfer(II)-Ionen nicht zu Kupfer, trotz der nun günstigen Änderung der freien Energie, weil die Reaktion extrem langsam verläuft. Dieser kinetische Faktor muß bei der Vorhersage des chemischen Verhaltens aus Redoxpotentialen immer berücksichtigt werden.

Obwohl Redoxreaktionen als Elektronenübergangsprozesse behandelt worden sind, läßt die beobachtete Kinetik oft vermuten, daß der wirkliche Mechanismus keinen intermolekularen Übergang von Elektronen beinhaltet, sogar dann, wenn die Redoxpotentiale für das eine oder andere System direkt meßbar sind. Z.B. ändert sich die Oxydationszahl von Chlor, wenn es mit Basen reagiert: $Cl-Cl + OH^- \rightarrow Cl^- + Cl-OH$. Es findet aber sehr wahrscheinlich ein Übergang von $Cl^+$- zum $OH^-$-Ion statt, wobei die Elektronenverschiebung ausschließlich innerhalb der Chlormolekel vor sich geht. Wiederum beinhaltet die Oxydation von Sulfit durch Chlorationen wahrscheinlich den Übergang von Sauerstoffatomen. Die Reduktion verschiedener Teilchen durch Eisen(II)-Ionen läuft anscheinend oft mittels eines Übergangs eines Wasserstoffatoms aus der Hydrationsschale des Ions ab: $Fe(H_2O)_6^{2+} + X \rightarrow Fe(H_2O)_5OH^{2+} + XH$. Das Eisen ist nach dem Übergang im Oxydationszustand +3, aber jeder Elektronenfluß findet in dem Ion statt und nicht von ihm weg.

In einigen Fällen werden sicherlich Elektronen von einem Molekül oder Ion zum anderen übertragen. Z.B. ist der „Austausch" von radioaktivem Eisen zwischen Ferrocyanid und Ferricyanidionen wahrscheinlich von folgendem Typ:

$$Fe(CN)_6^{3-} + Fe^*(CN)_6^{4-} \rightarrow Fe(CN)_6^{4-} + Fe^*(CN)_6^{3-}$$

(Fe* bedeutet, daß einige der Eisenatome in diesem Oxydationszustand radioaktiv sind.) Redoxreaktionen mit einem wirklichen Elektronenübergang sind gewöhnlich viel schneller als solche, die den Austausch von Atomen beinhalten. Das kann daran liegen, weil die Wahrscheinlichkeit sehr groß ist, ein Elektron auf der anderen Seite der Energiebarriere zu finden. Dadurch kann die effektive Aktivierungsenergie durch einen Tunneleffekt verringert werden (s. S. 15). Sogar in Fällen, wo ein Elektronenübergang wahrscheinlich ist, braucht er sich nicht so einfach zu vollziehen, wie es die Gleichung vermuten läßt. So verläuft die Reduktion von Eisen(III)-chlorid durch Zinn(II)-chlorid wahrscheinlich nicht einfach gemäß $Sn^{2+} + 2Fe^{3+} \rightarrow Sn^{4+} + 2Fe^{2+}$, weil die elektrostatische Abstoßung zwischen den positiven Ionen groß ist und Dreierstöße sehr selten sind. *Hinshelwood* hat gezeigt, daß die Kinetik mit folgendem Mechanismus vereinbar ist: $Sn^{2+} + 4Cl^- \leftrightharpoons SnCl_4^{2-}$ (in Wirklichkeit in Stufen, siehe S. 114), gefolgt durch: $Fe^{3+} + SnCl_4^{2-} \rightarrow Fe^{2+} + SnCl_4^-$ und dann: $Fe^{3+} + SnCl_4^- \rightarrow Fe^{2+} + SnCl_4$.

**Eine abschließende Erörterung zu Redoxreaktionen**

Sogar von den wenigen besprochenen Beispielen her wird die Nützlichkeit der Oxydationszahlen als Mittel zur Klassifizierung und des besseren Verständnisses für chemische Reaktionen klar geworden sein. Die Tatsache, daß dabei der Elektronenübergang als eigentlicher Reaktionsmechanismus eher die Ausnahme als die Regel ist, spielt dabei keine Rolle, weil alle Aspekte von Gleichgewicht und Spontaneität mittel der Reaktanten und Produkte diskutiert werden können ohne Bezug auf den Reaktionsmechanismus. Es mag unsinnig erscheinen, zwischen dem Bindungszustand von Stickstoff in so ähnlichen Verbindungen wie Hydroxylamin, Ammoniak und Distickstoffmonoxid zu unterscheiden, aber es bleibt Tatsache, daß ein Molekül Hydroxylamin zwei Eisen(II)- oder Eisen(III)-Ionen oxydieren oder reduzieren kann und daß sich die anderen Reaktionsprodukte richtig aus dieser Stöchiometrie voraussagen lassen, alles durch Verwendung der Vorstellung von den Oxydationszahlen. Deshalb ist, um es noch deutlicher zu sagen, das Konzept von den Oxydationszahlen zumindest als Mittel der Buchhaltung nützlich. In vielen Reaktionen hat es natürlich bedeutend darüber hinausgehende Gültigkeit.

Für organisch chemische Reaktionen ist die Vorstellung von einem Elektronenübergang bei Oxydationen und Reduktionen wahrscheinlich am wenigsten vorteilhaft. Formal variiert die Oxydationszahl des Kohlenstoffs von $-4$ in Methan bis $+4$ in Kohlendioxid, und formal kann die Oxydation von Methanol als eine Folge von Elektronenübergangsreaktionen dargestellt werden:

$$CH_3OH \xrightarrow{-2H^+ -2\varepsilon} H.CHO \xrightarrow[+H_2O]{-2H^+ -2\varepsilon} H.COOH \xrightarrow{-2H^+ -2\varepsilon} CO_2$$
$$\phantom{CH_3OH}-2 \qquad\qquad 0 \qquad\qquad\quad +2 \qquad\qquad +4$$

Die Oxydation läßt sich durchführen mittels Kaliumpermanganat, eines Oxydationsmittels. Es ist aber außerordentlich fraglich, ob die Bindungsverhältnisse des Kohlenstoffs in diesen Verbindungen so unterschiedlich sind, um einen solch großen Spielraum für die Oxydationszahlen zu rechtfertigen, und der Mechanismus umschließt sicher die Bildung von Komplexen mit Permanganat anstatt den direkten Elektronenübergang. Die Reduktion von Aldehyden und Ketonen und die Oxydation von Alkoholen mittels katalytischer Hydrierung oder Dehydrierung ist sicher eine Oberflächenreaktion zwischen molekularem Wasserstoff und den anderen Verbindungen. Elektronen können jedoch direkter beteiligt sein, wenn die Reduktion mittels einer Kombination von Lösungsmittel und einem Metall ausgeführt wird.

Wenn z. B. ein Keton mit Natrium und Alkohol reduziert wird, können durchaus
Elektronen unmittelbar vom Metall zum Keton übertragen werden, welches darauf-
folgend Protonen vom Alkohol aufnimmt. Es ist zweifelhaft, ob „naszierender"
Wasserstoff bei dieser oder in anderen Reaktionen eine Rolle spielt. Alle Reduktionen der anorganischen Chemie, die gewöhnlich dem naszierenden Wasserstoff
zugeschrieben werden, werden wahrscheinlich durch das Metall selbst bewirkt
(dessen Natur bekanntermaßen von Bedeutung ist), und der Wasserstoff wird nur
als Nebenprodukt entwickelt. In Reaktionen wie der Entwicklung von Arsenwasser-
stoff, kann ein ähnlicher Mechanismus wirken wie der eben für Ketone beschriebene.

## 7.4. Protonenübergangsreaktionen

Von den vielen Definitionen für Säuren und Basen haben sich für die moderne
Chemie zwei als besonders nützlich erwiesen. Die Definitionen von *Brønsted* und
*Lowry* klassifizieren eine Säure als einen Protonendonator und eine Base als einen
Protonenakzeptor; eine Säure-Base-Reaktion ist eine Protonenübergangsreaktion.
Andererseits betrachtet die Definition von *Lewis* eine Base als irgendein Molekül
oder Ion, das ein Elektronenpaar einem anderen Molekül oder Ion im Sinne einer
Donatorfunktion zur Verfügung stellen kann; das Akzeptormolekül ist eine Säure.
In diesem Sinne ist die Reaktion zwischen Bortrifluorid und Ammoniak ($H_3N$: $+BF_3$
$\rightarrow H_3N{-}BF_3$) eine typische Säure-Base-Reaktion. Die *Lewis*-Definition hat ihre
Vorteile, sie ist aber so umfassend, daß die spezifischen Eigenschaften der Pro-
tonensäuren ungenügend hervorgehoben werden. Weiterhin muß das Proton selbst
als Säure betrachtet werden, weil das Molekül HX oft keine Elektronen-Akzeptor-
eigenschaften besitzt. Aus diesen Gründen wird hier nur die Auffassung von *Brønsted* und *Lowry* weiter behandelt.

Es ist der Definition innewohnend, daß Wasserstoffionen isoliert nicht existieren; sie sind immer solvatisiert oder an ein anderes Molekül gebunden. Das
liegt daran, daß das elektrische Feld ($e^2/r$) in unmittelbarer Nähe von Protonen
(Radius etwa $10^{-13}$ cm) so enorm ist, daß diese nur in der Gasphase bei niedrigen
Drücken existieren können, wo Zusammenstöße mit anderen Molekülen oder Ionen
selten sind.

Wenn eine schwache Säure wie Essigsäure, HAc, in Wasser aufgelöst wird, so
ist ihre Ionisation nicht $HAc \rightleftharpoons H^+ + Ac^-$ sondern $HAc + H_2O \rightleftharpoons H_3O^+ + Ac^-$. HAc
ist Säure (Protonendonator), während $H_2O$ die Base (Protonenakzeptor) ist. Weil
auch die umgekehrte Reaktion stattfindet, muß das Hydroxoniumion eine Säure
sein und das Acetation eine Base. Essigsäure und das Acetation werden ein
*konjugiertes Säure-Base-Paar* genannt, ebenso wie Wasser und das Hydroxoniumion.
Säuren und Basen können entweder neutrale Molekeln, Kationen oder Anionen
sein. Neben den obigen Beispielen für Säure-Base-Gleichgewichte mögen $NH_4^+$ und

$HSO_4^-$ als Beispiele für Säuren und $Fe(H_2O)_5OH^{2+}$ als ein Beispiel für eine Base genannt werden (siehe S. 210). Einige Moleküle oder Ionen können Protonen sowohl akzeptieren als auch abgeben; sie werden als *amphoter* oder *amphiprotisch* bezeichnet und das Wassermolekül und das Hydrogensulfation sind dafür offenkundige Beispiele.

Die sauren und basischen Eigenschaften werden deshalb nur in Gegenwart einer anderen Säure oder Base, als die sehr oft das Lösungsmittel fungiert, ersichtlich. Einige Lösungsmittel wie Schwefelsäure, sind stark sauer und haben dennoch eine, wenn auch sehr geringe, Tendenz zur Akzeptation von Protonen. Andere Lösungsmittel wiederum sind im wesentlichen *basisch;* Äther hat keine sauren Eigenschaften, er akzeptiert aber gern ein Proton und liefert dann $Ät_2OH^+$. Wenn ein Lösungsmittel amphiprotisch ist, so kann es selbsttätig ionisieren. Dieses Verhalten nennt man *Auto*-Protolyse, es möge am Beispiel Wasser verdeutlicht werden: $H_2O + H_2O \leftrightharpoons H_3O^+ + OH^-$. Lösungsmittel, die weder sauer noch alkalisch sind, nennt man *aprotisch.* Kohlenwasserstoffe sind gute Beispiele für diesen Typ; eine Lösung von Chlorwasserstoff in vollständig trockenem Toluol ist völlig unionsiert und zeigt auf Metalle keine Einwirkung.

Obwohl Wasser das gebräuchlichste Lösungsmittel ist, können Säure-Base-Reaktionen auch leicht in anderen Lösungsmittel durchgeführt werden. Z.B. ist eine Lösung von Ammoniumbromid in flüssigem Ammoniak einer Lösung von Bromwasserstoff in Wasser analog; sie löst Magnesium auf und läßt sich durch eine Lösung von Kaliumamid (in Analogie zu Kaliumhydroxid) in flüssigem Ammoniak neutralisieren.

Ein gewisser Nachteil der Brønsted-Lowry-Definition besteht darin, daß Metalloxide und Hydroxide nicht mit unter den Basen erfaßt sind; lediglich die Hydroxylionen, die sie liefern, sind Basen. Andererseits *ist* Ammoniak eine Base nach der Definition von *Brønsted* und *Lowry,* und man braucht nicht über das etwas nebulöse „Ammoniumhydroxid" zu sprechen.

**Die Stärke von Säuren und Basen**

Die Stärke einer Säure wird durch ihre Dissoziationskonstante gemessen, die üblicherweise geschrieben wird als

$$K_a = \frac{[H^+]\,[A]}{[HA]},$$

und die sich auf die Reaktion $HA \leftrightharpoons H^+ + A^-$ bezieht. Weder diese Größe noch die entsprechende Änderung der freien Energie hat irgendwelche absolute Bedeutung, weil die Ionisation einer Säure nur in Gegenwart einer Base stattfinden kann. Die effektive Dissoziationskonstante für eine Säure hängt deshalb von der Protonenaffinität der Base, die im allgemeinen das Lösungsmittel ist, ab.

Ammoniak hat eine viel größere Protonenaffinität als Wasser[1]), und so schwache Säuren wie Essigsäure ionisieren in flüssigem Ammoniak nahezu vollständig. Das bedeutet, daß das Gleichgewicht $HAc + NH_3 \rightleftharpoons Ac^- + NH_4^+$ fast völlig auf der rechten Seite liegt. Flüssiges Ammoniak ist ein „nivellierendes" Lösungsmittel für Säuren, es erweist sich in ihm eine viel größere Reihe von Säuren als gleich stark, im Vergleich zu Wasser als Lösungsmittel. Umgekehrt ist Essigsäure ein viel schwächerer Protonenakzeptor als Wasser, und sie kann als Lösungsmittel zwischen Säuren unterscheiden, die in Wasser als gleich stark erscheinen. Aus diesem Grunde staffeln sich in Essigsäure die folgenden „starken" Säuren nach fallender Stärke: $HClO_4 > HBr > H_2SO_4 > HCl$. Auf der anderen Seite erscheinen alle Basen, die stärker sind als Anilin, in Essigsäure gleich stark. Die meisten Carbonsäuren verhalten sich, gelöst in Schwefelsäure, eher als Basen denn als Säuren, indem sie das Kation $R \cdot COOH_2^+$ ergeben. Di- und Trichloressigsäure jedoch sind in Schwefelsäure schwache Säuren.

Für gewöhnliche Zwecke ist natürlich Wasser das Lösungsmittel, und die Säure- oder Basenstärke beziehen sich auf das Gleichgewicht $HA + H_2O \rightleftharpoons H_3O^+ + A^-$.

## Elektronenstruktur und Säurestärke

Säuren lassen sich in zwei Klassen einteilen, solche, in denen das Proton an Sauerstoff gebunden ist, und solche in denen es an ein anderes Element gebunden ist. Wir wollen unsere Aufmerksamkeit nur der ersten sehr großen Klasse widmen. Wenn ein Atom M vermittels einer kovalenten Bindung an eine oder mehrere Hydroxylgruppen gebunden ist, so kann die Ionisation auf zweierlei Weise geschehen:

$$M^+ + {}^-O{-}H \rightleftharpoons M{-}O{-}H \rightleftharpoons M{-}O^- + H^+$$

(Das Proton wird natürlich in Wirklichkeit von einer Base aufgenommen.) In diesen Gleichungen wird eine Elektronenpaarbindung wie üblich durch einen Strich dargestellt. Die Ionisation als Base herrscht vor, wenn M eine große Tendenz zur Abgabe von Elektronen hat, dagegen ist die Ionisation als Säure begünstigt, wenn die Atome M gern Elektronen aufnehmen. Dementsprechend bilden stark elektropositive Metalle Hydroxide, die ausschließlich basisch sind. Bei den Alkali- und Erdalkalimetallen sind sie in Lösung völlig oder fast völlig dissoziiert. Bei weniger elektropositiven Metallen ist eine Ionisation als Säure oft ebenso gut möglich wie eine Ionisation als Base. Solche amphoteren Hydroxide sind normalerweise in Wasser unlöslich, sie lösen sich aber in Säuren wie in Basen. (In Wirklichkeit sind die in Lösung gebildeten Ionen wahrscheinlich eher z.B. $Zn(OH)_4^{2-}$ als $ZnO_2^{2-}$ usw.) Je höher der Oxydationszustand eine Metalls ist, desto kleiner ist es und desto saurer wirkt es; zum Beispiel sind Chrom mit der Oxydationszahl $+6$ und Mangan

---

[1]) Siehe Aufgabe 27

mit den Oxydationszahlen $+6$ und $+7$ ausschließlich sauer. Umgekehrt können große Nichtmetallatome amphotere Tendenzen aufweisen. Unterjodige Säure z.B. verhält sich oft so, als ob sie nach $J^+ + OH^-$ anstatt nach $JO^- + H^+$ ionisieren würde.

Sauerstoffsäuren lassen sich alle in der Form $MO_m(OH)_n$ schreiben, und es stellt sich heraus, daß die Stärke (gemessen als erste Säuredissoziationskonstante) wesentlich von m, aber nicht sehr von n abhängt. Qualitativ läßt sich diese Tatsache folgendermaßen begründen: Jedes stark elektronegative Sauerstoffatom, das an M gebunden ist, zieht Elektronen von der M—OH-Bindung oder mehreren dieser Art an und begünstigt auf diese Weise die Abgabe von Protonen. Säuren wie $HOCl$, $B(OH)_3$, $Si(OH)_4$ und $Te(OH)_6$ sind extrem schwach, mit $K_1$ gewöhnlich kleiner als $10^{-8}$; dagegen sind Säuren mit einem Sauerstoffatom (wie z.B. $NO(OH)$, $SO(OH)_2$ und $JO(OH)_5$) beträchtlich stärker, obwohl immer noch schwach ($K_1$ gewöhnlich zwischen $10^{-2}$ und $10^{-5}$). Sind zwei oder drei Sauerstoffatome vorhanden, so sind die Säuren in Wasser ununterscheidbar stark, obwohl Perchlorsäure mit $n = 3$ in Essigsäure (wie oben ausgeführt) sehr viel stärker ist als Salpetersäure und Schwefelsäure mit $n = 2$.

Weil die Zahl der Sauerstoffatome mit wachsender Oxydationszahl von M zunimmt, ist eine Sauerstoffsäure um so stärker, je größer der Oxydationszustand ist. Beispiele dafür sind solche wohlbekannten Paare wie schweflige Säure und Schwefelsäure und salpetrige Säure und Salpetersäure. Ein weiteres sehr überzeugendes Beispiel ist die Reihe: $HClO_4 > HClO_3 > HClO_2 > HClO$. Die phosphorige und die unterphosphorige Säure fügen sich in das obige Schema nur ein (als schwache, aber nicht allzu schwache Säuren), wenn man berücksichtigt, daß sie zwei- bzw. einbasisch sind, mit den Strukturen $HPO(OH)_2$ und $H_2PO(OH)$. Kohlensäure erscheint viel schwächer als sie in Wirklichkeit ist, weil das Gleichgewicht $CO_2 + H_2O \rightleftharpoons H_2CO_3$ weit auf der linken Seite liegt. Wenn dies in Betracht gezogen wird, fällt sie in die Gruppe der „schwachen" Säuren als $CO(OH)_2$.

All das eben Gesagte bezieht sich auf die erste Säuredissoziationskonstante. Für mehrbasische Säuren sind die nachfolgenden Dissoziationskonstanten immer kleiner, oft sogar sehr viel kleiner. Aus rein statistischen Gründen sollte die Wahrscheinlichkeit, daß das erste Proton abgegeben wird, doppelt so groß sein wie für die Abgabe des zweiten (unter vergleichbaren Bedingungen), und die Gelegenheit für das Eintreten der Reaktion $A^{2-} + H^+ \rightarrow HA^-$ sollte doppelt so groß sein wie die für $HA^- + H^+ \rightarrow H_2A$. Das würde für das Verhältnis $K_1/K_2$ einen Wert von etwa 4 ergeben, aber in Wirklichkeit ist dieses Verhältnis oft viel größer, in manchen Fällen (z.B. Orthophosphorsäure) beträgt es etwa $10^5$. Das liegt vor allem daran, daß das zweite Proton gegen die elektrostatische Anziehung von zwei negativen Ladungen anstatt nur einer entfernt werden muß. Und in der Tat war *Bjerrum* in der Lage, den Abstand der Carboxylgruppen in einer Reihe der Dicarbonsäuren aus dem Verhältnis $K_1/K_2$ zu berechnen.

Die Carbonsäuren, $R \cdot CO(OH)$, gehören eindeutig in die Gruppe der „schwachen" Säuren und es ist viel über die Abhängigkeit ihrer Säurestärke von der Natur des Substituenten R geschrieben worden. Bei Essigsäure und den drei Chloressigsäuren, bei denen die elektronegativen Chloratome Elektronen aus der O—H-Bindung abziehen, läßt sich klar ein elektrostatischer Effekt erkennen:

|  | $CH_3 \cdot COOH$ | $CH_2Cl \cdot COOH$ | $CHCl_2 \cdot COOH$ | $CCl_3 \cdot COOH$ |
|---|---|---|---|---|
| $K_a$: | $1,8 \times 10^{-5}$ | $1,6 \times 10^{-3}$ | $5,1 \times 10^{-2}$ | stark |

Für eine Diskussion des Resonanzeinflusses auf die Säure und Basenstärke siehe die Seiten 91–94.

### Die Geschwindigkeit von Protonenübertragungsreaktionen und die Säure-Base-Katalyse

Säure-Base-Rekationen bedeuten nach den verfügbaren Indizien immer eine *inter*molekulare Protonenübertragung, während bei Redoxreaktionen die Elektronen oft *intra*molekular übertragen werden. Obwohl der Protonenübergang sehr oft außerordentlich schnell verläuft, sind auch viele Beispiele für eine langsame Protonenübertragung bekannt. Diese sind besonders im Zusammenhang mit der Säure-Base-Katalyse bedeutsam. Ein einfaches Beispiel ist die wechselseitige Umwandlung der Keto- und Enolform von Acetessigester, die sowohl von Säuren, als auch von Laugen, einschließlich $OH_3^+$ und $OH^-$ katalysiert wird:

$$CH_3—\overset{*}{C}—\overset{*}{C}H_2—COOEt \;\to\; CH_3—\overset{*}{C}{=}\overset{*}{C}H—COOEt$$
$$\underset{O}{\overset{*}{\|}} \qquad\qquad\qquad \underset{OH}{\overset{*}{|}}$$

Die Veränderungen betreffen nur die gesternten Atome und sie verlaufen vermutlich wie folgt:

*Basenkatalyse*

*Säurekatalyse*

(Beachte die damit verbundenen inneren Elektronenverschiebungen.)

Für diesen Reaktionstyp gibt es viele Einzelmöglichkeiten, die wesentliche Richtigkeit des angegebenen Mechanismus ist aber durch viele experimentelle Beweise erwiesen. Z. B. razemisiert sich das optisch aktive Keton $C_6H_5 \cdot CO \cdot CH(CH_3)$ $C_2H_5$ mit der gleichen Geschwindigkeit, mit der es Deuterium aufnimmt. Wenn die Reaktion in einem Lösungsmittel durchgeführt wird, das $D_2O$ und NaOD enthält, so wandelt $OD^-$ das Keton wahrscheinlich im ersten Schritt in das Enolation um:

$$\left\{ \begin{array}{l} O{=}C{-}\overset{-}{C}< \\ \qquad | \\ {}^-O{-}C{=}C< \\ \qquad | \end{array} \right\}$$

und dieses nimmt (aus $D_2O$) $D^+$ auf und ergibt $O = C{-}CD<$ . Bei diesem Prozeß geht die optische Aktivität verloren, weil das Enolation eine Symmetrieebene besitzt. Die gleichen Geschwindigkeiten von Racemisierung und Deuterierung zeigen, daß der geschwindigkeitsbestimmende Schritt für beide Reaktionen identisch sein muß, und dieser ist wahrscheinlich die Bildung des Enolations.

Es gibt einige Hinweise für einen Tunneleffekt für den Protonenübergang. Wenn er wirklich wirksam ist, dann hat er ganz sicher nicht die gleiche Bedeutung wie beim Elektronenübergang, weil das Proton fast zweitausend mal schwerer ist als das Elektron (siehe S. 15).

## 7.5. Analogien zwischen Elektronen- und Protonenübergangsreaktionen

Es gibt offensichtlich Analogien zwischen den Reaktionen:

$$R' + O'' \rightleftharpoons O' + R''$$
$$\lfloor\ \varepsilon\ \uparrow$$

und

$$A' + B'' \rightleftharpoons B' + A''$$
$$\lfloor H^+ \uparrow$$

(wobei $A'$ und $B'$ usw. konjugierte Säure-Base-Paare sind).

Weil keiner der beiden Prozesse $R' \to O' + \epsilon$ und $A' \to B' + H^+$ für sich allein ablaufen kann, kommt den Werten $\Delta G$ oder $K_a$ für diese Halbreaktionen keine physikalische Bedeutung zu. Vielmehr müssen das Redoxpotential bzw. die Dissoziationskonstante auf eine Reaktion mit einem Standard-Redoxsystem ($\frac{1}{2} H_2 \to H^+ + \epsilon$) oder Standard-Säure-Base-Paar ($H_3O^+ \to H_2O + H^+$) bezogen werden.

Die eigentliche Neutralisationsreaktion einer starken Säure durch eine starke Base:

$$H_3O^+ + OH^- \rightarrow 2H_2O$$

ist offensichtlich analog zu einer Synproportionierungsreaktion wie:

$$5J^- + JO_3^- + 6H^+ \rightarrow 3J_2 + 3H_2O$$

Oxydationszahl:

$$-1 \quad +5 \qquad\qquad 0$$

Disproportionierungen kommen bei Redoxsystemen häufig vor, aber bei der analogen Säure-Base-Reaktion

$$2H_2O \rightarrow H_3O^+ + OH^-$$

liegt das Gleichgewicht gewöhnlich links gegenüber rechts.

Es ist wichtig, klar zwischen den Begriffen *Kraft* oder *Stärke* eines Redoxsystems oder Säure-Base-Systems einerseits und seiner *Kapazität* andererseits zu unterscheiden. Die Kraft oder Stärke eines Reduktionsmittels hängt von der „Konzentration" an Elektronen ab, die es in einer Redoxreaktion anbietet, wie sie durch das Redoxpotential gemessen wird. Dieses bestimmt, ob es eine andere Verbindung reduzieren kann oder nicht. Seine Reduktionskapazität jedoch wird von der Anzahl der Elektronen bestimmt, die jedes Molekül oder Ion zur Verfügung stellt. Die Redoxpotentiale für die Paare $Cr^{3+} + \epsilon \rightleftharpoons Cr^{2+}$ und $Sn^{4+} + 2\epsilon \rightleftharpoons Sn^{2+}$ betragen $-0,41$ und $+0,15$ V. Chrom(II)-Verbindungen haben deshalb eine stärker reduzierende Wirkung als Zinn(II)-Verbindungen, besitzen aber nur die halbe Reduktionskapazität; ein Mol Chrom(II)-chlorid reduziert ein Mol Eisen-(III)-chlorid, aber ein Mol Zinn(II)-chlorid reduziert die doppelte Menge.

In ähnlicher Weise wird die Stärke einer Säure durch ihre Dissoziationskonstante ausgedrückt, die das pH einer Lösung gegebener Molarität bestimmt, das heißt die Konzentration an Wasserstoffionen. Diese entscheidet umgekehrt darüber, in welchem Ausmaß eine andere Säure oder Base, die sich in der gleichen Lösung befinden, dissoziieren kann. Die verfügbare Protonenkapazität einer zweibasischen Säure ist aber zweimal so groß wie die einer einbasischen Säure. Ein Mol Bernsteinsäure neutralisiert doppelt so viel Alkali wie ein Mol Salzsäure, obwohl die Wasserstoffionenkonzentration von molarer Bernsteinsäure viel kleiner ist, als die von molarer Salzsäure.

Diese Vorstellung von der „Kapazität" ist die Hauptrechtfertigung für die Verwendung von normalen anstelle von molaren Lösungen. Aus der Definition des Äquivalentgewichtes von S. 137 folgt, daß ein Liter einer Normallösung eines beliebigen Reduktionsmittels ein Mol Elektronen liefert. Ganz analog liefert ein Liter einer Normallösung einer Säure ein Mol Protonen.

## 7.6. Eine Klassifikation von Reaktionen

Die Einzelschritte, in die sich alle Reaktionen, wie kompliziert auch immer, zerlegen lassen, können wie folgt klassifiziert werden:

1. Elektronenübergang
2. Verdrängung
3. Bindungszerfall und Bindungsknüpfung
4. Doppelter Umsatz oder Partneraustausch
5. Addition und Eliminierung
6. Umlagerung

Diese Klassifizierung ist weder umfassend, noch schließen sich die einzelnen Kategorien gegenseitig aus, aber sie dient als Grundlage für die Diskussion.

### 1. Elektronenübergang

Dieser Typ ist bereits besprochen. Wirkliche intermolekulare Elektronenübergänge sind ziemlich selten, aber intramolekulare Elektronenbewegungen treten häufig im Zusammenhang mit anderen Veränderungen auf (siehe z.B. S. 150). Eine jede solche intramolekulare Elektronenbewegung entspricht natürlich einer Verschiebung in der Bedeutung der einzelnen Resonanzstrukturen, gewöhnlich verursacht durch die Zuführung oder Entfernung eines Atoms oder Ions.

### 2. Verdrängung

Diese Art von Reaktion ist weitverbreitet und wichtig. Sie kann sich auf eine der folgenden Weisen abspielen, wobei X, Y und Z Atome oder Atomgruppen darstellen:

a) Radikal- oder Atomverdrängung:

$$X \cdot + Y{-}Z \rightarrow X{-}Y + Z \cdot$$

Z trägt eines der Elektronen seiner Bindung zu Y mit sich fort. Kettenreaktionen schließen oft diesen Reaktionsschritt ein, z.B.

$$Cl \cdot + H_2 \rightarrow Cl{-}H + H \cdot$$

in der Chlorknallgasreaktion und

$$CH_3 \cdot + CH_3 \cdot CH_2 \cdot O \cdot C_2H_5 \rightarrow CH_3 \cdot CH_3 + \cdot CH_2 \cdot O \cdot C_2H_5$$

bei der thermischen Zersetzung von Diäthyläther.

b) Verdrängung durch ein Anion:

$$X^- + Y{-}Z \rightarrow X{-}Y + Z^-$$

Hier trägt Z beide Elektronen seiner Bindung zu Y mit sich fort. $X^-$ heißt nucleophiles Reagenz, weil es eine Position minimaler Elektronendichte sucht, und die Reaktion wird als nucleophile Substitution bezeichnet.

Die Substitutionsreaktionen vieler Alkylhalogenide fallen in diese Kategorie, so z.B. die Hydrolyse von Äthyljodid:

$$HO^- + C_2H_5 - J \rightarrow HO - C_2H_5 + J^-$$

Alternativ läßt sich der Prozeß als eine Übertragung eines Kations Y von Z zu X ansehen; obwohl Z und X im obigen Schema als Anionen gezeigt werden, kann es sich einfach um Atome mit nicht beanspruchten Elektronenpaaren handeln. Offensichtlich sind deshalb Protonenübertragungsreaktionen ein spezieller Fall für diesen Reaktionstyp.

c) Verdrängung durch ein Kation:

$$X^+ + Y - Z \rightarrow X - Y + Z^+$$

Z trägt keines der Elektronen seiner Bindung mit Y mit sich fort. $X^+$ heißt elektrophiles Reagenz, und die Reaktion nennt man eine elektrophile Substitution. Viele aromatische Substitutionen sind formal von diesem Typ, obwohl sie in Wirklichkeit Zweistufenreaktionen sind und das verdrängte Proton augenblicklich mit einer Base reagiert:

$$NO_2^+ + C_6H_6 \rightarrow [C_6H_6NO_2^+] \xrightarrow{B} C_6H_5NO_2 + BH^+$$

## 3. Bindungszerfall und Bindungsknüpfung

Auch diese Prozesse sind weitverbreitet. Der Zerfall einer Bindung kann in zwei Hauptwegen vor sich gehen:

a) Homolytische Bindungsspaltung oder Homolyse:

$$X - Y \rightarrow X \cdot + Y \cdot$$

X und Y tragen je eines der Bindungselektronen mit sich fort und sind deshalb Atome oder Radikale. Die Dissoziation und Rekombination von Molekeln spielt oft bei Kettenreaktionen als Teilreaktion eine Rolle, und zwar sowohl in der Gasphase als auch in Lösung.

Zum Beispiel

$$Cl_2 \xrightleftharpoons{\text{UV Licht}} Cl \cdot + Cl \cdot$$

$$C_6H_5 \cdot CO \cdot O \cdot O \cdot CO \cdot C_6H_5 \rightleftharpoons 2\,C_6H_5 \cdot CO \cdot O \cdot$$

(Dissoziation von Benzoylperoxid als Vorstufe vor der Initiierung einer radikalkatalysierten Polymerisation.)

Als eine Variation einer normalen Kombination von Atomen oder Radikalen kann sich ein Radikal mit einem Molekül vereinigen und dabei ein weiteres Radikal bilden:

$$X \cdot + Y \rightarrow XY \cdot$$

Das ereignet sich während des Wachsens einer Polymerenkette:

$$R \cdot CH_2 \cdot CHCl \cdot + CH_2 : CHCl \rightarrow R \cdot CH_2 \cdot CHCl \cdot CH_2 \cdot CHCl \cdot \text{ usw.}$$

b) Heterolytische Bindungsspaltung oder Heterolyse:

$$X-Y \rightarrow X^+ + Y^-$$

Hier trägt Y beide Elektronen der Bindung. Diese Art der Bindungslösung ist am wahrscheinlichsten in Lösungsmitteln mit hoher Dielektrizitätskonstante. Z.B. umschließt die Hydrolyse von *tert*-Butylchlorid in wäßrigem Äthanol die Ionisation: $C(CH_3)_3Cl \rightarrow C(CH_3)_3^+ + Cl^-$ gefolgt von einer Rekombination, diesmal mit Hydroxylionen:

$$C(CH_3)_3^+ + OH^- \rightarrow C(CH_3)_3OH$$

### 4. Doppelter Umsatz oder Partneraustausch

$$A-B + X-Y \rightarrow A-X + B-Y$$

Die Bildung und der Zerfall von Jodwasserstoff (S. 133) ist eines der besten Beispiele. Diese Art von Reaktion findet viel seltener statt, als gemeinhin erwartet.

### 5. Addition und Eliminierung

$$\begin{array}{cc} X & Y \\ | & | \\ \end{array}$$
$$A = B + X-Y \rightleftharpoons A-B$$

Die Reaktionen der Carbonylgruppe und der Olefine fallen in diese Kategorie, aber die meisten dieser Reaktionen sind Zwei- oder Dreistufenprozesse, in denen zunächst X–Y gespalten wird und die Fragmente dann getrennt (obwohl möglicherweise nach einem extrem kurzen Intervall) an die Doppelbindung addieren. Eliminierungsreaktionen (z.B. von HBr aus Alkylbromiden) finden gewöhnlich ebenfalls in Stufen statt. Die Addition von Ozon an Olefine ist eine aus der großen Zahl von Additionen, die nur Einschrittreaktionen in dem Sinne sind, daß die Molekel XY nicht vor dem Kontakt mit dem Olefin aufspaltet. Und selbst unter diesen Umständen ist es unwahrscheinlich, daß beide Enden von XY gleichzeitig mit der Doppelbindung zusammentreffen.

### 6. Umlagerungen

Es ist eine sehr große Zahl molekularer Umlagerungen bekannt. Oft spaltet
das Molekül in zwei Hälften, die sich dann in anderer Weise wieder vereinigen. Z. B.
hat sich bei der Umlagerung von Diazoaminobenzol, $C_6H_5 \cdot N : N \cdot NH \cdot C_6H_5$, in
p-Aminoazobenzol, $H_2N \cdot C_6H_4 \cdot N : N \cdot C_6H_5$, unter der Einwirkung von Salzsäure,
die Aufspaltung in Phenyldiazoniumionen und Anilin als erster Schritt herausgestellt. Es sind jedoch auch viele Beispiele für echte intramolekulare Umlagerungen
bekannt. Eines der einfachsten Beispiele ist die wechselseitige Umlagerung geometrischer Isomerer (z. B. von Maleinsäure in Fumarsäure), die durch Erwärmung oder
Bestrahlung mit ultraviolettem Licht hervorgerufen wird. Hier werden die $\pi$-Elek-
tronen angeregt, und es ist dann freie Rotation um die Doppelbindung möglich.

Viele intramolekulare Umwandelungen werden durch die Bildung eines positiven Ions initiiert. So wird z. B. *Neo*pentylchlorid in der Hauptsache zu *tert*-Amyl-
alkohol anstatt zu *Neo*pentylalkohol hydrolysiert:

$$
\underset{\underset{\displaystyle CH_3}{|}}{\overset{\overset{\displaystyle CH_3}{|}}{CH_3-C-CH_2Cl}} \;\rightarrow\;
\underset{\underset{\displaystyle CH_3}{|}}{\overset{\overset{\displaystyle CH_3}{|}}{CH_3-C\!-\!-\!CH_2}}{}^{+}
$$

$$
\rightarrow\; \underset{+}{\overset{\overset{\displaystyle CH_3}{|}}{CH_3-C-CH_2.CH_3}} \;\;\overset{OH^-}{\rightarrow}\;\;
\underset{\underset{\displaystyle OH}{|}}{\overset{\overset{\displaystyle CH_3}{|}}{CH_3.C.C_2H_5}}
$$

Das tertiäre Carboniumion $(CH_3)_2C^+(C_2H_5)$ ist um so viel stabiler als das primäre
Carboniumion $(CH_3)_3C \cdot CH_2^+$, daß eine Methylgruppe in der gekennzeichneten
Weise wandert und ein Elektronenpaar mitnimmt.

Aus den wenigen gegebenen Beispielen werden die wechselseitigen Beziehungen der Klassifikation klar geworden sein. Z. B. ist die obige Carboniumionenumlage-
rung im wesentlichen eine Verdrängungsreaktion der $-CH_2^+$-Gruppe an der $-CH_3$-
Gruppe, wobei aber beide Gruppen an dasselbe Atom gebunden sind. Das bedeutet:

$$
X^+ + Y-Z \rightarrow X-Y\ Z^+
$$

wahrscheinlicher als lediglich

$$
X^+ + Y-Z \rightarrow X-Y + Z^+
$$

Andererseits wiederum schließen Additions- und Eliminierungsreaktionen oft
Bindungsspaltungen, Rekombinationen, Verdrängungsreaktionen usw. ein.

**Abschließende Bemerkungen zum Kapitel Reaktionsmechanismen**

Es sind kaum ausreichend Angaben für eine vollständige Diskussion von sowohl der Kinetik als auch dem Gleichgewichtszustand einer gegebenen Reaktion verfügbar. Eine unvollständige Erörterung einer isolierten Reaktion kann zu schwerwiegenden Trugschlüssen führen, und gültige Schlußfolgerungen erhält man am wahrscheinlichsten, wenn eine Reihe analoger Reaktionen zusammen betrachtet werden kann. Organisch-chemische Reaktionen eignen sich offensichtlich viel besser für diese Art Überblick als anorganische Reaktionen, weil es in der anorganischen Chemie nichts Entsprechendes für eine homologe Reihe gibt. Die meisten systematischen Untersuchungen von Reaktionsmechanismen sind deshalb mit organischen Verbindungen vorgenommen worden. Organische Reagenzien werden eingeteilt in elektrophile und nucleophile, und von der Elektronenverteilung in Molekülen, sowohl der permanenten als auch der durch die Annäherung eines anderen Moleküls induzierten, lassen sich die relativen Wahrscheinlichkeiten für die möglichen Reaktionsschritte ziemlich gut abschätzen.

Während der letzten fünfzehn Jahre jedoch sind die Reaktionen der Übergangsmetallkomplexe ziemlich stark bearbeitet worden, einer Verbindungsklasse, für die relativ leicht Vergleiche möglich sind. Wie zu erwarten, sind die Vorstellungen über Verdrängungen, Bindungsaufspaltungen usw., die aus dem Studium organisch-chemischer Reaktionen gewonnen worden waren, auf diesem anorganischen Gebiet ähnlich fruchtbar geworden.

Die große Leistung der chemischen Kinetik in den letzten vierzig Jahren besteht in der zunehmenden Einsicht, daß alle chemischen Reaktionen über eine kleinere oder größere Zahl von Zwischenstufen verlaufen und daß jede dieser Zwischenstufen nur sehr einfache Atom- und Elektronenbewegungen erfordert.

# 8. Struktur und Bindung in Kristallen

Die detaillierte Anordnung der Atome in vielen Festkörpern ist durch die Methode der Röntgenfeinstrukturuntersuchung, wie sie in Kapitel 11 ausgeführt wird, bestimmt worden. Solche Untersuchungen haben ergeben, daß die meisten Festkörper, selbst dann, wenn sie nach ihrer äußeren Erscheinung nicht offensichtlich kristallin sind, eine Atomanordnung aufweisen, die sich regelmäßig in den drei Dimensionen wiederholt. Mit diesen Festsubstanzen beschäftigt sich das vorliegende Kapitel; weniger regelmäßige Typen werden in einem späteren Kapitel abgehandelt.

## 8.1. Die Packung gleich großer Kugeln

### Die dichteste Packung gleich großer Kugeln

Die einfachsten Festkörperstrukturen sind die von metallischen Elementen und von kristallinen Edelgasen, in denen die Einheiten einzelne Atome von der gleichen Art sind. Meist sind es gerade die Anordnungen gleich großer Kugeln, die so dicht wie möglich zusammengepackt sind. Weil diese Anordnungen auch für komplexere Strukturen von großer Wichtigkeit sind, werden sie nunmehr mit einiger Ausführlichkeit behandelt. Die folgende Betrachtung läßt sich am besten verfolgen, wenn eine Anzahl gleich großer Kugeln zur Verfügung steht (Murmeln oder Tischtennisbälle sind gut geeignet) und so in einem Pappkarton, von dem zwei Seitenwände teilweise abgeschnitten wurden, untergebracht wird, daß die schrägen Ebenen sichtbar gemacht werden können.

In jeder dichtest gepackten Schicht ist jede Kugel in Kontakt mit sechs anderen, und wenn man die Mittelpunkte miteinander verbindet, entsteht ein Muster von gleichseitigen Dreiecken (Abb. 58). Die zweite Schicht paßt auf die erste in der Weise, daß jede Kugel in Kontakt mit drei Kugeln der anderen Schicht ist.Rings um jede Kugel der ersten Schicht befinden sich sechs Vertiefungen (als X und Y in der Abbildung markiert), in die sich drei von den Kugeln aus der zweiten Schicht einpassen. Wenn die mit X markierten Vertiefungen benutzt werden, können es nicht die mit Y markierten Vertiefungen sein. Wenn deshalb einmal die erste Kugel aus der zweiten Schicht addiert worden ist, passen sich die anderen automatisch auf diese Weise in dieser Schicht ein. Es kann deshalb jede Schicht auf zwei mögliche Weisen auf eine Unterlageschicht angebracht werden. Insbesondere kann die dritte Schicht entweder in einer solchen Weise aufgebracht werden, daß alle Kugeln sich direkt über den Kugeln der ersten Schicht befinden, *oder* so, daß ihre Kugeln weder direkt über denen der ersten, noch über denen der zweiten

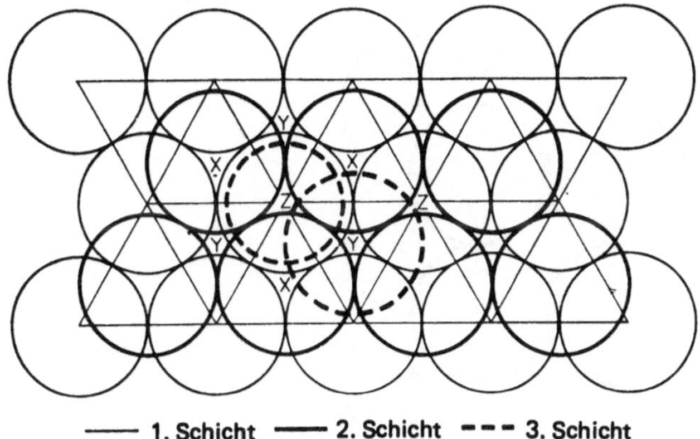


**Abb. 58.**  Dichteste Packung von Kugeln

Schicht liegen. In Abb. 58 gehört die punktierte Kugel, die mit einem „Z" im
Zentrum bezeichnet ist, zu der dritten Schicht, gemäß der ersten der Alternativen,
wohingegen die mit „Y" im Zentrum bezeichnete Kugel die Positionen der dritten
Schicht, gemäß Alternative zwei angibt. Der erste Typ der Anordnung möge als
AB bezeichnet werden und der zweite mit ABC. Nachfolgende Schichten können
nun entweder völlig zufällig in Bezug auf die unterliegenden Schichten oder in
irgendeiner regelmäßigen Anordnung plaziert werden. Die beiden wichtigsten Typen
der Packung, die für Atome wirklich gefunden werden, sind die, in denen die beiden
beschriebenen Alternativen laufend fortgesetzt werden.

Der Typ ABABAB wird als „hexagonal dichteste Packung" (hcp) bezeichnet,
und in ihm sind alternierende Schichten genau gegenseitig korrespondierend. Der
Typ ABCABC wird als „kubisch dichteste Packung" (ccp) bezeichnet, aus Gründen,
die alsbald klar werden, und in ihr entspricht jede Schicht exakt jeder *dritten* Schicht
über oder unter ihr.

### Die kubisch dichtest gepackte Struktur

Wenn man gewisse Kugeln aus der kubisch dichtest gepackten Anordnung
(Bilder 1 und 2) entfernt, so werden Ebenen bloßgelegt, in denen die Kugeln in
einem quadratischen Muster angeordnet sind. Tatsächlich hätte die kubisch dichteste
Kugelpackung ebenso gut aus solchen Ebenen aufgebaut werden können. Die erste
Schicht wäre dann so wie in Abb. 59 (Kugeln A) gewesen und die nachfolgenden
Schichten vom gleichen Typ wären mit ihren Kugeln (B) in den Vertiefungen, die
rings um die Kugeln der darunterliegenden Schicht bestehen, addiert worden. (Beachte, daß nunmehr jede Schicht nur auf eine einzige Art hinzugefügt werden kann.)
In der ursprünglichen Anordnung von Abb. 58, war jede Schicht parallel zur Basisschicht dichtest gepackt, wobei jede Kugel in Kontakt mit sechs anderen in der
gleichen Schicht und mit je drei in der darüber- und darunterliegenden Schicht ist,

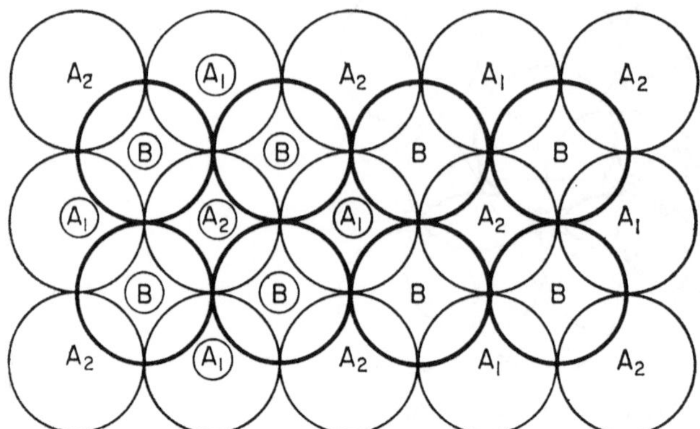

**Abb. 59.** „Quadratisch gepackte" Schichten in einer kubisch dichtesten Packung

was insgesamt zwölf Nachbarn ausmacht. In der zweiten Aufbaumöglichkeit ist die
Struktur in den Schichten parallel zur Basisschicht nicht dichtest gepackt, weil
jede Kugel nun lediglich mit vier der eigenen Schicht in Kontakt ist. Da sie aber je
vier in jeder Nachbarschicht berührt, ist die Koordinationszahl nach wie vor zwölf.
Überdies werden durch Bloßlegung einer pyramidalen Fläche (Bild 3) die dichtest
gepackten Schichten offenbar. Die Gesamtsymmetrie der Struktur ist die eines
Würfels, und wegen der ABC-Sequenz der Schichten geht die hexagonale Symmetrie
jeder dichtest gepackten Schicht in der Gesamtstruktur verloren.

In jeder Schicht der Abb. 59 bilden die Mittelpunkte der einen Hälfte der
Kugeln ($A_1$) eine Reihe großer Quadrate, in deren Mittelpunkten der andere Satz
von Kugeln ($A_2$) sitzt. Wenn außerdem noch zusätzliche Schichten addiert werden,
so wird dieses Muster auf drei Dimensionen ausgedehnt und erzeugt eine Reihe
*kubisch flächenzentrierter* Würfel; diese sind in Abb. 59 und in Bild 3 abgebildet.
(Natürlich sind alle Kugeln äquivalent; irgendeiner der beiden Sätze läßt sich zur
Bildung der Ecken oder der Flächenmittelpunkte der Würfel benutzen.) Weil die
Gesamtstruktur durch Wiederholung eines einzigen flächenzentrierten Würfels in
den drei Raumrichtungen erhältlich ist, nennt man sie manchmal die kubisch
flächenzentrierte Anordnung; es ist dies ein Alternativname für die kubisch dichteste Packung. Der kubisch flächenzentrierte Würfel heißt die *Elementarzelle* dieser
Struktur.

## Die hexagonal dichteste Packung

Wenn die Sequenz der Schichten ABABAB ist, so gibt es keine andere einfache Art der Schichtung von Kugeln; der alleinige reguläre Typ ist der dichtest
gepackte Typ. Die Gesamtsymmetrie ist deshalb die der individuellen Schichten –
nämlich hexagonal. Die Koordinationszahl ist natürlich zwölf, wie bei der kubisch
dichtest gepackten Struktur.

### „Löcher" in dichtest gepackten Strukturen

Eine einfache Berechnung zeigt, daß das in jeder dichtest gepackten Struktur durch die Kugeln selbst eingenommene Volumen 74 Prozent des Gesamtvolumens beträgt. Es besteht deshalb die Möglichkeit, wesentlich kleinere Kugeln in einige der Zwischenräume einzubauen, und dies findet man tatsächlich bei einigen Festkörpern. Die zwischen den Kugeln verbleibenden Löcher sind von zweierlei unterschiedlichem Typ:

a) „Tetraedrische" Löcher: Ein Zwischenraum verbleibt zwischen drei Kugeln einer dichtest gepackten Schicht und der Kugel der nächsten Schicht die alle drei Kugeln berührt. Er wird tetraedrisches Loch (Tetraederlücke) genannt, weil die Zentren der vier Kugeln ein regelmäßiges Tetraeder bilden.

b) „Oktaedrische" Löcher: In der kubisch dichtest gepackten Struktur befinden sich die Zentren von jeweils vier anstoßenden Kugeln einer Schicht von Abb. 59, zusammen mit den Zentren der beiden Kugeln, die sich in Kontakt mit allen vier, oberhalb und unterhalb befinden, an den Ecken eines regulären Oktaeders. Der Zwischenraum zwischen sechs solchen Kugeln heißt deshalb ein oktaedrisches Loch (Oktaederlücke) und es ist etwas größer als ein tetraedrisches. „Sechsfach koordinierte" Löcher finden sich ebenfalls in hexagonal dichtest gepackten Strukturen, aber die Umgebung ist nicht die eines regulären Oktaeders. Eine kleine Überlegung zeigt, daß jede Kugel in einer dichtest gepackten Anordnung von acht tetraedrischen und sechs oktaedrischen Löchern umgeben ist.

### Die kubisch raumzentrierte Struktur

Eine dritte Art der Anordnung gleich großer Kugeln erhält man, wenn sich die Kugeln der Basisschicht von Abb. 59 in einem etwas offenerem Muster befinden, in dem die Kugeln nicht mehr im unmittelbaren Kontakt miteinander stehen. Wenn die Abstände richtig sind, können weitere Schichten addiert werden, so daß jede Kugel vier andere in einer Schicht darüber und vier in einer Schicht darunter berührt, aber keine in ihrer eigenen Schicht (Abb. 60 und Bild 4), wodurch eine Anordnung mit achtfacher Koordination entsteht. Deshalb berührt die Kugel X von

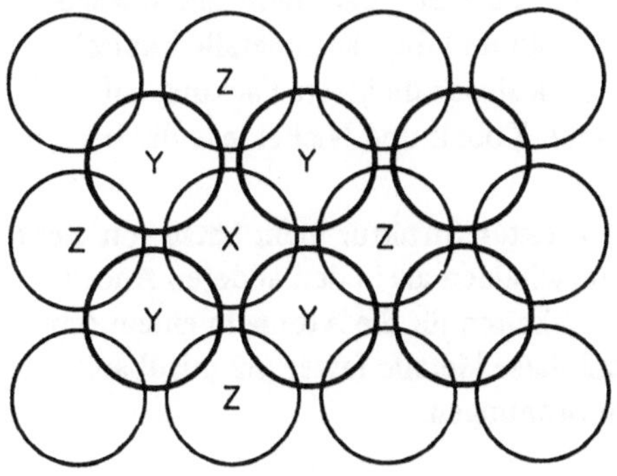


**Abb. 60**
Aufeinanderfolge von Schichten in einem kubisch raumzentrierten Gitter

Abb. 60 die vier Kugeln Y der nächsten Schicht darüber und vier analog plazierte
Kugeln in der Schicht darunter. Sie ist jedoch nur um ein wenig weiter entfernt
von den vier Kugeln Z in ihrer eigenen Schicht und zwei weiteren Kugeln unmittelbar über und unter ihr in den übernächsten Schichten. Die Koordinationszahl läßt
sich deshalb als (8 + 6) : 1 angeben.

Die Packung erweckt die Vorstellung, viel offener zu sein als in den ccp- und
hcp-Typen, im Hinblick auf den Abfall der Koordinationszahl von zwölf auf acht.
Wegen der Nähe der sechs zweitnächsten Nachbarn füllen die Kugeln jedoch immerhin 68 Prozent des Gesamtvolumens aus, verglichen mit 74 % bei den dichtest gepackten Typen.

Die Struktur ist von der Gestalt der Elementarzelle her als kubisch raumzentriert bekannt. (Diese kann selbstverständlich so gewählt werden, daß sie eine gegebene Kugel entweder an das Würfelzentrum oder an eine Ecke bringt.) Eine alternative Beschreibung der kubisch raumzentrierten Struktur ist die, die zwei in ein-
andergestellte einfach kubische Gitter umschließt. Ein *einfaches* kubisches Gitter
ist in Bild 13 dargestellt. Jede Kugel berührt nun vier andere in ihrer eigenen Schicht,
eine in der Schicht darüber und eine in der Schicht darunter. Die Koordinationszahl
ist 6, so daß die Packung sogar noch offener ist als in den eben besprochenen Typen.

## 8.2. Einige typische Strukturen

**Die Strukturen von festen Edelgasen und von metallischen Elementen**

Alle festen Edelgase kristallisieren in einer kubisch dichtesten Anordnung,
mit der möglichen Ausnahme von festem Helium. Dieses existiert nur unter einem
Druck von 25 Atmosphären und ist wahrscheinlich hexagonal dichtest gepackt. Die
meisten Metalle besitzen eine der drei beschriebenen Anordnungen; tatsächlich
können viele Metalle mehr als eine Struktur besitzen, jeweils in einem bestimmtem
Temperaturbereich. Alle Alkalimetalle haben normalerweise kubisch raumzentrierte
Anordnung, ebenso wie Barium, Vanadium, Chrom, Wolfram und verschiedene
andere Übergangsmetalle. Beryllium, Magnesium, Zink und Cadmium sind hexagonal dichtest gepackt, während Kupfer, Silber, Gold und die Platinmetalle kubisch
dichtest gepackt sind. Eisen kann entweder eine kubisch dichteste Packung aufweisen oder kubisch raumzentriert sein, während Kobalt und Nickel jede der beiden
dichtesten Packungen haben können.

Es lassen sich in der kubisch dichtest gepackten Struktur mehr Sätze von dicht
besetzten parallelen Ebenen von Atomen unterscheiden als in den anderen Anordnungen. Dementsprechend gibt es mehr Möglichkeiten für die Atome in einem ccp-
Metall, um frei übereinander zu gleiten, so daß diese Metalle fester, schmiedbarer
und dehnbarer sind als solche mit anderen Anordnungen.

**Die Struktur einiger binärer Verbindungen**

Die Kristallstrukturen von Cäsiumchlorid, Lithiumchlorid, Natriumchlorid, Cadmiumchlorid, Chrom (III)-chlorid, Calciumfluorid, Zinksulfid und Diamant werden nunmehr erörtert. Sie sind alle den eben besprochenen Strukturen nahe verwandt, obwohl sie natürlich kompliziert sind.

Es ist unwahrscheinlich, daß eine binäre Verbindung wirklich eine dichtest gepackte Struktur aufweist, weil für eine Koordinationszahl von zwölf viele der nächsten Nachbarn eines gegebenen Atoms in Kontakt miteinander sein müssen. Es ist deshalb unmöglich, zwei Arten von Atomen A und B so anzuordnen, daß jedes Atom A zwölf Atome B berührt, und umgekehrt. Binäre Verbindungen können aber sehr wohl eine Anordnung mit einer 8:1 Koordination haben und dies wird bei Cäsiumchlorid gefunden. Sowohl die Cäsium- als auch die Chloratome liegen auf den Positionen von einfachen kubischen Gittern, die sich gegenseitig durchdringen. Jedes Cäsium- berührt acht Chloratome und jedes Chlor- acht Cäsium-atome (Bild 10).

Im Lithiumchlorid befinden sich die Chloratome in einem kubisch dichtest gepackten (kubisch flächenzentrierten) Gitter, wobei jedes Chloratom in Kontakt mit zwölf anderen ist. Die viel kleineren Lithiumatome sind fähig, in alle oktae-drischen Löcher dieses Gitters zu passen und eine Anordnung zu ergeben, in der jedes Lithiumatom von sechs Chloratomen umgeben ist und weil es sechs oktae-drische Löcher rings um ein Chloratom gibt, jedes Chloratom in ähnlicher Weise von sechs Lithiumatomen. Die Lithiumatome liegen ebenfalls in einem kubisch flächen-zentrierten Gitter, aber sie berühren sich natürlich nicht, und sie berühren auch nicht gleichzeitig alle sechs umgebenden Chloratome. Die Anordnung der Lithiumatome ist nicht wirklich dichtest gepackt, weil die Atome nicht in unmittelbarem Kontakt miteinander sind, aber ihre Zentren sind in genau den Positionen, als würden sie es tun. Die Lithiumchloridstruktur bedeutet deshalb eine 6:1 Koordination und die Lithium- und Chloratome befinden sich auf den Positionen zweier sich durchdringen-der kubisch flächenzentrierter Gitter.

Die Struktur von Natriumchlorid ist analog (Bild 11), außer daß sich die größeren Natriumatome in Kontakt mit allen sechs umgebenden Chloratome be-finden. Es handelt sich noch um eine 6:1-Koordination mit oktaedrischen $NaCl_6$- und $ClNa_6$-Gruppen, und die Natrium und Chloratome befinden sich auf sich durch-dringenden kubisch flächenzentrierten Gittern, aber die einzigen wirklichen Kon-takte sind nur die zwischen den Natrium- und Chloratomen. In Bild 11 sind die „111"-Ebenen der Atome (siehe S. 221) bloßgelegt. Es ist zu sehen, daß die Chlorid-ionen in diesen Ebenen sich in den gleichen Verhältnissen zueinander befinden, wie die Kugeln in einer dichtest gepackten Schicht einer kubisch flächenzentrierten Struktur. Das gleiche trifft nätürlich für die Natriumionen zu. Es ist dies eine für Verbindungen vom Typ AB sehr häufig vorkommende Struktur und man nennt sie Natriumchlorid- oder Steinsalzstruktur.

Wenn nun nur die Hälfte der oktaedrischen Löcher eines kubisch flächenzentrierten Gitters von Chloratomen durch irgend ein Metall besetzt ist, so resultiert eine Verbindung $MCl_2$. Es gibt zahlreiche Möglichkeiten, auf welchem Wege dies vor sich gehen kann, aber ein wichtiger Weg ist der, bei dem *alle* oktaedrischen Löcher zwischen zwei „dichtest gepackten" Schichten von Chloratomen und *keines* der Löcher zwischen den nächsten beiden Schichten besetzt sind. Das ergibt die in Abb. 61 gezeigte Struktur. Man bezeichnet sie als Schichtgitter und es ist die Form, in der Cadmiumchlorid kristallisiert. Die Sequenz der Atome ist: Cl Cd Cl Cl Cd Cl Cl Cd Cl usw., und jede Schicht besteht aus oktaedrischen $CdCl_6$-Gruppen, die gemeinsame Kanten besitzen. Die Chloratome sind untereinander *nicht* in Kontakt.

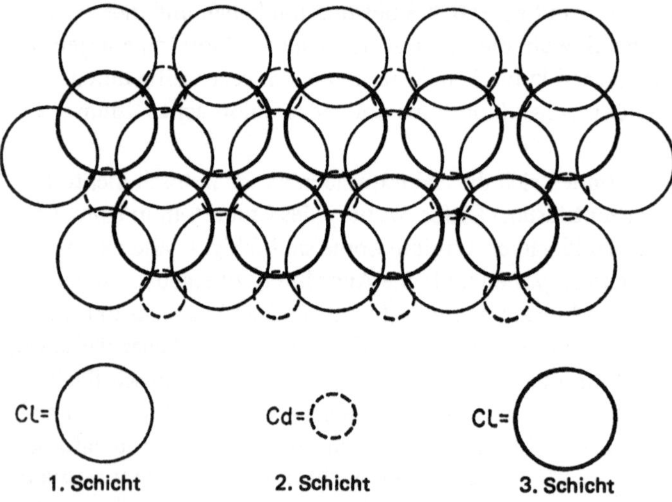



**Abb. 61.** Anordnung der Schichten im Cadmiumchloridgitter

Andererseits ergibt die Besetzung von nur einem Drittel der oktaedrischen Löcher eine Verbindung $MCl_3$. Dies kann wieder auf verschiedene Weise geschehen, jedoch ist in der Struktur von Chrom(III)-chlorid die Besetzung in vieler Hinsicht so wie für Cadmiumchlorid, außer, daß nur zwei Drittel der Löcher in jeder Schicht durch Chromatome gefüllt sind (Abb. 62). Jede Schicht besteht aus $CrCl_6$-Oktaedern, die mehrere Kanten gemeinsam haben. Es sei noch einmal betont, daß die Chloratom untereinander nicht in Kontakt sind, obwohl ihre relative Position untereinander die gleiche ist wie in einem wirklich dichtest gepackten Gitter von Chloratomen.

Ein weiterer Strukturtyp resultiert aus der Füllung der tetraedrischen Löcher in einem flächenzentrierten Gitter. Wenn alle acht Positionen durch Atome einer anderen Art gefüllt sind, so ergibt sich eine Verbindung $AB_2$. Das Paradebeispiel

**Tabelle 18.** Die vier Grenztypen von Festkörpern

| Typ | Charakteristika | Struktureinheit | Bindung | Beispiel |
| --- | --- | --- | --- | --- |
| Molekül-kristalle | weich, niedrige Schmp., löslich in kovalenten Flüssigkeiten | Atome oder Moleküle | „van der Waals"-Kräfte | festes Neon |
| Metallische Kristalle | hart, hoher Schmp., stark dehnbar, schmiedbar, duktil, hohe elektrische und thermische Leitfähigkeit, Metallglanz. Löslich nur in flüssigen Metallen. | Metallionen | „metallisch", ein delokalisiertes „Elektronengas" einschließend | Kupfer |
| Ionische Kristalle | hart und spröde, hohe Schmp. Wenn überhaupt, dann in ionisierenden Lösungsmitteln wie Wasser löslich. Lösungen und geschmolzene Verbindungen leiten den elektrischen Strom. | positive und negative Ionen | elektrostatisch | Natrium-chlorid |
| Atomkristalle | hart, hohe Schmp. Unlöslich in nahezu allen Lösungsmitteln. | Atome | kovalent | Diamant |

dafür ist Calciumfluorid; hier befinden sich die Calciumatome auf den Positionen eines kubisch flächenzentrierten Gitters (obwohl sie untereinander nicht in Kontakt stehen) und die Fluoratome besetzen alle tetraedrischen Positionen. Dies ergibt die Koordinationszahlen 8:1 und 4:1; jedes Calciumatom berührt acht Fluoratome (an den Ecken eines Würfels), während jedes Fluoratom vier Calciumatome, die tetraedrisch arrangiert sind, berührt (Abb. 63 und Bild 12).

Schließlich ergibt sich eine weitere Art von AB-Struktur, wenn nur die Hälfte der tetraedrischen Positionen eines flächenzentrierten Gitters durch eine zweite Atomart besetzt ist. Wenn die Positionen so besetzt sind, daß jedes Atom des ursprünglichen Gitters in Kontakt mit vier Atomen der zweiten Art steht, die ihrerseits tetraedrisch darum arrangiert sind, dann ist die Struktur die der Zinkblende, ZnS (Abb. 64 und Bild 14). Sowohl die Zink- als auch die Schwefelatome liegen auf zwei sich durchdringenden kubischen Gittern, die sich in einer solchen Weise

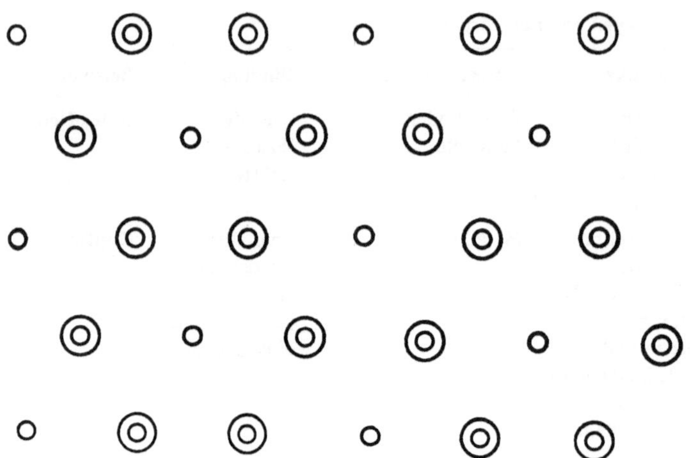

**Abb. 62.** Besetzung von oktaedrischen Löchern durch Chromatome in jedem Schichtenpaar von Chloratomen in CrCl$_3$.

O = Oktaedrisches Loch.   ◎ = Durch Cr besetztes oktaedrisches Loch

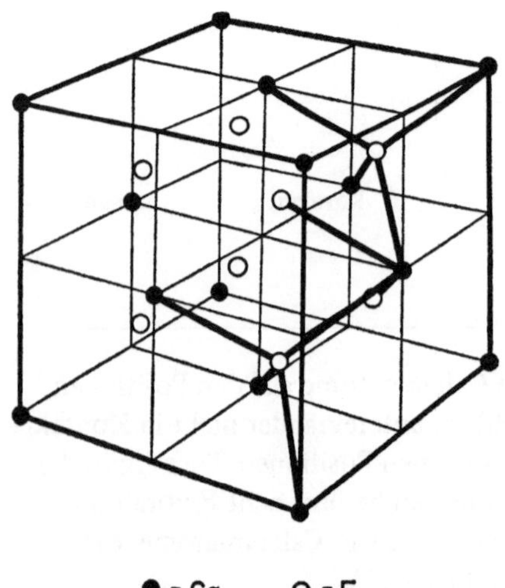



**Abb. 63**

Die Calciumfluoridstruktur.

Beachte, daß zwei tetraedrische FCa$_4$-Gruppen und eine halbe kubische CaF$_8$-Gruppe gekennzeichnet sind

durchdringen, daß die Atome des einen Gitters die *Hälfte* der tetraedrischen Positionen des anderen- und umgekehrt — besetzen, anstatt *aller* Positionen. Die Koordinationszahl im Zinkblendegitter ist 4:1 gegenüber 6:1 für die Steinsalzstruktur, so daß die Zinkblende eine offenere Anordnung aufweist. Wenn sowohl die Zink- als auch die Schwefelatome durch Kohlenstoffatome ersetzt werden, ergibt sich die Struktur des Diamantes.

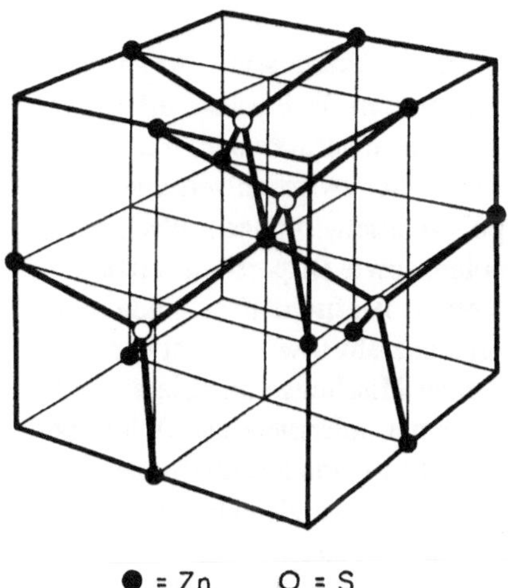



**Abb. 64**
Die Zinkblendestruktur.
Beachte: Der flächenzentrierte Würfel von
Zinkatomen ist „um eine halbe Kantenlänge"
verschoben, verglichen mit dem der Calcium-
atome von Abb. 63. Eine tetraedrische
Koordinationsgruppe $ZnS_4$ ist vollständig
dargestellt

Strukturen, die den eben erwähnten entsprechen, erhält man auch durch
Auffüllung von Löchern in einer hexagonal dichtesten Anordnung von Atomen;
z.B. besitzt Cadmiumjodid eine Struktur, die der von Cadmiumchlorid sehr ähnlich
ist, jedoch auf einer hcp-Anordnung für die Jodatome beruht, und die zweite Form
von Zinksulfid — Wurtzit — ist in analoger Weise zurückführbar auf hcp anstelle
von ccp.

## 8.3. Kräfte in Kristallen

Es ist nunmehr eine Zahl einfacher Kristallstrukturen beschrieben worden,
die alle identisch oder nahe verwandt mit einer der drei Grundstrukturen — kubisch
und hexagonal dichtest gepackt, sowie kubisch raumzentriert — sind. Abgesehen von
den zugrunde liegenden geometrischen Ähnlichkeiten gibt es zwischen vier solchen
Substanzen wie festes Neon, metallisches Kupfer, Natriumchlorid und Diamant
wenig Beziehungen. Die Unterschiede in den Eigenschaften können nicht ausschließlich auf strukturelle Faktoren zurückgeführt werden, da festes Neon und Kupfer
wirklich die gleiche Atomanordnung besitzen. Tatsächlich werden diese Unterschiede
weit mehr durch Unterschiede in der Stärke und Natur der Bindungen zwischen den
Atomen verursacht. Um diesen Aspekt geeignet diskutieren zu können, werden die
Kräfte in Festkörpern nun unter vier Typen betrachtet, wobei jeder Typ durch eine
der eben besprochenen Substanzen verkörpert wird. Einige der Charakteristika jedes
Festkörpertyps sind in Tabelle 18 aufgeführt. In der Tat stellen diese Kategorien
vier extreme Typen von Festkörpern dar; sehr viele Festkörper stimmen weder mit
dem einen noch mit dem anderen überein, sie müssen vielmehr als Übergänge aufgefaßt werden.

**a) Molekülkristalle**

Auch zwischen neutralen Molekeln müssen Kräfte wirksam sein — wenn sie nicht vorhanden wären, könnten Gase niemals kondensieren. Weil solche intermolekularen Kräfte Abweichungen von den idealen Gasgesetzen verursachen, werden sie oft als „van der Waalssche Kräfte" bezeichnet. Es muß hier zwischen verschiedenen Arten unterschieden werden — nämlich Dipol-Dipol-Wechselwirkungen, Wechselwirkungen zwischen Dipolen und induzierten Dipolen, sowie Dispersionskräften. Zunächst gibt es zwischen polaren Molekülen eine elektrostatische Kraft, indem das positive Ende eines Dipols das negative eines anderen anzieht usw; dies ist der Dipol-Dipol-Effekt (siehe S. 103). Zweitens induziert in einer Mischung von polaren und unpolaren Molekülen ein polares Molekül (vermöge seiner polarisierenden Wirkung auf die Elektronenhülle) ein Dipolmoment in jeder nichtpolaren Nachbarmolekel und wird, dann von ihr angezogen. Die Dipol-Dipol-Kraft ist vergleichbar mit der Anziehung zwischen dem Nordpol eines Magneten und dem Südpol eines anderen. Andererseits ist der Effekt zwischen einem Dipol und einem induzierten Dipol der Kraft zwischen einem Magneten und einem Stück vorher unmagnetisierten Eisen analog. Der magnetische Pol induziert einen Gegenpol im Eisen, und es resultiert dann gegenseitige Anziehung. Obwohl der Effekt zwischen einem Dipol und einem induzierten Dipol für eine Mischung von polaren und unpolaren Molekeln beschrieben wurde, existiert er auch zwischen identischen polaren Molekeln. Das heißt, jede Molekel induziert ein Dipolmoment in der anderen, das dann seinem permanenten Moment zusätzlich überlagert wird. Die resultierenden Kräfte addieren sich ebenfalls.

Drittens existieren zwischen allen Atomen und Molekülen Dispersionskräfte, unabhängig von irgendwelchen Ladungen oder permanenten Dipolen. Die genaue Natur dieses Effektes läßt sich ohne einige Kenntnisse in der Wellenmechanik kaum verstehen. In einer ziemlich groben qualitativen Vorstellung jedoch läßt er sich als die Anziehung zwischen dem *momentanen* Dipolmoment beschreiben, das in einem Molekül durch eine bestimmte „polare" Elektronenkonfiguration des anderen induziert wird und dem Dipolmoment dieser polaren Konfiguration. Das übliche Wahrscheinlichkeitsbild für die Elektronenhülle möge für den vorliegenden Zweck einmal durch die Alternativvorstellung ersetzt werden, wonach die Elektronen extrem schnell von einer Position zur anderen oszillieren. Viele dieser Positionen entsprechen momentanen Dipolen, die in Nachbarmolekeln Dipolmomente induzieren. Zwischen jedem momentanen Dipol und dem entsprechenden induzierten Dipol gibt es ganz bestimmt Anziehungskräfte. Anders gesagt, muß die Bewegung der Elektronen benachbarter Moleküle in einem bestimmten Maße synchronisiert sein, und daraus resultiert eine Anziehungskraft. Ein amerikanischer Autor hat diesen Effekt einmal als „das geheimnisvolle Zappeln der Elektronenwolken" bezeichnet.

Die Dispersionskräfte hängen von der Zahl der vorhandenen Elektronen ab, so daß ihre Größe mit der Molekülgröße anwächst. Dadurch erklärt sich der beobachtete reguläre Anstieg der Siedepunkte innerhalb einer Reihe analoger Verbindungen, wie der der Hydride der Gruppe IVB oder einer homologen Reihe. Die Gesamtkraft ist natürlich größer, wenn außerdem die beiden anderen Dipoleffekte wirksam sind, so daß die Siedepunkte von polaren Substanzen höher liegen als die von unpolaren Substanzen mit dem gleichen Molekulargewicht, wie es bereits auf Seite 103 erörtert worden ist. Die van der Waalsschen Kräfte (aller Arten) sind umgekehrt proportional einer sehr hohen Potenz des Abstandes zwischen den betreffenden Atomen oder Molekülen und sind deshalb nur unterhalb eines geringen Abstandes wirksam. Wenn zwei Moleküle auf diese Weise angezogen werden, bewegen sie sich so lange aufeinander zu, bis die Abstoßungskraft, die ins Spiel kommt, sobald sich die äußeren Elektronenhüllen zu überlappen beginnen, die Anziehungskraft gerade ausbalanciert. Die van der Waalsschen Kräfte sind klein, so daß die Moleküle eines Molekülkristalls leicht getrennt werden können. Diese Art von Festsubstanzen ist deshalb weich und schmilzt bei niedrigen Temperaturen, kaum jemals oberhalb 300 °C. Aus dem gleichen Grunde lösen sich Molekülkristalle gut in kovalenten Flüssigkeiten.

Die Struktur von Molekülkristallen ist gewöhnlich von niedriger Symmetrie, weil sie durch die Art und Weise bestimmt wird, in der die individuellen Molekeln der Verbindung sich packen lassen, und die Molekeln sind oft weder kompakt noch symmetrisch. Die Edelgase sind ein Spezialfall, bei dem die Einheiten der Struktur Atome anstatt Molekeln sind, aber die Kräfte sind von gleicher Natur. Weil die Einheiten nunmehr kugelsymmetrisch sind, kann die Packung besonders kompakt und regulär sein. Die Kräfte zwischen den Heliumatomen sind so klein, daß beim He-He-Abstand bei Atmosphärendruck die Gitterenergie des festen Heliums tatsächlich kleiner ist als die Nullpunktsenergie (S. 16). Infolgedessen kann festes Helium nur unter Druck existieren.

### b) Metalle

Die meisten festen Metalle besitzen eine sehr hohe Koordinationszahl, so daß die verfügbaren Valenzelektronen auch nicht annähernd ausreichen, um die Struktur durch normale kovalente Bindungen zusammenzuhalten. Z. B. können die Alkalimetalle in jeder Darstellung nur ein Valenzelektron haben und die Erdalkalimetalle zwei. Dennoch ist die Koordinationszahl der festen Alkalimetalle acht und die der Erdalkalimetalle zwölf (S. 162). Wenn die Bindung mittels gepaarter Elektronen beschrieben werden soll, muß Resonanz zwischen einer großen Zahl möglicher Strukturen postuliert werden. *Pauling* hat eine solche Theorie der metallischen Bindung entwickelt, die eine plausible Erklärung für die mechanischen und magnetischen Eigenschaften liefert, sowie für die intermetallischen Abstände, und zwar auf der Basis der möglichen Orbitale und der wahrscheinlichen Anzahl von Valenzelektronen. Diese zuletzt erwähnte Zahl läuft anscheinend durch ein Maximum von sechs für die mittleren Übergangsmetalle und fällt dann wieder ab.

Der üblichere Zugang zur metallischen Bindung ist im wesentlichen die Molekülbahntheorie anstatt der Valenzstrukturmethode. Wenn sich zwei Atome weit genug nähern, so daß ihre Orbitale überlappen, so kombinieren Orbitale gleicher Energie miteinander und liefern zwei Verbindungsorbitale, eines mit höherer und das andere mit niedrigerer Energie (siehe S. 65). Bei Addition von zwei weiteren Atomen der gleichen Art werden zwei zusätzliche Verbindungsorbitale gebildet, und es tritt eine weitere Aufspaltung der Energien ein. Die Hinzufügung von noch mehr Atomen mit überlappenden Orbitalen führt zu der in Abb. 65 gezeigten Art der Anordnung der Energieniveaus. (Vergleiche auch die Diskussion der $\pi$-Orbitale in Benzol auf Seite 80, wo sechs Orbitale miteinander zu sechs Verbindungsorbitalen kombinieren, und zwar drei bindenden und drei antibindenden.) Es läßt sich zeigen, daß dann, wenn die Zahl der Atome extrem groß ist (wie in einem Stück festen Metalls) die Energieniveaus zu einem *Energieband verschmelzen,* in dem es eine kontinuierliche Verteilung der Energien gibt. Wenn N Atome je ein Orbital beisteuern, kann das Band maximal 2N Elektronen enthalten, die in jeder Hinsicht delokalisiert sind.

Ein einwertiges Metall wie Natrium oder Kupfer hat ein s-Elektron, so daß es in dem festen Metall ein von den s-Orbitalen abgeleitetes halbgefülltes Energieband gibt. Wenn an das Metall ein elektrisches Feld angelegt wird, so wird den Elektronen eine kleine zusätzliche Energie vermittelt, und sie bewegen sich in Feldrichtung. Das ist möglich, weil sie sich alle in einem halbgefüllten Energieband befinden und deshalb von jedem Elektron kleine Energiebeträge aufgenommen werden können. Bei einem zweiwertigen Metall ist das s-Band vollständig besetzt, weil nunmehr jedes Atom zwei Elektron beisteuert. Die Nähe der s-, p- und d-Niveaus in den isolierten Atomen jedoch bedingt, daß die entsprechenden Energiebänder überlappen, und

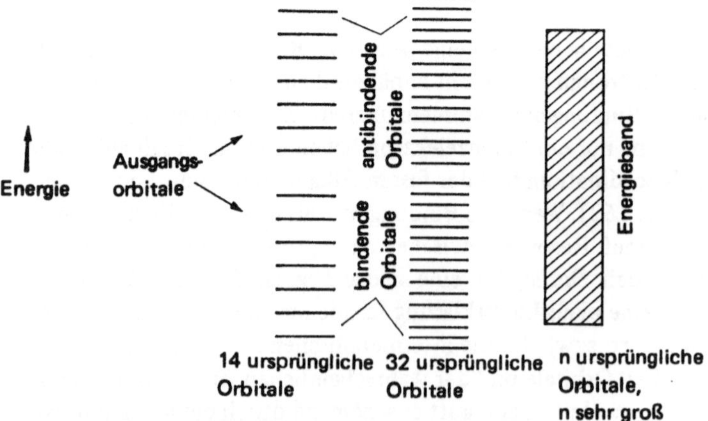


**Abb. 65.** Ausbildung von Energiebändern in Metallen

das ermöglicht den Elektronen, kleine Energiebeträge aufzunehmen und damit
einen Stromtransport zu gewährleisten. Aus den angeführten Gründen ist der elektrische Widerstand zweiwertiger Metalle im allgemeinen größer als der für einwertige
Metalle. Wenn die Temperatur ansteigt, so hindert die thermische Bewegung der
Atome die Elektronenbeweglichkeit, und der elektrische Widerstand steigt an. Die
hohe Wärmeleitfähigkeit der Metalle wird ebenfalls durch die Elektronen bedingt,
und es gibt eine direkte Proportionalität zwischen den elektrischen und den Wärme-
leitfähigkeiten.

Die inneren Elektronen sind wie gewöhnlich effektiv an ihren eigenen Atomen
lokalisiert. Es ist deshalb möglich, ein Metall als eine dichtest gepackte Anordnung
von Kationen zu betrachten, die durch ein Elektronengas zusammengehalten werden.
Dieses ist in einer Art Potentialschacht enthalten, so daß eine bestimmte minimale
Energie notwendig ist, um ein Elektron aus einem Metall zu entfernen. Die Phänomene der thermischen und photoelektrischen Emission sind mit diesem Modell
ausführlich behandelt (vgl. das Teilchen im Kasten, S. 14). Die Elektronentheorie
der Metalle ist inzwischen weiterentwickelt worden, indem die erlaubten Energien
für die Elektronen mit den verschiedenen Richtungen im Metallgitter korreliert
worden sind, aber dieser Sachverhalt kann in diesem Buch nicht weiter verfolgt
werden.

Wenn die Atomgröße zweier Metalle nicht zu verschieden ist, können die
Atome des einen oft die Atome des anderen in dessen Kristallgitter ersetzen und
eine Legierung ergeben, deren Struktur grundsätzlich die gleiche ist wie die wenigsten eines der sie aufbauenden Metalle. Es ist oft ein ganzer Bereich von Zusammensetzungen für diese Art von Legierungen ohne einen drastischen Wechsel in den
Eigenschaften möglich, und die Entscheidung kann ziemlich schwierig werden, ob
es sich um eine Mischung im Sinne einer Lösung oder um eine Verbindung handelt.
Die Art und Weise, in der eine Legierung erhitzt und abgekühlt worden ist, ist oft
wichtig. Diese Punkte werden auf den Seiten 190 und 197 weiter behandelt.

In anderen Fällen wird von einer Legierung eine neue Struktur gebildet, die
dann eine besser definierte Zusammensetzung haben kann. Z.B. gibt es eine Molyb-
dän-Aluminium-Legierung, die aus einem kubisch raumzentrierten Gitter mit den
Gittereinheiten $MoAl_{12}$ besteht. Jedes Molybdänatom ist von zwölf etwas größeren
Aluminiumatomen umgeben, die sich an den Ecken eines fast regulären Ikosaeders
befinden (siehe Abb. 66a). (Die Differenz in den Elektronenstrukturen bewirkt,
daß die viel schwereren Molybdänatome etwas kleiner sind als die Aluminiumatome.)
Man beachte, daß die ikosaedrische Anordnung für die Koordinationszahl zwölf nur
möglich ist, wenn die Kugel im Zentrum etwas kleiner ist als die umgebenden Kugeln.
Wenn die Zentren der zwölf Kugeln der Koordinationsgruppen in kubischer und
hexagonal dichtester (Abb. 66b und 66c) Packung zusammengefügt werden, so erhält man Polyeder mit vierzehn Flächen; acht dieser Flächen sind gleichseitige
Dreiecke und sechs sind Quadrate.

Die Bedeutung der Elektronen bei der Bestimmung der Zusammensetzung von Legierungen zeigt sich durch die Tatsache, daß Legierungen mit sehr unterschiedlicher Zusammensetzung oft fast identische Atomanordnung besitzen. Das ist z. B. bei den Legierungen $CuZn$, $Cu_3Al$ und $Cu_5Sn$ der Fall. Wenn man annimmt, daß Kupfer einwertig, Zink zweiwertig, Aluminium dreiwertig und Zinn vierwertig ist, dann hat das Verhältnis von Valenzelektronen zu Atomen den Wert 3/2 für jedes dieser Systeme. Dieses Ergebnis hat im Rahmen der erweiterten Elektronentheorie der Metalle eine befriedigende Erklärung gefunden.

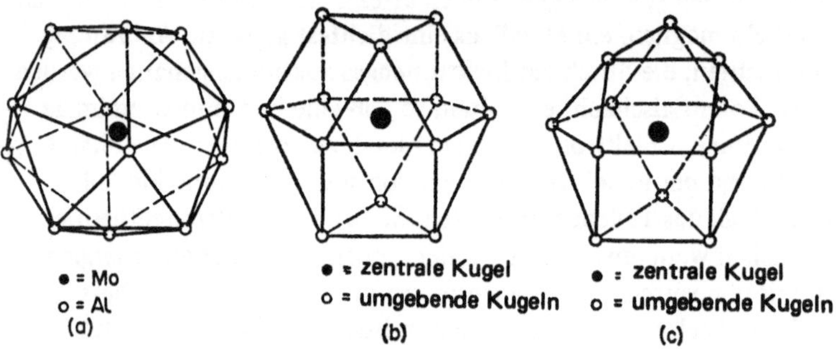


**Abb. 66.** Koordinationspolyeder für $AB_{12}$-Gruppen

### c) Ionische Kristalle

Positive und negative Ionen ziehen sich aufgrund ihrer entgegengesetzten Ladung an, die Kraft ist dem Quadrat der Entfernung zwischen ihnen umgekehrt proportional. Wenn die Ionen einander näher kommen, beginnen sich ihre Elektronenhüllen zu berühren und dies bewirkt eine Abstoßungskraft, die mit weiterer Verkleinerung des Abstandes sehr schnell ansteigt. Der internucleare Gleichgewichtsabstand zwischen einem Kation und einem Anion ist offenbar der Abstand, bei dem sich Anziehungs- und Abstoßungskräfte gerade die Waage halten. Dies wird als ein Potentialenergiediagramm in Abb. 67 dargestellt. Die waagerechte Linie repräsentiert die Energie von Ionen, die unendlich weit voneinander entfernt sind, die untere gestrichelte Linie die Anziehungsenergie und die obere unterbrochene Kurve die Abstoßungsenergie. Die Anziehungsenergie ist um so kleiner, je näher die Ionen einander sind, während die Abstoßungsenergie sehr schnell ansteigt, wenn die Ionen nahe genug sind. Die voll gezogene Kurve ist die Summe der beiden unterbrochenen Kurven, sie liefert die Gesamtenergie des Systems als Funktion der Entfernung. Ihr Minimum liegt bei der stabilen Gleichgewichtsentfernung der beiden Ionen.

Selbstverständlich ist die Situation in einem wirklichen Kristall komplizierter. Z. B. gibt es in Natriumchlorid Anziehungskräfte zwischen jedem Natriumion und den sechs Chloridionen, die seine nächsten Nachbarn sind, aber Abstoßung zwischen

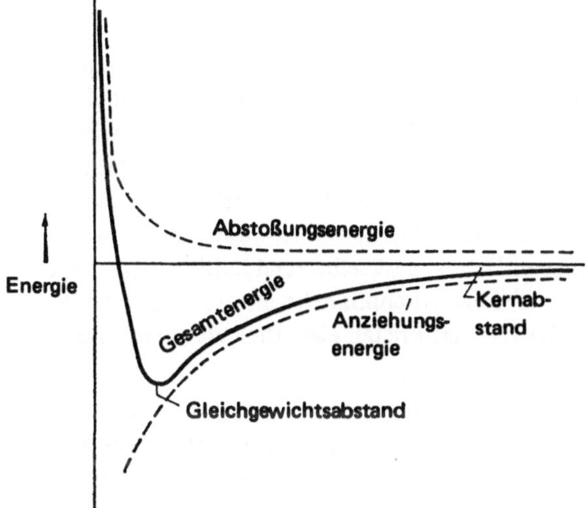


**Abb. 67**
Potentialenergiekurven für
Wechselwirkungen zwischen
Ionen

ihm und den acht Natriumionen, die nur um etwas weiter entfernt sind. Trotzdem
ist es nicht allzu schwierig, die gesamte Energie eines Ionenkristalls mittels Konstanten in den Gleichungen für die Anziehungs- und Abstoßungskräfte und der bekannten Geometrie des Kristalls zu berechnen. Die Konstanten lassen sich durch Vergleich der berechneten und gemessenen Werte für solche Eigenschaften wie die
Kompressibilität des Kristalls finden und die daraus resultierende Energie des
Kristalls (seine *Gitterenergie*) kann man dann in thermochemischen Berechnungen,
so wie auf Seite 54 ausgeführt, benutzen. Übereinstimmende Ergebnisse werden für
die Alkalihalogenide und für einige andere einfache ionische Kristalle erhalten, aber
für die beste Übereinstimmung ist es notwendig, kleine Terme, die (a) die van der
Waalsschen Kräfte und (b) ein geringes Maß an kovalenter Bindung zwischen den
Ionen repräsentieren, zusätzlich hinzuzufügen (siehe S. 229).

Ionische Kristalle sind gewöhnlich hart, wegen der Stärke der elektrostatischen
Kräfte. Es fehlt ihnen die Geschmeidigkeit der Metalle, weil die Art und Weise des
Darübergleitens und Schlüpfens, wie es in einem Metall leicht auftreten kann, zu
unvorteilhaften Konfigurationen von Kationen und Anionen in einem ionischen
Kristall führen würde. Der Schmelzpunkt ist gewöhnlich hoch und die Löslichkeit
in kovalenten Lösungsmitteln niedrig, weil von der ionischen Verbindung keine
kleinen diskreten Moleküle existieren können, außer in der Gasphase. Die geschmolzenen Verbindungen bestehen aus frei beweglichen Ionen und leiten den elektrischen
Strom gut. Manchmal gibt es ein bestimmtes Maß von Ionenbeweglichkeit in Ionenkristallen, die dann eine geringe elektrische Leitfähigkeit aufweisen. Diese *steigt*
mit wachsender Temperatur an, weil die Beweglichkeit der Ionen größer wird. Die
Geometrie der Ionenkristalle wird in einem folgenden Abschnitt weiter erörtert.

**d) Atomkristalle**

Im Diamant, der das beste Beispiel für einen Atomkristall darstellt, ist jedes Kohlenstoffatom tetraedrisch von vier anderen umgeben, die Bindung ist in der Hauptsache kovalent wie in aliphatischen organischen Verbindungen. Das wird durch die mechanischen und thermischen Eigenschaften von Diamant bestätigt. Er ist die härteste überhaupt bekannte Substanz und bleibt bis zu sehr hoher Temperatur fest; er ist in wirklich allen Lösungsmitteln, bis auf geschmolzenes Eisen, vollständig unlöslich. Die Spaltung von Diamant ist selbstverständlich längs ausgezeichneter Richtungen möglich. Die alleinige erkennbare Struktureinheit ist das einzelne Kohlenstoffatom, so daß der Diamantkristall eigentlich als ein einziges Riesenmolekül angesehen werden kann.

Atomkristalle sind nicht allzu zahlreich und sind auf Verbindungen einer kleinen Anzahl von Metallen und Nichtmetallen ziemlich in der Mitte des periodischen Systems beschränkt. Carborund, SiC, ist ein weiteres Beispiel; er hat Diamantstruktur, wobei aber jedes Kohlenstoffatom tetraedrisch von vier Siliciumatomen umgeben ist und umgekehrt. Borazan, eine vor kurzem entdeckte Form von Bornitrid, BN, hat die gleiche Struktur wie eine der Formen von Zinksulfid. BN ist isoelektronisch mit Diamant (vgl. S. 79), aber die Bildung von vier kovalenten Bindungen plaziert natürlich eine formale negative Ladung auf jedes Boratom und eine formale positive Ladung auf jeden Stickstoff. Im ZnS ist dieser Ladungsunterschied noch größer geworden, obwohl Zinksulfid bestimmt kein ionischer Kristall ist (siehe die Diskussion auf S. 178). Die verschiedenen Formen der Silicate besitzen eine tetraedrische Anordnung der Siliciumatome; zwischen jedem Paar befindet sich ein Sauerstoffatom mit einem Bindungswinkel Si—O—Si von gewöhnlich 140 bis 150°. Auch hier besitzen die Bindungen einen beträchtlichen ionischen Charakter. Kieselsäure ist im wesentlichen aus $SiO_4$-Tetraedern aufgebaut, die alle Ecken mit anderen Tetraedern gemeinsam haben.

**Der Einfluß des Radienquotienten auf die Struktur von Ionenkristallen**

Für 1:1-Verbindungen von Metallen mit Nichtmetallen sind drei unterschiedliche Strukturen beschrieben worden — die Cäsiumchloridstruktur mit achtfacher Koordination, die Natriumchloridstruktur mit sechsfacher Koordination und die Zinksulfidstruktur mit vierfacher Koordination — und es ist nur verständlich, danach zu fragen, welche Struktur in einem gegebenen Fall die wahrscheinlichste ist. Angenommen, die Verbindung sei ionisch, so ist der wichtigste Faktor das Verhältnis von Anionenradius zu Kationenradius. Es ist vernünftig, für maximale Stabilität anzunehmen, daß die Anionen in Kontakt mit den Kationen, aber nicht untereinander sind. Anderenfalls könnten die Anionen-Anionen-Abstoßungen sehr wohl die Anionen-Kationen-Anziehungen überwiegen. Nehmen wir an, daß ein Salz AX die Cäsiumchloridstruktur habe, wobei die oben gegebenen Bedingungen erfüllt

seien, und die Größe der Kationen zunehmend verringert würde. Die umgebenden
Anionen X kommen dabei einander näher und schließlich an einem bestimmten
Punkt miteinander in Kontakt. Jede weitere Verringerung der Kationengröße löst
sie vom Kontakt mit *allen* umgebenden Anionen und es resultiert ein Stabilitätsverlust (siehe Abb. 68). An diesem Punkt verändert sich die Struktur wahrscheinlich
zu einer anderen von nächst niedrigerer Koordinationszahl- der Natriumchloridstruktur. Bei weiterer Verkleinerung des Kationenradius kommt wiederum ein Punkt, bei
welchem die Anionen gerade in Kontakt miteinander kommen, und es sollte dann
die Struktur der nächst niederen Koordinationszahl (die Zinksulfidstruktur) gefunden werden. Eine einfache Berechnung zeigt, daß die Grenzradienquotienten $R_A/R_X$
für die drei Strukturen sind:

CsCl  Struktur    $R_A/R_X > 0{,}732$

NaCl  Struktur    $0{,}732 > R_A/R_X > 0{,}414$

ZnS   Struktur    $0{,}414 > R_A/R_X > 0{,}225$

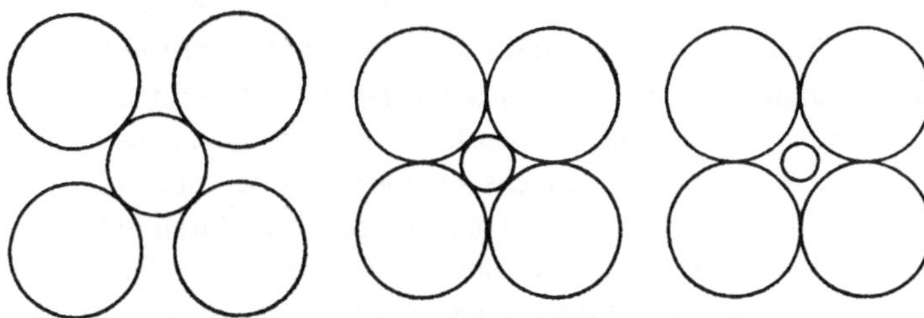


**Abb. 68.** Die Auswirkung von Radienquotienten

Für binäre Verbindungen AX existiert eine gute Korrelation zwischen dem
Radienquotienten und der Struktur, aber diese ist keinesfalls exakt. Z.B. haben
alle Alkalihalogenide die Natriumchloridstruktur, mit Ausnahme von Cäsiumchlorid,
-bromid und -chlorid, die das gleiche 8:1-Gitter besitzen. Dennoch sollten den
Radienquotienten entsprechend, KF, RbF, RbCl, RbBr und CsF alle die Cäsiumchloridstruktur haben. Bei hohen Drücken haben die Rubidiumhalogenide tatsächlich diese Struktur. An der anderen Grenze ist der Radienquotient für die Chloride,
Bromide und Jodide von Lithium unter dem unteren Grenzwert für die 6:1-Koordi-
nation, von denen man deshalb annehmen kann, daß sie Zinksulfidstruktur haben.
Tatsächlich haben aber all diese Lithiumsalze die Natriumchloridstruktur, und die
Lithiumatome „klappern" in den durch das dichtest gepackte Anionengitter gebildeten oktaedrischen Löchern „herum" (siehe S. 163).

Die Cäsiumchloridstruktur wird auch bei den Ammoniumhalogeniden und
Thallium(I)-halogeniden beobachtet. Andere Salze mit Natriumchloridgitter
schließen die Silberhalogenide sowie die Oxide und Sulfide von Magnesium und

den Erdalkalimetallen ein. Entweder Zinkblende- oder Wurtzitstruktur, die beide eine 4:1-Koordination bedeuten (siehe S. 167), findet man für Berylliumoxid und Sulfid ($Be^{2+}$ ist sehr klein), für die Kupfer(I)-halogenide, für die Oxide und Sulfide von Zink und Cadmium usw. Wie jedoch im nächsten Abschnitt ausgeführt werden wird, gibt es starke Gründe für die Anschauung, daß die Bindung in den meisten der erwähnten Verbindungen weit vom vorherrschend ionischen Charakter entfernt ist.

Die gleichen einschränkenden Radienquotienten sind für die Strukturen von Verbindungen des Typs $AX_2$ von Bedeutung, bei denen die Zahl der Kationen, die ein gegebenes Anion umgeben, notwendigerweise halb so groß ist wie die Zahl der Anionen rings um ein gegebenes Kation. Hier ist die Übereinstimmung mit der Theorie sogar eher noch besser als für Verbindungen AX, indem die Strukturen gewöhnlich die für das Verhältnis $r_A/r_X$ vorausgesagten sind. Für große Werte von $r_A/r_X$ ist die Fluoritstruktur mit ihrer 8:1- und 4:1-Koordination sehr verbreitet; z.B. wird sie für die Fluoride vieler zweiwertiger Metalle (z.B. $CaF_2$, $BaF_2$, $PbF_2$, $CdF_2$) und für die Oxide vieler vierwertiger Metalle (z.B. $ThO_2$, $CeO_2$ und $MnO_2$) gefunden. Die Oxide und Sulfide von Natrium und Kalium haben die *Antifluoritstruktur,* in der die Positionen der Anionen und Kationen gerade vertauscht sind. Ist das Kation kleiner, so findet man oft die Rutilstruktur (benannt nach dem Mineral Rutil, $TiO_2$). Hier ist jedes Kation von sechs Anionen umgeben und jedes Anion befindet sich im Mittelpunkt eines gleichseitigen Dreiecks, das durch drei Kationen gebildet wird. Die folgenden Oxide und Fluoride sind dafür Beispiele: $MgF_2$, $NiF_2$, $CoF_2$, $ZnF_2$, $TiO_2$, $SnO_2$. Schließlich gibt es für einige wenige Ionenkristalle eine noch kleinere Koordinationszahl. Ein Beispiel dafür ist Berylliumfluorid, das aus tetraedrischen $BeF_4^-$ Gruppen in einer Struktur aufgebaut ist, die identisch ist mit einer Form von Siliciumdioxid.

Nahezu alle wasserfreien *ionischen* Kristalle mit Formeln der Typen AX, $A_2X$ und $AX_2$ haben eine der eben diskutierten Strukturen. Es gibt relativ wenige im wesentlichen ionische Kristalle mit anderen Formeltypen, weil diese notwendigerweise Atome mit Wertigkeiten größer als zwei enthalten müßten und die Bindung in solchen Verbindungen kaum ionisch ist. Wo sie wirklich existieren (z. B. gibt es eine Anzahl ionischer Fluoride $MF_3$), sind die Strukturen ziemlich sicher von einer dichtest gepackten Anionenordnung abgeleitet.

## 8.4. Bindungstyp und Komplexe in Kristallen

### Die Bestimmung von Ionenradien und kovalenten Radien

Obwohl weder Atome noch Ionen definierte Begrenzungen haben, verhalten sie sich in einem Großteil von Verbindungen so, als ob sie mehr oder weniger konstante Radien besäßen. *Kovalente Bindungsradien* (Tabelle 5) sind für die meisten Nichtmetalle durch Halbierung der interatomaren Abstände in den festen oder

# Photographien

**Bild 1.  Kubisch dichteste Kugelpackung, gebildet aus dichtest gepackten Schichten**

Diese Photographie ist eine Seitenansicht von vier dichtest gepackten Schichten und zeigt deutlich eine ABCA-Sequenz. Die schräg dargestellten Ebenen auf der linken Seite haben eine quadratische Anordnung der Kugeln.

**Bild 2.  Kubisch dichteste Kugelpackung, gebildet aus dichtest gepackten Schichten — andere Ansicht**

Auf diesem Bild, das unter einem anderen Winkel aufgenommen wurde, sind die quadratisch gepackten schräg dargestellten Ebenen direkt gezeigt, aber die oberste dichtest gepackte Schicht ist noch zu sehen.

**Bild 3.  Kubisch dichteste Kugelpackung, gebildet aus quadratischen Schichten**

Die rechte äußere Kugel ist aus der untersten gepackten Schicht entfernt und eine Kugel aus der nächsten dichtest gepackten Schicht ist hinzugefügt worden, um einen flächenzentrierten Würfel zu zeigen. Dieser wird von den dunkleren Kugeln gebildet.

**Bild 4.  Kubisch raumzentriertes Gitter**

**Bild 5.  Einige einfache Moleküle der ersten Kurzperiode**

$BF_3$

$NH_3$

$H_2O$  $CH_4$

$HF$

**Bild 6.  Einige einfache Moleküle und Ionen**

$SO_4^{2-}$  $COCl_2$

$CO_2$  $SO_2$  $CO_3^{2-}$

**Bild 7.  Kohlenwasserstoffmoleküle verschiedenen Typs**

$C_6H_6$

$C_2H_4$  $C_2H_6$

$C_2H_2$

**Bild 8.  Moleküle und Ionen unterschiedlicher Gestalt**

$Ni(CN)_4^{2-}$

$PF_5$

$Ni(CO)_4$

$SiF_6^{2-}$

**Bild 9.  Komplexe von Übergangsmetallen**

$Co(NH_3)_6^{3+}$  $Cr(C_2O_4)_3^{3-}$

Kupfer-Glycin

Kupfer-Glycin-

**Bild 10.  Die Cäsiumchloridstruktur**


**Bild 11.  Die Steinsalzstruktur**
Die deutlich hervortretenden Natriumionen (orange Kugeln) liegen in einer
„dichtest gepackten" (111)-Ebene außer den vieren in der unteren rechten Ecke.
Das gleiche ist der Fall mit den deutlich hervortretenden Chloridionen (grüne
Kugeln) außer den zweien in der unteren rechten Ecke. Das Modell ist aus qua-
dratisch angeordneten Schichten von $Na^+$- und $Cl^-$-Ionen aufgebaut. Es lassen
sich nahe dem oberen Ende der (111)-Ebene zwei komplette oktaedrische $ClNa_6$-
Gruppen unterscheiden.


**Bild 12.  Die Calciumfluoritstruktur**
In dieser Abbildung der Fluoritstruktur läßt sich die in Abb. 63 gezeigte Gruppe
von Ionen im Vordergrund rechts ausmachen. Zwei der Calciumionen (orange
Kugeln) sind jedoch von den Eckpositionen entfernt worden. Es sind verschiedene tetraedrische $FCa_4$-Gruppen zu sehen.


**Bild 13.  Einfach kubisches Gitter**


**Bild 14.  Die Zinksulfidstruktur**
Es ist eine tetraedrische $SZn_4$-Gruppe zu sehen.


**Bild 15.  Röntgen-Drehkristallaufnahme von Tri-ortho-thymotid**
Dieses Beugungsbild von Tri-ortho-thymotid (s. S. 192) ist um die a-Achse aufgenommen.


**Bild 16.  Röntgen-Drehkristallaufnahme von Tri-ortho-thymotid**
Diese Aufnahme ist um die b-Achse gemacht. In beiden Bildern sieht man klar
die Schichtlinien, und es lassen sich deutlich die unterschiedlichen Abmessungen
der Elementarzelle in den beiden Richtungen ausmachen.


**Bild 17.  Darstellung der Elektronendichte von Hexamethylbenzol**
In dieser Projektion sind die Molekülumrisse klar unterscheidbar.


**Bild 18.  Elektronenbeugungsaufnahme von $SF_6$ (links) und $CCl_4$ (rechts)**


**Bild 19.  Infrarotspektrum von Methylchlorid**
Hier ist die Durchlässigkeit gegen die Wellenlänge aufgetragen, so daß Regionen
hoher Absorption als Einschnitte auftreten. Die Absorption bei 3,5 μm ist durch die
$-CH_3$-Streckschwingungen verursacht und die bei etwa 14 μm durch die C—Cl-
Streckschwingung.


**Bild 20.  Elektronenspektrum von SnO bei 1400° C**
Es sind zwei Bandensysteme dargestellt, die verschiedenen Elektronenüber-
gängen entsprechen und deren Feinstruktur augenscheinlich ist. Die obere Skala
zeigt die Wellenlänge in Å, und die Zahlen unten sind die Schwingungsquanten-
zahlen der Ausgangs- und Endzustände.


**Bild 21.  Röntgen-Pulveraufnahme von α-Quarz**

**Bild 1.** Kubisch dichteste Kugelpackung, gebildet aus dichtest gepackten Schichten

**Bild 2.** Kubisch dichteste Kugelpackung, gebildet aus dichtest gepackten Schichten — andere Ansicht

**Bild 3.   Kubisch dichteste Kugelpackung, gebildet aus quadratischen Schichten**

**Bild 4.   Kubisch raumzentriertes Gitter**

**Bild 5.  Einige einfache Moleküle der ersten Kurzperiode**
$H_2O$ HF $BF_3$ $CH_4$ $NH_3$

**Bild 6.  Einige einfache Moleküle und Ionen**
$CO_2$ $SO_4^{2-}$ $SO_2$ $COCl_2$ $CO_3^{2-}$

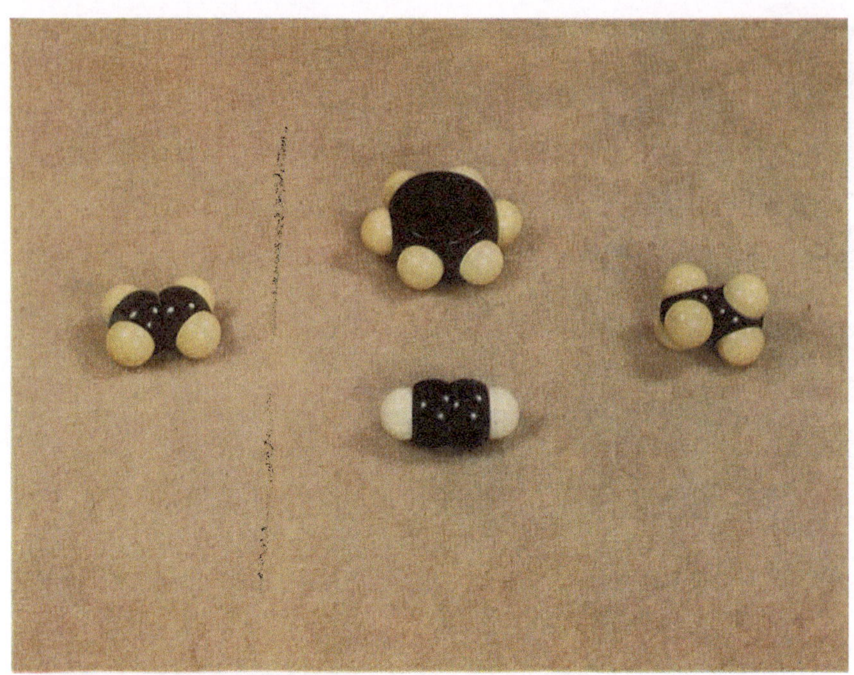

**Bild 7. Kohlenwasserstoffmoleküle verschiedenen Typs**

$C_2H_4$ $C_6H_6$ $C_2H_6$

$C_2H_2$

**Bild 8. Moleküle und Ionen unterschiedlicher Gestalt**

$Ni(CO)_4$ $Ni(CN)_4^{2-}$ $SiF_6^{2-}$ $PF_5$

**Bild 9.  Komplexe von Übergangsmetallen**

$Co(NH_3)_6^{3+}$  Kupfer-Glycin-Chelatkomplex  $Cr(C_2O_4)_3^{3-}$

**Bild 10.  Die Cäsiumchloridstruktur**

**Bild 11.  Die Steinsalzstruktur**

**Bild 12.  Die Calciumfluoritstruktur**

**Bild 13.   Einfach kubisches Gitter**

**Bild 14.   Die Zinksulfidstruktur**

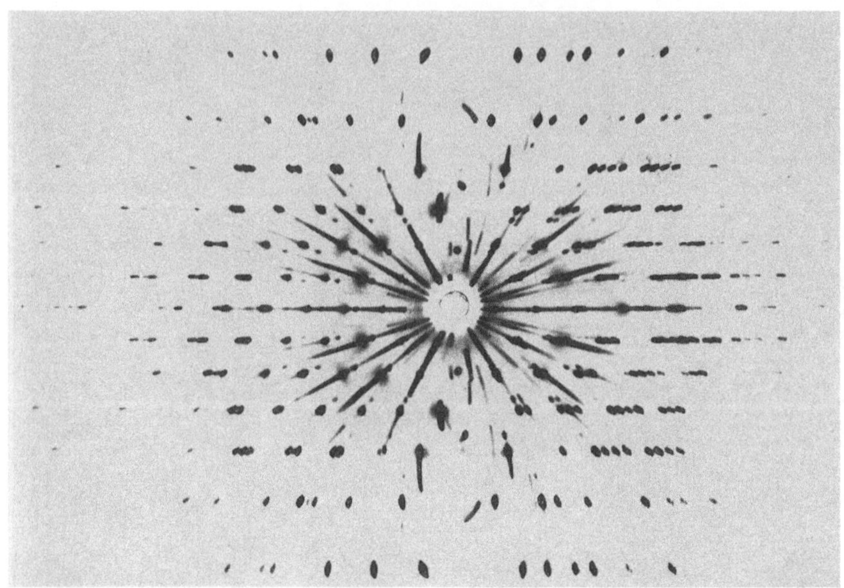

**Bild 15.   Röntgen-Drehkristallaufnahme von Tri-ortho-thymotid**

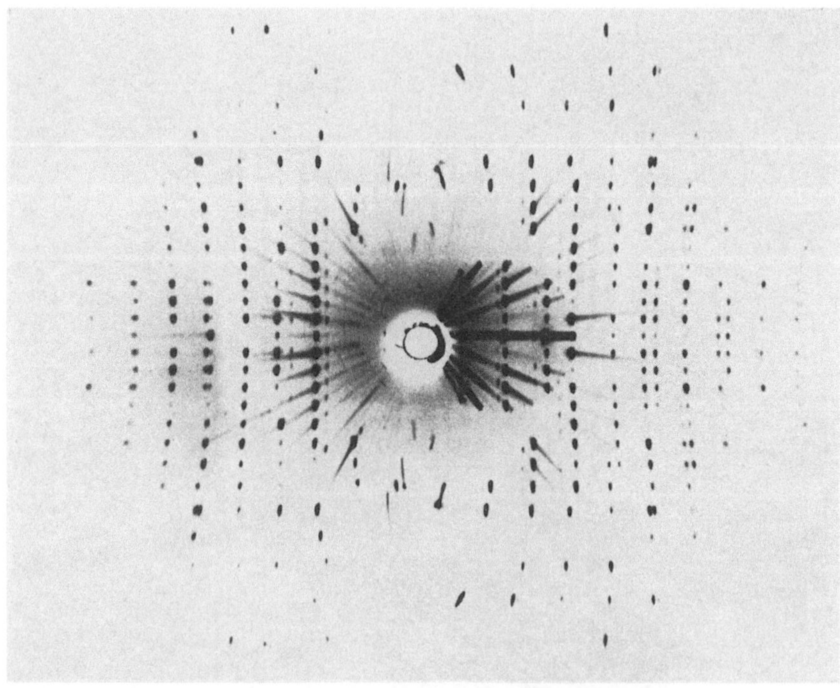

**Bild 16.   Röntgen-Drehkristallaufnahme von Tri-ortho-thymotid**

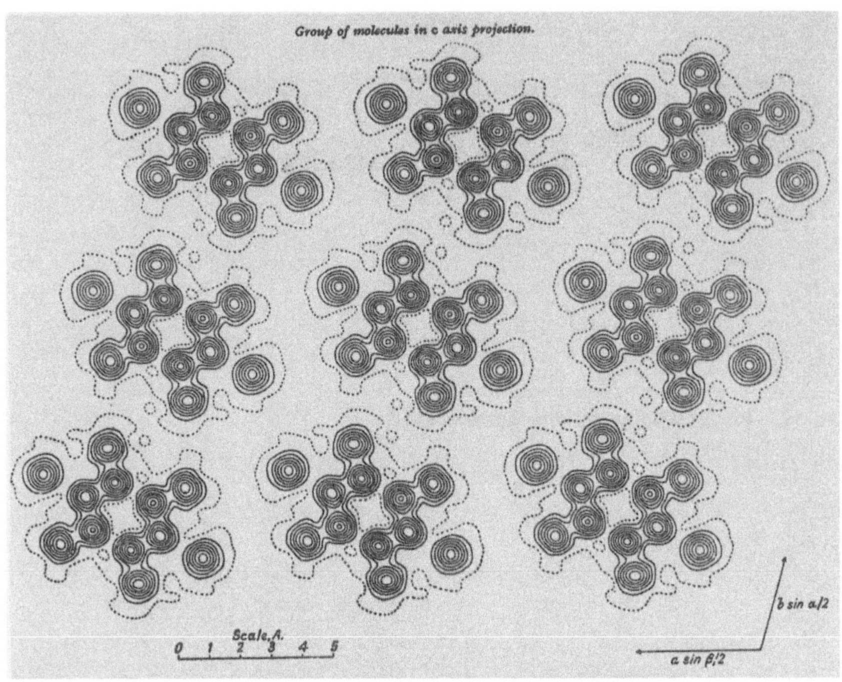



**Bild 17.  Darstellung der Elektronendichte von Hexamethylbenzol**

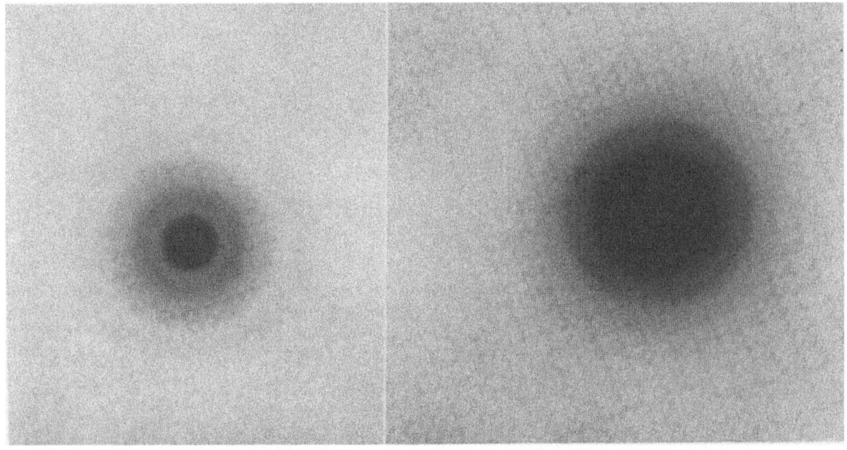

**Bild 18.  Elektronenbeugungsaufnahme von SF$_6$ (links) und CCl$_4$ (rechts)**

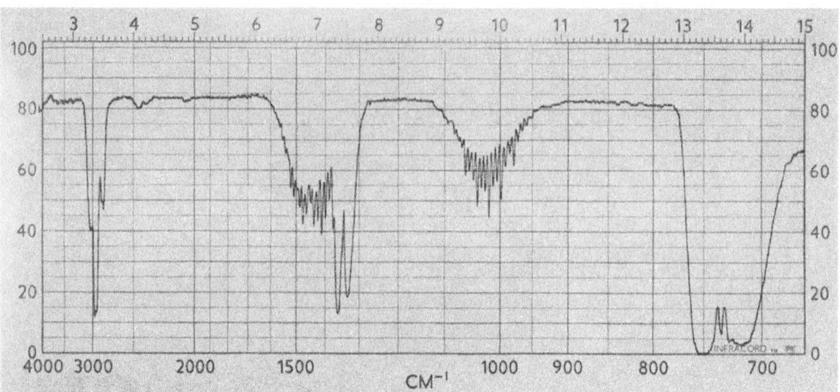

**Bild 19. Infrarotspektrum von Methylchlorid**

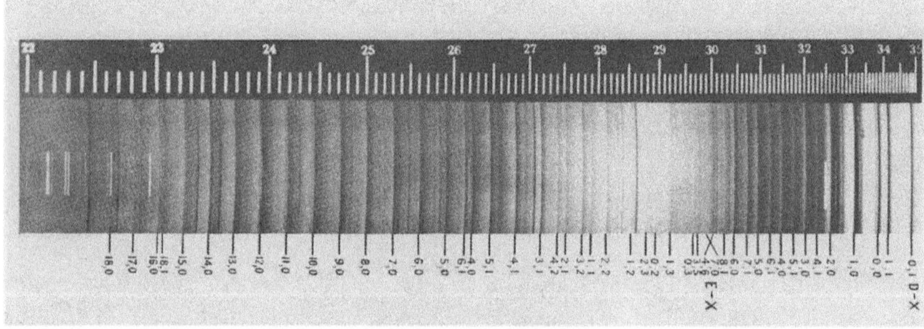

**Bild 20. Elektronenspektrum von SnO bei 1400° C**

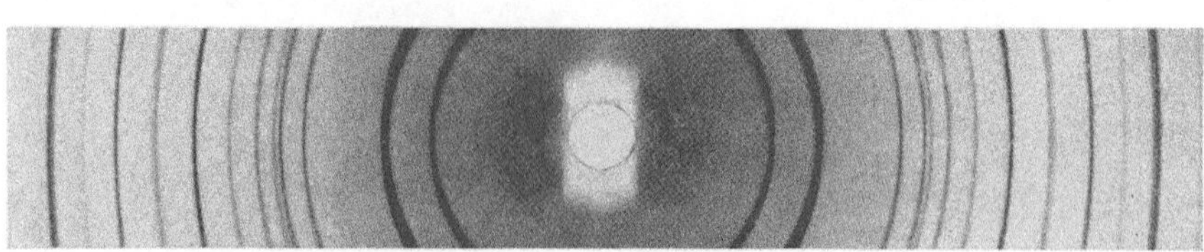

**Bild 21. Röntgen-Pulveraufnahme von $\alpha$-Quarz**

gasförmigen Elementen gefunden worden. In den meisten Fällen (z. B. C, P, S, Cl siehe S. 70) ist die Wertigkeit (8—N) und es handelt sich um Einfachbindungen. Die resultierenden Radien sind „(8—N)-Radien" genannt worden. Die Werte für Sauerstoff und Stickstoff sind jedoch als die halben Abstände von O—O und N—N in Wasserstoffperoxid und Hydrazin genommen worden, weil molekularer Sauerstoff und Stickstoff Mehrfachbindungen besitzen. Wenn der Abstand zwischen zwei Atomen in einer Molekel wesentlich von der Summe ihrer kovalenten Radien verschieden ist, gibt es guten Grund zu der Annahme, daß es sich um Mehrfachbindung handelt. Auch Elektronegativitätsdifferenzen (S. 98) können Bindungsverkürzung verursachen. Diese Art der Beurteilung der Natur von Bindungen aus beobachteten Bindungslängen wird an mehreren Stellen dieses Buches vorgenommen.

Die Ableitung der *Ionenradien* (Tabellen 4, 11 und 12) ist noch weniger unmittelbar. Die metallische Bindung unterscheidet sich zu sehr von der Ionenbindung, als daß es möglich wäre, die Kationenradien aus den interatomaren Abständen in Metallen zu ermitteln. Es sind Werte aus Kristallen (so wie z. B. Lithiumhalogenide, S. 163) ermittelt worden, in denen sich die Anionen berühren. Z.B. zeigen die folgenden AX Abstände:

| | | | | | |
|---|---|---|---|---|---|
| MgO | 2,10 Å | MgS | 2,60 Å | MgSe | 2,73 Å |
| MnO | 2,24 Å | MnS | 2,59 Å | MnSe | 2,73 Å |

daß dies für die Sulfide und Selenide von Magnesium und Mangan, aber nicht für die Oxide der Fall ist. Die Radien der Sulfid- und Selenidionen werden deshalb zu 2,60/2 = 1,30 Å und 2,73/2 = 1,36 Å angesetzt.

In allen anderen Fällen ist es notwendig, die gemessenen AX-Abstände im Verhältnis der Ionenradien zu teilen. Dieses Verhältnis ist aus den Molrefraktionen der Ionen (die Refraktionen sind angenähert dem Volumen proportional, siehe S. 267) und aus wellenmechanischen Berechnungen ermittelt worden.

Die Ionenradien addieren sich zu den beobachteten interatomaren Abständen nur für die Kristalle, die vom gleichen Typ sind wie die, von denen die Radien hergeleitet worden sind. Ins einzelne gehende Diskussionen zeigen, daß der effektive Radius eines Ions (a) vom Radienquotienten $r_A/r_X$ und (b) von der Koordinationszahl abhängen muß. Es gibt Methoden, die die Änderungen dieser Größen berücksichtigen, aber der Sachverhalt kann hier nicht weiter verfolgt werden.

### Der partielle Ionencharakter von Bindungen in Kristallen

Es sind jetzt zwei extreme Typen von Bindungen in binären Verbindungen diskutiert worden — der ionische Typ des Natriumchlorids und der kovalente Typ von Carborund. Obwohl es zur Bindung in Natriumchlorid kleine Beiträge von van der Waalsschen Bindungskräften gibt, und der Ladungsübergang vom Natrium zum Chlor nicht ganz vollständig ist (siehe S. 229), und obwohl es einen kleinen Betrag von Ionencharakter zu den Bindungen in Carborund gibt, sind diese Verbindungen ganz gewiß *vorherrschend* ionisch bzw. kovalent. Solche extreme Typen werden jedoch weniger oft angetroffen als Fälle, bei denen die Bindung ganz entschieden von einem Übergangstyp ist. Als grobe Richtschnur gilt, daß Bindungen in Strukturen mit hoher Koordinationszahl vorwiegend ionisch sind, während diejenigen in Strukturen mit niedriger Koordinationszahl vorwiegend kovalent sind. Z.B. gibt es für die Koordinationszahl acht, wie in CsCl oder $CaF_2$, zu wenige Außenelektronen, als daß diese die Zahl der kovalenten Bindungen ausbilden könnten, und ein vorwiegend ionischer Kristall ist viel wahrscheinlicher als einer, in denen wenige kovalente Bindungen zwischen vielen Positionen in Resonanz formuliert werden müßten.

Andererseits gibt es eine Anzahl von Verbindungen, die isoelektronisch mit Diamant sind (z.B. GaAs, ZnS, CuCl) und die tetraedrische Strukturen, nahe verwandt der des Diamantens selbst, haben. Es ist deshalb wahrscheinlich, daß die Bindung in solchen Kristallen ähnlich der im Diamanten ist, und nicht rein ionisch. Es können von jedem Atom vier kovalente Bindungen gebildet werden, nachdem ein Übergang von Elektronen vorausgegangen ist, um jedem Atom die vier Elektronen, die es benötigt, zu liefern. Die resultierenden Ladungsverteilugen ($Ga^- As^+$, $Zn^{2-} S^{2+}$ und $Cu^{3-} Cl^{3+}$) sind sogar weniger wahrscheinlich als die alternative $Zn^{2+} S^{2-}$ usw., für die möglichen ionischen Strukturen. In Wirklichkeit findet sicher ein unsymmetrisches Anteiligwerden von Elektronen statt, wodurch dem Metall eine *kleine* negative Ladung und jedem Nichtmetall eine *kleine* positive Ladung vermittelt wird. In solchen Kristallen liegen deshalb Bindungen vor, die eindeutig zwischen rein ionischer und rein kovalenter Bindung liegen. Die Verhältnisse lassen sich auch durch die Fajanschen Regeln mittels der polarisierenden Wirkung des Kations und der Polarisierbarkeit des Anions beschreiben (siehe S. 47). Je größer diese Werte sind, desto höher ist der Grad an kovalentem Anteil in den Bindungen. *Fajans* erkannte, daß ein Ion wie $Zn^{2+}$ ohne Edelgasstruktur eine größere polarisierende Wirkung als ein anderes gleicher Größe, aber mit Edelgaskonfiguration, besitzt. Diese Betrachtungen stimmen offensichtlich mit dem beobachteten Sachverhalt überein, wonach die meisten binären Verbindungen der Alkalimetalle ionisch sind, während der Anteil an kovalentem Charakter zunimmt, wenn das Kation höher geladen ist oder keine Edelgaskonfiguration mehr besitzt. Weiterhin sind Fluoride oft ionisch, während die anderen Halogenide eher kovalent sind, und das Fluoridion ist das am wenigsten polarisierbare Anion überhaupt.

Eine niedrige Koordinationszahl bedeutet nicht *notwendigerweise* einen hohen Grad an kovalentem Charakter; so hat z.B. $BeF_2$ Wurtzitstruktur, ist aber vorwiegend ionisch. Hier wird die niedrige Koordinationszahl durch den kleinen Radienquotienten $r_A/r_X$ (S. 175) verursacht. Umgekehrt *können* Kristalle mit Natriumchloridstruktur weit von einem rein ionischen Charakter entfernt sein, z.B. AgCl, AgBr und AgJ. Es ist normalerweise möglich, die allgemeine Natur der Bindung durch einen Vergleich der tatsächlichen interatomaren Abstände im Kristall mit denen, die durch die Benutzung der (a) Ionenradien und (b) kovalenten Radien vorausgesagt werden, zu ermitteln. Die letzteren werden gewöhnlich aus Kristallen bestimmt, in denen die Bindung einem der beiden Extreme nahekommt (siehe S. 176).

In Verbindungen des Typs $AX_2$ und $AX_3$ haben nur die Fluoride und einige wenige Oxide die typischen ionischen Fluorit- oder Rutilgitter. Andere Halogenide bilden normalerweise Schichtgitter (siehe S. 164 und 166), in denen die Bindung in den Schichten weitgehend kovalent ist.

**Kristalle mit mehr als einem Bindungstyp**

In jedem Kristall mit komplexen Ionen gibt es notwendigerweise zwei Arten von Bindungen; die Kräfte innerhalb der komplexen Ionen sind kovalent mit einem bestimmtem Grad von Ionencharakter, während diejenigen zwischen den komplexen Ionen und jedem einfachen anwesenden Ion hauptsächlich ionisch sind. „Komplex" bedeutet hier jedes Ion mit mehr als einem Atom. Einfache Beispiele sind Ammoniumchlorid und Kaliumnitrat. Die Strukturen für solche Kristalle sind oft denen für einfache ionische Kristalle nahe verwandt, besonders dann, wenn, wie es bisweilen vorkommt, die komplexen Ionen sphärische Symmetrie durch Rotation erlangen können.

In molekularen Kristallen gibt es ebenfalls zwei Arten von Kräften — kovalente Bindungen innerhalb der Moleküle und van der Waalssche Kräfte zwischen ihnen.

Einige Metalle der letzten B-Untergruppen (z. B. Zinn und Wismut) haben Strukturen, die viel offener und von geringerer Koordinationszahl sind als die typischen dicht gepackten Strukturen der meisten Metalle. Hier gibt es eine weniger vollständige Delokalisation der Elektronen (z. B. ist die elektrische Leitfähigkeit ziemlich niedrig), die Bindung läßt sich als Übergang zwischen metallischer und kovalenter Bindung auffassen.

Die Wasserstoffbrückenbindung (siehe S. 106) ist oft wichtig für die Ermittlung der Strukturen solcher fester Substanzen, die Wasserstoff enthalten. Beispielsweise sind die Ammoniumionen in Ammoniumfluorid (das Cäsiumchloridstruktur hat) an vier der acht umgebenden Fluoridionen durch $N \ldots H \ldots F$-Bindungen gebunden. Eis besitzt eine Struktur, die der von Siliciumdioxid nahe verwandt ist, in der aber die Sauerstoffatome das tetraedrische Netzwerk bilden, die untereinander durch die Wasserstoffatome verbunden sind. Feste Säuren, Metallhydroxide und Salzhydrate, besitzen ebenfalls charakteristische Strukturmerkmale, die sie dieser Bindungsart verdanken. So enthalten die kristallinen Hydrate von Säuren (z. B. Perchlorsäure) oft Hydroxoniumionen, die über Wasserstoffbrücken an benachbarte Anionen gebunden sind. Ferner besitzt Kupfersulfatpentahydrat vier Wassermolekeln, die um jedes Kupferion koordiniert sind, wobei Sauerstoffatome von zwei Sulfationen die verbleibenden zwei Koordinationsstellen besetzen. Das fünfte Wassermolekül wird durch Wasserstoffbindungen zwischen den Sulfationen und den anderen Wassermolekeln der Struktur fixiert.

### Riesenmoleküle

Diamant und ähnliche „Atomkristalle" (siehe S. 174 und 178 können als dreidimensionale Riesenmoleküle angesehen werden. Es gibt auch Beispiele für Kristalle,
bei denen kovalente Bindungen unendlich ausgedehnt sind, aber nicht in drei Dimensionen, sondern in zwei oder einer Dimension. Graphit ist vielleicht das beste
Beispiel für einen Festkörper, der zweidimensionale Riesenmoleküle (Abb. 69)
enthält. Jede Schicht von Kohlenstoffatomen bildet eine unendlich ausgedehnte
Anordnung von Sechsecken, innerhalb deren die Bindung kovalent ist, in der aber
im wesentlichen eine vollständige Delokalisation der $\pi$-Elektronen vorliegt. In
Benzol erstreckt sich diese über den ganzen Ring; in Graphit über jede Schicht.

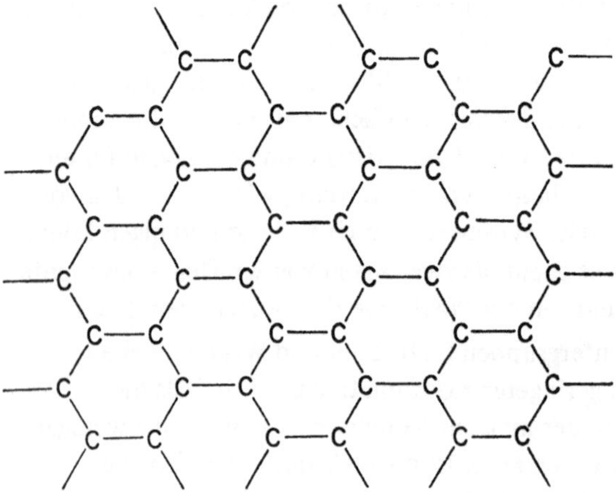

**Abb. 69**

Anordnung der Kohlenstoffatome in jeder Schicht des
Graphits

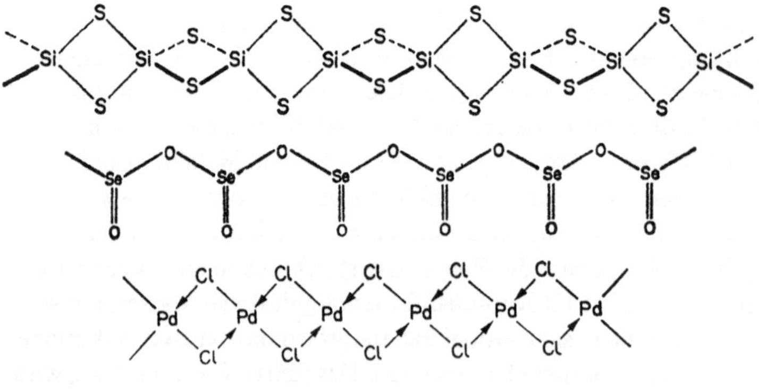

**Abb. 70.** Eindimensionale Riesenmoleküle

Weil diese Schichten durch schwache van der Waalssche Kräfte zusammengehalten werden, können sie sehr leicht übereinandergleiten, und dies erklärt die ausgezeichneten Schmiereigenschaften von Graphit. Überdies ist der Abstand zwischen den Schichten viel größer als der zwischen Kohlenstoffatomen in der gleichen Schicht, so daß ziemlich große Atome und Gruppen (z.B. Kaliumatome und $HSO_4^-$-Gruppen) zwischen die Schichten eingebracht werden können und *Graphitverbindungen* ergeben. Die Delokalisierung der Elektronen innerhalb der Schichten führt zu einer beträchtlichen elektrischen Leitfähigkeit, und in einem gewissen Sinne kann die Bindung als teilweise kovalent und teilweise metallisch klassifiziert werden. Borstickstoff ist mit Kohlenstoff isoelektronisch, und ebenso wie eine seiner Formen die gleiche Struktur wie Diamant besitzt (S. 174), hat die andere die Struktur von Graphit. Schichtgitter (S. 164) bilden ein weiteres Beispiel für zweidimensionale Riesenmoleküle.

Eindimensionale Riesenmoleküle existieren in Verbindungen wie Palladium (II)-chlorid, Siliciumdisulfid und Selendioxid (Abb. 70). Die unendlichen Ketten, innerhalb deren die Bindung im wesentlichen kovalent ist, werden durch schwache intermolekulare Kräfte zusammengehalten. Solche Ketten erstrecken sich quer durch jeden Kristall und können Hunderttausende von Atomen enthalten. Hochpolymere (siehe Kapitel 10) enthalten ebenfalls sehr lange Ketten, aber hier ist die Kettenlänge unterschiedlich und die Anordnung weit von einer regulären entfernt. Im komplexen Halogenid $CsCuCl_3$ gibt es unendliche Ketten $(CuCl_3^-)_n$, zwischen denen sich einzelne Cäsiumionen befinden.

### Weitere Beispiele

Beispiele für die Wirkung der oben entwickelten Prinzipien werden durch die Strukturen gewisser fester Nichtmetalle und natürlicher Silicate geliefert. Vier Elemente der zweiten Kurzperiode (Chlor, Schwefel, Phosphor und Silicium) gestatten einen interessanten Vergleich; sie sind ein-, zwei-, drei- und vierwertig und bilden Einzelmoleküle, unendliche Ketten, unendliche Schichten und schließlich dreidimensionale Riesenmoleküle. Die unendlichen Ketten finden sich in plastischem Schwefel und gefaltete Schichten in rotem Phosphor. Diese beiden Elemente können auch Einzelmoleküle liefern, in denen ihre Atome noch zwei und drei Bindungen ausbilden. Rhombischer Schwefel besteht aus Molekülkristallen, die $S_8$-Moleküle enthalten, in denen der Schwefel einen gefalteten Ring bildet, während weißer Phosphor ein Molekülkristall ist, der tetraedrische $P_4$-Moleküle enthält. Für Chlor und Silicium sind jedoch ein einfacher Molekülkristall und ein dreidimensionales Riesenmolekül die einzigen Möglichkeiten.

Silicate werden am besten mittels der zugrunde liegenden $SiO_4$-Tetraeder betrachtet. Wenn diese Tetraeder alle ihre Ecken mit anderen teilen, so resultiert eine Form von Silicumdioxid. Wenn nun einige der Siliciumatome durch Aluminium

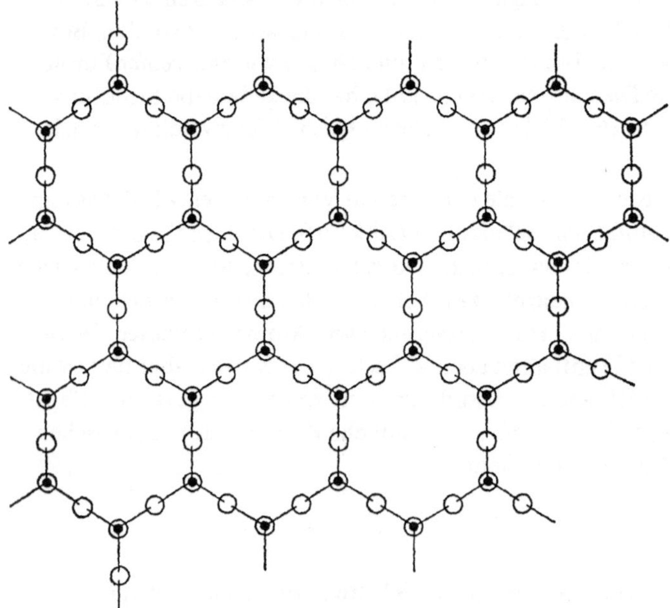



**Abb. 71.** Ketten- und Schichtanionen in Silicaten

ersetzt werden, so bleibt die Struktur im wesentlichen unverändert, solange außerdem noch ein Elektron hinzugefügt wird. (Al hat nur drei Außenelektronen, und vier werden gebraucht.) Deshalb wird aus dem dreidimensionalen Riesenmolekül Siliciumdioxid ein dreidimensionales Riesenanion, und es werden soviel Kationen gebraucht, wie zum Ladungsausgleich notwendig sind. Es erweist sich, daß genügend Raum für kleine Kationen wie $K^+$, $Mg^{2+}$, $Ca^{2+}$ usw. in den Zwischenräumen des Si–Al–O-Netzwerkes vorhanden ist. Die Granite und Feldspate haben Strukturen von diesem allgemeinen Typ. Auf der anderen Seite können die $SiO_4$-Tetraeder

**Tabelle 19.** Eine Klassifikation der Kristalle

| Struktureinheiten | | Bindungstyp | Beispiele |
|---|---|---|---|
| Diskrete Komplexe: | kleine Moleküle | innerhalb der Moleküle kovalent; zwischen den Molekülen van der Waals' | Jod, rhombischer Schwefel, die meisten organischen Verbindungen |
| Eindimensionale Riesenkomplexe: | Ketten von praktisch unbegrenzter Länge | kovalent innerhalb der Ketten; van der Waals' zwischen ihnen | $PdCl_2$ $SiS_2$ |
| | praktisch unbegrenzt lange Anionenketten und kleine Kationen | kovalent innerhalb der Ketten; ionisch zwischen den Ketten und den Kationen | Asbest, $CsCuCl_3$ |
| Zweidimensionale Riesenkomplexe: | Schichten von praktisch unbegrenzter Ausdehnung | kovalent in den Schichten; van der Waals' dazwischen | roter Phosphor |
| | | ionisch-kovalent innerhalb der Schichten; van der Waals' dazwischen | $CdCl_2$ und andere Schichtgitter |
| | | kovalent-metallisch innerhalb der Schichten; van der Waals' dazwischen | Graphit |
| | unbegrenzte Schichtanionen und kleine Kationen | ionisch-kovalent innerhalb der Schichten; ionisch zwischen den Schichten und den Kationen | Glimmer |
| Dreidimensionale Riesenkomplexe: | Riesen„moleküle" bestehend aus: | | |
| | Atomen | kovalent ionisch-kovalent | Diamant ZnS |
| | Kationen | metallisch | Metalle |
| | Kationen und Anionen | ionisch | NaCl |
| | kleine komplexe Ionen | kovalent innerhalb; ionisch dazwischen | $NH_4Cl$ $KNO_3$ |
| | kleine Moleküle | kovalent innerhalb; Wasserstoffbrücken dazwischen | Hydrochinon |
| | dreidimensionale Riesenanionen und kleine Kationen | ionisch-kovalent innerhalb der Anionen; ionisch zwischen den großen Anionen und den kleinen Kationen | Granit Zeolithe |

nur drei Ecken gemeinsam haben, wodurch kontinuierliche Schichten entstehen, die eine negative Ladung pro Si besitzen (Abb. 71), weil ein Sauerstoff an jedem Silicium an weiteren Bindungen unbeteiligt ist. Der Ersatz von Silicium durch Al, der eine noch höhere negative Ladung ergibt, kann außerdem immer noch eintreten. Solche Schichten, die durch elektrostatische Kräfte mit den notwendigen Kationen zusammengehalten werden, treten in Mineralien, die sich sehr leicht spalten lassen, wie Glimmer, auf. Wiederum ergeben gemeinsame Ecken langkettige Ionen (Abb. 71), Silicate wie Asbest verdanken ihre Fasereigenschaften dieser Eigenart. Offensichtlich gibt es viele mögliche Variationen zu diesem Gegenstand.

Es ist oft nützlich, komplexe Kristalle so zu betrachten, als ob sie aus einer Anzahl von Koordinationspolyedern zusammengesetzt sind, die ihre Ecken, Kanten usw. teilen. *Pauling* hat eine Reihe von Regeln aufgestellt, die die möglichen Typen der Anordnung umfassen.

Es gibt verschiedene Wege, um Kristalle zu klassifizieren. Die Anwendung der äußeren Symmetrie (die in den Kapiteln 9 und 11 erörtert wird) hat praktische Vorteile, wirft aber vergleichsweise wenig Licht auf die innere Struktur. Die andere Alternative besteht darin, die Kristalle entsprechend ihrem Raumgitter, oder der vorliegenden Bindungsart, oder mittels ihrer Struktureinheiten — Einzelmoleküle bzw. ein-, zwei- oder dreidimensionale Komplexe — zu klassifizieren. In Tabelle 19 wird versucht, die beiden letzten Klassifikationskriterien zu kombinieren.

# 9. Weitere Aspekte zum kristallinen Zustand

## 9.1. Die Kristallstruktur und die äußere Kristallform

Die äußere Form eines Kristalles ist notwendigerweise mit der Anordnung
seiner Atome, Molekeln oder Ionen verknüpft. Das Leitprinzip besteht darin, daß
die dichtest besetzten Ebenen von Atomen höchstwahrscheinlich die Außenflächen
des Kristalles definieren. Z.B. stehen in einem kubischen Kristall solche Flächen
senkrecht aufeinander, so daß der Kristall wahrscheinlich senkrecht aufeinander-
stehende Kristallflächen hat und von kubischer Symmetrie ist. Die Ebenen, die die
Hauptebenen in einem Winkel von 45° schneiden, enthalten ebenfalls ziemlich viel
Atome, und die Kanten und Ecken eines Würfels können abgestumpft sein und
einen Oktaeder und ähnliche Formen ergeben. Ebenen, die andere Winkel mit den
Hauptebenen bilden, haben eine geringere Wahrscheinlichkeit, Kristalloberflächen
zu bilden, weil sie eine viel kleinere Flächendichte von Atomen besitzen. Wenn die
Basis der Atomanordnung hexagonal ist, so ist jedoch die äußere Kristallform ebenfalls hexagonal. Diese Verhältnisse werden in der zweidimensionalen Anordnung
in Abb. 72 illustriert. Eine weitere Erörterung der Kristallsymmetrie findet sich
auf Seite 222.

Für die Kristalle einer beliebigen Verbindung sind sowohl die äußere Symmetrie, als auch die Winkel zwischen zwei gegebenen Flächen absolut konstant. Wenn
jedoch der Kristall unter verschiedenen Bedingungen gewachsen ist, so können verschiedene Arten von Flächen entwickelt werden. Natriumchlorid gibt normalerweise Würfel, es bilden sich aber Oktaeder, wenn die Verbindung aus Lösungen
auskristallisiert, die Harnstoff enthält. Die Bruttosymmetrie eines Oktaeders ist
identisch mit der eines Würfels, obwohl die Anordnung der Flächen verschieden ist.

Für viele Verbindungen ist im festen Zustand mehr als eine Anordnung der
Atome oder Moleküle möglich, jede dieser Formen entspricht einer definierten
Kristallform. Solche Verbindungen heißen polymorph. Jede polymorphe Form ist
gewöhnlich über einen definierten Temperatur- und Druckbereich stabil, aber die
Umwandlungsgeschwindigkeit ist oft so gering, daß nicht nur eine Form bei einer
gegebenen Temperatur erhalten wird; jedoch sind dann bis auf eine Form alle
anderen metastabil.

## 9.2. Kristallbaufehler

Bis jetzt wurde davon ausgegangen, daß die Anordnung der Atome in einem
Kristall, unabhängig von seiner Größe, völlig regelmäßig ist. (Je nach den Wachstums-
bedingungen können Kristalle Durchmesser bis zu einigen Zentimetern haben, oder

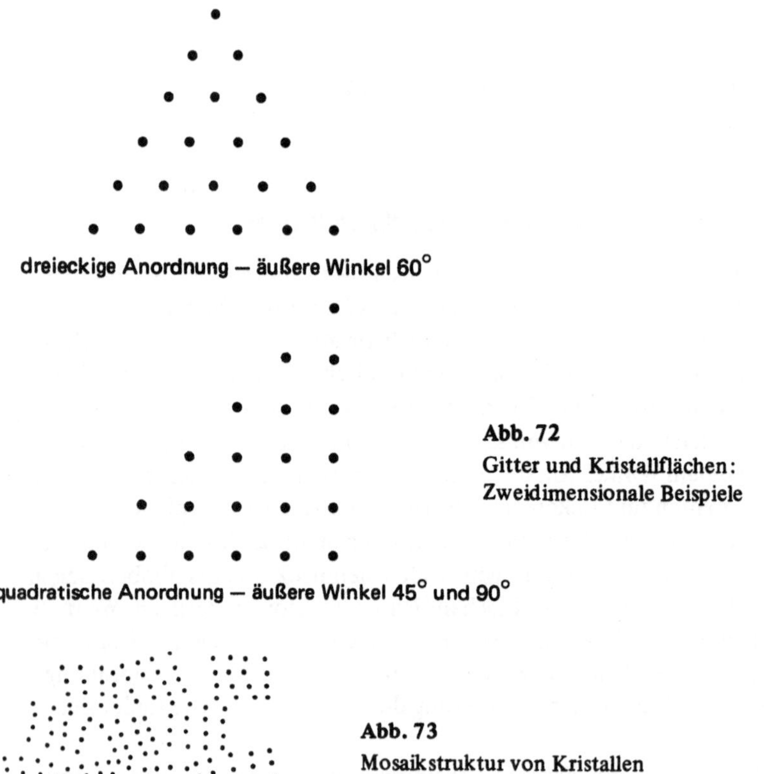



**Abb. 72**
Gitter und Kristallflächen:
Zweidimensionale Beispiele

**Abb. 73**
Mosaikstruktur von Kristallen

so klein sein, daß nur eine mikroskopische Untersuchung ihre Gestalt erkennen läßt.) Tatsächlich zeigt aber eine genaue Analyse der Röntgenstrahlreflexionen, daß die Kristalle gewöhnlich aus einer großen Zahl kleiner Blöcke bestehen. Innerhalb jedes Blocks ist die Anordnung perfekt, aber die Blöcke sind nicht ganz regelmäßig relativ zueinander angeordnet. Das bewirkt eine sogenannte „Mosaik"-Struktur (Abb. 73). Die Seiten der kleinen Blöcke können etwa $10^{-5}$ cm lang sein. Das Kristallwachstum scheint an Defektstellen in der Oberfläche stattzufinden, möglicherweise an der Berührungsstelle der Mosaikblöcke.

Andere Defekte können *innerhalb* der individuellen Mosaikblöcke auftreten. *Frenkel*-Fehlstellen entstehen, wenn ein Atom oder Ion von seiner richtigen Position in einem Kristallgitter verschoben wird und einen Zwischengitterplatz einnimmt; das ist nur möglich, wenn das Gitter Zwischengitterplätze enthält, die genügend groß sind. Häufiger sind *Schottky*-Fehlstellen, bei denen das verschobene Atom oder Ion an die Kristalloberfläche wandert. Wenn ein Schottkydefekt in einem Ionenkristall auftritt, so wandern gewöhnlich sowohl ein Anion als auch ein

Kation. Frenkel- und Schottkydefekte entstehen, wenn ein Atom so heftig schwingt, daß es seine Gitterposition verläßt; ihre Zahl nimmt deshalb mit zunehmender Temperatur zu. Es ist berechnet worden, daß in Alkalihalogenidkristallen bei Zimmertemperatur etwa ein Ion von einer Million aufgrund eines Schottkydefektes fehlt. Die beträchtliche elektrische Leitfähigkeit vieler Ionenkristalle kurz unterhalb ihres Schmelzpunktes rührt von der Wanderung von Löchern unter dem Einfluß eines elektrischen Feldes her. (Das heißt, ein angrenzendes Ion springt in das Loch, ein anderes Ion nimmt seinen Platz ein usw.)

Frenkel- und Schottkydefekte sind ohne besondere Bedeutung für sich allein genommen, sie zeigen aber welche anderen Effekte zu erwarten sind. Wenn z. B. gewisse Metallsulfide in Gegenwart gewisser Metallspuren erhitzt werden, so können Atome der letzteren vom Sulfidgitter absorbiert werden und Zwischengitterpositionen einnehmen, auf denen sie Strahlung absorbieren können. Wegen ihrer isolierten Positionen werden wahrscheinlich diese Fremdatome ihre Anregungsenergie als Strahlung der gleichen Frequenz (Fluoreszenz) oder, nach einem strahlungslosen Übergang auf ein Zwischenniveau, als Strahlung niedrigerer Frequenz (Phosphoreszenz, siehe S. 250) wieder aussenden. Das Zwischenniveau kann besonders stabil sein, wenn die Re-Emission bis zu immerhin einigen Sekunden verzögert ist.

Man führt absichtlich Verunreinigungen in Silicium und Germanium ein, um Halbleitereigenschaften zu erzeugen. Die Tatsache, daß Silicium und Germanium Nichtleiter für die Elektrizität sind, läßt sich mittels der Bändertheorie der Metalle ausdrücken (siehe S. 170). Alle Valenzelektronen befinden sich in einem vollständig gefüllten Band, und zwischen diesem und dem nächsten (leeren) Band befindet sich eine Energielücke, die auf normale Weise nicht überbrückt werden kann. Wenn die Temperatur ansteigt, so erhält eine wachsende Zahl von Elektronen genügend Energie, um die Lücke bis zum nächsten Band zu überspringen, und weil dieses fast leer ist, können sie sich dann unter dem Einfluß eines elektrischen Potentials bewegen. Der Widerstand eines Halbleiters sinkt im Gegensatz zu einem Metall mit steigender Temperatur. Die Halbleitereigenschaften von Silicium und Germanium werden durch die bewußte Einführung von Verunreinigungsatomen aus den Gruppen III oder V erheblich vergrößert. Diese ersetzen wahrscheinlich Silicium oder Germanium, anstatt Zwischengitterpositionen einzunehmen. Immer dann, wenn ein dreiwertiges Atom (z. B. Indium) eingeführt wird, entsteht ein Defizit von einem Elektron in dem mit Valenzelektronen gefüllten Band, in welchem sich die verbleibenden Elektronen nunmehr zu bewegen beginnen, wenn ein elektrisches Feld angelegt wird. Alternativ gesehen, bewegt sich das Elektronendefizit von einem Atom zum nächsten, und man schreibt die Leitfähigkeit eines Indium-dotierten Germaniums oder Siliciumkristalls *positiven* Ladungsträgern oder *Löchern* zu und nennt solche Kristalle p-Halbleiter. Jedes eingeführte Atom aus der V. Gruppe (z. B. Antimon) bringt ein Extraelektron mit, das eine bis dahin leere Zone oberhalb des Valenzbandes besetzen muß. Die zusätzlich addierten Elektronen können sich in einem elektrischen Feld bewegen (weil das Band nahezu leer ist), so daß der Kristall seine Leitfähigkeit nunmehr negativen Ladungsträgern verdankt. Diese Art von Germanium nennt man einen n-Halbleiter. Beide Arten von Halbleitern benutzt man bei der Produktion von Transistoren, Gleichrichtern und anderen Halbleiterbauelementen.

Für die große katalytische Aktivität gewisser Metalloxide sind fast immer Gitterdefekte der verschiedenen Arten verantwortlich. So kann z. B. die Wanderung von Atomen an die Oberfläche Zentren ergeben, die die Molekeln eines Gases mit Leichtigkeit anziehen.

Ein weiterer Typ von Kristalldefekten erzeugt nichtstöchiometrische Verbindungen–Verbindungen, die niemals *ideale* Zusammensetzung haben. Dafür ist Eisen(II)-sulfid, seltsam genug, ein Beispiel. Ganz gleich wie sorgfältig es auch immer hergestellt und gereinigt wird, es enthält immer mehr Schwefel- als Eisenatome, und die Zusammensetzung ist unterschiedlich. $FeS_{1,09-1,17}$ wäre die weitestgehende Annäherung an seine Formel. Einige der Eisenpositionen im Kristall sind unbesetzt und damit die notwendige positive Gesamtladung geschaffen wird, befindet sich ein Teil des vorhandenen Eisens im dreiwertigen anstatt zweiwertigen Zustand. Aus verschiedenen Gründen ist diese Anordnung stabiler (besitzt also kleinere Energie) als das ideale FeS. Viele Metalle, die zwei benachbarte Valenzzustände aufweisen, bilden nichtstöchiometrische Oxide und Sulfide. Die Anwesenheit von Metallatomen in mehr als einem Oxydationszustand bedingt eine Delokalisation von Elektronen und ist deshalb die Ursache dafür, daß solche Verbindungen tieffarbig sind (siehe S. 246).

## 9.3. Substitutionsmischkristalle

### Isomorphie und Mischkristalle

Isomorph nennt man Verbindungen, deren Kristalle die gleiche äußere Symmetrie besitzen; dies bedeutet, daß die Kristallgitter ähnlich sein müssen. Isomorphie bedeutet nicht, daß die Winkel zwischen entsprechenden Flächen gleich sein müssen; sie sind verschieden, außer wenn diese Winkel 60°, 90° usw. betragen, weil dann der Kristall hexagonale oder kubische Symmetrie besitzt. Einstmals schlußfolgerte man von der Isomorphie auf eine immer damit verbundene chemische Ähnlichkeit (Mitscherlichs Gesetz), sie wurde für die Festlegung von Atomgewichten benutzt. Z. B. sind entsprechende Sulfate und Selenate oft isomorph, ebenso wie zusammengehörige Phosphate und Arsenate. Darüber hinaus wurden die Isomorphien von Chromaten und Sulfaten, Perchloraten und Permanganaten, Vanadaten und Phosphaten usw. als eine der Ähnlichkeiten von Elementen in „A" und „B"-Untergruppen des periodischen Systems angesehen.

Ein nützlicher Test auf Isomorphie ist die Bildung von Mischkristallen, wenn ein Lösung, die zwei Komponenten enthält, zur Kristallisation gebracht wird. Ein anderer ist das Auftreten von Überwachsung: Wenn man einen Kristall einer Verbindung in eine konzentrierte Lösung einer dazu isomorphen Verbindung bringt, so beginnt der Kristall weiterzuwachsen. Das Ausbleiben von Mischkristallen oder des Weiterwachstums ist jedoch kein ausschließender Beweis dafür, daß die beiden Verbindungen nicht isomorph sind. In einer mechanischen Mischung von, sagen wir KCl und KBr, gibt es ganze Regionen (wie klein sie auch immer sein mögen), die ausschließlich aus KCl oder KBr bestehen. In einem Mischkristall (der durch Auskristallisation aus einer Lösung erhalten wird, die beide Verbindungen enthält) gibt es keine solchen Bezirke; beide Anionenarten sind völlig zufällig angeordnet, und der Kristall ist bis hinunter auf wenige Elementarzellen homogen. Die Analogie zu flüssigen Lösungen ist offensichtlich, aus diesem Grunde werden Mischkristalle oft als *feste Lösungen* bezeichnet.

Zwei Verbindungen sind dann isomorph, wenn ihre Molekeln, Atome oder Ionen in Gestalt und relativer Größe genügend ähnlich sind, um den gleichen Kristallgittertyp zu bilden. Z.B. bilden die meisten Übergangsmetalle der ersten Reihe isomorphe Sulfate, $MSO_4 \cdot 7H_2O$, weil die Radien der Ionen $M^{2+}$ etwa alle gleich sind. Wiederum gibt es Alaune, $M'M'''(SO_4)_2 \cdot 12H_2O$, in denen $M'$ ein einwertiges Kation wie Kalium, Rubidium oder Ammonium darstellt und $M'''$ ein dreiwertiges Kation. Fast jedes dreiwertige Kation ist dazu in der Lage, aber es gibt sehr wenige Alaune mit Natrium als einwertigem Kation, weil Natrium offenbar zu klein ist, um die Stabilität der typischen Alaunstruktur zu gewährleisten. Wegen des bestimmenden Einflusses der Größen- und Gestaltverhältnisse sind auch einige chemisch unähnliche Verbindungen isomorph. Z.B. ist $K_2BeF_4$ isomorph mit $K_2SO_4$; die Ursache dafür ist, daß $BeF_4^{2-}$ und $SO_4^{2-}$ beide tetraedrisch und von etwa der gleichen Größe sind. Auf der anderen Seite bedeutet chemische Ähnlichkeit nicht notwendigerweise identisches Kristallgitter und Isomorphie. Z.B. ist Silberbromid mit der normalen Form von Silberjodid nicht isomorph. AgBr hat die sechsfach koordinierte Form der Steinsalzstruktur, während das kleinere Verhältnis $r_A/r_X$ in AgJ normalerweise zur Ausbildung der vierfach koordinierten Wurtzitstruktur führt.

Für die Bildung von Mischkristallen ist die Ähnlichkeit in der Atom- oder Ionengröße wichtiger als der Radienquotient, weil nunmehr die Atome beider Verbindungen in das gleiche Gitter zu passen haben. Es gibt natürlich eine Änderung in der Dimension der Elementarzelle beim Auftreten von Mischkristallbildung; in vielen Fällen ergibt das Auftragen einer Kante der Elementarzelle gegen die Zusammensetzung (als Molenbruch) eine lineare oder fast lineare Beziehung. Sehr häufig bilden zwei nicht isomorphe Verbindungen eine begrenzte Reihe von Mischkristallen. Andererseits ergeben isomorphe Verbindungen nicht immer Mischkristalle. KCl, KBr, KJ und PbS besitzen alle die Natriumchloridstruktur und sind isomorph. KCl und KBr bilden eine vollständige Reihe von Mischkristallen, aber KCl und KJ bilden Mischkristalle nur über einen begrenzten Zusammensetzungsbereich, zweifellos wegen der Unterschiede in der Größe zwischen $J^-$ und $Cl^-$. KCl und PbS bilden überhaupt keine Mischkristalle; offensichtlich ist der Bindungstyp in den beiden Verbindungen zu verschieden.

### Substitutionsmischkristalle und Überstrukturen

Eine feste Lösung (oder ein Mischkristall) der soeben diskutierten Art heißt aus einleuchtenden Gründen Substitutionsmischkristall. Viele Legierungen sind substituierte feste Lösungen. Bei tiefen Temperaturen ergibt sich daraus ein geordnetes Muster. Z. B. liefern Kupfer und Zink eine wohl definierte Reihe von Legierungen mit Zusammensetzungen um CuZn, die kollektiv als $\beta$-Messing bekannt sind. Bei tiefen Temperaturen besitzt die Legierung, die genau die Zusammensetzung CuZn hat, die Cäsiumchloridstruktur, in der die Kupfer- und Zinkatome zwei sich durchdringende einfach kubische Gitter bilden und jedes Atom einer Sorte von acht Atomen der anderen Sorte umgeben ist. Bei Temperaturanstieg beginnen die Kupfer- und Zinkatome ihr eigenes Gitter zu verlassen, zunächst sehr allmählich und dann in einem immer größerem Ausmaß. Oberhalb einer kritischen Temperatur (dem *Curie*-Punkt der Umwandlung) ist die Anordnung ganz zufällig, wobei jedes Kupferatom durchschnittlich von vier Zinkatomen und vier anderen Kupferatomen umgeben ist. Man spricht davon, daß $\beta$-Messung unterhalb des *Curie*-Punktes als eine „Überstruktur" existiert. Ob dies als eine definierte Verbindung angesehen werden kann, wird in einem späteren Abschnitt betrachtet.


## 9.4. Festkörper mit wechselnder Zusammensetzung und unregelmäßiger Struktur

### Feste Lösungen vom Einlagerungstyp usw.

Der andere Typ der festen Lösung ist der Einlagerungstyp, bei dem das *Wirtsgitter* Plätze aufweist, die groß genug sind, um *gelöste* Atome oder Molekeln bis zu einer bestimmten Größe aufzunehmen. Manchmal, wie im Falle einiger Silicate, bleibt das Lösungsmittelgitter im wesentlichen ungestört; gelöste Moleküle können mehr oder weniger reversibel eingeführt oder entfernt werden. Oft ist dies nicht der Fall, aber sogar dann ist es nützlich, das System als von einem *Wirtsgitter* abgeleitet zu betrachten, in das kleine Atome oder Moleküle eingelagert worden sind.

Die Carbide und Nitride der meisten Übergangsmetalle sind von diesem Typ. Sie werden durch Erhitzen des feinverteilten Metalles in Stickstoff, Ammoniak oder Kohlenwasserstoffatmosphäre hergestellt, sind chemisch träge, außerordentlich hart und besitzen metallische Leitfähigkeit. Ihre Schmelzpunkte sind die höchsten unter allen Festkörpern (das System $Ta_4ZrC_5$ schmilzt bei 4215 °K). Ihre Zusammensetzungen sind variabel und die Formeln der Ideal- oder Grenzverbindungen werden offensichtlich nicht durch normale Wertigkeitsbeziehungen bestimmt. In den meisten Fällen liegen die Metallatome auf den Punkten eines kubisch flächenzentrierten Gitters (obwohl die Metalle selbst gewöhnlich davon verschiedene Strukturen aufweisen) und ein Anteil der oktaedrischen oder tetraedrischen Löcher ist durch Kohlenstoff- oder Stickstoffatome besetzt (siehe S. 161). Zuweilen wird die ideale Zusammensetzung niemals erreicht (vgl. FeS, S. 188). Immer kann es einen Zusammensetzungsbereich geben, über welchem die Eigenschaften des Systems im wesentlichen die gleichen bleiben. So kann z. B. die Phase $V_2C_{0,74-1,0}$ jeden Bruchteil zwischen 3/8 und 1/2 aller oktaedrischen Löcher durch Kohlenstoffatome besetzt haben, bevor sie einer anderen Phase Platz macht. Die Wärmeentwicklung, die eine einfache Lösung von Kohlenstoff- oder Stickstoffatomen begleiten würde, wäre viel zu klein, um die notwendige vorherige Umwandlung des festen Kohlenstoffs oder gasförmigen Stickstoffs in die Atome zu bewirken. Es muß deshalb starke Wechselwirkungen „chemischer" Natur zwischen den Metallatomen und den Einlagerungsatomen geben. Die Kationen in den meisten Silicaten besetzen tetraedrische und oktaedrische Löcher in einem Si—Al—O-Netzwerk (siehe S. 182). Die Vielfalt der Kationen, die vorhanden sein können, wird lediglich durch Größenfaktoren eingeschränkt, und die Verhältnisse, in denen sie anwesend sind, werden nur durch die Notwendigkeit beschränkt, daß die gesamte positive Ladung gleich der vorhandenen negativen Gesamtladung sein muß. Natürlich vorkommende Silikate haben deshalb Zusammensetzungen, die nicht durch einfache Formeln ausgedrückt werden können. Z. B. ist die *ideale* Formel für Amphibole $Ca_2Mg_2(OH)_2(Si_4O_{11})_2$ aber das Silicium ist immer teilweise durch Aluminium ersetzt und das Calcium und Magnesium teilweise durch Ionen wie Titan, Eisen [Fe(II) und Fe(III)], Aluminium, Mangan, Natrium und Kalium.

Zeolithe sind eine Gruppe natürlich vorkommender Silikate mit einer sehr offenen dreidimensionalen Al—Si—O-Netzwerkstruktur, die negativ geladen ist. In den Zwischengitterplätzen befinden sich unterschiedliche Anteile von Wassermolekeln und eine hinlängliche Zahl von Kationen. Die Struktur ist so offen, daß leicht Ionenaustausch eintritt; wenn hartes Wasser durch einen Zeolith („Permutit") hindurchsickert, der Natriumionen enthält, so ersetzen die Calciumionen des harten Wassers das Natrium aus dem Zeolith und das Wasser wird weich. Wenn Zeolithe bestimmten Typs (natürliche oder synthetische) entwässert werden, bricht die Al—Si—O-Netzwerkstruktur nicht zusammen und der resultierende Festkörper läßt sich als Molekularsieb verwenden. Kleine Moleküle aller Arten ($H_2O$, $NH_3$, gasförmige Kohlenwasserstoffe usw.) können in die Zeolithstruktur aufgenommen werden. Auf diesem Wege ist es möglich, Gasgemische auf der Basis von Molekülgrößen zu trennen, indem man ein geeignetes Molsieb benutzt. Molsiebe sind ebenfalls sehr wirksame Trockenmittel für Gase und organische Lösungsmittel.

In ähnlicher Weise bilden sich feste Additionsverbindungen, wenn Harnstoff in Gegenwart von geradkettigen Kohlenwasserstoffen und einigen anderen organisch-chemischen Verbindungen auskristallisiert, wobei es sich erweist; daß sich die organischen Molekeln in langen offenen Kanälen des Harnstoffgitters befinden. Verzweigte Kohlenwasserstoffe bilden keine solchen Additionsverbindungen, dies gewährt eine Trennmethode zwischen geradkettigen und verzweigten Kohlenwasserstoffen.

## Clathratverbindungen

Hydrochinon besitzt ein sehr offenes Gitter, das durch Wasserstoffbrücken zusammengehalten wird und große Hohlräume enthält. Wenn eine Lösung von Hydrochinon in Gegenwart von gelöstem Schwefeldioxid oder unter einem Druck von einigen Atmosphären Argon auskristallisiert, so werden Gasmolekeln in die Kristalle eingebaut. Sie sind nicht auf irgendeine Art und Weise an das Hydrochinon gebunden, sondern werden in den Hohlräumen der Hydrochinonstruktur eingefangen. Wenn die Kristalle geschmolzen oder gelöst werden, bricht das Gitter zusammen und das Gas entweicht. Solche Verbindungen heißen *Clathrate* (Käfigverbindungen) und werden auch zwischen Hydrochinon und bestimmten anderen Gasen gebildet. Clathratverbindungen lassen sich auch mit asymmetrischen Verbindungen anstelle von Hydrochinon (siehe S. 274) darstellen. Die Hohlräume im Gitter sind dann selbst asymmetrisch und können unter Umständen nur eine der spiegelbildisomeren Formen einer zweiten (kleineren) asymmetrischen Molekel aufnehmen. Auf diese Weise ist eine Trennung in optische Isomeren verwirklicht worden, z.B. mit Tri-ortho-thymotid einem trimeren cyclischen Ester der o-Thymotinsäure:

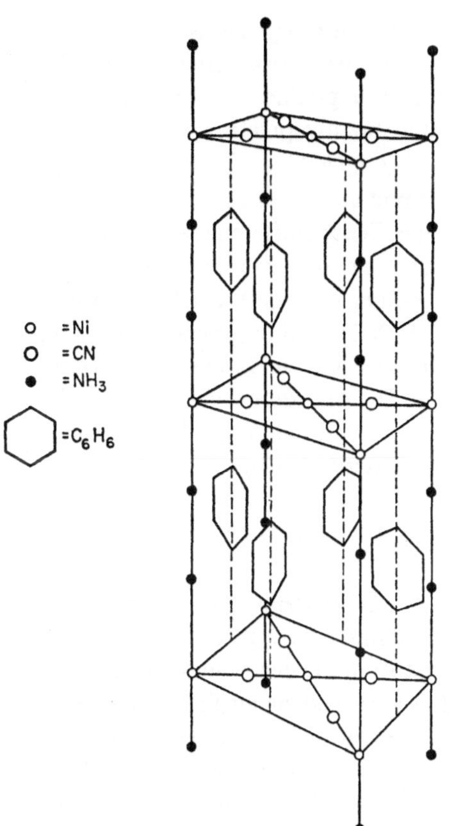



**Abb. 74**
Ammoniak-Nickelcyanid-
Benzol-Clathratverbindung

Fügt man andererseits Benzol zu einer ammoniakalischen Lösung von Nickelcyanid,
so bildet sich die Clathratverbindung Ni(CN)$_2$ · NH$_3$ · C$_6$H$_6$. Diese besteht aus
Schichten von der in Abb. 74 gezeigten Form, bei der die Benzolmolekeln in
großen Löchern zwischen den Schichten eingefangen sind. Die Bildung und nachfolgende Zersetzung dieser Verbindung ist zur Reinigung des Benzols vom Thiophen
benutzt worden, weil die Thiophenmolekeln (die in sehr vieler Hinsicht denen des
Benzols so ähnlich sind) zu groß sind, um mit ammoniakalischem Nickelcyanid eine
Clathratverbindung zu bilden. Wiederum haben die Hydrate, die von Chlor und bestimmten Edelgasen gebildet werden, die Gasmolekeln in ein Gitter von Wassermolekülen eingeschlossen, das der Eisstruktur verwandt ist.

## Ordnungsfehler in stöchiometrischen Kristallen

Die „Verbindungen" unterschiedlicher Zusammensetzung, die in den vorhergehenden Abschnitten besprochen wurden, sind notwendigerweise ungeordnet,
bis auf die Fälle idealer oder Grenzzusammensetzung. Das ist so, weil immer dann,

13 Spice

wenn weniger als die volle Zahl der Einlagerungspositionen gefüllt ist, die Besetzung zufällig erfolgt. Die Gitterbaufehler, die in einem vorhergehenden Abschnitt behandelt wurden, lassen sich als Beispiele für Ordnungsfehler in *stöchiometrischen* Kristallen klassifizieren, es gibt aber einige viel mehr ausgeprägte Typen.

Bei zweiatomigen Molekülen findet man Zufälligkeiten in der Orientierung, so bei Kohlenmonoxid und Stickstoffmonoxid und auch bei Eis. CO und NO sind so symmetrisch (in äußerlicher Hinsicht), daß die Energiedifferenz zwischen den beiden Positionen, die jedes Molekül im Kristall einnehmen kann, außerordentlich klein ist. Dementsprechend sind die Moleküle zufällig orientiert. Die Wasserstoffbrücken, die die Eisstruktur zusammenhalten (S. 200), sind unsymmetrisch, so daß jedes Sauerstoffatom zwei Wasserstoffatome in der Nähe und zwei weiter entfernt besitzt, die ein verzerrtes $OH_4$-Tetraeder bilden. Die Anordnung der kurzen und langen Abstände ist zufällig. Auch dann, wenn eine Verbindung ein Mischelement enthält, lassen sich verschiedene Molekülarten auf der Grundlage der Isotope, die sie enthalten, unterscheiden; im allgemeinen sind sie zufällig über den Kristall verteilt. All diese Zufälligkeiten bleiben bis hinunter zu den tiefsten erreichbaren Temperaturen bestehen.

Andere Arten von Ordnungsfehlern treten nur oberhalb einer bestimmten Temperatur auf. Ammoniumhalogenide haben Cäsiumchloridgitter mit acht Halogenidionen um ein Ammoniumion. Die Wasserstoffatome der Ammoniumgruppen liegen längs der N-Halogenrichtungen, so daß es verschiedene mögliche Orientierungen für jedes Ammoniumion gibt. Bei tiefen Temperaturen sind sie regulär orientiert, aber bei hohen Temperaturen zufällig. Für bestimmte Ammoniumsalze können zusätzlich Torsionsschwingungen der Ammoniumionen bei tiefen Temperaturen durch behinderte Rotationen bei hohen Temperaturen ersetzt werden. Die *Ordnungs-Unordnungsübergänge* von Ammoniumsalzen treten über einen definierten Temperaturbereich — nicht scharf — auf und werden von einer Anomalie der spezifischen Wärmen begleitet, so wie ein Typ in Abb. 75 dargestellt ist. Es sind auch andere Übergänge des gleichen allgemeinen Typs bekannt. Z. B. rotieren die Moleküle von Äthylendichlorid im festen Zustand bei sehr tiefen Temperaturen nicht, aber es tritt ein sehr allmählicher Übergang über einen Temperaturbereich von etwa 40 °C auf, wobei das Maximum der Wärmekapazität bei 178 °K liegt. Das Anwachsen der Dielektrizitätskonstante und das Schmalerwerden der kernmagnetischen Resonanzabsorptionslinie für Wasserstoff (siehe S. 267 und 253) als Ergebnis dieses Überganges beweisen, daß die Moleküle oberhalb frei rotieren. Der Wechsel von einer Überstruktur zu einem ungeordneten Arrangement (S. 190) ist vom gleichen allgemeinen Typ wie der Übergang von einem ferromagnetischen Festkörper (in dem alle atomaren Magneten parallel zueinander liegen) zu einem paramagnetischen Kristall, in dem sie zufällig orientiert sind (siehe S. 33). Das war der ursprüngliche *Curie*-Punkt. Im Gegensatz zu Übergängen zwischen polymorphen Kristallen oder zwischen einem Festkörper und einer Flüssigkeit, die scharf und mit einer latenten

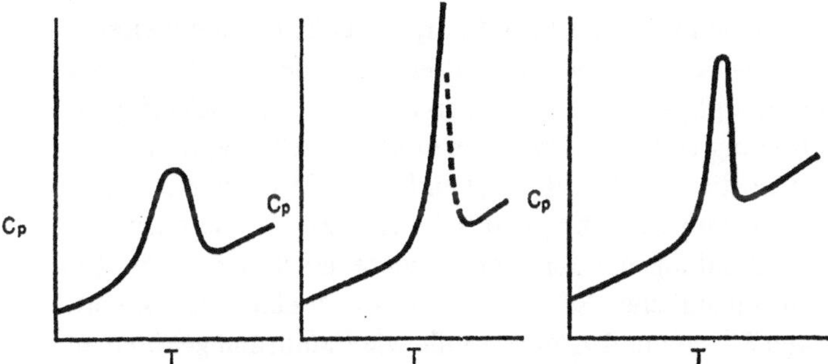


**Abb. 75.** Anomalien der spezifischen Wärme, hervorgerufen durch allmähliche Übergänge in Festkörpern

Wärme eintreten, gehen die eben erwähnten Veränderungen um so leichter vonstatten, je größer das Ausmaß ist, in dem sie bereits stattgefunden haben. Das spricht für ihre graduelle Natur, und deshalb prägte man die Alternativbezeichnung *kooperative Übergänge.*

Eine davon gänzlich verschiedene Art von Unordnung zeigt metallisches Kobalt, in dem die Aufeinanderfolge der dichtest gepackten Schichten weder ABABAB ... noch ABCABCABC ... sondern eine zufällige ist (siehe S. 159). In ähnlicher Weise gibt es eine zufällige Aufeinanderfolge der Schichten im Schichtgitter des Cadmiumbromids.

Ein weiterer Typ von Unordnung tritt in bestimmten gemischten Halogeniden und Oxiden auf, die trotz ihrer Formel keine komplexen Ionen enthalten. Z.B. besitzt die Verbindung $KLaF_4$ die Calciumfluoridstruktur, in der die Kaliumionen die eine Hälfte der Calciumionen ersetzen und die Lanthanionen die andere Hälfte. Obwohl die Verbindung in gar keiner Hinsicht nichtstöchiometrisch ist, ist sie fehlgeordnet, weil die Kalium- und Lanthanionen vollständig unregelmäßig verteilt sind. Silberjodid besitzt bei tiefen Temperaturen die vierfach koordinierte Wurtzitstruktur, unterliegt aber bei 145,8 °C einem Übergang, der von einem beträchtlichen Ansteigen der elektrischen Leitfähigkeit begleitet ist. Oberhalb von 145,8 °C besitzen die Jodidionen eine offenere Anordnung, in der es mehr als genug Räume für Silber gibt. Die Silberionen besetzen diese Räume zufällig und können sich frei von einem Hohlraum zum anderen bewegen. In gewissem Sinne schmilzt das Silber des AgJ-Kristalles bei 145,8 °C, aber es schmelzen nicht die Jodidionen.

### Feste Verbindungen; Additionsverbindungen

Die einzigen festen Verbindungen, die ihre chemische Identität in den anderen Aggregatzuständen vollständig beibehalten, sind jene, in denen die Struktureinheiten kleine Molekeln sind; sie bleiben als solche bestehen, ob in Lösung, als Flüssigkeit oder als Gas. In allen anderen Fällen gehen solche charakteristische Eigenschaften eines Festkörpers, die durch die räumliche Anordnung seiner Struktureinheiten bedingt sind, unvermeidlich verloren, sobald das Gitter zusammenbricht. Die meisten dieser Eigenschaften sind physikalisch, doch kann es auch chemische Eigenschaften geben, wie die Bildung von *Lamellarverbindungen* durch Graphit (siehe S. 181). In einigen Fällen existiert die Verbindung einfach nicht in anderen Aggregatzuständen — die feste Substanz schmilzt nicht beim Erhitzen, sondern zersetzt sich entweder in andere Verbindungen, oder in eine andere molekulare Form. (So besteht roter Phosphor aus unendlichen Schichten, liefert aber einen Dampf von $P_4$-Molekülen.) Die meisten Silicate und Atomkristalle wie Carborund gehören zu dieser Kategorie.

Viele Additionsverbindungen existieren nur als Festkörper. Clathratverbindungen sind von diesem Typ, und eine weitere große Gruppe ist die der Anlagerungsverbindungen zwischen mehrkernigen Kohlenwasserstoffen wie Naphtalin oder Anthracen und einer Polynitroverbindung wie Pikrinsäure. Die letzteren Verbindungen sind im wesentlichen Kristalle, in denen zwei Arten von Molekeln in definierten Verhältnissen in das gleiche Gitter eingebaut worden sind. Nichtsdestoweniger sind die Kräfte viel spezifischer als die in den meisten Clathratverbindungen usw., indem sie durch die Wirkung der stark polarisierenden Nitroverbindung auf den stark polarisierbaren Kohlenwasserstoff bedingt sind. Aus diesem Grunde kann ein gewisses Ausmaß von Assoziation im flüssigen Zustand oder in Lösung beibehalten werden, obwohl die meisten Gitterverbindungen in ihre Bestandteile zerfallen, sobald das Gitter zusammenbricht.

Es ist im vorliegenden Zusammenhang von Interesse, die strukturellen Änderungen zu verfolgen, von denen Zustandsänderungen begleitet sein können; Eisen-(III)-chlorid ist ein besonders gutes Beispiel. Die feste Substanz existiert als ein Schichtgitter, wobei jede Schicht aus $FeCl_6$-Oktaedern besteht, die gemeinsame Kanten haben. $FeCl_3$-Dampf enthält Doppelmoleküle, in denen die Eisenatome vierfach koordiniert sind.

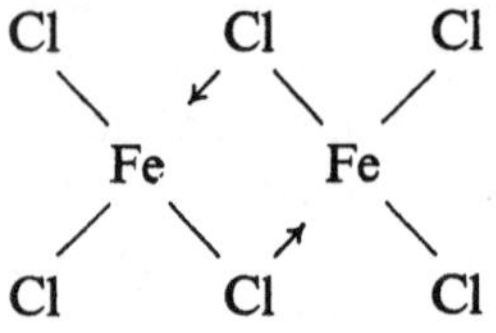

$$
\begin{array}{ccccc}
Cl & & Cl & & Cl \\
\diagdown & \swarrow & \diagdown & \diagup & \\
& Fe & & Fe & \\
\diagup & \diagdown & \nearrow & & \diagdown \\
Cl & & Cl & & Cl
\end{array}
$$

Einzelne Moleküle, $FeCl_3$, können bei höheren Temperaturen existieren. Die gleichen Doppelmoleküle liegen in Nicht-Donor-Lösungsmitteln wie Benzol vor, während in Donor-Lösungsmitteln wie Äther das Eisen Vierfachkoordination durch Anlagerung eines Moleküls Lösungsmittel erreicht; das Eisen (III)-chlorid ist dann monomer. In wäßriger Lösung ist das Eisen (III)-chlorid ionisiert und liegt in Form hydratisierter Chloridionen, zusammen mit einer Vielfalt von Kationen wie $Fe(H_2O)_6^{3+}$, $Fe(H_2O)_5OH^{2+}$ usw., vor (siehe S. 210). Geschmolzenes Eisen(III)-chlorid enthält wahrscheinlich verschiedene der vorher genannten Spezies, die sich im Gleichgewicht miteinander befinden.

### Was ist eine chemische Verbindung?

Die klassische Definition einer chemischen Verbindung lautet folgendermaßen: Eine Substanz, die immer die gleichen Elemente, in den gleichen Gewichtsverhältnissen miteinander kombiniert, enthält. Diese Definition ist sicher für Verbindungen gültig, die Molekülkristalle bilden und für die das Molekül die Struktureinheit in jedem Aggregatzustand bildet. Mit anderen Verbindungen können Schwierigkeiten erwachsen, wie aus den vorhergehenden Abschnitten offenbar geworden ist. Wenn die Konstanz der Zusammensetzung das Kriterium wäre, könnten Verbindungen wie FeS, $V_2C$ und viele Silicate (in denen die Zusammensetzung über einen weiten Bereich ohne wesentliche Änderung in den Eigenschaften schwanken kann) nicht zu den eigentlichen Verbindungen gezählt werden, während der Naphtalin-Pikrinsäure-Komplex als eine Verbindung angesehen werden müßte. Dennoch treten im letzten Fall keine neuen chemischen Eigenschaften auf, während die Eigenschaften von $V_2C$ und FeS von den Eigenschaften ihrer Komponentenelemente sehr verschieden sind. Und ist $V_2C$, für das die *ideale* Zusammensetzung erreichbar *ist,* in einem höheren Grade eine wahre Verbindung als FeS, für das die ideale Zusammensetzung nicht zu existieren scheint? Weiterhin können Verbindungen von Elementen, die nicht isotopenrein sind, keine konstante Zusammensetzung aufweisen, weil die Isotopenverhältnisse schwanken können.

Um Systeme wie $V_2C$ und FeS mit von der Definition umfassen zu lassen, könnte es deshalb als ratsam erscheinen, das Kriterium der konstanten Zusammensetzung preiszugeben und die Existenz eines charakteristischen Gittertyps mit spezifischen interatomaren Kräften und Eigenschaften zu vereinbaren.

Es gibt keinen wesentlichen Unterschied in den physikalischen und chemischen Eigenschaften zwischen Silberchlorid und Silberbromid auf der einen Seite, und einem Mischkristall der beiden Verbindungen auf der anderen Seite. Die meisten Chemiker würden das letzte System nicht als eine wahre Verbindung, sondern als eine feste Lösung ansehen. Und doch unterscheidet es sich von der Verbindung $KLaF_3$ nur dadurch, daß die Zahl der Chlorid- und Bromidionen nicht notwendigerweise gleich ist. In beiden Systemen gibt es eine zufällige Verteilung der beiden Ionenarten auf den gleichen Typ von Gitterplätzen. Es könnte auch gefragt werden, ob die Hochtemperaturform von $\beta$-Messing eine Verbindung wird durch bloßes Abkühlen unter die Übergangstemperatur. Das System ist dann strukturell das gleiche wie CsCl und hat physikalische Eigenschaften, die die ungeordnete Hochtemperaturform nicht aufweist.

Eine andere ganz unterschiedliche Art von Festkörper, die nicht mit der klassischen Vorstellung von einer reinen Verbindung im Einklang steht, ist das synthetische Hochpolymere. Wie auf S. 205 erörtert wird, enthält es unausbleiblich Moleküle ganz unterschiedlicher Gestalt und Größe.

Ein weiterer klassischer Unterschied zwischen Mischungen und Verbindungen war der, daß erstere durch physikalische und letztere durch chemische Veränderungen hergestellt werden. Aber der Prozeß, der eine Gitterverbindung liefert (gewöhnlich eine Kristallisation aus einer Lösung, die beide Bestandteile enthält), unterscheidet sich in keiner wesentlichen Hinsicht von dem, der Einkristalle einer Einzelverbindung liefert. Wiederum bedeutet die Auskristallisation von Kochsalz aus einer Kochsalzlösung (eine *physikalische* Veränderung), daß die hydratisierten Natrium- und Chloridionen ihre Hydrathüllen verlieren (S. 211) und zum Ionengitter zusammentreten. Das ist im wesentlichen das gleiche wie die Ausfällung von Silberchlorid (eine *chemische* Veränderung), wenn Lösungen von Silbernitrat und Natriumchlorid miteinander vermischt werden.

Es muß deshalb geschlußfolgert werden, daß die klare Unterscheidung der klassischen Chemie zwischen physikalischen und chemischen Veränderungen, zwischen Mischungen und Verbindungen im Lichte moderner Erkenntnisse nicht mehr aufrecht erhalten werden kann.

# 10. Die anderen Zustandsformen der Materie

Es ließ sich zeigen, daß die Kräfte zwischen Atomen, Molekeln und Ionen zu bestimmten Strukturtypen in vielen Festkörpern führten — Strukturen, die auf Einheiten beruhen, die sich unendlich oft in den drei Raumrichtungen wiederholen. Die dabei vorkommenden Prinzipien sind gleichermaßen für die anderen Aggregatzustände der Materie anwendbar, obwohl dann die Regelmäßigkeit des kristallinen Zustandes fehlt.

## 10.1. Der gasförmige Zustand

Vom strukturellen Gesichtspunkt aus gibt es zum gasförmigen Zustand wenig zu sagen. Bindung und Kräfte innerhalb isolierter Moleküle sind in vorhergehenden Kapiteln ausführlich behandelt worden. Der Ausgangspunkt für die kinetische Gastheorie ist das perfekte oder ideale Gas, in dem es keine Kräfte zwischen den Molekülen gibt. Ein solches Gas würde niemals kondensieren, so daß allein aus diesem Grunde Kräfte zwischen den Molekülen eines realen Gases vorhanden sein müssen. Die Natur dieser Kräfte ist im Zusammenhang mit den Molekülkristallen behandelt worden (S. 167). Soweit es sich um den gasförmigen Zustand selbst handelt, liegt ihre Bedeutung in der Art und Weise, in der sie die P—V—T-Beziehungen eines realen Gases bestimmen.

## 10.2. Flüssigkeiten und Gläser

### Der flüssige Zustand

Der flüssige Zustand ist oft dem gasförmigen Zustand näher verwandt als dem festen Zustand betrachtet worden. Flüssigkeiten und Gase werden z. B. gemeinsam auf „Fluide" zurückgeführt, weil beide die Eigenschaft des sich Ausbreitens besitzen, indem sie die Gestalt des sie einschließenden Gefäßes annehmen. In erster Sicht scheinen Festkörper klar von Flüssigkeiten und Gasen durch ihre definierte Kristallform abgegrenzt; auch wegen einiger physikalisch-chemischer Gesichtspunkte gibt es eine klarere Trennlinie zwischen Festkörpern und Flüssigkeiten als zwischen Flüssigkeiten und Gasen. So verschwinden alle Unterschiede zwischen Flüssigkeit und Dampf oberhalb des kritischen Punktes; Bemühungen aber, die Existenz eines kritischen Punktes für Festkörper und Flüssigkeiten zu begründen, blieben bis jetzt erfolglos.

Andererseits sind Flüssigkeiten in einigen physikalischen Eigenschaften den Festkörpern unleugbar näher verwandt als den Gasen. Die Dichte ist ein offensichtliches Beispiel; der Volumenzuwachs beim Schmelzen übersteigt in den seltensten Fällen etwa 10 % und zeigt damit, daß die Molekeln einer Flüssigkeit nicht viel weiter untereinander entfernt sind als im festen Zustand. Für eine Anzahl Substanzen nimmt das Volumen beim Schmelzen tatsächlich ab, woraus zu ersehen ist, daß die Atome oder Molekeln dann in der Flüssigkeit dichter gepackt sind als im Festkörper. Die Kompressibilität einer Flüssigkeit ist der einer Festsubstanz viel ähnlicher gegenüber der sehr großen Kompressibilität eines Gases, und die spezifische Wärme einer Flüssigkeit kurz oberhalb ihres Schmelzpunktes ist gewöhnlich nicht sehr verschieden von der eines Festkörpers kurz unterhalb des Schmelzpunktes.

Die Ergebnisse von Röntgenstrahl-Beugungsuntersuchungen zeigen, obwohl sie schwierig zu interpretieren sind, in manchen Fällen, daß eine Flüssigkeit eine definierte Struktur hat. Wenn die Moleküle annähernd kugelförmig sind, ist diese Struktur lediglich angedeutet, aber in anderen Fällen kann sie ausgeprägter sein. Wie auch immer der Grad dieser so ermittelten Struktur sein mag, er ist immer ein durchschnittlicher Grad. Die Moleküle einer Flüssigkeit haben vollständige Translationsfreiheit, so daß sich die Gesamtstruktur laufend ändert. In jeder augenblicklichen Anordnung jedoch ist die durchschnittliche Umgebung einer bestimmten Molekel wahrscheinlich nicht sehr von der verschieden, wie sie im entsprechenden Kristall vorhanden wäre. Wenn z. B. ein dichtest gepacktes Metall oder ein Edelgas schmelzen, so würde jedes „Schnappschuß"-Bild der Flüssigkeit eine Situation enthüllen, in der jedes Molekül vielleicht zehn, elf oder zwölf nächste Nachbarn hätte. Ein Schnappschuß im nächsten Moment aber würde ein vollständig verschiedenes allgemeines Bild ergeben, obwohl die gleichen Typen von Nahdistanzgruppierungen gesehen werden würden (s. Abb. 76).

**Abb. 76**
Nahdistanzordnung in Flüssigkeiten

Natürlich kann die Packung der Atome oder Moleküle in der Flüssigkeit bei einer kleinen Volumenänderung beim Schmelzen nicht allzusehr von der im Festkörper unterschiedlich sein, wodurch das obige Resultat lediglich das erwartete ist. Zuweilen hat dennoch die Röntgenbeugungsuntersuchung die Existenz eines sehr definierten Strukturausmaßes in der Flüssigkeit erwiesen. Das beste Beispiel ist Wasser. Eis enthält die Sauerstoffatome der Wassermolekeln durch Wasserstoffbrückenbindungen in einer tetraedrischen Anordnung, fast wie Diamant. Beim Schmelzen bleiben beträchtliche Regionen dieser Struktur bestehen, und zwar soviel, daß Wasser kurz oberhalb des Schmelzpunktes dichter ist als Eis kurz darunter.

Viele der Eigenschaften des flüssigen Wassers sind durch diesen hohen Grad von Struktur bedingt, aber das Muster wechselt, wie bei allen Flüssigkeiten, ständig.

Zwischen den Extremfällen eines flüssigen Metalls und Wasser gibt es einen ganzen Bereich von dazwischenliegenden Substanzen. Wie auch immer die Details sein mögen, es bleibt Tatsache, daß es keine Fernordnung gibt, während ein beträchtlicher Grad von Nahordnung vorhanden sein kann. Das heißt, es gibt keine definierte Beziehung zwischen den einzelnen kleinen geordneten Bezirken, die natürlich um viele Größenordnungen kleiner sind als die Kristallite eines polykristallinen Festkörpers. Wenn es erlaubt ist, einen festen Kristall, wie klein auch immer, als eine ausgedehnte dreidimensionale „Tapete" zu betrachten, dann muß eine Flüssigkeit eher als ein dreidimensionales Mosaik angesehen werden. Es ist aber ein Mosaik, in dem die einzelnen Steinchen andauernd umgeordnet und tatsächlich andauernd gebrochen und umgearbeitet werden.

In struktureller Hinsicht wird demnach eine Flüssigkeit sicher besser als eine ungeordnete Festsubstanz denn als ein kondensiertes Gas betrachtet.

### Flüssige Kristalle

Gewisse organische Verbindungen mit langen Molekülen schmelzen zu einer trüben Flüssigkeit mit der Eigenschaft der Doppelbrechung, die für viele Kristalle charakteristisch ist (s. S. 284). Bei einer definierten höheren Temperatur verschwindet die Doppelbrechung und die Flüssigkeit wird klar. Z.B. „schmilzt" p-Azoxyanisol bei 116 °C zu einem flüssigen Kristall und dieser wird klar und verliert seine Doppelbrechung bei 135 °C. Für p-Methoxyzimtsäure betragen die entsprechenden Temperaturen 170 und 186 °C:

$$CH_3O\!\!-\!\!\langle\ \rangle\!\!-\!\!N\!\!=\!\!N\!\!-\!\!\langle\ \rangle\!\!-\!\!OCH_3 \qquad CH_3O\!\!-\!\!\langle\ \rangle\!\!-\!\!CH:CH\cdot COOH$$

$$\downarrow$$
$$O$$

p-Azoxyanisol  p-Methoxyzimtsäure

Die Moleküle solcher Verbindungen befinden sich im kristallinen Zustand parallel zueinander und verbleiben auch beim Schmelzen parallel, obwohl die regelmäßige Anordnung innerhalb der Zeilen oder Schichten dann verloren geht (Abb. 77). Die Moleküle eines flüssigen Kristalls besitzen Translationsfreiheit, so daß die parallele Anordnung nur in Bezirken begrenzten Ausmaßes aufrechterhalten wird, und die Besetzung einer jeden solchen Region ist nicht stationär. Die optischen Eigenschaften werden durch die Wechselwirkung von Licht mit diesen kleinen gerichteten Bezirken verursacht. Flüssige Kristalle (auch bekannt als *mesomorphe Phasen)* sind in einem gewissen Sinne ein Zwischending von Kristallen und Flüssigkeiten; ein Teil der Regelmäßigkeit des Kristalls ist verloren gegangen und ein Teil ist noch vorhanden.

**Abb. 77.** Unterschiede zwischen Kristallen, flüssigen Kristallen und Flüssigkeiten

### Der glasartige Zustand

Die meisten Flüssigkeiten lassen sich wenigstens fünf oder zehn Grad unter den Gefrierpunkt (Schmelzpunkt) abkühlen, bevor sich Kristalle bilden. Die Temperatur steigt dann sofort auf den Schmelzpunkt an, weil dies die einzige Temperatur ist, bei der Festkörper und Flüssigkeit koexistieren können (der Temperaturanstieg wird durch die bei der Kristallisation freiwerdende latente Wärme verursacht). Auf der anderen Seite läßt sich eine feste Substanz niemals über ihren Schmelzpunkt hinaus überhitzen. Das widerspiegelt die Tatsache, daß der Wechsel von der geordneten Festsubstanz zu einer ungeordneten Flüssigkeit leicht ist – wie das Mischen eines Satzes von Spielkarten – wohingegen der umgekehrte Prozeß schwieriger ist. Die Kristallisation, ob aus einer Lösung oder aus einer Schmelze, umfaßt zwei unterscheidbare Etappen:  a) die Bildung von Keimen, b) ihr nachfolgendes Wachstum. In einer vollständig sauberen Flüssigkeit ist die Keimbildung spontan und um so wahrscheinlicher, je tiefer die Temperatur ist. In anderen Fällen können Staubteilchen oder artfremde Kristalle das notwendige Bausteinmuster liefern und auf diese Weise die Kristallisation induzieren. Wenn aus irgend einem Grunde die Keimbildung besonders schwierig ist, kann es möglich sein, die Flüssigkeit sehr stark zu unterkühlen.

Wenn die Temperatur in einem solchen Falle erniedrigt wird, werden die Translationsbewegungen schwächer und schwächer, bis innerhalb eines kleinen Temperaturbereiches die Viskosität sehr stark ansteigt und die gesamte atomare und molekulare Translation verloren gegangen ist. Die Flüssigkeit ist nun zu einem Glas erstarrt, aber nicht kristallisiert. Im wesentlichen ist eine der immer wechselnden Konfigurationen des flüssigen Zustandes am Ort eingefroren. Bei dieser Temperatur und darunter ist nun das Eintreten der Kristallisation sehr erschwert, weil wenig thermische Energie verfügbar ist für die notwendigen Atom- und Molekularbewegungen. In Gläsern fehlen die meisten der charakteristischen Eigenschaften von Kristallen. Genau wie ein Einkristall und wie eine Flüssigkeit (aber verschieden von einem polykristallinen Material, wo mehrfache Brechung auftritt) ist ein Glas transparent, weil es ein Kontinuum bildet. Es ist korrekter, ein Glas als eine unterkühlte Flüssigkeit zu betrachten, die ihre Fluidität verloren hat, denn als einen echten Festkörper.

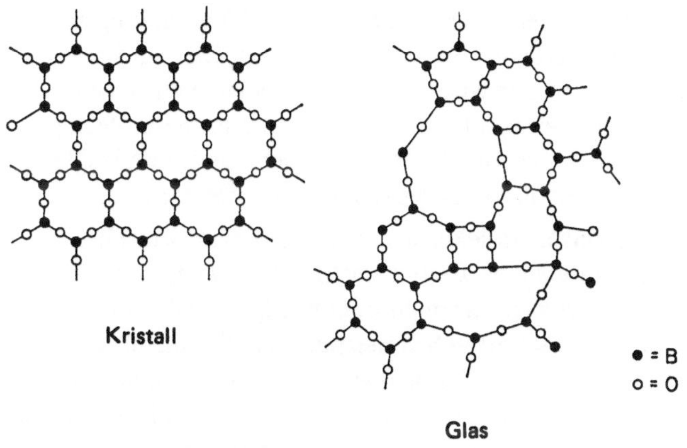

**Abb. 78.** Kristalline und glasartige Formen von Bortrioxid

Ein Glas besitzt keinen scharfen Schmelzpunkt; statt dessen findet eine
allmähliche Erweichung über einen Temperaturbereich statt, die nicht von irgendeiner latenten Wärme oder scharfen Änderungen der Dichte oder der spezifischen
Wärme begleitet wird, wie sie für das Schmelzen eines Kristalls gefunden werden.
Tatsächlich ist ein Glas immer ein metastabiles System; es ist instabil gegenüber
einem entsprechenden Kristall, und es existiert nur wegen der extremen Schwierigkeiten des Überganges zu dieser stabilen Phase. Gelegentlich tritt Kristallisation
ein (altes Glas „entglast" manchmal beim Stehen oder beim Erhitzen auf eine
Temperatur unter den Erweichungsbereich), aber das ist ein Ausnahmeverhalten.

Die Verbindungstypen, die Gläser bilden, sind jene, in denen die unmittelbare
Umgebung jedes Atoms bedeutungsvoller ist als das Gesamtbaumuster im Kristall.
Z. B. bildet Siliciumdioxid leicht ein Glas, und ein normales Glas ist eine Mischung
von Silicaten mit der gleichen Anordnung von Silicium- und Sauerstoffatomen wie
Siliciumdioxid selbst. So lange wie jedes Siliciumatom vier Sauerstoffatome um sich
herum hat, ist die genaue Verteilung des $SiO_4$-Tetraeders relativ uninteressant. In
ähnlicher Weise lassen sich Bortrioxid und Borate als Gläser auf der Grundlage von
einer dreieckigen $BO_3$-Einheit (Abb. 78) erhalten; ebenso wie Berylliumfluorid,
das aus $BeF_4$-Tetraedern besteht.


## 10.3. Hochpolymere

Gläser sind Beispiele für amorphe Festkörper, nicht deshalb weil sie ohne
äußere kristalline Form sind (viele Festkörper mit geordneter innerer Struktur erscheinen nicht kristallin), sondern weil es keine weitreichende Regelmäßigkeiten
in der Anordnung ihrer Atome und Molekeln gibt. Andere Substanzen, die zu dieser

Kategorie gehören, obgleich nicht aus den gleichen Gründen, sind Verbindungen mit sehr hoher Molmasse, sowohl natürliche als auch synthetische. Hier wird nur die synthetische Spielart betrachtet, und es wird ein Versuch gemacht zu zeigen, wie die charakteristischen Eigenschaften von thermoplastischen und thermofesten Materialien, Fiber und Gummi, auf die chemische Natur der sehr langen Moleküle zurückgeführt werden kann, aus denen all diese Typen zusammengesetzt sind.

Um das Verhalten von sehr langen Molekülen zu verstehen, wird zunächst das von etwas kürzeren Molekeln untersucht. Feste Paraffinkohlenwasserstoffe besitzen eine regelmäßige kristalline Struktur mit mehr oder weniger parallel untereinander angeordneten Molekülen und scharfen Schmelzpunkten. Für die niederen Paraffine findet man ein normales Ansteigen der Schmelzpunkte mit dem Molekulargewicht — je größer das Molekül ist, desto größer sind die intermolekularen Kräfte. Wenn die Moleküle jedoch sehr lang werden, erreicht der Schmelzpunkt einen Grenzwert (Tabelle 20). Jenseits einer gewissen Länge hat das eine Ende eines langkettigen Moleküls offensichtlich wenig mit dem anderen Ende zu tun, ein solches Molekül schmilzt im wesentlichen in Segmenten.

**Tabelle 20.**   Schmelzpunkte der Normalparaffine, $C_nH_{2n+2}$

| n | Schmp. (°C) | n | Schmp. (°C) |
|---|---|---|---|
| 1 | − 182,6 | 17 | 22,0 |
| 2 | − 172,0 | 18 | 28,0 |
| 3 | − 187,1 | 19 | 32,0 |
| 4 | − 135,0 | 20 | 36,4 |
| 5 | − 129,7 | 21 | 40,4 |
| 6 | − 94,0 | 22 | 44,4 |
| 7 | − 90,5 | 23 | 47,4 |
| 8 | − 56,8 | 24 | 51,1 |
| 9 | − 53,7 | 25 | 53,3 |
| 10 | − 29,7 | 30 | 66,0 |
| 11 | − 25,6 | 35 | 74,6 |
| 12 | − 9,6 | 40 | 81,0 |
| 13 | − 6,0 | 50 | 92,0 |
| 14 | 5,5 | 60 | 99,0 |
| 15 | 10,0 | 64 | 102,0 |
| 16 | 18,1 | 70 | 105,0 |

Das ist noch mehr für sehr lange Moleküle wie Polyäthylen mit hunderten von Kohlenstoffatomen in jeder Kette der Fall. Hier ist es für ein Kettenende unmöglich, Einfluß auf das andere Ende zu nehmen. Es ist deshalb möglich und natürlich, daß es Regionen regelmäßiger Anordnung im Kristall gibt, die durch amorphe Bezirke vereint werden, in denen es keine solche Regelmäßigkeit gibt. Ein sehr langes Molekül kann sich sehr leicht durch mehrere solche Regionen erstrecken (Abb. 79).

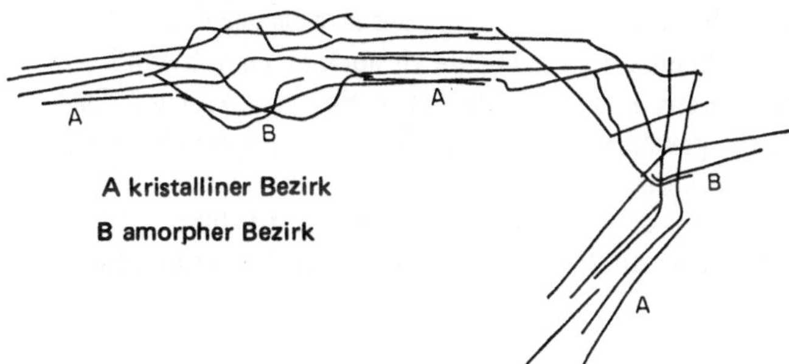

**Abb. 79.** Kristalline und amorphe Bezirke in einem festen Hochpolymeren

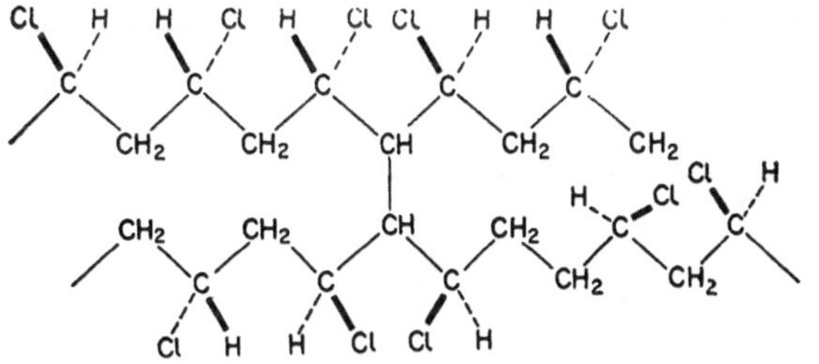

**A** kristalliner Bezirk

**B** amorpher Bezirk

**Abb. 80**
Polyvinylchlorid

Beim Erhitzen werden die verschiedenen Bezirke mit verschiedener Leichtigkeit
„schmelzen", so daß es ein graduelles Erweichen und keinen scharfen Schmelzpunkt gibt. Es ist für eine sehr lange Molekel tatsächlich unmöglich, geregelt in
seiner ganzen Länge gegenüber seinen Nachbarn angeordnet zu werden; solche
festen Systeme sind im wesentlichen amorph. Eine weitere Komplikation besteht
darin, daß die üblicherweise angewandten Polymerisationstechniken selten Moleküle von der gleichen Art liefern. Bei der Polymerisation einer Verbindung wie
z. B. Vinylchlorid sind die Moleküle normalerweise alle in der gleichen Richtung
in der Kette angeordnet — eine Kopf-Schwanz-Verknüpfung. Es tritt aber oft Kettenverzweigung auf, zwei wachsende Ketten kombinieren möglicherweise Kopf-Kopf,
und die Chloratome werden zufällig an irgendeiner Seite der Kettenachse angeordnet (Abb. 80). Polymere Moleküle haben deshalb, ganz entgegen der kontinuierlichen Verteilung der Kettenlänge, viele verschiedene Gestalten; demzufolge läßt
sich über ein polymeres System nicht real sagen, daß es aus einer reinen Verbindung
besteht. Die Abwesenheit einer regelmäßigen Anordnung und eines scharfen Schmelzpunktes ist deshalb nur zu erwarten.

Mit den von *Ziegler* und *Natta* im letzten Jahrzehnt eingeführten Katalysatoren erhält man eine viel regelmäßigere Polymerkette, wobei die Packung in der
festen Substanz entsprechend dichter ist und das Produkt kristalliner mit einem

höheren Erweichungspunkt. Z.B. besitzt Polyäthylen, das mittels der neuen Katalysatoren hergestellt wurde, sowohl eine höhere Dichte als auch einen höheren Erweichungspunkt als Polyäthylen aus dem konventionellen Hochdruckprozeß. Darüber hinaus sind Substituenten gewöhnlich längs der Kette geregelt angeordnet,
die dadurch fähig ist, eine Spiralkonfiguration anzunehmen, was zu einer noch
kompakteren Anordnung und einer dichteren und festeren Struktur führt. Abb. 81
zeigt den Unterschied zwischen den zufälligen und regelmäßigen Strukturen für
den Fall des Polypropylen.

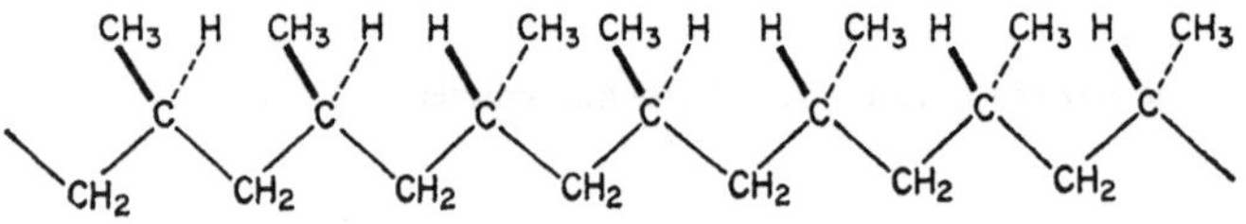

**zufällige oder ataktische Struktur**

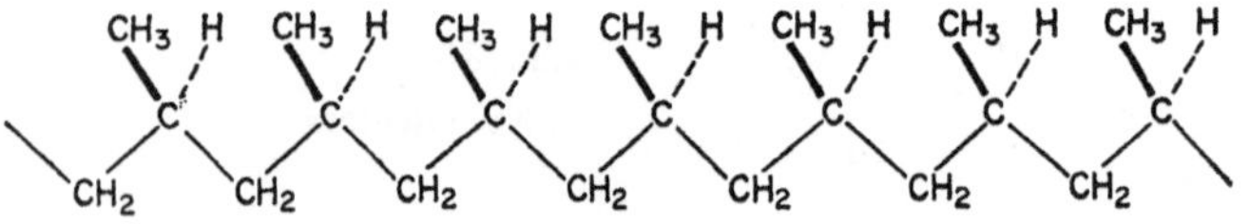

**reguläre oder isotaktische Struktur**

**Abb. 81.** Regelmäßige und zufällige Formen von Polypropylen

## Duroplastische und thermoplastische Materialien

All diese Materialien bestehen grundsätzlich aus sehr langen Molekülen; ihre
speziellen Eigenschaften hängen von der Natur der Polymerketten und vom Ausmaß der Vernetzung ab, das heißt von Bindungen zwischen den Ketten.

Duroplastische Materialien,wie Bakelit,(Abb. 82) haben einen so hohen Vernetzungsgrad, daß es für die Ketten keine Möglichkeit gibt, sich bei erhöhten Temperaturen voneinander zu trennen. Sie sind durch Bindungen vom gleichen Typ wie
innerhalb der Ketten verbunden, und es ist ebenso leicht, die Ketten aufzubrechen,
wie sie voneinander zu trennen. Beim Erhitzen tritt keine Erweichung ein, ein fort-
gesetzter Temperaturanstieg führt nur zur Zersetzung. Bei solchen Materialien
braucht die Polymerisation auf den ersten Verarbeitungsstufen nicht unbedingt
weit fortgeschritten zu sein und das „Formpulver“, das den Verarbeitern zur Verfügung gestellt wird, erweicht noch beim Erhitzen. Die endgültige Vernetzung wird
dann während der tatsächlichen Formung des Fertigproduktes vorgenommen. Die
Vulkanisation von Gummi ist ein weiteres Beispiel; der Gummi wird in seiner Form
mit Schwefel erhitzt, dessen Atome Bindungen zwischen den langen Gummimole-
külen knüpfen.

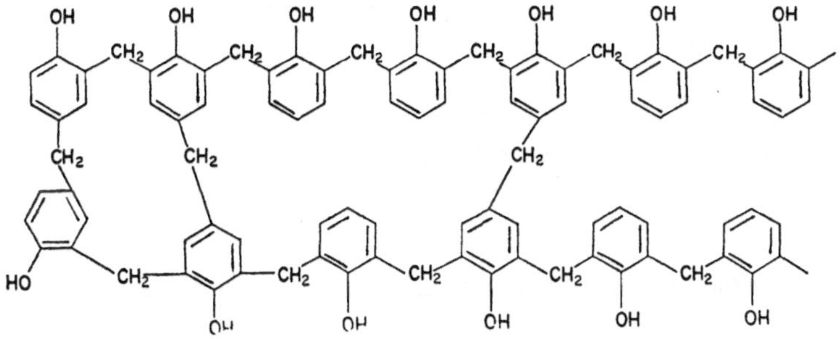

**Abb. 82.** Bakelit

Wenn der Vernetzungsgrad niedrig ist, so ist das Material „thermoplastisch".
Es wird dem Verarbeiter in seinem chemischen Endzustand ausgehändigt und entweder geschmolzen oder durch Wärmebehandlung allmählich erweicht, um die Gestalt der Form anzunehmen, in Stäbe oder Rohre gezogen oder zu Platten verformt
zu werden. Polymethylmethylacrylat,

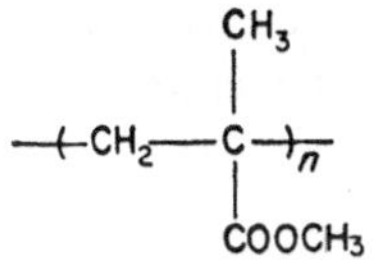

$$-(-CH_2-\underset{\underset{COOCH_3}{|}}{\overset{\overset{CH_3}{|}}{C}}-)_n-$$

Polyvinylchlorid und Polystyrol, $-(-CH_2-CHC_6H_5-)_n$, sind Beispiele
für thermoplastische Polymere. Verbindungen wie Dioctylphtalat werden oft als
„Weichmacher" zugefügt. Die großen inerten Weichmachermolekeln drängen sich
zwischen die Polymerketten und ermöglichen diesen, aneinander vorbeizugleiten
und machen auf diese Weise das Material flexibler.

### Faserstoffe

Die meisten thermoplastischen Materialien bilden schwache Fasern, in denen
die langen Polymerketten gezwungen worden sind, parallel oder nahezu parallel zueinander zu liegen. Damit eine Faser stabil genug wird, um angewendet werden zu
können, müssen sowohl ein hoher Orientierungsgrad der Ketten, als auch große
Kräfte zwischen ihnen vorhanden sein. Nylon und Terylenmoleküle (Abb. 83),
beides Kondensationspolymere, können nicht verzweigt oder vernetzt werden, so
daß sie leicht parallel zueinander zu orientieren sind. Unter den Vinylpolymeren
ergeben die mit stark polaren Seitengruppen am wahrscheinlichsten stabile Fasern,
so z.B. Polyvinylalkohol, $-(-CH_2-CHOH-)_n$, und Polyacrylnitril, $-(-CH_2-CHCN-)_n$,
nicht aber Polymethylmethacrylat oder Polystyrol. Polypropylen nach dem Ziegler-
Prozeß bildet sehr stabile Fasern wegen der sehr regelmäßigen Anordnung der Methyl-
gruppen längs der Ketten, die die Ausbildung gedrängter Spiralen, wie bereits ausgeführt, erleichtern. Bei der Produktion von Synthesefasern werden die langen Fäden

$$- HN\cdot(CH_2)_6\cdot NH\cdot OC\cdot(CH_2)_4\cdot CO\cdot HN\cdot(CH_2)_6\cdot NH\cdot OC\cdot(CH_2)_4\cdot CO\cdot HN\cdot(CH_2)_6\cdot NH -$$

**Nylon**

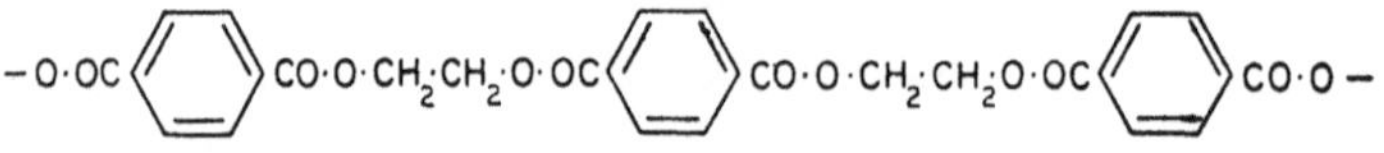

$$-O\cdot OC\langle\bigcirc\rangle CO\cdot O\cdot CH_2\cdot CH_2\cdot O\cdot OC\langle\bigcirc\rangle CO\cdot O\cdot CH_2\cdot CH_2 O\cdot OC\langle\bigcirc\rangle CO\cdot O -$$

**Terylen**

**Abb. 83.** Nylon und Terylen (man beachte, daß die tatsächliche Gestalt dieser Ketten nicht dargestellt ist)

gewöhnlich durch Hindurchpressen des geschmolzenen Polymeren durch die feinen Löcher einer *Spinndüse* erhalten. Die Fäden werden dann einem Streckprozeß unterworfen, um den Orientierungsgrad der Moleküle zu erhöhen. *Monofil*fasern erhält man durch Verzwirnen einer Anzahl von Primärfäden miteinander, während *Stapel*faser durch Zerschneiden der Primärfäden auf kurze Längen erhalten wird. Die Stapelfaser läßt sich dann mittels normaler Textiltechnologie weiterverarbeiten und liefert eine weichere Ware.

## Gummi

Alle Moleküle vollführen ständig innere Schwingungen und entweder Torsionsbewegungen oder freie Rotationen um Einfachbindungen. Wegen der freien Rotation können langkettige Moleküle in vielen verschiedenen Konfigurationen existieren, von denen einige in Abb. 84 dargestellt sind. Jedes der Moleküle durchläuft im Laufe der Zeit viele solcher Konfigurationen, aber die meiste Zeit über wird es eine Form haben, die der Gleichgewichtskonfiguration sehr nahe kommt und deren Natur sowohl von intermolekularen, als auch von intramolekularen Kräften abhängt. Wenn die letzteren groß sind, kann eine aufgerollte Form die stabilste sein, während große intermolekulare Kräfte eine ausgedehntere Gestalt des Moleküls begünstigen. Bei einer genügend niedrigen Temperatur ist die ausgedehnte Form wahrscheinlich die stabilste für jedes Molekül, weil dann die intramolekularen Bewegungen klein sind. Wirkt eine mechanische Kraft auf eine Verbindung bei einer Temperatur ein, bei der der Gleichgewichtszustand die aufgerollte Form ist, so versucht sie die Moleküle in die ausgedehnte Form zu zwingen; sie liegen dann parallel oder nahezu parallel zur Kraftrichtung, und die Länge der Teilchen nimmt zu. Wenn die Ausdehnung nicht allzu groß ist, nehmen die Moleküle, sobald die Krafteinwirkung aufhört, die aufgerollte Form wieder an. Röntgenstrahl-Beugungsuntersuchungen zeigen tatsächlich einen höheren Grad von Kristallinität in gestrecktem Gummi gegenüber ungestrecktem; dies würde von der Orientierung der Moleküle nach Streckung erwartet. Gummiähnliche Eigenschaften werden deshalb

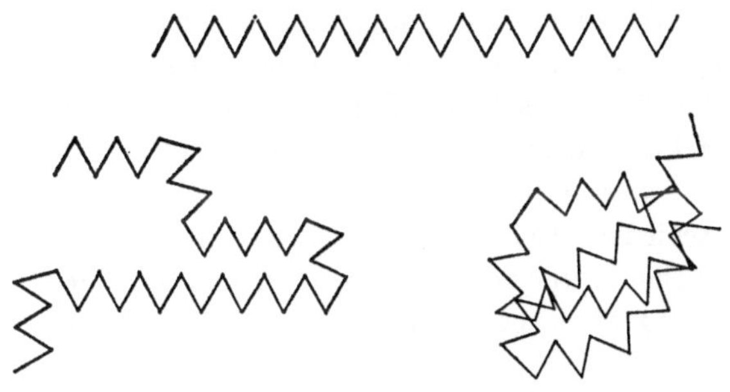

**Abb. 84**
Mögliche Konfigurationen
einer Polymerkette

am wahrscheinlichsten in Polymeren ohne stark polare Gruppen angetroffen, weil
diese die ausgedehnte Form begünstigen würden. Natürlicher Gummi und viele synthetische Gummisorten basieren auf einer reinen Kohlenwasserstoffkette. (Natürlicher Gummi besitzt Isopren, 2-Methylbutadien, als Baueinheit, während Butadien
selbst die Baueinheit mehrerer künstlicher Gummisorten ist.) Was den Temperatur-
einfluß anbetrifft, so ist wohlbekannt, daß Gummi seine Elastizität verliert und
spröde wird, wenn er auf die Temperatur von flüssigem Sauerstoff abgekühlt wird,
während thermoplastische Materialien beim Erhitzen gummiartig werden.

## 10.4. Lösungen von Nichtelektrolyten

Kräfte zwischen kovalenten Molekülen (S. 168) sind gewöhnlich unspezifisch
und sind ziemlich schwach, wenn nicht stark polare Molekeln vorliegen. Wenn fremde
Molekeln A in eine kovalente Flüssigkeit B eingeführt werden, so werden die Kräfte
zwischen A und B nicht allzu verschieden von denen zwischen A und A oder B und
B sein. Infolgedessen vermischen sich kovalente Flüssigkeiten in der Regel vollständig
und molekulare Kristalle lösen sich in der Regel ziemlich gut. Hydroxylgruppenhal-
tige Verbindungen sind im flüssigen Zustand durch Wasserstoffbrückenbindungen
assoziiert und ergeben definierte Molekülgruppen, selbst wenn diese nur eine vor-
übergehende Existenzdauer haben. Die Kräfte zwischen zwei hydroxylgruppenhal-
tigen Molekülen sind deshalb viel größer als die zwischen einem hydroxylhaltigen
und einem hydroxylfreien Molekül. Aus diesem Grunde sind Wasser und niedere
Alkohole vollständig miteinander mischbar, bilden aber oft nur teilweise mischbare
Systeme mit anderen kovalenten Flüssigkeiten.

Wenn ein Hochpolymeres zu einer niedermolekularen Flüssigkeit gefügt wird,
so zwängen sich die Lösungsmittelmolekeln zwischen die Polymerketten und das
Polymere quillt. Die Quellung ist um so größer, je kleiner der Vernetzungsgrad
zwischen den Ketten ist, und manchmal kann eine große Menge Lösungsmittel
aufgenommen werden, ohne daß das Polymere insgesamt seine feste Form verliert.
Bei hohem Vernetzungsgrad geht das Polymere überhaupt nicht in Lösung. In
anderen Fällen hängt die Konfiguration der gelösten Polymermolekeln von den

Kräften zwischen Lösungsmittel und Polymer ab. In einem „guten" Lösungsmittel sind diese Kräfte wenigstens ebenso groß wie die Kräfte zwischen verschiedenen Abschnitten der Polymerkette und die völlig ausgedehnte Form ist dann bevorzugt. Daraus resultiert, neben anderem Effekten, eine hohe Viskosität für die Lösung. Bei einem „schwachen" Lösungsmittel andererseits sind die Lösungsmittel-Polymerwechselwirkungen schwach, und verschiedene Teile der Polymerkette trachten statt dessen danach, sich gegenseitig anzuziehen. Infolgedessen ist die zusammengerollte Konfiguration begünstigt, und die Viskosität der Lösung ist wenig verschieden von der des Lösungsmittels.

## 10.5. Wäßrige Lösungen von Elektrolyten

Eine Möglichkeit, ionische Lösungen zu betrachten, besteht darin, die Wasserstoffbrückenstruktur des flüssigen Wassers als Ausgangspunkt zu wählen. Diese wird in einem gewissen Umfang gestört, wenn Ionen eingebracht werden, weil in der Nachbarschaft der Ionen die Wassermoleküle in einer speziellen Weise orientiert werden. Die Hydroxyl- und Hydroxoniumionen sind in einer besonderen Position, weil sie im Grunde mit der bereits vorhandenen Struktur kombinieren können. Die abnorm hohe Beweglichkeit von $H_3O^+$ und $OH^-$ in einem elektrischen Feld ist durch die Ladungsverschiebung in einem solchen durch Wasserstoffbrücken gebundenen Aggregat, wie es in Abb. 85 gezeigt ist, begründet.

Umgekehrt kann man die Aufmerksamkeit auf jedes Ion konzentrieren, das von einer mehr oder weniger dauerhaften Hülle von Wassermolekeln umgeben ist — dabei sind die Kationen mehr hydratisiert als die Anionen. Für die stark elektropositiven Metalle ist die Anziehung hauptsächlich elektrostatisch und die Teilnehmer an jeder Hydratationsschale wechseln ziemlich schnell. Für die Übergangsmetalle, die stabile Komplexe bilden, befinden sich wahrscheinlich definierte sechsfach koordinierte Gruppen von Wassermolekülen rings um jedes Kation. Genau genommen beruhen dann die Eigenschaften einer Lösung von (beispielsweise) Chrom (III)-chlorid nicht auf der Anwesenheit von $Cr^{3+}$, sondern von $Cr(H_2O)_6^{3+}$. Z.B. ist es ungenau, davon zu sprechen, daß Chrom(III)-Ionen violett sind und daß sich die Farbe bei Komplexbildung ändert. Eine genauere Feststellung ist die, daß hydratisierte Chrom-(III)-Ionen violett sind und daß Farbänderungen auftreten, wenn Wassermoleküle durch Chloratome oder Ammoniakmoleküle usw. ausgetauscht werden und solche Ionen wie $Cr(H_2O)_4Cl_2^+$, $Cr(H_2O)_3(NH_3^{3+}$ usw. entstehen (vgl. S. 114). Wiederum läßt sich die saure Reaktion einer Lösung von Chrom (III)-chlorid nunmehr als durch die fortschreitende Dissoziation des Aquo-Kations hervorgerufen betrachten:

$$Cr(H_2O)_6^{3+} \leftrightharpoons Cr(H_2O)_5OH^{2+} + H^+ \leftrightharpoons Cr(H_2O)_4(OH)_2^+ + 2H^+ \text{ usw.}$$

Obwohl das Wasserstoffion in dem obigen Gleichgewicht als $H^+$ gedruckt ist, ist es in wäßriger Lösung immer hydratisiert (vgl. S. 146). Es gibt tatsächlich Grund

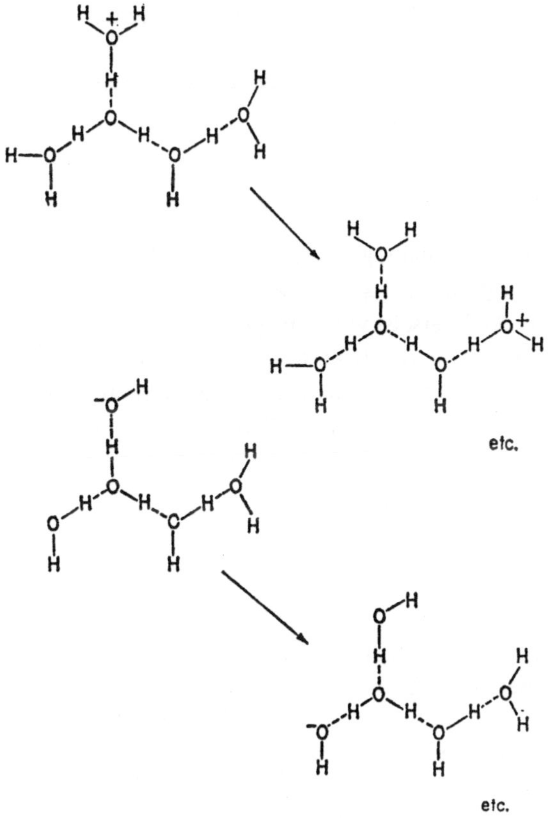

**Abb. 85**

Mechanismus der Bewegung
von Hydroxyl und Hydro-
xoniumionen in Wasser

zu der Annahme, daß die so gebildeten Hydroxoniumionen, $H_3O^+$, gewöhnlich
mittels Wasserstoffbrückenbindungen an drei weitere Wassermoleküle geknüpft
sind und eine Gruppierung $H_3O^+(H_2O)_3$ in allen Lösungen ergeben, mit Ausnahme
hochkonzentrierter Lösungen.

## Die Löslichkeit von Salzen in Wasser

Trotz der wohlbekannten Regeln über die Löslichkeit von Salzen (alle Nitrate
und Natriumsalze sind löslich, fast alle Carbonate und Phosphate sind unlöslich
usw.) ist es unmöglich, eine einfache Erörterung der Faktoren zu bringen, die die
Löslichkeit bestimmen. Die Löslichkeit eines Salzes, in irgendeiner Konzentrations-
einheit gegeben, drückt die Lage des Gleichgewichtes zwischen festem Salz und Lösung aus. Wie alle Gleichgewichtskonstanten wird ihre Größe durch zwei verschiedene Faktoren bestimmt, den Energie- und den Entropiefaktor, wie in Kapitel 7
erklärt. Sogar eine kleine Veränderung einer dieser beiden Größen kann, wenn

man von einem Salz zu einem anderem übergeht, eine große Änderung in der Lage
des Löslichkeitsgleichgewichtes verursachen. Weiterhin ist jeder Faktor zusammengesetzt, weil die Auflösung eines Salzes in Wasser in die folgenden Einzelschritte
zerlegbar ist:

$$AB\,(\text{fest}) \xrightarrow{\Delta H_L} A^+(\text{gasf.}) + B^-(\text{gasf.}) \xrightarrow{\Delta H_H} A^+(\text{aq}) + B^-(\text{aq})$$

So ist z. B. die Gitterenergie $\Delta H_L$ einer Verbindung des Ladungstyps $Mg^{2+}O^{2-}$
beträchtlich größer als die einer Verbindung des Ladungstyps wie $Na^+Cl^-$ und dies
bedingt eine kleinere Lösungswärme. Andererseits wirkt die größere Hydratations-
energie $\Delta H_H$ zweiwertiger Ionen gegenüber einwertigen Ionen in der entgegengesetzten Richtung. Auf jeden Fall ist die Lösungswärme, wie bereits ausgeführt, nicht
der einzige Faktor, da sich viele leicht lösliche Salze unter Wärmeabsorption auflösen.


## 10.6. Der adsorbierte Zustand

### Adsorption an Grenzflächen

Genaue Druck- und Volumenmessungen ergeben, daß beim Eintritt eines
Gases in ein Gefäß, welches eine saubere metallische Behälterwand besitzt, die
Gasmoleküle in einer bestimmten Art und Weise an der Oberfläche des Metalls
festgehalten werden. (Das Phänomen ist aber keineswegs auf Metall beschränkt.)
Man nennt diese Erscheinung „Adsorption", zum Unterschied von „Absorption",
die vorliegt, wenn ein wirkliches Eindringen in das Innere des absorbierenden Materials stattfindet. Je größer der Gasdruck ist, desto mehr wird adsorbiert, bis zu
einer Grenze, von der ab eine weitere Drucksteigerung sehr wenig Auswirkung hat.
Berechnungen zeigen, daß der Sättigungszustand einer vollständigen monomolekularen Schicht von Gasmolekülen auf der Metalloberfläche entspricht. Die Adsorptionsenergie ist oft beträchtlich und die adsorbierte Schicht ist schwierig entfernbar;
in solchen Fällen sind die adsorbierten Molekeln wahrscheinlich an die Atome der
Oberflächenschicht durch valenzartige Kräfte gebunden. Sauerstoff und Wasserstoff
z. B., die an Metalloberflächen adsorbiert sind, können regelrechte Oberflächenoxide
und -hydride bilden. In anderen Fällen ist die Adsorptionsenergie viel geringer, ebenso wie für eine Adsorption unter dem Grenzwert einer monomolekularen Schicht.
Es wirken dann wahrscheinlich van der Waalssche Kräfte. Adsorbierte Moleküle
besitzen einen überraschend hohen Grad von Oberflächenbeweglichkeit, so daß in
mancher Hinsicht der adsorbierte Zustand einer zweidimensionalen Flüssigkeit oder
einem Gas ähnelt. Die Katalyse von Gasreaktionen, die durch feste Oberflächen bewirkt wird, beinhaltet, wie wohl bekannt ist, die Adsorption der reagierenden Molekeln auf der Oberfläche als eine wesentliche Voraussetzung für die Reaktion.

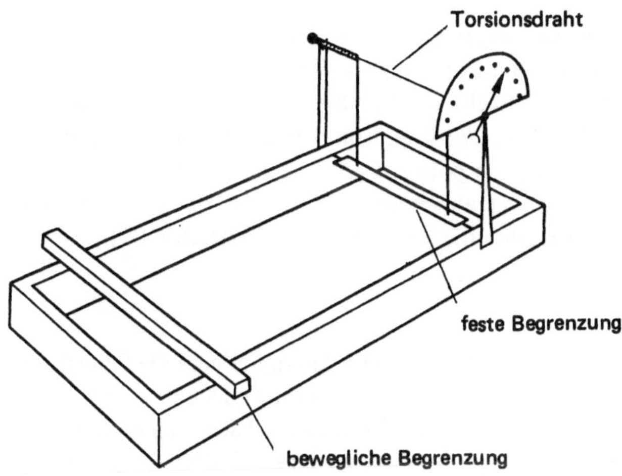



**Abb. 86.** Oberflächenwaage zur Untersuchung monomolekularer Schichten auf Flüssigkeiten

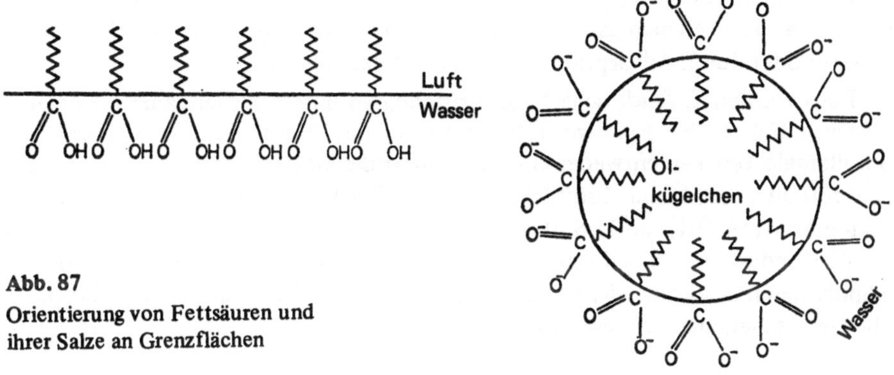



**Abb. 87**
Orientierung von Fettsäuren und
ihrer Salze an Grenzflächen

Adsorption findet auch an Flüssigkeitsoberflächen statt. Z. B. wird die Veränderung der Oberflächenspannung von Lösungen mit der Konzentration durch die sich verändernden Konzentrationsdifferenzen zwischen der Hauptmenge des Lösungsvolumens und der Oberflächenschicht verursacht. Die Existenz von Oberflächenschichten wird sogar noch deutlicher durch Versuche mit Filmen von unlöslichen Verbindungen, wie langkettigen Fettsäuren, erwiesen. Diese Filme lassen sich durch Barrieren begrenzen und ihre Oberflächenspannung durch eine Torsionsanordnung messen (Abb. 86). Auf diese Weise sind Kraft-Flächen-Kurven ermittelt worden, analog zu Druck-Volumen-Kurven für Gase. Daraus läßt sich die Fläche pro Molekül ableiten und zeigen, daß eine monomolekulare Schicht gebildet wird. Das

Verhalten ist genau das, was man für zweidimensionale Festkörper, Flüssigkeiten und Gase erwartet.Die Carboxylgruppen werden in das Wasser hineingezogen, während die Kohlenwasserstoffketten senkrecht aus der Oberfläche herausragen (Abb. 87). Ähnliche Oberflächeneffekte erklären die Wirkung von Seifen und Waschmitteln. Diese Verbindungen besitzen ebenfalls ein polares Ende sowie einen langkettigen Kohlenwasserstoffmolekülrest. Sie bilden eine vollständig orientierte Schicht zwischen Wasser und Ölkügelchen und dispergieren die letzteren im Wasser (Abb. 87).

### Der kolloidale Zustand

Dieser läßt sich als der Zustand der Materie definieren, bei dem die Oberflächeneigenschaften von ausschlaggebender Bedeutung sind. Damit Teilchen in einer Lösung kolloidal sein können, muß das Oberflächen-Volumenverhältnis einen minimalen Wert besitzen. Die charakteristischen kolloidalen Eigenschaften werden für Teilchen in der Größenordnung von $10^{-5}$ bis $10^{-7}$ cm gefunden; bei noch kleineren Durchmessern ist die Dispersion eine molekulare Lösung. In kolloidalen Lösungen würde die thermische Bewegung normalerweise zu einer Aggregation oder Koagulation der Teilchen zu einem groben Sediment führen, wenn es keine elektrischen Ladungen auf den Teilchen gäbe, bedingt entweder durch Eigenheiten der Molekularstruktur oder durch Adsorption von Ionen aus der Lösung.

Einst wurden *Kolloide* scharf von *Kristalloiden* unterschieden, aber dieser Gegensatz ist grundfalsch für Dispersionen fester Teilchen in Flüssigkeiten. Grob gesehen sind kolloidale Teilchen entweder einzelne sehr große Moleküle (z.B. Proteine oder Polystyrol) oder sehr kleine Teilstücke aus einem Kristallgitter (z.B. Eisen(III)-hydroxid- oder Arsen(III)-sulfid-Sol). Feste Hochpolymere und andere makromolekulare Verbindungen jedoch besitzen viele *kolloidale* Eigenschaften, und weil die Hochpolymeren bestimmt nicht kristallin im herkömmlichen Sinne sind (S. 205), ist die Unterscheidung für diesen Fall vielleicht stichhaltig.

# 11. Beugungsmethoden zur Strukturermittlung

In diesen drei letzten Kapiteln wird ein Überblick über die Methoden der Strukturermittlung von Molekülen und Kristallen gegeben. Solche Methoden sind in drei Gruppen unterteilt – Beugungsmethoden, spektroskopische Methoden und einige weitere Methoden – die nacheinander behandelt werden.

## 11.1 Das Prinzip der Beugungsmethoden

Monochromatisches Licht wird durch ein einfaches Strichbeugungsgitter in alle Richtungen gestreut, hauptsächlich aber in einer Ebene senkrecht zu den Linien des Strichgitters, weil das letztere im wesentlichen ein System paralleler Einkerbungen ist. Und sogar in dieser Ebene erhält man wegen der auslöschenden Interferenz in anderen Richtungen nur wenige starke Beugungsstrahlen. Die Bedingung für eine gegenseitige Verstärkung parallel gestreuter Wellen (Abb. 88) ist, daß der Wegunterschied ein ganzzahliges Vielfaches der Wellenlänge betragen muß, das heißt $n\lambda = d \sin \Theta$. Das Beugungsmuster, wie es auf einem Schirm oder einer Photoplatte erhalten wird, besteht aus einem zentralen Fleck, der durch den ungebeugten Strahl verursacht wird, zusammen mit zwei oder drei schwächeren Flecken auf jeder Seite, wobei dies die Beugungen erster, zweiter und höherer Ordnung, entsprechend dem Wert für n, sind.

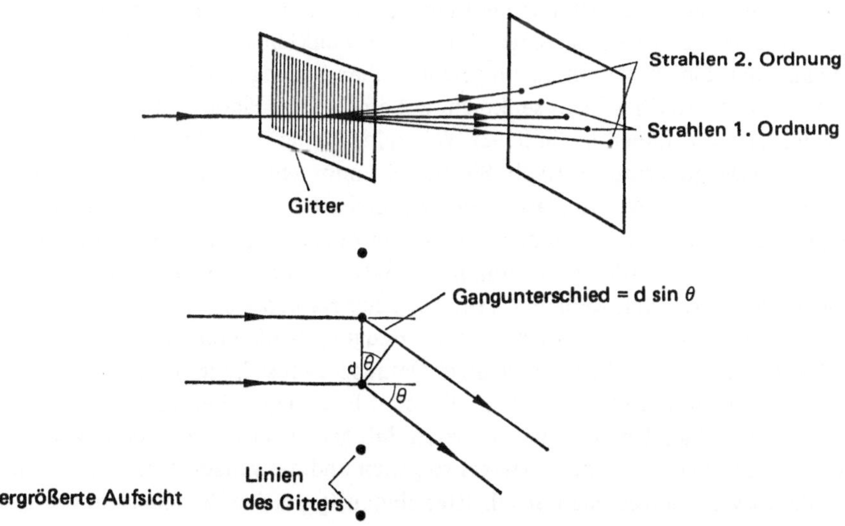


**Abb. 88.** Das Prinzip des planen Beugungsgitters

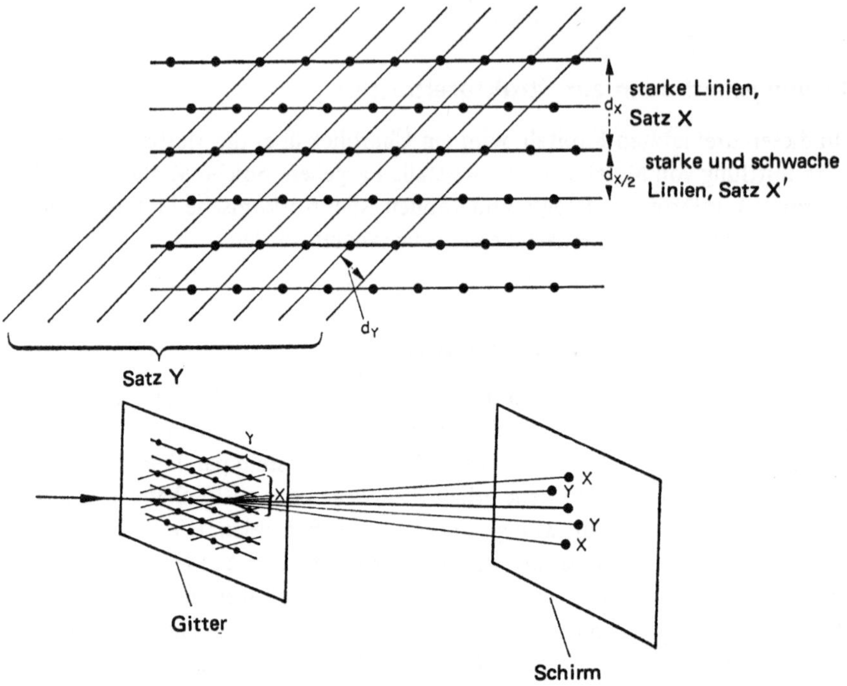



**Abb. 89.** Beugung durch eine ebene Anordnung von Punkten

Eine regelmäßige Anordnung lichtundurchlässiger Punkte auf einer Glasplatte läßt sich als eine große Zahl paralleler Reihen von Punkten auffassen, wobei jeder einem einzelnen Liniensatz auf einem gewöhnlichen Strichgitter äquivalent ist. Wenn monochromatisches Licht senkrecht auf eine solche Platte einfällt, so verursacht jeder Satz von Linien in ähnlicher Weise eine kleine Anzahl von gebeugten Strahlen. Das Beugungsmuster (Abb. 89) besteht nunmehr aus einer großen Zahl von Flecken, ein oder zwei von jedem Satz paralleler Reihen. Wie oben, liegt jeder gebeugte Strahl in einer Ebene senkrecht zu dem Zeilensatz, der ihn erzeugt. Die Stellen X in Abb. 89 werden somit durch den Satz der Reihen X hervorgerufen und die Stellen Y von den Reihen Y usw. Mit einer Kamera oder einem Schirm in bekanntem Abstand vom Gitter läßt sich der Beugungswinkel für jeden Fleck aus seiner Position auf dem Schirm berechnen. Daraus lassen sich die Abstände der parallelen Sätze von Punkten ermitteln, die jedes Beugungsbild erzeugt haben, und jeder individuelle Satz läßt sich identifizieren. Mit genügend viel Angaben dieser Art wäre es natürlich möglich, rückwärts zu gehen und das genaue Muster von Punkten auf dem zweidimensionalen Strichgitter eindeutig aus dem Beugungsmuster festzulegen. Das ist das wesentliche Prinzip aller Diffraktionsmethoden zur Ermittlung der Molekularstruktur, wobei die Punkte auf der Platte durch eine dreidimensionale Anordnung von Atomen und Molekülen zu ersetzen sind.

Diffraktionen von Zeilen mit dichter Punktfolge (so wie X) im zweidimensionalen Fall sind natürlich intensiver als von weniger eng besetzten Zeilen (z.B. Y), weil ja in Wirklichkeit die undurchsichtigen Punkte das Licht streuen. Die Intensität der Beugungsstrahlen liefert deshalb Informationen über die Dichte der streuenden Punkte.

In Abb. 89 würden die Beugungsstrahlen zweiter Ordnung vom Satz der Punkte X mit dem Abstand $d_X$ mit denen erster Ordnung aus dem Satz X' mit dem Abstand $d_X/2$ zusammenfallen. Bei der noch zu beschreibenden Röntgenstrahlbeugungsmethode werden alle Beugungen als solche erster Ordnung betrachtet, herrührend von Atomebenen mit geeigneten Abständen (s. aber S. 218 und 224).

Damit überhaupt Beugung auftreten kann, müssen die Abstände d von der gleichen Größenordnung sein wie die Wellenlänge der verwendeten Strahlung. Für sichtbares Licht ($\lambda \sim 10^{-4}$ cm) ist es nicht allzu schwierig, ein geeignetes Gitter auszuwählen. Die Verwendung von Diffraktionsmethoden zur Ermittlung der Kristalloder Molekularstruktur hängt von der Tatsache ab, daß entweder Röntgenstrahlen oder Teilchen mit geeigneter Geschwindigkeit Wellenlängen von der gleichen Größenordnung wie die Abstände zwischen Atomen in Molekülen und Atomen und Molekülen in Kristallen haben.


## 11.2. Röntgenstrahlbeugung durch Kristalle

### Die Laue- und Pulvermethoden

Ein Kristall ist eine regelmäßige Anordnung von Atomen, von denen jedes Röntgenstrahlen beugen oder streuen kann. Weil er dreidimensional ist, werden wenigstens drei Parameter zur Definition der Beugungsbedingungen benötigt, und ohne gewisse vereinfachende Annahmen ist die Analyse des Problems sehr schwierig. Ein berechtigter und sehr fruchtbarer Ansatz besteht darin anzunehmen, daß die Röntgenstrahlen an den Atomebenen des Kristalls reflektiert werden anstatt gebeugt. Reflexionen finden nicht nur an einer Ebene statt, sondern an einem Satz paralleler Ebenen und sind für Röntgenstrahlen gegebener Wellenlänge nur für bestimmte Einfallswinkel möglich. Die wesentliche Bedingung ist, genau wie bei der Beugung, daß der Gangunterschied zwischen benachbarten Wellen ganzzahlige Vielfache der Wellenlänge betragen muß.

Abb. 90 zeigt eine übliche Situation, in der Ebenen von Atomen X (in Seitenansicht) einen Abstand 2d besitzen und weitere Ebenen von Atomen Y sich gerade in der Mitte zwischen ihnen befinden, so daß der Abstand zwischen den X- und

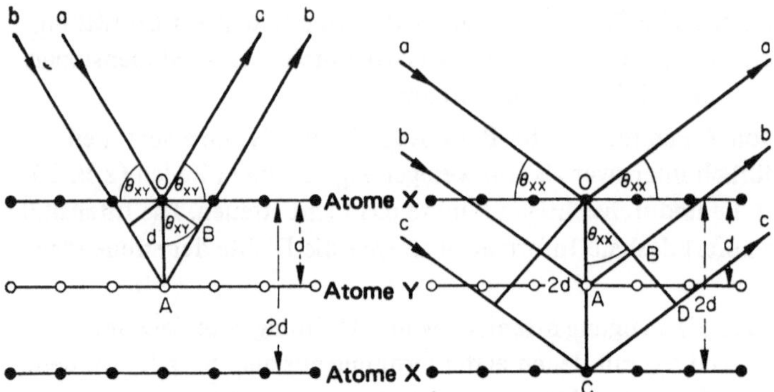


**Abb. 90.** Reflexionen von Kristallebenen und die Braggsche Gleichung

Y-Ebenen d beträgt. Damit eine Reflexion von der X-Ebene durch eine andere von
der benachbarten Y-Ebene verstärkt wird, muß der Wegunterschied ein ganzzahliges
Vielfaches der Wellenlänge betragen. Die „Berge" beider Wellen (a) und (b) werden
dann genau bei OB zusammentreffen oder bei einer beliebigen anderen Wellenfront
nach der Reflexion; die Wellenzüge befinden sich, mit anderen Worten, *in Phase*.
Für die Reflexionen erster Ordnung (die einzigen, die berücksichtigt werden) ist die
Bedingung demnach:

$$\lambda = 2AB = 2\,(d \sin \Theta_{XY})$$

und dies ist die Braggsche Gleichung.

Für eine Reflexion erster Ordnung von der X-Ebene allein ist die Bedingung
in ähnlicher Weise

$$\lambda = 2CD = 2\,(2\,d \sin \Theta_{XX}).$$

Da aber CD = 2AB ist, folgt, daß in diesem Falle $\lambda/2 = 2AB$ ist. Das heißt, obwohl
die Wellen (a) und (c) exakt in Phase sind wenn $\Theta = \Theta_{XX}$ ist, ist die Welle (b) genau
außer Phase mit beiden. Wenn die Y-Ebenen genau die gleiche Anzahl von Atomen
der gleichen Art besitzen wie die X-Ebenen, so werden die Intensitäten aller reflektierten Strahlen gleich sein. Reflexionen von den Y-Ebenen werden dann genau die
von den X-Ebenen herrührenden auslöschen, mit dem Ergebnis, daß es keine Reflexion
von X-Ebenen allein gibt. Wenn andererseits die Besetzung der Y-Ebenen mit der der
X-Ebenen nicht identisch ist, so wird die Auslöschung unvollständig sein. In diesem
Falle *wird* es eine Reflexion von X-Ebenen allein geben (oder, was äquivalent ist,
von Y-Ebenen allein), aber sie wird mit verminderter Intensität stattfinden [1]).

---

[1]) Siehe Aufgaben 55 und 56

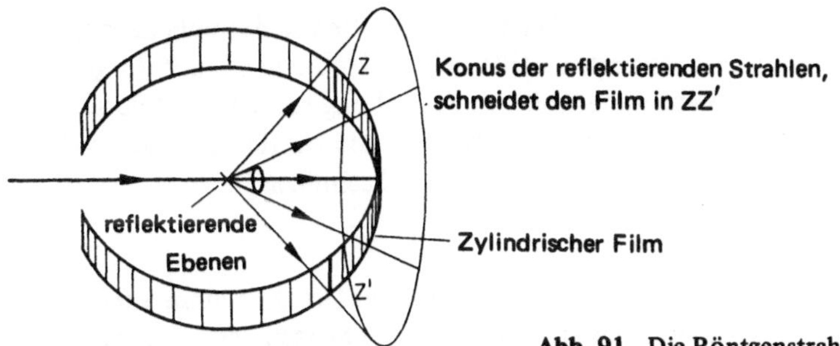


**Abb. 91.** Die Röntgenstrahl-Pulver-Methode

Für den Einfall von monochromatischer Strahlung unter einem bestimmten Winkel auf einen Einkristall werden sich nur sehr wenige Atomebenen in der richtigen Lage befinden, um die Braggsche Bedingung zu erfüllen, so daß wenige Diffraktionsstrahlen erhalten werden. Bei der ursprünglichen Laue-Technik wurde ein Strahl von „weißem" Röntgenlicht auf einen Einkristall gerichtet, so daß bei einer kontinuierlichen Wellenlängenverteilung die Braggsche Bedingung von vielen verschiedenen Sätzen von Ebenen erfüllt werden konnte. Die Indizierung von Laue-Aufnahmen (d.h., die Identifikation der für jeden reflektierten Strahl verantwortlichen Ebenen) ist kein einfaches Unternehmen; diese Technik wird heutzutage nicht mehr angewendet. Bei fast allen Röntgenstrukturuntersuchungen wird monochromatische Strahlung verwendet. Bei der Pulvermethode ist die Probe ein feines Pulver und die Röntgenstrahlen werden durch sehr viele sehr kleine Kristalle gestreut. Wenn ein bestimmter Satz von Ebenen einen bestimmten Einfallswinkel $\theta$ für die Reflexion von Röntgenstrahlen der Wellenlänge $\lambda$ benötigt, so kann ein kleiner Kristall eine unbegrenzte Anzahl von Winkeln mit dem einfallenden Strahl bilden und noch diese Bedingung erfüllen. Deshalb befinden sich viele der sehr kleinen Kristalle aus der Probe in der richtigen Orientierung für eine Reflexion, wenn ein Röntgenstrahl auf sie trifft. Jede Reflexionsebene, in welchem der kleinen Kristalle auch immer die Reflexion stattfindet, ist tangential zu einer Konusoberfläche, wobei die Konusachse mit der Strahlrichtung koinzidiert. In ähnlicher Weise bildet die Umhüllung der reflektierten Strahlen dieses Satzes von Ebenen die Oberfläche eines Konus. Ein zylindrischer Filmstreifen umgibt den Kristall und jede konische Umhüllung von reflektierten Strahlen schneidet ihn mit zwei leicht gekrümmten Schnittspuren (s. Abb. 91).

Eine Röntgenstruktur-Pulveraufnahme (Bild 21) besteht deshalb aus einem zentralen Fleck, der durch den ungestreuten Strahl verursacht wird und einer Reihe von Linien, die symmetrisch um ihn angeordnet sind. Es ist ziemlich einfach, diese Linien zuzuordnen und daraus in einfachen Fällen die Struktur des Kristalles abzuleiten. Die Methode wird zur Strukturermittlung von Metallen und Legierungen verwendet und für andere Verbindungen, von denen Einkristalle nur schwierig zu erhalten sind. Sie wird auch als eine analytische Technik angewendet, wobei die Diffraktionsmuster

einer bekannten Substanz mit denen verglichen werden, die von der unbekannten
Probe stammen. Durch Intensitätsvergleich läßt sich die Methode quantitativ gestalten. Es ist interessant, daß auf diese Weise eine Mischung von Kaliumchlorid und
Natriumbromid von einer Mischung aus Kaliumbromid und Natriumchlorid unterschieden werden kann; dies leisten nur wenige andere Techniken.

## Die Drehkristallmethode

Die meisten Strukturbestimmungen wurden mit der Drehkristallmethode
durchgeführt, bei der ein kleiner Kristall (etwa 1 mm im Querschnitt) im Zentrum
einer zylindrischen Kamera mit einer seiner kristallographischen Hauptachsen senkrecht montiert wird (Abb. 92). Das bedingt, daß die wichtigen und dicht besetzten
Ebenen des Kristalls in einer horizontalen Ebene zu liegen kommen. Bei stationärem
Kristall und monochromatischem Röntgenlicht sind wenige Ebenen in der richtigen
Orientierung um die Braggsche Bedingung zu erfüllen. Durch langsames Drehen des
Kristalls um die senkrechte Achse oder durch Pendeln um kleine Winkel werden verschiedene Sätze von Ebenen nacheinander in die richtigen Positionen gebracht und
die reflektierten Strahlen auf diese Weise auf dem Film erhalten. (Im folgenden
werden die Begriffe Reflexion und Diffraktion auswechselbar verwendet.)

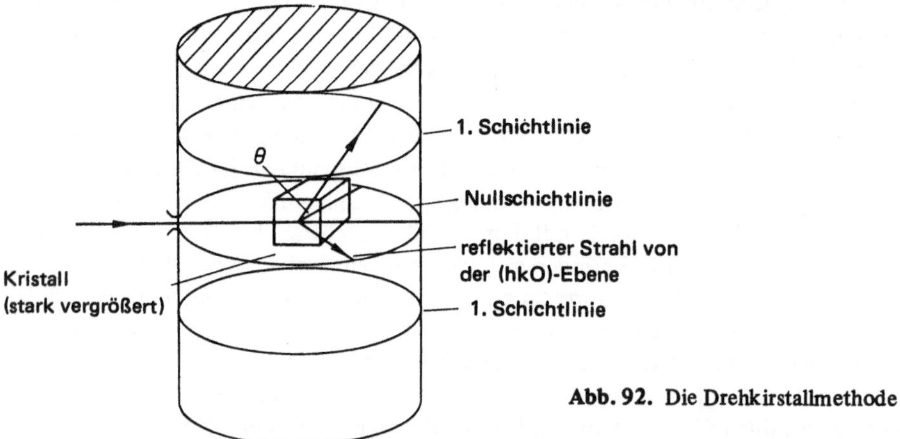


**Abb. 92.** Die Drehkirstallmethode

Wenn die Achsenabschnitte, die durch eine Atomebene in einem Kristall auf
den drei Kristallachsen gebildet werden, im Verhältnis $\frac{a}{h} : \frac{b}{k} : \frac{c}{l}$ zueinander stehen,
wobei a, b und c die Kantenlängen der Elementarzelle (die sogenannten *primitiven
Trans*lationen der Struktur oder die Gitterkonstanten) sind, so sagt man, daß die
Ebene die Indizes (hkl) besitzt (s. Abb. 93). Reflexionen von diesen Ebenen werden als (hkl)-Reflexionen bezeichnet. Ebenen, die die c-Achse überhaupt nicht
schneiden, deren Abschnitte auf den a- und b-Achsen aber im Verhältnis a:b zueinander stehen, sind deshalb (110)-Ebenen. Mit einer senkrechten c-Achse eines

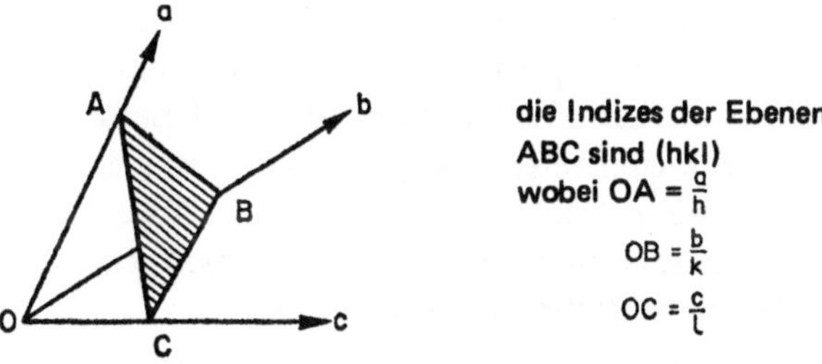



**Indizes bestimmter, schattierter Ebenen im kubischen System**

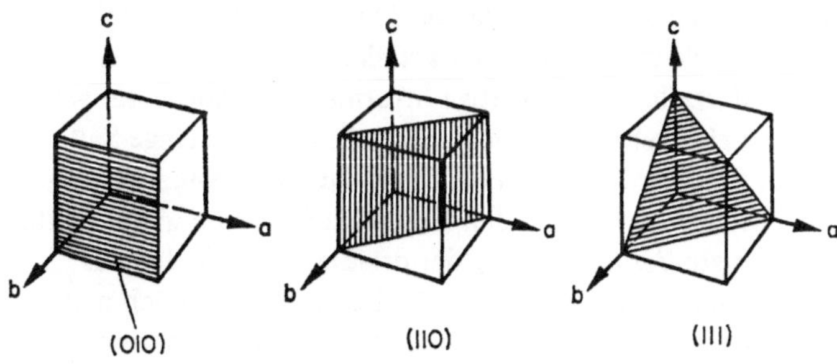



**Abb. 93.** Indizes von Kristallflächen

Kristalls in einer Rotationskamera sind alle Ebenen der Form (hk0), wobei sowohl h als auch k Null sein können, senkrecht und parallel zur c-Achse. Wenn diese Ebenen die richtigen Winkel mit dem einfallenden Strahl bilden, müssen die reflektierten Strahlen notwendigerweise in der horizontalen Ebene liegen, die den einfallenden Strahl enthält. Sie treffen deshalb auf den Film und erzeugen Schwärzungen auf einem horizontalen Kreis in dieser Ebene, der zu einer Geraden wird, wenn der Film ausgerollt wird; sie ist als Schichtlinie nullter Ordnung bekannt. Die reflektierten Strahlen aller anderen Ebenen müssen einen Winkel mit dieser horizontalen Ebene bilden, sie fallen aber alle in eine kleine Anzahl anderer horizontaler Kreise auf den Film, die als Schichtlinien erster, zweiter Ordnung usw. bekannt sind (Bilder 15 und 16). Es ist, als ob die Kanten der parallelen Atomebenen im Kristall, die senkrecht zur c-Achse liegen [die (001)-Ebenen], ein Linienbeugungsgitter mit dem Abstand c bilden. Die *Linien* dieses Gitters sind horizontal, so daß die Beugungsstrahlen erster Ordnung einen Winkel $\theta$, gegeben durch die gewöhnliche *Diffraktions*-Gleichung, $n\lambda = c \sin\theta$, mit der (001)-Ebene bilden. Solche Diffraktionsstrahlen bilden einen Konus, der den zylindrischen Film in einem horizontalen Kreis schneidet. Die genaue Position der Flecken auf der Schichtlinie erster Ordnung oder

irgendeiner anderen Schichtlinie hängt natürlich von der Ebene ab, von der aus die
Reflexion (in Termen der Braggschen Gleichung gesprochen) erfolgt. Es ist ziemlich einfach, die Flecken auf einer Drehkristallaufnahme zu indizieren. Diese Aufgabe wird durch die Weissenbergtechnik weiter vereinfacht, bei der eine langsame
Longitudinalbewegung der Kamera mit ihrer Rotation synchronisiert ist. Es ist
dann möglich, genau festzulegen, welche Ebenen in einer Position gewesen sein
konnten, die an irgendeiner Stelle des Films Reflexe verursacht haben.

Ein großer Vorteil der Drehkristalltechnik besteht darin, daß die Messung des
Abstandes zwischen der Schichtlinie nullter und erster Ordnung sofort den Winkel $\theta$
und damit die Gitterkonstante c zu finden gestattet. Durch Drehkristallaufnahmen
senkrecht um die anderen Kristallachsen lassen sich alle drei Gitterkonstanten ermitteln. Aus dem Volumen der Elementarzelle und der Dichte des Kristalls erhält
man leicht die Anzahl der Moleküle in jeder Elementarzelle. Manchmal können auch
aus dem Volumen der Elementarzelle allein wichtige Informationen abgeleitet werden. So haben z.B. Fettsäuren eine sehr lange Elementarzelle, und die lange Seite
wächst regelmäßig mit jedem $CH_2$-Zuwachs. Daraus folgt, daß die Molekeln längsseitig parallel liegen und der Abstand zwischen den Kohlenstoffatomen in der Kette
läßt sich bestimmen. Ferner zeigte *Bernal* (Anfang der dreißiger Jahre), daß das
vermutete Ringsystem für Steroide (wie Cholesterin, Androsteron usw.) sich nicht
in eine Elementarzelle von der Größe, wie er sie gefunden hatte, einfügen lassen
konnte. Er nahm eine alternative Anordnung an, die dann später chemisch auch
bestätigt wurde. Die Information einer Drehkristallaufnahme besteht aus einer Liste
aller beobachteten Reflexe mit ihren relativen Intensitäten. Die letzteren werden
gewöhnlich visuell abgeschätzt, aus modernen Arbeiten ist aber auch die photoelektrische Filmauswertung erwähnenswert.

### Kristallsymmetrie und Raumgruppen

Es gibt zwei Hauptsymmetrieoperationen, die ein räumlich ausgedehntes
Objekt in eine völlig äquivalente Lage bezüglich seiner Ausgangslage überführen
können — einfache oder eigentliche Drehungen und uneigentliche Drehungen. Die
Drehachsen für all diese Rotationen müssen dabei durch den gleichen Punkt des
Objektes laufen, damit eine identische Lage erzeugt wird; aus diesem Grunde werden sie als *Punktsymmetrie-Operationen* bezeichnet. Eine n-zählige Drehachse
bringt ein Objekt nach einer Drehung um den Winkel $2\pi/n$ mit sich selbst zur
Deckung (s. Abb. 94). Für die Kristallsymmetrie gibt es nur Achsen mit n = 2, 3, 4
und 6. Bei uneigentlichen Drehungen (Symmetrieoperationen *zweiter Art*) wird
die Drehung gefolgt von einer Spiegelung an einer Ebene senkrecht zu dieser Achse
*(Drehspiegelungsachse)* oder von einer Inversion an einem Zentrum auf ihr *(Drehinversionsachse)*. Eine Drehspiegelungsachse bedeutet immer das Vorhandensein
einer Drehinversionsachse, wenn auch nicht notwendigerweise von der gleichen

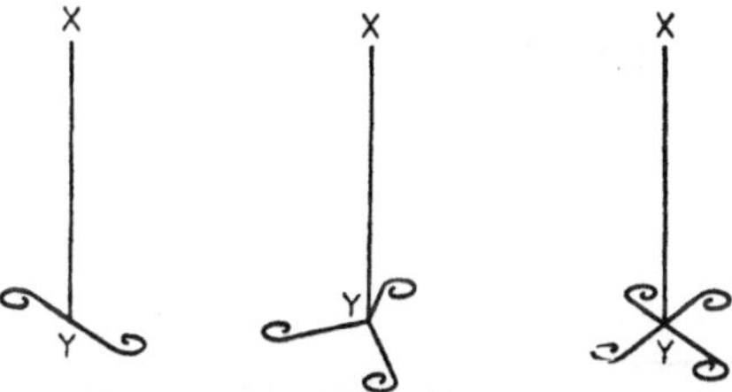

**Abb. 94.** Einfache Symmetrieachsen.

Einfache 2-, 3- und 4-zählige Achsen ohne weitere Symmetrieelemente. (Die Symmetrieachse XY liegt in jedem Falle in der Papierebene; die übrigen liegen in jedem Beispiel in einer Ebene senkrecht zu XY)

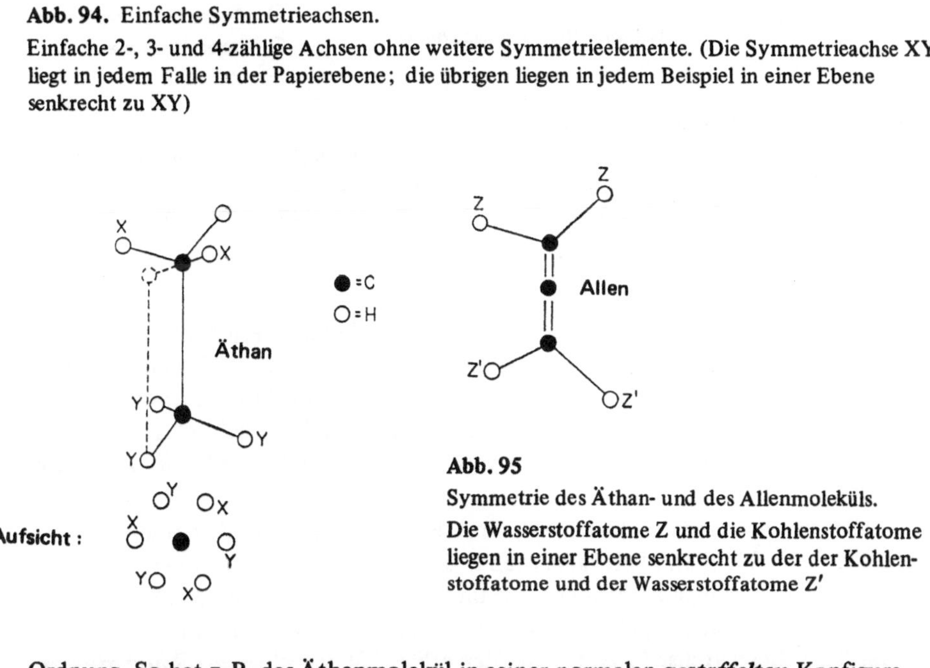



**Abb. 95**

Symmetrie des Äthan- und des Allenmoleküls.

Die Wasserstoffatome Z und die Kohlenstoffatome liegen in einer Ebene senkrecht zu der der Kohlenstoffatome und der Wasserstoffatome Z'

Ordnung. So hat z. B. das Äthanmolekül in seiner normalen *gestaffelten* Konfiguration eine sechszählige Drehspiegelungsachse und eine dreizählige Drehinversionsachse, während im Allenmolekül eine vierzählige Achse jeder Art vorhanden ist (s. Abb. 95). Uneigentliche Drehungen schließen die normale Spiegelebene und das Symmetriezentrum als Spezialfälle ein — nämlich als einzählige Drehspiegelungsachse bzw. einzählige Drehinversionsachse. Es gibt 32 unterschiedliche Kombinationen dieser Punktsymmetrie-Elemente, die die 32 Kristallklassen ergeben. Diese sind wiederum entsprechend der Natur der äußeren Kristallachsen in 7 Kristallsysteme unterteilt.

Es stellt sich heraus, daß alle Anordnungen von Atomen in Kristallen auf 14 fundamentalen Typen von Raumgittern basieren, die als Bravais-Gitter bekannt sind. Diese unterscheiden sich in der Gestalt der Elementarzelle und darin, ob die Elementarzelle primitiv, flächenzentriert oder raumzentriert ist. Die Atome können Positionen innerhalb jeder Elementarzelle ebenso wie die wirklichen Gitterpunkte

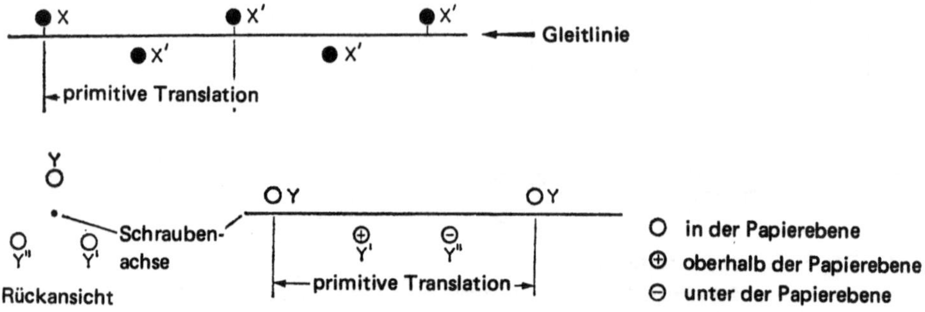

X    X'    X'   ⟵ Gleitlinie

X'    X'

⟵ primitive Translation

Y

Schrauben-   Y    Y
achse
Y''   Y'

Rückansicht    ⟵ primitive Translation ⟶    Y'   Y''

○ in der Papierebene
⊕ oberhalb der Papierebene
⊖ unter der Papierebene

**Abb. 96.** Gleitspiegelebene und Schraubenachse.

Gleitspiegelebene: Die Anwesenheit eines Teilchens bei X erfordert die Anwesenheit von Teilchen bei X' usw. Alle Teilchen befinden sich in der Papierebene.

Dreizählige Schraubenachse: Die Anwesenheit des Teilchens Y erfordert die Anwesenheit von Teilchen Y', Y'', Y usw.

besetzen, und die vielen möglichen Anordnungen werden am besten mittels bestimmter Kombinationen von Symmetrieoperationen ausgedrückt. Diese Symmetrieoperationen müssen eine unendlich ausgedehnte Ordnung von Struktureinheiten erzeugen; sie transformieren nicht einfach ein räumliches Objekt in sich selbst. Infolgedessen schließen sie weitere Symmetrieoperationen ein, die für die Punktsymmetrie ohne Bedeutung sind.

Gleitspiegelebenen umfassen eine Translation entlang einer Gitterachse, gewöhnlich um den halben Identitätsabstand, gefolgt von einer Reflexion an der Gleitlinie. Eine n-zählige Schraubenachse umfaßt eine Drehung um den Winkel $2\pi/n$ um eine Gitterachse, gefolgt von einer Translation um $1/n$ des Identitätsabstandes längs dieser Achse (s. Abb. 96). Man erhält 230 verschiedene *Raumgruppen,* wenn diese Symmetrieoperationen auf alle möglichen Weisen kombiniert werden.

Eine mathematische Analyse der Bedingungen für eine Röntgenstrahlbeugung zeigt, daß bestimmte Typen von Reflexionen (charakterisiert durch die Indizes (hkl)) von bestimmten Raumgruppen niemals gegeben werden. Zwei einfache Beispiele sollen zeigen, wie so etwas möglich ist. Bei einem kubisch raumzentrierten Metall liegt die Hälfte der Atome in (100)-Ebenen, die von identischen Ebenen durchschossen werden, die die restlichen Atome enthalten. Die Reflexionen von den dazwischengeschobenen Ebenen sind von gleicher Intensität, aber entgegengesetzter Phase. (Das ist genau der Fall, der auf den Seiten 217–218 ausführlich besprochen wurde.) (100)-Reflexionen fehlen deshalb auf dem Beugungsmuster vollständig, aber man erhält (200)-Reflexionen, weil dieser Satz von Ebenen (mit dem halben Abstand der (100)-Ebenen) alle Atome des Kristalls umfaßt (s. Abb. 97). Bei Cäsiumchlorid sind die (100)-Reflexe vorhanden, aber sie sind viel schwächer

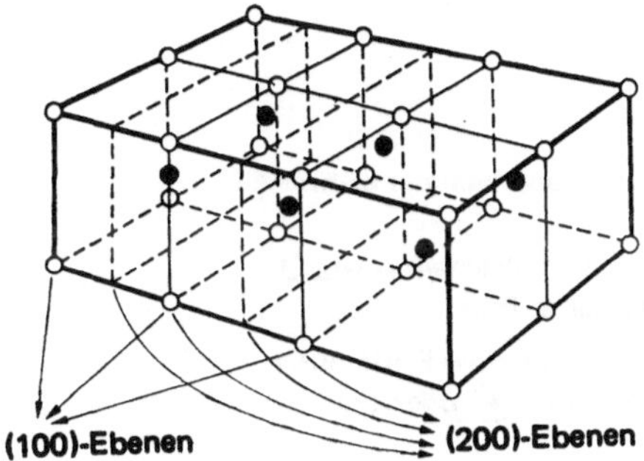



**Abb. 97**

Ebenen von Atomen in einem raumzentrierten Metall und im Cäsiumchloridgitter. (Alle Kreise stellen Metallatome dar, alle weißen Kreise repräsentieren $Cs^+$ und alle schwarzen $Cl^-$)

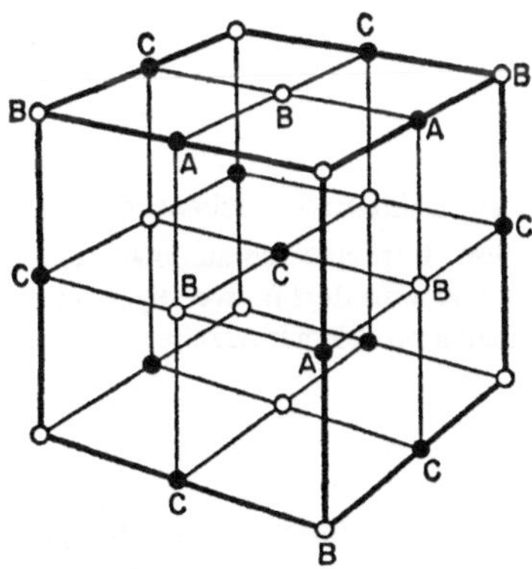



**Abb. 98**

Ebenen von Atomen in einem flächenzentrierten Gitter. Die $Cl^-$-Ionen A liegen auf einer (111)-Fläche. Die $Cl^-$-Ionen C liegen auf einer dazu parallelen (111)-Fläche. Die $Na^+$-Ionen B befinden sich in einer Ebene zwischen diesen beiden (111)-Ebenen

als die (200)-Reflexe. Einander abwechselnde Ebenen enthalten Cäsium- bzw. Chloridionen, die unterschiedliches Streuvermögen besitzen, so daß die Wirkung des einen Satzes von Ebenen nicht völlig die des anderen Satzes auslöscht. In ähnlicher Weise sind die (111)-Reflexionen von einem Natriumchloridkristall (Abb. 98) schwach, weil die Reflexe von aufeinanderfolgenden (111)-Ebenen von Natriumionen genau in entgegengesetzter Phase bezüglich der der dazwischengeschobenen Ebenen von Chloridionen sind. Bei Kaliumchlorid fehlen die (111)-Reflexionen, weil die isoelektronischen Ionen $K^+$ und $Cl^-$ im wesentlichen gleiches Streuvermögen besitzen. Durch Verfolgung dieser systematischen Abwesenheiten, zusammen mit bestimmten Angaben über die äußere Symmetrie und die Eigenschaften des Kristalls, ist es normalerweise möglich, die Raumgruppe des Kristalls sicher festzulegen.

Wenn einmal das Volumen der Elementarzelle und die Zahl der darin enthaltenen Moleküle bekannt sind, zusammen mit der Raumgruppe, so sind weitere Schlußfolgerungen möglich. Für einfache ionische und metallische Kristalle oder Atomkristalle ist die vollständige Struktur normalerweise mit wenig weiterem

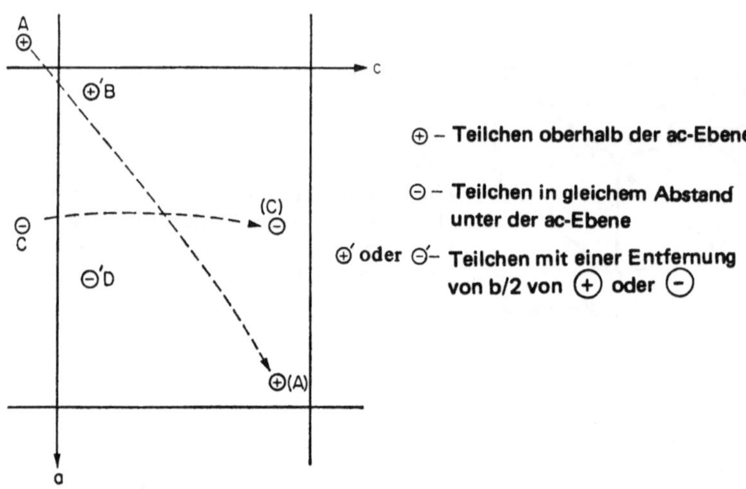



**Abb. 99.** Die Kombination einer Gleitspiegelebene und einer zweizähligen Schraubenachse. ac ist eine Spiegelebene; das Gleiten geschieht längs der a-Achse. b ist eine Schraubenachse. Die Wirkung dieser beiden Symmetrieelemente auf ein Teilchen A erfordert notwendigerweise auch dessen Anwesenheit bei B, C, D, d.h. vier „allgemeine" Lagen pro Elementarzelle. Symmetriezentren befinden sich in ab-Ebenen

Rechenaufwand erhältlich. Bei molekularen Kristallen ist das Problem weit schwieriger, aber in bestimmten Fällen gelangt man auch hier zum Ziele. Z. B. enthalten Kristalle von Nickelphtalocyanin zwei Moleküle pro Elementarzelle und jedes Molekül enthält ein Atom Nickel. Alle Reflexionen des Typs (hOl) mit ungeradem h fehlen, ebenso wie die Reflexionen (OkO) mit ungeradem k. Daraus folgt, daß die Raumgruppe sowohl eine zweizählige Schraubenachse als auch eine zweizählige Gleitspiegelebene besitzt, wie es in Abb. 99 dargestellt ist. Die Kombination dieser beiden Symmetrieelemente schließt die Anwesenheit eines Symmetriezentrums ein, und dies bedeutet, daß bei der Plazierung eines Moleküls auf einer *allgemeinen* Lage in der Elementarzelle (d.h. außerhalb einer der Symmetrieachsen oder Symmetrieebenen) die Gesamtsymmetrie die Anwesenheit drei weiterer Moleküle erfordert, so wie dargestellt. Weil aber nur zwei Moleküle in der Elementarzelle vorhanden sind, können sich diese infolgedessen nicht in einer allgemeinen Lage befinden. Die Bedingungen werden tatsächlich erfüllt, wenn sich jedes Nickelatom in einem kristallographischen Symmetriezentrum befindet und wenn das Nickelphtalocyaninmolekül selbst ein Symmetriezentrum besitzt, das mit dem Nickelatom zusammenfällt. Aus diesem Grunde liefern (s. Abb. 100) Routinebetrachtungen der Drehkristallaufnahmen für das Nickelphtalocyanin bedeutsame Informationen über die molekulare Gesamtsymmetrie.

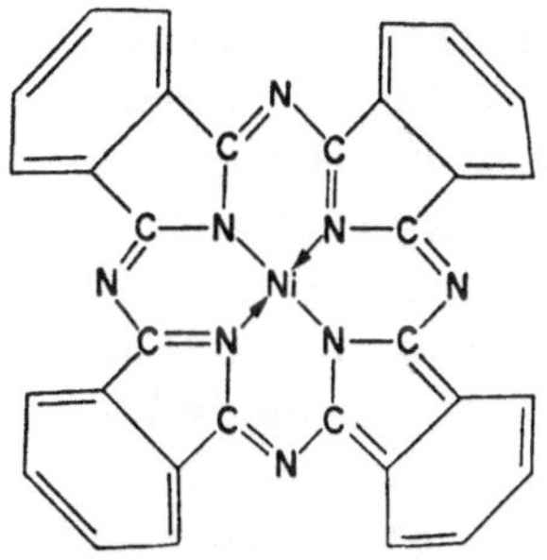

**Abb. 100**
Nickelphtalocyanin

**Die Ermittlung der Feinstruktur aus den gemessenen Intensitäten**

Bis jetzt wurden in der Diskussion die einzelnen Atome als Gitterbausteine
in einem Kristall aufgefaßt. Wenn statt dessen jede Einheit ein kleines Molekül ist,
so kann die gesamte Einheit gewöhnlich nicht vollständig in einem bestimmten Typ
von Symmetrieebene liegen. Nehmen wir z. B. an, daß ein zweiatomiges Molekül XY
in einem bestimmten Winkel zu den (111)-Ebenen in einem Kristall orientiert ist.
Ein Satz von (111)-Ebenen wird durch die Atome X verlaufen und ein weiterer,
etwas versetzter aber paralleler Satz, durch die Atome Y. Die Reflexe von dem
zweiten Satz von Ebenen werden sich etwas außer Phase hinsichtlich der des ersten
Satzes befinden, so daß die Intensität der (111)-Reflexe sowohl von den atomaren
Streuvermögen der Atome X und Y, als auch vom Abstand zwischen ihnen abhängen wird. Für Molekeln mit mehr als zwei Atomen ist die Situation noch komplizierter, aber die Intensitäten erweisen sich in ganz allgemeiner Weise als abhängig
von der Gestalt und Größe der Moleküle und von ihren Positionen und Orientierungen im Kristall. Eine ausführliche Analyse zeigt, daß die Intensität einer Reflexion
von einem gegebenen Satz von Ebenen proportional dem Quadrat des *Strukturfaktors* F (hkl) für diesen Satz ist. F (hkl) ist eine Funktion der atomaren Streufaktoren und der durch jedes anwesende Atom hervorgerufenen Phasendifferenz, die
notwendigerweise von den einzelnen Atompositionen abhängt. Strukturfaktoren
lassen sich nicht unmittelbar aus den Intensitäten ableiten, weil die Quadratwurzel
einer gemessenen Intensität nur den absoluten Wert des Strukturfaktors liefert und
nicht sein Vorzeichen. Es ist deshalb schwierig, wenn nicht unmöglich, die Phasen-
differenzen (und damit die Atompositionen) direkt aus den beobachteten Intensitäten zu berechnen.

Allgemein wird ein Verfahren „trial and error" benutzt. Man nimmt plausible
Werte für die Gestalt, Größe und Positionen der Moleküle an (wobei für die beiden
ersten Faktoren die chemische Erfahrung weiterhilft) und berechnet auf dieser
Grundlage die relativen Intensitäten. Ein systematischer Vergleich der berechneten
mit den gemessenen Intensitäten und eine systematische Justierung der Parameter,
bis die Übereinstimmung so gut wie möglich ist, versetzt einen dann in die Lage,
die Struktur mit vertretbarer Toleranz festzulegen. Es sind bestimmte Abkürzungs-

verfahren möglich. Wenn ein Molekül ein Atom enthält, das viel schwerer ist als
der Restteil und dessen Position aus der Raumgruppe her ableitbar ist (z.B. das
Nickelatom im Nickelphtalocyanin), so werden die Vorzeichen der verschiedenen
Strukturfaktoren gewöhnlich durch den Beitrag dieses einen Atoms bestimmt. Zuweilen wird zu diesem Zweck ein schweres Atom absichtlich eingeführt. In ähnlicher
Weise ermöglicht oft der durch den isomorphen Ersatz eines schweren Atoms durch
ein anderes bewirkte Einfluß auf den absoluten Wert des Strukturfaktors die Bestimmung des Vorzeichens. Mittels eines vorläufigen Satzes von Strukturfaktoren
ist es dann möglich, die Lagen der verbleibenden Atome mit einiger Sicherheit festzulegen.

In diesem Stadium werden die Ergebnisse gewöhnlich durch eine Elektronendichtekarte wiedergegeben. Weil die Streuung der Röntgenstrahlen durch Elektronen
hervorgerufen wird, verhält sich ein Kristall bei einer Röntgenstrahlbeugungsunter-
suchung wie eine dreidimensionale periodische Elektronenverteilung; dichter in bestimmten Bezirken und weniger dicht in anderen. Wie jede andere periodische Funktion läßt sich diese Verteilung als Summe von Sinus- und Cosinustermen (eine Fou-
rier-Reihe) schreiben, und die Koeffizienten der Glieder dieser Reihe erweisen sich
als den verschiedenen Strukturfaktoren gleich, geteilt durch das Volumen der Elementarzelle. Durch Verwendung vorläufiger Strukturfaktoren läßt sich so die Elektronendichte $\rho$ (x, y, z) als Funktion der Lage im Kristall berechnen. Die Berechnung ist sehr aufwendig, und oft zieht man eine zweidimensionale Fourier-Synthese,
die $\rho$ (x, y) usw. liefert, vor — zumindest in der Anfangsphase einer Strukturermittlung. $\rho$ (x, y) wird dann als Schichtlinienkarte aufgetragen und liefert so die Projektion der Elektronendichte auf die gewählte Ebene des Kristalls. Wenn Molekeln
mehr oder weniger parallel zu der in Frage stehenden Ebene liegen, so zeigt die Karte
die Lage ihrer Atome ganz exakt an. Die auf diese Weise aus verschiedenen Elek-
tronendichteprojektionen ermittelten Atomlagen können nun verwendet werden,
um bessere Übereinstimmung mit den beobachteten Intensitäten zu erzielen, und
es kann eine neue Fourier-Synthese vorgenommen werden. Eine wiederholte Anwendung des Verfahrens führt schließlich zum besten möglichen Satz von Parametern
für die Struktur. Eine Elektronendichtekarte ist im Bild 17 dargestellt.

Es sind verschiedene spezielle Techniken erfunden worden, um den Aufwand
für diese Prozesse zu verringern, aber letzten Endes verbleibt ein bestimmtes Maß
an "trial and error" bei der Strukturermittlung eines komplizierten Kristalles. In
der Vergangenheit mußte oft viele Monate gerechnet werden, ehe die Strukturen
ganz einfacher Molekülkristalle gefunden waren. Heutzutage beschleunigt die Verwendung elektronischer Rechenmaschinen den Prozeß ganz enorm. Für relativ
einfache Strukturen dauert die Arbeit Tage statt Monate, und es ist nunmehr möglich, die Strukturermittlung von so komplexen Gebilden in Angriff zu nehmen
(z.B. von Proteinen und Nucleinsäuren), für die früher jeder Versuch völlig aus-
sichtslos erschien.

Die Bedeutung der Röntgenstrukturermittlung komplexer Kristalle besteht
darin, daß die detaillierten Strukturen der darin vorhandenen Moleküle und Ionen
festgelegt werden können; die genaue Art und Weise der Verteilung dieser Moleküle
in ihren Kristallen ist normalerweise von viel geringerem Interesse. Für viele Verbindungen sind solche Röntgenstrukturuntersuchungen das einzige Mittel, um Bindungswinkel und Bindungslängen zu messen; die letzteren sind in einigermaßen günstigen
Fällen bis auf etwa 0,01 Å zuverlässig. Auf diese Weise ist eine enorme Menge von
Strukturdaten aufgehäuft worden, und es ist möglich, ins einzelne gehende Schlüsse
über solche Themen wie die Natur der Bindung in komplexen Molekülen zu ziehen
und Tabellen kovalenter Bindungsradien aufzustellen.

**Röntgenstrahlbeugung und Ionenbindung**

Bei exakter Berechnung der Elektronendichten aus den Röntgendaten für
einfache binäre Verbindungen ist es möglich, das Ausmaß des ionischen Charakters
der Bindungen zu ermitteln. Obwohl dies nicht für viele Verbindungen getan worden
ist, stimmen die Ergebnisse deutlich mit denen überein, die aus Untersuchungen über
die interatomaren Abstände usw. erhalten wurden (S. 177). Für Natriumchlorid werden 17,85 Elektronen rings um jedes Chloratom gefunden (Ordnungszahl 17). Deshalb liegt ein fast vollständiger Ladungsübergang vom Natrium zum Chlor mit
einem kleinen Restbetrag kovalenter Bindung vor (vgl. S. 173). Dieses Ergebnis ist
eines der unmittelbarsten Beweisstücke für die Existenz von Ionen in Kristallen.

## 11.3. Neutronenbeugung

Weil die Röntgenstrahlen hauptsächlich von Elektronen gestreut werden, ist
das Streuvermögen eines Atoms um so größer, je größer seine Ordnungszahl ist. Das
Streuvermögen des Wasserstoffs ist deshalb extrem klein, und nur in besonders
günstigen Fällen können die Lagen von Wasserstoffatomen in Kristallen durch Rönt-
genbeugungsdaten überhaupt genau ermittelt werden. Neutronen andererseits bleiben von Elektronen unbeeinflußt (außer wenn diese ungepaart vorliegen), werden
aber an Kernen gestreut. Die Streufaktoren sind für alle Kerne von der gleichen
Größenordnung, so daß sich die Lagen von Wasserstoffatomen leicht durch Neutronenbeugung ermitteln lassen, selbst wenn viel größere Atome zugegen sind.
Die wesentlichen Prinzipien der Methode sind die gleichen wie für die Röntgenstrahlbeugung, aber die experimentelle Technik ist viel schwieriger. Neutronen-
strahlen ausreichender Intensität lassen sich nur mittels Atommeilern erhalten. Die
Neutronen werden zunächst (z.B. durch wiederholte Kollisionen in Paraffinwachs)
auf Geschwindigkeiten von der gleichen Größenordnung wie die von Gasmolekülen
bei Zimmertemperatur (thermische Geschwindigkeiten) gebremst, wo die de Broglie-
Beziehung (S. 9) zeigt, daß ihre effektive Wellenlänge etwa 1,5 Å beträgt. Der

Strahl wird dann an einem großen Einkristall reflektiert, um so einen genügend schmalen Bereich von Neutronengeschwindigkeiten bzw. Wellenlängen auszufiltern. Der resultierende Strahl ist erheblich schwächer als die in normalen Beugungsexperimenten verwendeten Röntgenstrahlen, so daß längere Belichtungszeiten notwendig werden. Die Lagen und Intensitäten der gebeugten Strahlen müssen mit einem Neutronenzähler ermittelt werden, weil Neutronen eine photographische Platte nicht beeinflussen. Das gesamte Verfahren ist um so viel aufwendiger als die Röntgenstrahlbeugung, daß es nur für wenige Spezialzwecke verwendet wird. Weil die Positionen der Wasserstoffatome mit Sicherheit lokalisierbar sind, ist die Methode unschätzbar für die Untersuchung wasserstoffhaltiger Kristalle; man hat dadurch viel über die Natur der Wasserstoffbrückenbindungen gelernt – ob die Wasserstoffatome symmetrisch oder unsymmetrisch angeordnet sind usw. Aus technischen Gründen werden die Untersuchungen gewöhnlich an den entsprechenden deuterierten Verbindungen vorgenommen, z.B. an $KDF_2$ oder $D_2O$, anstelle von $KHF_2$ oder $H_2O$. Wiederum zeigen Atome mit großen paramagnetischen Momenten sehr starke Wechselwirkung mit Neutronen, unabhängig von ihrem Kernstreuvermögen, und es sind auf diese Weise Informationen über die Strukturen von ferromagnetischen und ähnlichen Materialien gewonnen worden. Ehe Neutronenbeugungsergebnisse interpretiert werden können, ist es normalerweise notwendig, die Struktur (so weit wie möglich) durch normale Röntgenbeugung zu ermitteln.

## 11.4. Elektronenbeugung

Die de Broglie-Beziehung zeigt, daß Elektronen, die durch ein Potentialgefälle von einigen hundert Volt beschleunigt wurden, eine Wellenlänge von etwa einer Ångströmeinheit besitzen. Aber solche sehr langsamen Elektronen werden sowohl durch Kerne als auch durch Bahnelektronen gestreut und es hat sich als unmöglich erwiesen, die verschiedenen atomaren Streufaktoren zu berechnen. Schnelle Elektronen werden nur durch Kerne gebeugt, es ist dann möglich, Atomstreufaktoren zu berechnen. Deshalb werden gewöhnlich 40-kV-Elektronen mit einer effektiven Wellenlänge von etwa 0,06 Å für Beugungsuntersuchungen benutzt. Elektronen werden viel stärker als Röntgenstrahlen gestreut, so daß Belichtungszeiten von weniger als einer Sekunde ausreichend sind, wogegen ein Röntgenbeugungsexperiment gewöhnlich mehrere Stunden dauert. Auf der anderen Seite bedeutet dies, daß die Reichweite viel geringer ist als die von Röntgenstrahlen, so daß bei Elektronenbeugungsmessungen die Elektronenquelle, das Untersuchungsobjekt und die photographische Platte in einem Gefäß angeordnet sein müssen, das auf etwa $10^{-5}$ mm evakuiert ist (Abb. 101). Aus dem gleichen Grunde können größere Proben nicht untersucht werden. Die Elektronenstrahlbeugung ist deshalb häufig für die Untersuchung dünner Oberflächenschichten (z.B. auf Metallen) und für die Ermittlung der Molekularstruktur gasförmiger Verbindungen eingesetzt worden. Die erste Anwendung wird nicht weiter erörtert.

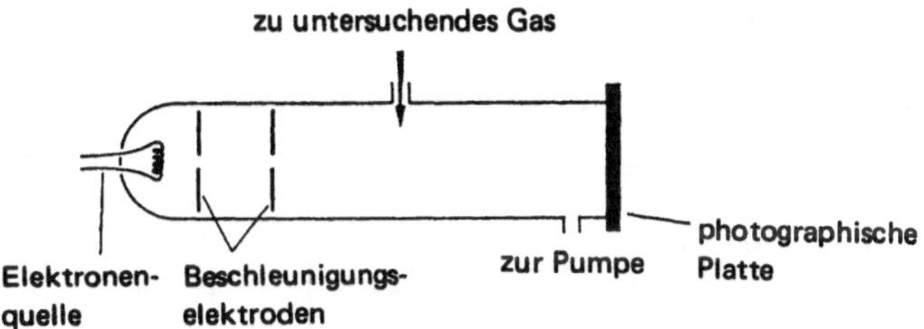



**Abb. 101.** Allgemeine Anordnung für Elektronenbeugungsuntersuchungen an Gasen

Die Moleküle eines Gases sind im Vergleich zur Wellenlänge der verwendeten Elektronen sehr weit voneinander entfernt, so daß keine intermolekularen Beugungseffekte auftreten; stattdessen ist es die relative Anordnung der Atome innerhalb jedes Moleküls, die das Beugungsmuster bestimmt. Die Situation ist tatsächlich ganz ähnlich wie bei der Röntgenstrahl-Pulvermethode. Hier bedeutet die völlig zufällige Orientierung der einzelnen Moleküle, daß ein gegebener Beugungsstrahl einen Konus anstatt eines einzigen Strahls bildet. Normalerweise werden nur wenige solcher Kegelmäntel erzeugt, und die Beugungsaufnahme (s. Bild 18) besteht aus einer Anzahl von Ringen unterschiedlicher Intensitäten. Es gibt verschiedene Methoden zur Auswertung dieser Intensitäten und zur Berücksichtigung der Untergrundschwärzung. Die Untergrundschwärzung hängt nicht von der Struktur der Moleküle ab und verringert den Kontrast zwischen einem Ring und dem nächsten.

Ein Molekülmodell wird angenommen, die Intensitäten der gestreuten Strahlen werden berechnet und ein Vergleich mit den gemessenen Werten zeigt, wie gut das vorgeschlagene Modell war. In der Praxis erweist sich dieses Verfahren als hinreichend gut für ziemlich einfache Molekeln mit einigen Symmetrieelementen, aber es unterscheidet nicht immer vollständig zwischen Strukturen unterschiedlicher Symmetrie. Wo die Grobstruktur jedoch feststeht, liefern Elektronenbeugungsuntersuchungen an Gasen oft Bindungswinkel bis zu einer Zuverlässigkeit von einem Grad und Bindungslängen mit einer Genauigkeit von etwa 0,01 Å.

Seit einigen Jahren wird die Elektronenbeugungstechnik besonders von sowjetischen Autoren zur Bestimmung der Lagen leichter Atome in Kristallen benutzt, die viel schwere Atome enthalten. Weil schnelle Elektronen an den Kernen anstatt an den Bahnelektronen gestreut werden, beherrschen nicht Atome mit hoher Ordnungszahl wie bei Röntgenbeugungsuntersuchungen die Situation. Während das Verhältnis der Streufaktoren zwischen Kohlenstoff und Wasserstoff für Röntgenstrahlen 15:1 beträgt, ist es für die Elektronenbeugung nur 5:1. Elektronenbeugungsexperimente liefern die gleiche Information über die Lagen von Wasserstoffatomen in Kristallen wie Neutronenbeugungsuntersuchungen, aber die Technik ist bedeutend einfacher und man benötigt keinen Atomreaktor. Auf der anderen Seite ist

**Tabelle 21.**   Das elektromagnetische Spektrum

| | ← Gammastrahlung | | Röntgenstrahlen | | Vakuum-ultraviolett | Ultraviolett und sichtbar |
|---|---|---|---|---|---|---|
| Wellenlänge, cm: | $10^{-10}$ | $10^{-9}$ | $10^{-8}$ | $10^{-7}$ | $10^{-6}$ | $10^{-5}$ |
| Andere Einheiten | $10^{-2}$ Å | $10^{-1}$ Å | 1 Å | 10 Å | 100 Å | 1000 Å |
| | | | | 1 nm | 10 nm | 100 nm |
| Wellenzahl $1/\lambda$, cm$^{-1}$ Frequenz $\nu = \dfrac{c}{\lambda}$, MHz | | | | | | |
| Größe des Energie-quantums $h\nu$:    eV | $1,24 \times 10^6$ = 1,24 MeV | $1,24 \times 10^5$ | $1,24 \times 10^4$ | 1240 | 124 | 12,4 |
| kcal/mol | | | | | 2860 | 286 |
| Farbtemperatur °K [1] ($\theta = h\nu/k$) | $14,500 \times 10^6$ | | | | 1,450,000 | 145,000 |
| Atomarer oder molekularer Prozeß | nuclear und subnuclear | | innere Elektronenübergänge | | | äußere Elektronenübergänge |
| Erzeugung | Cyclotrone radioaktive Kerne usw. | | Röntgenröhren (Elektronenbeschuß) | | | Entladungsröhren Lichtbogen Funken |
| Nachweis | | | Geigerzähler, Scintillationszähler ← photographische Platten → | | | photoelektrische Zellen Sekundärelektronen-vervielfacher |

[1]) Das ist die Temperatur, bei der die durchschnittliche thermische Energie eines Atoms in einem einatomigen „Gas" gleich der des in Frage stehenden Energiequants ist.

es notwendig, Proben zu verwenden, die nur $10^{-5}$ bis $10^{-6}$ cm dick sind. Die durchschnittlichen Genauigkeiten, mit denen Wasserstoffatome lokalisierbar sind, betragen: Röntgenstrahlbeugung (in günstigen Fällen): 0,1 Å; Elektronenbeugung 0,02–0,03 Å; Neutronenbeugung 0,01–0,02 Å. Die Elektronenbeugung ist auch benutzt worden, um die Positionen der Kohlenstoff- und Stickstoffatome in metallischen Carbiden und Nitriden zu ermitteln.

| Nahes Infrarot | Fernes Infrarot | Mikrowellen | | Radiowellen → | | | | | |
|---|---|---|---|---|---|---|---|---|---|
| $10^{-4}$  $10^{-3}$ | $10^{-2}$ | $10^{-1}$ | 1 | 10 | $10^2$ | $10^3$ | $10^4$ | $10^5$ | |
| 1 $\mu$m  10 $\mu$m | 100 $\mu$m | | | | | | | | |
| 10,000  1000 | 100 | | | | | | | | |
| | | $3 \times 10^5$ | $3 \times 10^4$ | $3 \times 10^3$ | $3 \times 10^2$ | 30 | 3 | 0,3 | |
| 1,24  0,124 | 0,0124 | 0,00124 | | | | | | | |
| 28,6  2,86 | 0,286 | | | | | | | | |
| 14,500  1450 | 145 | 14,5 | 1,45 | | | | | | |

| Molekül- schwin- gungen | Molekül- rotationen | Elektronen- spinübergänge | Kernspin- übergänge |
|---|---|---|---|

| Hitzdrähte | Magnetrons und Klystrons | | Schwingkreise |
|---|---|---|---|

| Vakuumthermoelemente und Bolometer | Kristall- detektoren | Radio- empfänger |
|---|---|---|

# 12. Spektroskopische Methoden zur Strukturermittlung

## 12.1. Allgemeine Prinzipien

Eine sehr große und wichtige Gruppe von Methoden zur Ermittlung der
Molekularstruktur beruht auf der Wechselwirkung von elektromagnetischer Strahlung mit Materie. Wie bereits auf Seite 3 erörtert, findet die Absorption oder
Emission von Strahlung immer in Energiequanten von einer definierten Größe $h\nu$
statt, wobei $\nu$ die Frequenz der Strahlung ist. Quanten können nur dann von Materie absorbiert werden, wenn ihre Größe genau der Energieänderung irgend eines
möglichen atomaren oder molekularen Vorganges entspricht. Infolgedessen ist jeder
Prozeßtyp mit einem charakteristischen Frequenzbereich des Spektrums verknüpft.
Das vollständige Spektrum ist in Tabelle 21 dargestellt; die Einheiten, in denen
die Wellenlängen gewöhnlich ausgedrückt werden, sind angegeben, ebenso wie die
Größe der Energiequanten in Elektronenvolt und in kcal/mol.

Die Quanten der $\gamma$-Strahlung sind in ihrem Betrag mit den Energieänderungen
bei Nuclearvorgängen vergleichbar und werden deshalb emittiert, wenn diese stattfinden. Die Energie von Röntgenstrahlenquanten ist von der gleichen Größenordnung wie die zur Entfernung innerer Elektronen aus Atomen. Keiner dieser beiden
Prozesse ist gegenwärtig bei der Aufklärung der molekularen Struktur von größerem
Interesse, obwohl Messungen des Mössbauer-Effektes mit bestimmten gamma-aktiven
Kernen chemisch interessante Ergebnisse geliefert haben [1]).

In den ultravioletten und infraroten Regionen jedoch entsprechen die Energiequanten den Energiedifferenzen zwischen den äußeren Elektronenenergieniveaus
von Atomen und Molekülen. Im nahen infraroten Bereich sind sie vergleichbar mit
den Schwingungsenergien von Molekülen und im fernen infraroten Bereich sowie in
der Region der Mikrowellen mit den Rotationsenergien von Molekülen. Die Messung
dieser Energieänderungen ist von großer Wichtigkeit für die Ermittlung der Molekularstruktur. Unterschiede in der Energie zwischen den möglichen Orientierungen
der Elektronen- und Kernspins entsprechen Quanten im Mikrowellen- bzw. Radiofrequenzbereich, und diese liefern ebenfalls Informationen von großem chemischen
Interesse.

### Experimentelle Methoden

Im Prinzip ähneln sich alle spektroskopischen Methoden insofern, als die absorbierte Energiemenge (im sichtbaren und ultravioletten Bereich möglicherweise
auch die emittierte) als Funktion der Wellenlänge oder Frequenz gemessen wird.

---

[1]) Auch für die $\beta$-Elektronenspektroskopie stehen heute bereits industriell gefertige Spektrometer zur Verfügung (Anm. des Übersetzers).

In der Praxis unterscheiden sich natürlich die Methoden je nach dem Frequenzbereich. Alle Spektrometer müssen jedoch a) eine Strahlungsquelle; b) eine Einrichtung zur Ausfilterung bekannter Wellenlängen; c) ein Gefäß oder eine Halterung für die Probe, durch die die Strahlung hindurchtreten kann; d) einen Detektor besitzen.

Im ultravioletten und sichtbaren Bereich bilden Quecksilberlampen, Entladungsröhren, die mit verschiedenen Gasen gefüllt sind, Flammen- oder Lichtbögen und Drähte, die sich auf Weißglut befinden, die Lichtquellen. Natürlich müssen in diesen Quellen vom Typ her die gleichen atomaren oder molekularen Vorgänge stattfinden wie die, die gerade untersucht werden. Wenn Emissionsspektren gemessen werden, so ist die zu untersuchende Substanz Teil der Lichtquelle und es wird keine Absorptionszelle benötigt. Im infraroten Bereich werden glühende Drähte spezieller Ausführung benutzt, während Mikrowellen und Radiofrequenzwellen durch elektronische Standardmethoden unter Verwendung von Klystrons (Höchstfrequenzverstärkerröhren) und Schwingkreisen erzeugt werden. Die Mikrowellenfrequenz wird von einem Ort zum anderen durch metallische *Hohlraumleiter* geführt, deren Querschnitte mit den verwendeten Wellenlängen vergleichbar sind. Die ultraviolette, sichtbare und infrarote Strahlung ist, wenn sie wie oben ausgeführt erzeugt wurde, im allgemeinen *weiß*, und spezifische Wellenlängen werden entweder durch ein Prisma oder durch ein Beugungsgitter herausgefiltert. Glas ist nicht verwendbar, außer in den sichtbaren oder nahen ultravioletten Bereichen des Spektrums, weil es eine zu hohe Absorption für andere Wellenlängen besitzt. In Spektralphotometern für das Ultraviolett sind die Prismen und Absorptionszellen normalerweise aus Quarz gefertigt, und in Infrarotspektrometern bestehen die Prismen aus Steinsalz und ähnlichen Materialien. Anstelle von Linsen werden im allgemeinen Spiegel verwendet, nicht zuletzt deshalb, um die Absorption zu verringern. Luft absorbiert so stark im fernen Ultraviolett, daß für Arbeiten in diesem Bereich das Spektrometer evakuiert werden muß; man nennt diesen Bereich deshalb das *Vakuum-Ultraviolett*. Infrarotspektrometer müssen sorgfältig trocken gehalten werden, weil Feuchtigkeit nicht nur die Oberfläche der Steinsalzprismen auflösen würde, sondern auch zu viel Strahlung absorbieren würde. Für Arbeiten im Mikrowellen- und Radiofrequenzbereich besteht keine Notwendigkeit für eine Ausfiltration für bestimmte Wellenlängen, weil die Quelle selbst so genau justiert werden kann, um monochromatische Strahlung jeder gewünschten Wellenlänge zu erzeugen.

Im ultravioletten und sichtbaren Bereich sind die Detektoren photographische Platten, photoelektrische Zellen oder Sekundärelektronenvervielfacher. Für das Infrarote benutzt man Vakuumthermozellen oder Bolometer und in der Mikrowellenregion Kristalldetektoren. Es lassen sich die Absorptionsspektren von Verbindungen in allen Aggregatzuständen messen. Für Gase benötigt man ziemlich lange Absorptionszellen, und für die Infrarotuntersuchung von Festsubstanzen wird oft eine Suspension mit Paraffin verwendet. Die noch zu beschreibende Doppelstrahlanordnung berücksichtigt automatisch die Absorption des Lösungsmittels, die Luft im Spektrometer usw. Bei einfachem Strahlengang muß eine Blindprobe vermessen werden, um diese Effekte zu berücksichtigen.

Wenn eine photographische Platte benutzt wird, erhält man die Aufzeichnung eines ganzen Wellenlängenbereiches in einem Arbeitsgang, wobei die Intensität auf jedem Punkt der Platte ein Maß für die Emission oder Transmission bei dieser Wellenlänge ist. Für andere Typen von Detektoren läßt sich das Spektrum zerlegen und das Signal manuell aufzeichnen. Dies ist sehr aufwendig; es sind automatische Instrumente für den ultravioletten, sichtbaren und infraroten Bereich kommerziell verfügbar. Das Prinzip solcher Instrumente wird in Abb. 102 gezeigt. Durch eine geeignete Anordnung von Spiegeln, Prismen und Gittern, die nicht abgebildet sind, ist es möglich, verschiedene Wellenlängen auszusondern und dennoch die resultierenden Strahlen in der gleichen Bahn zu halten. A ist eine Einrichtung (manchmal ein Paar reziproker Spiegel), die das abwechselnde Auffallen der Strahlen auf den Detektor ermöglicht. Sind diese von gleicher Intensität, so resultiert kein Nettosignal vom Verstärker des Detektors und die „Blende" B ist vollständig für den Referenzstrahl geöffnet. Wenn eine Absorption des Probenstrahls vorliegt, verursacht ein Nettosignal das Einschalten der Blende soweit, bis die beiden Strahlen wiederum gleich intensiv sind. Die Drehung des Prismas oder des Gitters ist mit der Weiterbewegung der Papierrolle eines Schreibers gekoppelt; die Bewegung der Blende mit der des Schreibstiftes. Auf diese Weise erhält man eine Aufzeichnung der Nettoabsorption für jede Wellenlänge auf dem Streifen. Das vollständige Absorptionsspektrum einer Verbindung läßt sich in Minuten erhalten.

## 12.2. Reine Rotationsspektren

Diese werden im fernen Infrarot und im Mikrowellenbereich angetroffen. Bis zur Entwicklung der Mikrowellentechnik ließen sich nur die wenigen Moleküle untersuchen, die im hochfrequenten Bereich untersucht werden konnten. Die ex-

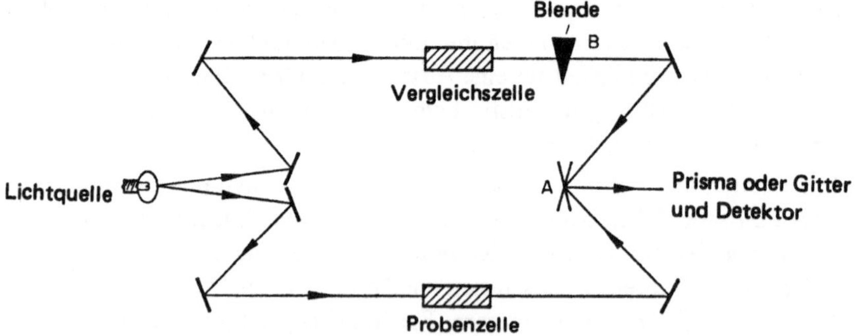


Abb. 102. Das Prinzip eines Zweistrahlspektrometers

perimentellen Schwierigkeiten beim Arbeiten mit Beugungsgittern und Infrarot-
detektoren bei Wellenlängen von etwa 0,1 mm waren wirklich sehr erheblich;
Heutzutage lassen sich die Frequenzen von Mikrowellen so genau fixieren (auf
etwa 0,02 bei 25 000 Megahertz) und ihre Intensitäten mit solcher Genauigkeit bestimmen, daß Mikrowellenspektren in geeigneten Fällen wahrscheinlich überhaupt
die exaktesten Ergebnisse von allen Methoden zur Ermittlung der Molekularstruktur
liefern.

Entsprechend der Wellenmechanik (s. S. 15) ist die Energie für die Rotation
einer zweiatomigen Molekel mit dem Trägheitsmoment I:

$$\frac{h^2}{8\pi^2 I} \cdot J(J+1) \quad \text{oder} \quad BJ(J+1),$$

wobei J Null oder eine ganze Zahl ist. Die Theorie verlangt, und das Experiment
bestätigt, daß sich die Rotationsquantenzahl J niemals um mehr als eine Einheit
ändert, wenn das Molekül Mikrowellenenergie absorbiert. Dieser Sachverhalt heißt
Auswahlregel: $\Delta J = \pm 1$. Wenn also die Absorption von Strahlung eine Änderung
von J von $J'$ nach $(J'+1)$ verursacht, so ist die resultierende Energieänderung für
die Molekel:

$$B(J'+1)(J'+2) - BJ'(J'+1) = B(2J'+2).$$

**Abb. 103**
Lagen der Absorptionsmaxima in
einem reinen Rotationsspektrum

Nach Teilen durch h liefert dies die Frequenzen der absorbierten Strahlung. Demgemäß besteht das Rotationsspektrum einer zweiatomigen Molekel (s. Abb. 103)
aus einer Reihe äquidistanter Linien mit einem Abstand von 2B/h, wenn die Absorptionsmaxima gegen die Frequenz oder Wellenzahl aufgetragen werden. Der konstante
Frequenzunterschied liefert B und damit das Trägheitsmoment der Molekel und den
Kernabstand. $[I = m_1 m_2 r^2 (m_1 + m_2)N$, wobei $m_1$ und $m_2$ die Atommassen beider
Atome, N die Avogadrosche Zahl und r der Kernabstand ist; für sehr genaue Untersuchungen ist eine kleine Korrektur anzubringen, weil für sehr große J eine Art
Zentrifugalstreckung eine effektive Vergrößerung von I verursacht.][1]. Der Ausdruck
für die Rotationsenergie in der alten Quantentheorie (s. S. 15) war $BJ^2$ (B hat die
gleiche Bedeutung wie oben), was zu einer Energiedifferenz von $B(2J'+1)$ führt,

---

[1] Siehe Aufgabe 59

wenn sich J um eins ändert. Die Linien im Rotationsspektrum sollten deshalb den
gleichen Abstand 2B/h besitzen, wie von der Wellenmechanik vorausgesagt, aber
jede Linie würde genau in der Mitte zwischen zwei Linien des von der neueren
Theorie vorausgesagten Spektrums, welches wirklich beobachtet wird, liegen (Abb.
103). Dies ist eine wichtige experimentelle Bestätigung der neuen Theorie gegenüber der alten.

Der internucleare Abstand einer zweiatomigen Molekel ist somit aus ihrem
Rotationsspektrum leicht mit einem hohen Grad an Genauigkeit ermittelbar. Für
lineare mehratomige Moleküle wie HCN ist das Rotationsspektrum ebenso einfach,
nur hängt das eine gemessene Trägheitsmoment nunmehr von zwei Kernabständen
ab. Um jeden von diesen zu ermitteln, sind weitere Informationen aus Messungen
isotoper Moleküle wie z.B. DCN, $H^{13}CN$, $HC^{15}N$ für den Fall des HCN erforderlich.
Unter der Annahme, daß eine solche Substitution den internuclearen Abstand nicht
verändert, lassen sich die Trägheitsmomente mittels dieser Abstände berechnen. Die
ermittelten Werte werden dann benutzt, um Simultangleichungen aufzustellen, aus
denen sich die Abstände errechnen lassen. Gewöhnlich sind mehr als die minimal
notwendigen Angaben verfügbar, so daß die Genauigkeit kontrolliert werden kann.
Für höchste Genauigkeitsansprüche ist eine kleine Korrektur notwendig, und zwar
in dem Ausmaß, in dem die isotope Substitution den Kernabstand über ihren Einfluß auf die Frequenz der Molekülschwingungen verändert. Die Genauigkeit, mit
der sich Bindungslängen aus Mikrowellenspektren erhalten lassen, ist tatsächlich
nicht durch technische Unzulänglichkeiten oder Schwierigkeiten bei der Interpretation begrenzt, sondern durch die Genauigkeit, mit der das Plancksche Wirkungsquantum bekannt ist. Nichtlineare Moleküle haben entweder zwei oder drei Trägheitsmomente, ihre Rotationsspektren sind viel komplizierter als die Spektren zwei-
atomiger Moleküle. Eine bestimmte Menge von Information läßt sich über einfachere
Moleküle erhalten, aber das Thema wird hier nicht weiter behandelt.

Es läßt sich zeigen, daß ein Molekel ein permanentes Dipolmoment besitzen
muß, um Rotationsenergie allein absorbieren zu können. Infolgedessen zeigen homonucleare Moleküle wie Wasserstoff und Sauerstoff kein reines Rotationsspektrum.
Rotationslinien lassen sich für solche Moleküle jedoch über den Ramaneffekt erhalten (S. 240). Gewisse Molekülbewegungen neben reinen Rotationen verursachen
ebenfalls die Absorption von Mikrowellenenergie — z.B. die Regenschirmschwingun-
gen des Ammoniakmoleküls, was zur Grundlage einer atomaren „Uhr" gemacht
worden ist.


## 12.3. Rotations-Schwingungsspektren

Die Absorption von Strahlung im nahen Infraroten verursacht Änderungen
in der Schwingungsenergie von Molekülen. Solche Änderungen sind im allgemeinen
von Änderungen der Rotationsenergie begleitet, so daß das Infrarotspektrum in

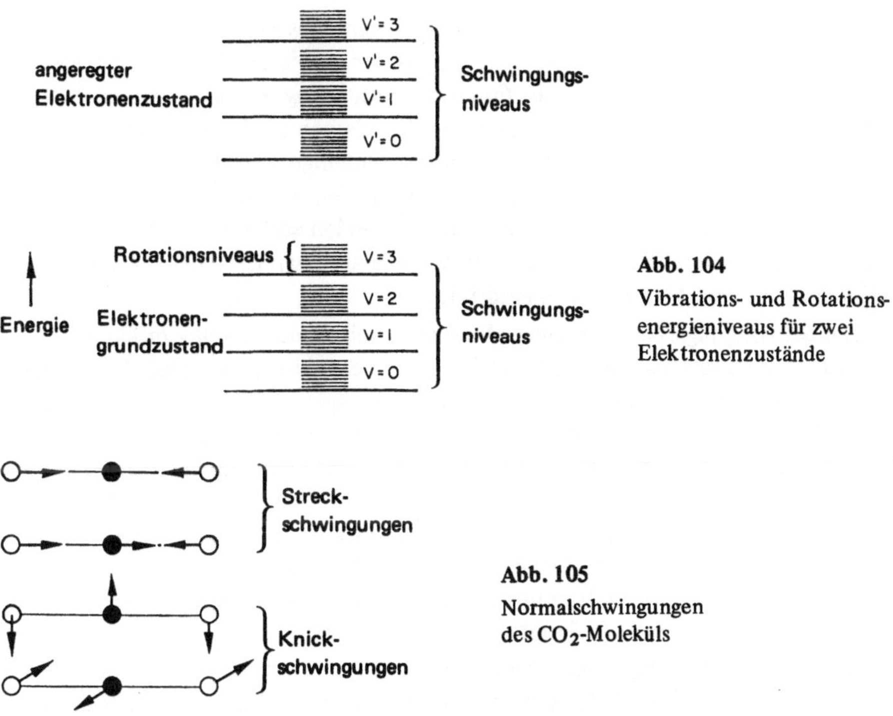



**Abb. 104**
Vibrations- und Rotations-
energieniveaus für zwei
Elektronenzustände

**Abb. 105**
Normalschwingungen
des $CO_2$-Moleküls

diesem Bereich (etwa von 2 bis 15 μm oder 5000 bis 700 cm$^{-1}$) aus einer Anzahl von Banden besteht, von denen jede eine Feinstruktur aufweist (Bild 19). Die Energieniveaus für die Schwingungs- und Rotationszustände eines Moleküls sind schematisch in Abb. 104 abgebildet. Für eine gegebene Änderung der Schwingungsquantenzahl bleibt die Rotationsquantenzahl entweder unverändert oder sie ändert sich um eins. Das heißt, die Auswahlregel für J bei Schwingungsübergängen lautet: $\Delta J = 0, \pm 1$. Jede Möglichkeit liefert eine bestimmte Art von Rotationsfeinstruktur für eine Schwingungsbande, die als P-, Q- und R-Zweige bekannt sind. Diese sind nicht immer vorhanden, die Abwesenheit von einem oder mehreren von ihnen ermöglicht Rückschlüsse auf die Molekülsymmetrie.

Ein zweiatomiges Molekül kann nur in einer einzigen bestimmten Art und Weise schwingen — in Form einer Streckschwingung. Je mehr Atome vorhanden sind, desto komplizierter sind die möglichen Schwingungen, aber jede Schwingung, wie komplex sie auch immer ist, läßt sich als aus einer begrenzten Zahl von *Fundamentalschwingungen* zusammengesetzt auffassen. Ein einzelnes Atom kann, abgesehen von seiner inneren Elektronenenergie und nuclearen Energie, nur kinetische Energie besitzen. Ein einatomiges Gas hat deshalb für seine Energie drei Translationsfreiheitsgrade. Ein n-atomiges Gas besitzt weiterhin nur drei Translationsfreiheitsgrade, so daß $(3n - 3)$ Freiheitsgrade scheinbar verschwunden sind. Drei von diesen berücksichtigen die Rotation des Moleküls (zwei, wenn das Molekül linear ist und deshalb nur zwei Trägheitsmomente besitzt), und die verbleibenden $(3n - 6)$ oder $(3n - 5)$ Freiheitsgrade erscheinen als *Fundamentalschwingungen.* Für ein lineares dreiatomiges Molekül wie $CO_2$ z.B. gibt es vier Fundamentalschwingungen, wie in Abb. 105 dargestellt. Zwei von diesen sind Streckschwingungen, eine davon ist symmetrisch mit zwei zusammen nach innen oder außen schwingenden Sauerstoffatomen, und die anderen sind unsymmetrisch. Die beiden anderen sind Knickschwingungen und identisch, außer daß sie in rechtwinklig aufeinanderstehenden Ebenen stattfinden. Man nennt sie zweifach entartet.

Das Schwingungsspektrum einer Molekel besteht aus *Fundamental*-Banden, wobei jede eine Rotationsfeinstruktur aufweist und der Absorption eines Strahlungsquants durch eine der Fundamentalschwingungen entspricht. Andere Banden entstehen dadurch, daß sich die Schwingungsquantenzahl um mehr als eins ändert *(Obertonbanden)* oder daß mehr als eine Fundamentalschwingung beteiligt ist *(Kombinationsbanden).* Wenn die tatsächliche Frequenz einer Schwingung $\nu$ ist, dann beträgt die Energie dieser Schwingung näherungsweise $(n + 1/2)\,h\nu$. (Es gibt einen kleinen *anharmonischen* Korrekturterm, der hier nicht besprochen zu werden braucht.) Infolgedessen ist die Frequenz einer Fundamentalbande numerisch gleich der einer entsprechenden Fundamentalschwingung.

Um Infrarotstrahlung durch eine Molekülschwingung zu absorbieren, muß die Schwingung eine Änderung des Dipolmoments der Molekel verursachen. Das bedeutet z.B., daß die symmetrische Schwingung des $CO_2$-Moleküls für die Infrarotabsorption *inaktiv* ist, weil ein symmetrisches $CO_2$-Molekül nicht polar sein kann. Die Verzerrungen, die durch die anderen Schwingungen verursacht werden, erzeugen ein Dipolmoment, so daß die drei anderen Schwingungen *aktiv* sind.

Der Ramaneffekt stellt eine weitere Methode für die Untersuchung von Molekülschwingungen dar. Fällt monochromatisches Licht auf eine Substanzprobe, so wird die Hauptmenge ohne Änderung der Wellenlänge und ein kleiner Teil als Licht von etwas größerer oder etwas kleinerer Frequenz gestreut. Nach spektroskopischer Untersuchung erscheint letzteres als ziemlich schwache Banden auf beiden Seiten der Anregungslinie. Die Frequenzunterschiede entsprechen den Frequenzen bestimmter Schwingungsmoden des Moleküls. Der wichtigste Punkt für die Ramanaktivität einer Schwingung ist, daß die Schwingung eine Änderung in der elektrischen Polarisierbarkeit hervorrufen muß — eine Größe, die in etwa proportional dem Volumen der Molekel ist. Die symmetrische Schwingung der $CO_2$-Molekel ist von einer solchen Änderung begleitet und erscheint deshalb als Ramanstreuung. Schwingungen, die infrarotinaktiv sind, sind gewöhnlich ramanaktiv und umgekehrt. Analog absorbieren homonucleare zweiatomige Moleküle wie Sauerstoff und Stickstoff nicht im Infraroten, weil ihre einzige Schwingung sie nicht polar macht, aber diese Schwingung erzeugt eine Ramanlinie. Solche Moleküle ergeben auch Rotations-Ramanlinien (vgl. S. 238).

Für einigermaßen symmetrische Moleküle mit nicht allzu viel Atomen ist es
möglich, die Frequenzen aller Fundamentalschwingungen aus den Infrarot- und Ra-
manspektren auf folgende Weise zu ermitteln: Man stellt fest, welche Frequenzen
infrarotatkiv sind und welche ramanaktiv. Weiterhin ermittelt man die Polarisations-
eigenschaften des durch den Ramaneffekt gestreuten Lichtes und prüft, welche Frequenzen geändert werden und um wieviel, wenn Wasserstoff durch Deuterium sub-
stituiert wird. An einer Schwingung, deren Frequenz besonders durch Deuterierung
beeinflußt wird, ist wahrscheinlich der Wasserstoff besonders beteiligt. Streck-
frequenzen sind gewöhnlich viel höher als Frequenzen von Knickschwingungen;
Frequenzen, an denen Wasserstoff und andere leichte Atome beteiligt sind, liegen
normalerweise ebenfalls hoch usw.

Wurden alle Fundamentalfrequenzen identifiziert und bestimmten Fundamentalschwingungen zugeordnet, so ist Zweierlei möglich. Einmal lassen sich im
Prinzip die Kraftkonstanten für das Molekül ermitteln [1]). Das sind Proportionalitäts-
konstanten, die die verschiedenen Frequenzen in der gleichen Weise bestimmen, wie
die Konstante des Hookschen Gesetzes die Schwingungsfrequenz einer Feder bestimmt. Aus diesen Kraftkonstanten gewinnt man gewisse Aussagen über die Elektronenverteilung und die Stärken der verschiedenen Bindungen. Zweitens ist es
möglich, eine Größe zu berechnen, die als *Verteilungsfunktion* bekannt ist. Diese
summiert die verschiedenen Arten und Weisen, in denen die Energie durch die
Moleküle einer Verbindung aufgenommen werden kann und gestattet damit die
Ermittlung solcher makroskopischen Größen wie der freie Energie, der Wärmekapazität, der Entropie und Gleichgewichtskonstanten (vgl. S. 131).

Bedauerlicherweise sind die meisten Verbindungen viel zu kompliziert, als
daß eine Zuordnung der Schwingungsfrequenzen möglich wäre. Trotzdem ist das
Infrarotspektrum außerordentlich wertvoll als ein Wegweiser für die Molekularstruktur. Obwohl jede Fundamentalschwingung notwendigerweise das gesamte
Molekül umfaßt, werden viele Schwingungen in der Hauptsache durch eine einzelne
Bindung bestimmt. Z.B. absorbieren Moleküle, die eine Carbonylgruppe enthalten,
im Bereich 1700 bis 1850 $cm^{-1}$, solche mit C–Cl-Bindungen bei 700 bis 800 $cm^{-1}$
usw. Das Vorhandensein einer solchen Absorption in einer Verbindung mit unbe-
kannter Struktur zeigt somit die Anwesenheit der in Frage stehenden Gruppen an.
Darüber hinaus variiert der genaue Wert der Frequenz je nach der Umgebung der
Gruppe, so daß leicht zusätzliche Information gewonnen wird. Z.B. erscheint ein
Maximum, hervorgerufen durch den ersten Oberton der –O–H-Streckfrequenz,
normalerweise bei etwa 7000 $cm^{-1}$, es fehlt aber, wenn die OH-Gruppe an einer
Wasserstoffbrücke beteiligt ist. Deshalb absorbieren m- und p-Nitrophenol, bei
denen keine intramolekularen Wasserstoffbrücken gebildet werden können, stark

---

[1]) Siehe Aufgaben 14, 15

16 Spice

nahe 7000 cm$^{-1}$. Bei o-Nitrophenol wird eine O ... H ... O-Brücke zwischen den Hydroxyl- und Nitrogruppen gebildet (vgl. S. 109) und die OH-Absorptionsbande ist sofort aus dieser Region verschwunden. Dieser Effekt ist ausgiebig zur Untersuchung von Wasserstoffbrückenbindungen benutzt worden.

Die Infrarotspektren zweier Verbindungen sind nie völlig gleich, so daß das Spektrum eine Art Fingerabdruck der Verbindung ist. Die Infrarotspektroskopie ist deshalb eine wertvolle Analysenmethode.

## 12.4. Elektronenspektren

Die Absorption von sichtbarer und ultravioletter Strahlung führt zur Änderung der Elektronenenergie der Moleküle und ist immer von Änderungen des Schwingungs- und Rotationszustandes begleitet. Ein vollständiges Elektronenspektrum besteht deshalb aus einer Anzahl von Bandensystemen. Jedes System (s. Bild 20) entspricht einer bestimmten Änderung der Elektronenenergie und enthält viele Banden, jede herrührend von einem definierten Schwingungsübergang und jede mit einer Rotationsfeinstruktur. Die meisten Infrarotübergänge, besonders die mit größter Intensität, werden durch eine Änderung einer niedrigen Schwingungsquantenzahl um normalerweise nur ein oder zwei Einheiten hervorgerufen. Bei den Elektronenspektren jedoch ändert sich die Schwingungsquantenzahl, obwohl sich die meisten Moleküle ursprünglich in niedrigen Schwingungszuständen befinden, oft um mehrere Einheiten. Das liegt daran, daß ein elektronischer Übergang viel schneller eintritt als eine Molekülschwingung. Der internucleare Abstand nach einem Übergang ist deshalb im wesentlichen der gleiche wie vorher (Franck-Condon-Prinzip). Weil es unwahrscheinlich ist, daß der Elektronenanregungszustand exakt den gleichen internuclearen Abstand besitzt wie der Grundzustand, ist das angeregte Molekül wahrscheinlich entweder zusammengedrückt oder gestreckt − d.h., es befindet sich notwendigerweise in einem anderen Schwingungszustand. Diese Situation wird für ein zweiatomiges Molekül durch die Potentialenergiekurven (s. S. 96) von Abb. 106 illustriert. Man beachte, daß sich die Atome im niedrigsten Schwingungszustand v = 0 nicht in Ruhe befinden; das Molekül besitzt eine Nullpunktsenergie (vgl. S. 16). Weil die Molekülschwingungen nicht genau einfach harmonisch sind, konvergieren die Schwingungsenergieniveaus allmählich bis zu einem Grenzwert, von dem ab eine bestimmte Elektronenbande ihre Schwingungsfeinstruktur verliert und kontinuierlich wird. Für zweiatomige Moleküle ist die Wellenlänge, von der ab zum ersten Male kontinuierliche Absorption erscheint, einfach mit der Dissoziationsenergie des Moleküls (Abb. 106) verknüpft, die auf diese Weise oft sehr genau gefunden werden kann [1].

---

[1] Siehe Aufgabe 60

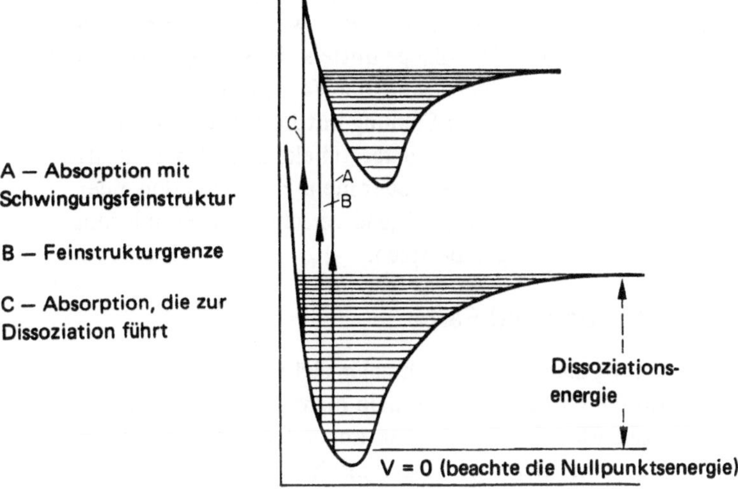



**Abb. 106.** Elektronenübergänge und das Franck-Condon-Prinzip

Die Elektronenspektren mehratomiger Moleküle sind außerordentlich kompliziert, ihre theoretische Interpretation ist noch nicht allzuweit gediehen. Trotzdem ist es möglich gewesen, bestimmte Arten von Bandensystemen mit bestimmten Typen von elektronischen Übergängen in Verbindung zu bringen, wie kurz im nächsten Abschnitt gezeigt wird. In einigen Fällen sind auch molekulare Ionisierungsenergien aus den Elektronenspektren gewonnen worden.

Die Größe der Energiequanten im sichtbaren und ultravioletten Spektralbereich reicht von etwa 40 bis 240 kcal/mol und ist deshalb mit der Stärke chemischer Bindungen und mit der Aktivierungsenergie von Reaktionen vergleichbar. Infolgedessen führt die Absorption von sichtbarem oder ultravioletten Licht oft zur Zersetzung eines Moleküls und nicht einfach nur zu seiner Anregung auf ein höheres Energieniveau. Die Zersetzungsprodukte sind häufig Atome oder Radikale, die Kettenreaktionen auslösen können. Die Kenntnis von Elektronenspektren ist deshalb wesentlich für das Verständnis photochemischer Prozesse.

Die optische Absorption und die Ultraviolettabsorption wird, abgesehen von ihrer generellen Wichtigkeit, oft analytisch ausgenutzt. Für Licht gegebener Wellenlänge ist das Verhältnis der Intensitäten des eintretenden und austretenden Lichtes nach Durchgang durch eine Schicht der Dicke 1 cm einer Lösung einer absorbierenden Substanz, deren Konzentration c mol/l beträgt: $\lg I_0/I_t = \epsilon\, c\, l \cdot \epsilon$ ist der molare Extinktionskoeffizient, der von Verbindung zu Verbindung verschieden ist und ebenfalls von der Wellenlänge abhängt. Die Anwendung dieser Gleichung reicht von einem einfachen Kolorimeter bis zu einem photoelektrischen Spektralphotometer.

Beim ersteren werden die Schichtdicken zweier Lösungen solange justiert, bis die Intensität des hindurchgelassenen Lichtes gleich ist, d.h. wenn $l_1 c_1 = l_2 c_2$. Beim letzteren wird Licht der gewünschten Wellenlänge mittels eines Prismas ausfiltriert und durch eine Küvette geschickt, die eine Lösung der Verbindung enthält, und die Größe $\lg I_0/I_t$ wird direkt abgelesen. Die Eichung mit Lösungen bekannter Konzentration gestattet dann die Bestimmung jeder unbekannten Konzentration. Es ist oft möglich, die Konzentration von zwei oder mehr Komponenten einer Lösung zu ermitteln, vorausgesetzt, daß sie genügend verschiedene Extinktionskoeffizienten bei geeigneten Wellenlängen besitzen.

## 12.5. Chemische Konstitution und Farbe

Eine farbige Verbindung absorbiert im schmalen sichtbaren Bereich des Spektrums (4000 bis 7500 Å). Farbigkeit ist deshalb nicht von grundlegender Bedeutung, aber eine kurze Diskussion ist aus praktischen Gesichtspunkten angebracht. Als eine sehr allgemeine Regel gilt, daß ionische Verbindungen, deren Ionen abgeschlossene Elektronenschalen besitzen, sowie Verbindungen, deren Moleküle Einfachbindungen oder nichtkonjugierte Mehrfachbindungen besitzen, in allen Aggregatzuständen farblos sind. Das heißt, das erste angeregte Energieniveau in solchen Verbindungen befindet sich so hoch über dem elektronischen Grundzustand, daß ein Übergang nur durch Absorption von ultravioletter Strahlung bewerkstelligt werden kann. Tatsächlich absorbieren viele Verbindungen dieses Typs erst unterhalb von 2000 Å, im fernen Ultraviolett (s. Tabelle 22). Es gibt einige Ausnahmen von dieser Regel, z.B. die elementaren Halogene und Polyhalogenverbindungen wie Jodoform, und rhombischen Schwefel.

**Tabelle 22.**  Näherungsweise Maxima für die längstwelligen Absorptionsbanden

| Verbindung | $\lambda_{max}$ (Å) | Verbindung | $\lambda_{max}$ (Å) |
|---|---|---|---|
| Wasserstoff | 1000 | Butadien | 2100 |
| Methan | 1250 | Methyljodid | 2575 |
| Äthan | 1350 | Benzol | 2600 |
| Cyclohexan | 1530 | Anilin | 2870 |
| Kohlendioxid | 1600 | Aceton | 2900 |
| Äthen | 1750 | Methylenjodid | 3000 |
| Wasser | 1860 | Naphthalin | 3110 |
| Ammoniak | 1900 | Jodoform | 3490 |
| Diäthyläther | 1900 | Anthracen | 3700 |

**Farbigkeit, hervorgerufen durch Elektronendelokalisation in Molekülen**

Farbige Verbindungen lassen sich in drei Hauptgruppen einordnen. Erstens gibt es Verbindungen, deren Molekularstruktur Elektronendelokalisation oder Resonanz einschließt. Solche Verbindungen besitzen in allen Aggregatzuständen

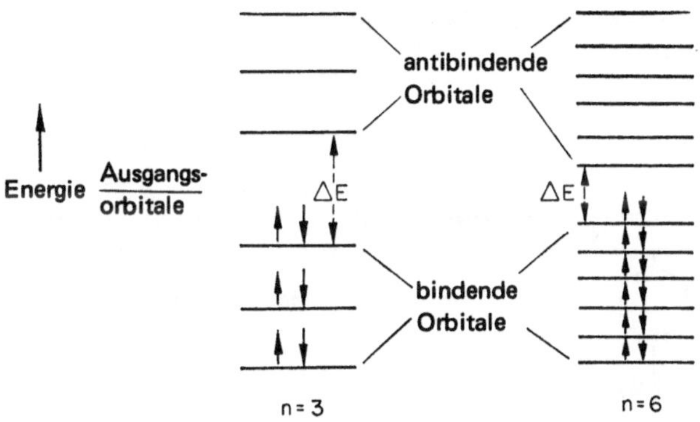


**Abb. 107.** Elektronenanregungsenergien für konjugierte Moleküle

die gleiche Absorption. Die Ausbildung von n-bindenden und n-antibindenden
Orbitalen durch 2n ungepaarte Elektronen ist bereits früher erörtert worden (Seite
170). Im Grundzustand eines solchen Systems sind die bindenden Orbitale vollständig besetzt, und der kleinste Energiebetrag, der bei einem elektronischen Übergang absorbiert werden kann, ist die Energiedifferenz $\Delta E$ (Abb. 107) zwischen dem
höchsten besetzten bindenden Orbital und dem niedrigsten unbesetzten antibindenden Orbital. Sowohl die physikalische Intuition als auch die wellenmechanische
Theorie besagen, daß mit zunehmenden n die Energieniveaus enger übereinander
liegen und $\Delta E$ immer kleiner wird (s. Abb. 107). (Im Grenzfall der metallischen
Bindung (s. S. 170) verschmelzen die bindenden und antibindenden Orbitale zu
einem kontinuierlichen Energieband.) In Molekülen und Ionen mit konjugierten
Doppelbindungssystemen sind die $\pi$-Elektronen über das gesamte System delokalisiert. Infolgedessen verschiebt sich die Lage des längstwelligen Absorptionsmaximums für eine Reihe ähnlicher konjugierter Moleküle zunehmend aus dem ultravioletten Bereich nach längeren Wellenlängen und damit ins Sichtbare, wenn die
Größe des Systems anwächst. Das wird in Tabelle 23 für eine Reihe von Polyenen
gezeigt. Die Auffassung des Sachverhaltes als Teilchen im Kasten Problem führt
zur gleichen Schlußfolgerung (vgl. S. 14 und 89); wenn die Größe des Kastens
(d.h. das konjugierte System) zunimmt, verkleinert sich der Abstand zwischen
zwei aufeinanderfolgenden Energieniveaus. Tatsächlich sind auf der Grundlage
dieses Modells bemerkenswert erfolgreiche Berechnungen der Wellenlängen von
Absorptionsmaxima für Reihen konjugierter Moleküle ausgeführt worden [1]. Weitere Beispiele für farbige organisch-chemische Verbindungen sind in Abb. 108
gegeben; einige von ihnen finden Verwendung als Pigmente und Farbstoffe. Man
beachte auch die tieffarbigen Phtalocyanine, S. 227. Freie Radikale wie Triphenyl-

---

[1] Siehe Aufgabe 62

**Tabelle 23.** Absorptionsmaxima für Polyene
$C_6H_5(CH : CH)_nC_6H_5$

| n | $\lambda_{max}$ (Å) |
|---|---|
| 0 | 2520 |
| 1 | 3180 |
| 2 | 3520 |
| 3 | 3770 |
| 4 | 4040 |
| 5 | 4340 |
| 6 | 4580 |
| 7 | 4740 |
| 11 | 5300 |
| 15 | 5700 |

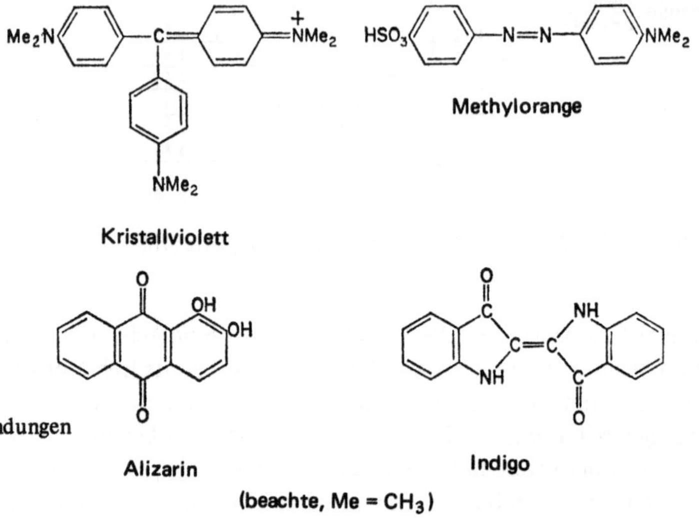

Kristallviolett

Methylorange

**Abb. 108**
Einige farbige Verbindungen

Alizarin

Indigo

(beachte, Me = $CH_3$)

methyl (S. 94) verdanken ihre Stabilität der ausgeprägten Delokalisation ihrer
Elektronen; infolgedessen sind sie immer farbig. Die charakteristische Farbe und
der Glanz von Metallen wird durch ihr kontinuierliches Energieband verursacht.
Etwas Ähnliches tritt bei Graphit auf (S. 180), der Strahlung aller Wellenlängen
vom infraroten bis zum ultravioletten Spektralbereich absorbiert.

### Die Farbe von festen Substanzen mit Bindungstypübergängen

Zweitens sind viele Festkörper mit einem Bindungstypübergang farbig, obwohl
die sie aufbauenden Ionen in Lösung farblos sind, ebenso wie in ausgeprägten ionischen Kristallen. Dies kann durch ein gewisses Maß an Elektronendelokalisation,
wie oben diskutiert, verursacht sein. Z.B. sind Silberbromid und Silberphosphat
blaßgelb, obwohl die Silber-, Bromid- und Phosphationen in Lösung alle farblos
sind. Viel intensivere Farben treten auf, wenn Atome des gleichen Elementes in
mehreren Oxydationszuständen anwesend sind. So enthält das schwarzviolette
$(NH_4)_2SbBr_6$ entsprechend seines Diamagnetismus kein vierwertiges Antimon, sondern vermutlich gleiche Anteile $SbBr_6^{3-}$- und $SbBr_6^-$-Ionen; Resonanz zwischen diesen
Spezies ist für die Farbe verantwortlich. Das pechschwarze $CsAuCl_3$ enthält wahrscheinlich sowohl Gold der Oxydationszahl eins als auch drei, und die intensive
Farbe des Berlinerblaus wird sowohl durch die Anwesenheit von Fe(III) als auch
Fe(II) verursacht. Wie bereits auf S. 188 erörtert, beruhen die tiefen Farben vieler

Übergangsmetalloxide und Sulfide auf Defektstrukturen, in denen sich das Metall
in mehreren Oxidationszuständen befindet. Wenn Natriumwolframat teilweise
mit Wasserstoff reduziert wird, liefert es eine bronzefarbene Festsubstanz mit der
Formel $Na_xWO_3$, wobei x zwischen 0 und 1 variiert und sowohl $W^V$ als auch $W^{VI}$
vorhanden ist. In ähnlicher Weise ergibt die milde Reduktion von Molybdänoxid
blaue Oxide wechselnder Zusammensetzung, die sowohl $Mo^V$ als auch $Mo^{VI}$ enthalten. Eine andere Betrachtungsweise führt die Farben der eben erwähnten Festsubstanzen auf charge-transfer Spektren zurück (s. u.). Weil in diesem Falle die Elektronen zwischen den Atomen desselben Elementes übergehen würden, ist dies vielleicht nur eine andere Möglichkeit, die Auswirkungen der Elektronendelokalisation
zu beschreiben.

**Die Farbe von Verbindungen der Übergangsmetalle und der inneren Übergangs-
metalle**

Drittens sind die Verbindungen der Übergangsmetalle und inneren Übergangsmetalle gewöhnlich in allen Aggregatzuständen farbig, wofür der wesentliche Grund
die Anwesenheit ungepaarter Elektronen, das heißt das Vorhandensein unbesetzter
oder halbbesetzter Orbitale in einer d- oder f-Schale ist. Die Diskussion wird sich
auf die Reihe der ersten Übergangslemente beschränken. Es sind zwei wichtige elektronische Prozesse für Übergangsmetallionen zu erkennen — d-d-Übergänge und
charge-transfer-Übergänge. Bei einem d-d-Übergang geht ein Elektron energetisch
von einem d-Niveau zu einem anderen über — sehr oft von einem $d_\epsilon$-Niveau zu
einem $d_\gamma$-Niveau. (Deshalb ist die Kenntnis des Absorptionsmaximums für die
Theorie solcher Ionen von Wichtigkeit (S. 119).) Solche Übergänge sind, genau
genommen *verboten;* sie treten überhaupt nur auf, weil bestimmte Störeinflüsse
vorhanden sind. Die tatsächliche Intensität der d-d-Absorption ist deshalb sehr klein.
Für die meisten hydratisierten Übergangsmetallionen ist $\Delta E$ für den energetisch
niedrigsten d-d-Übergang ebenfalls klein, und es tritt Absorption von sichtbarer
Strahlung auf, was zu farbigen Ionen führt. Der Ersatz der koordinierten Wassermoleküle durch andere Liganden liefert normalerweise ein stärkeres Ligandenfeld,
so daß die Energiedifferenz des d-d-Übergangs größer wird und sich das Absorp-
tionsmaximum nach Violett verschiebt (siehe z.B. den Farbunterschied zwischen
hydratisierten Kupfer(II)-Ionen und Kupfer(II)-ammin-Ionen). Gleichzeitig vergrößert sich oft die Intensität der Absorption, möglicherweise bedingt durch einen
begleitenden Wechsel in der Stereochemie. Z.B. treten d-d-Übergänge viel leichter
beim intensiv blauen tetraedrischen $CoCl_4^{2-}$ als beim rosafarbenen, oktaedrischen
$Co(H_2O)_6^{2+}$ auf.

Bei charge-transfer-Übergängen wird Energie durch den Übergang eines Elektrons von einem oxydierbaren Liganden zu einem Metall mit hohem Oxydationszustand absorbiert. Das heißt, es geht von einem Orbital, in dem es vorwiegend am

Liganden lokalisiert ist auf ein Orbital mit überwiegendem Metallcharakter über.
Die erforderliche Energie ist um so kleiner und das Absorptionsmaximum liegt deshalb bei um so größeren Wellenlängen, je stärker das Kation als Oxydationsmittel
wirkt und je leichter oxydierbar der Ligand ist. Das zeigt sich an der zunehmenden
Verschiebung des Absorptionsmaximums in den roten Spektralbereich in der Reihe
$Co(NH_3)_5 X^{2+}$, wenn X von F zu J wechselt. Die Absorption dieses Typs ist oft ein
Vorspiel für eine photochemische Reaktion. Der molare Extinktionskoeffizient für
ein charge-transfer-Absorptionsmaximum ist gewöhnlich um etwa das Hundertfache
größer als der für ein d-d-Absorptionsmaximum.

Als Charakteristikum zeigt deshalb ein Übergangsmetallkomplex intensive
Absorption im Ultravioletten und eine viel schwächere Absorption im Sichtbaren.
Die letztere wird durch d-d-Übergänge hervorgerufen und ist für die Farbe vieler
hydratisierter Übergangsmetallionen und mancher anderer Übergangsmetallkomplexe verantwortlich. Die erstere beruht auf einem charge-transfer-Prozeß, und wenn
der Ligand leicht oxydierbar ist, dann kann sich diese Absorption in den sichtbaren Bereich verschieben. Die Farbe des Komplexes wird dann überwiegend von
dem charge-transfer-Übergang bestimmt. Z.B. beruht das intensive Rot des Eisen-
(III)-thiocyanat-Komplexes (üblicherweise $Fe(H_2O)_5CNS^{2+}$) auf einem charge-
transfer-Prozeß, ebenso wie beim Eisen(II)-phenanthrolinkomplex. Im letzteren
Fall geht das Elektron, wie es dann und wann vorkommt, von einem Orbital eines
Metalls mit niedrigem Oxydationszustand zu einem Orbital des leicht reduzierbaren
Liganden über.

## 12.6. Kernmagnetische Resonanz

Protonen besitzen, ebenso wie Elektronen, einen halbzahligen Spindrehimpuls und weisen deshalb ein damit verknüpftes magnetisches Moment,
$g\sqrt{1/2(1/2+1)} \cdot h/2\pi \cdot e/2m_p c$ (s. S. 30), auf. Während g für das Elektron
$-2,0023$ beträgt (das Minuszeichen zeigt an, daß das magnetische Moment entgegengesetzt zum Spindrehimpuls gerichtet ist), ist g für das Proton $+5,585$. Die
Größe $eh/4\pi m_p c$ heißt Kernmagneton, und weil Protonen etwa 2000 mal schwerer
als Elektronen sind, ist das Kernmagneton $\mu_n$ 2000 mal kleiner als das Bohrsche
Magneton. Das Verhalten der magnetischen Kernmomente in einem äußeren Magnetfeld ist völlig analog dem des Elektronenspinmomentes (S. 30), es läßt sich in
ähnlicher Weise eine kernmagnetische Suszeptibilität definieren. Weil im Ausdruck
für die Suszeptibilität das Quadrat des magnetischen Momentes auftritt, sind kernmagnetische Suszeptibilitäten mehr als eine Million mal kleiner als normale paramagnetische Suszeptibilitäten und lassen sich deshalb nicht durch grobe Methoden
messen.

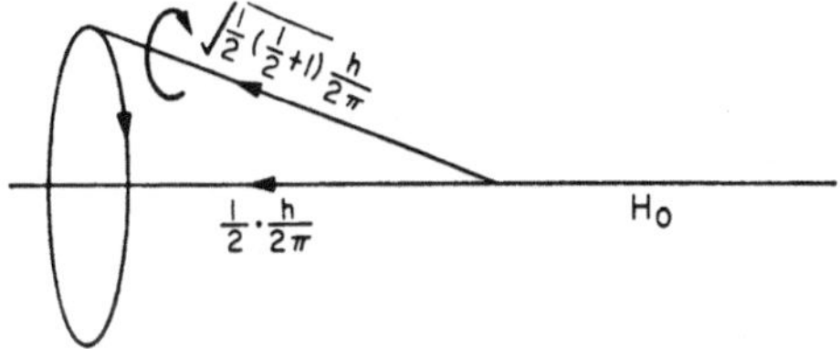

**Abb. 109**

Präzession eines Protonenspins um
die Richtung des magnetischen Feldes

Es gibt für den Spin eines Protons zwei mögliche Orientierungen bezüglich eines magnetischen Feldes $H_0$ mit einer Energiedifferenz $g\mu_n H_0$ (vgl. S. 31). Die magnetische Kernresonanztechnik mißt die Absorption an eingestrahlter Energie, hervorgerufen durch Übergänge von einer Position zur anderen. Aus der Gleichung $g\mu_n H_0 = h\nu$ folgt für die Frequenz, die einem solchen Übergang in einem Magnetfeld von 10 000 Gauß entspricht, etwa 42,6 Megahertz im Radiofrequenzbereich des Spektrums.

Die Achse des Kernspins des Protons (der Drehimpuls*vektor*) rotiert in Wirklichkeit mit dieser gleichen Frequenz — der sogenannten *Larmor*-Frequenz — um die Feldrichtung. Der Winkel zwischen dem Drehimpulsvektor und $H_0$ ist konstant, so daß die Komponente des Drehimpulses längs $H_0 \pm 1/2 \cdot h/2\,\pi$ ist. Deshalb beschreibt der Drehimpulsvektor einen Konus, dessen Achse $H_0$ ist. Die Bewegung wird als „Präzession" bezeichnet (s. Abb. 109).

### Die Absorption und Emission von Strahlung

Zum Verständnis der besonderen Probleme, die beim Nachweis von Übergängen zwischen den Orientierungen des Protonenspins in einem magnetischen Feld entstehen, ist eine Abschweifung notwendig.

Das Gleichgewichtsverhältnis von Molekülen, die sich in zwei Energiezuständen mit einer Differenz von $h\nu$ befinden, beträgt $n_1/n_2 = \exp(-h\nu/kT)$. Das heißt, wenn $h\nu \gg kT$ ist, dann ist die Zahl $n_1$ von Molekülen im oberen Zustand viel kleiner als die Zahl $n_2$ im unteren Zustand, wohingegen die Zahlen für $h\nu \sim kT$ etwa gleich sind [1]). kT repräsentiert die durchschnittliche thermische Energie pro Molekül bei der Temperatur T (k ist die Boltzmannkonstante, die als die Gaskonstante für ein Molekül betrachtet werden kann). Bei der Abwesenheit von Strahlung wird die Gleichgewichtsverteilung durch den Energieaustausch über Molekülzusammenstöße und Schwingungen aufrechterhalten. Wenn Strahlung der Frequenz $\nu$ absorbiert wird, so wird die momentane Gleichgewichtsverteilung gestört, aber alsbald wieder hergestellt, indem Moleküle im oberen Energiezustand ihre Energie entweder durch einen *strahlungslosen Übergang* an umgebende Moleküle, oder durch Re-emission als Strahlung abgeben.

---

[1]) Siehe Aufgabe 61

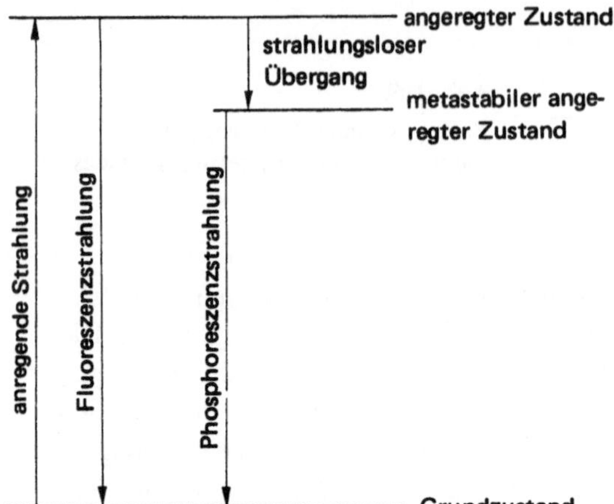


**Abb. 110**

Fluoreszenz und Phosphoreszenz

Auf dieser re-emittierten Strahlung, die die gleiche Frequenz wie die absorbierte Strahlung besitzt, beruht die Erscheinung der *Fluoreszenz*. Diese kommt verhältnismäßig selten vor, weil es gewöhnlich während der durchschnittlichen Lebensdauer der meisten angeregten Moleküle zu vielen Zusammenstößen kommt, die eine Desaktivierung bewirken. *Phosphoreszenz* tritt auf, wenn ein Molekül aus dem angeregten Zustand zunächst strahlungslos in einen metastabilen angeregten Zustand kurz unterhalb des Anregungsniveaus übergeht. Von dort aus führt dann ein nachfolgender Übergang in den Grundzustand zur Emission von Strahlung niedrigerer Frequenz als die anregende Originalstrahlung (s. Abb. 110). Wenn das Zwischenniveau besonders stabil ist (wie es bei einigen Festsubstanzen der Fall ist, vgl. S. 187), so kann die Emission eine merkliche Zeit nach Abschalten der Erregerstrahlung fortdauern.

Es gibt zwei unterschiedliche Wege, auf denen Energie abgestrahlt werden kann — spontane Emission und stimulierte Emission. Die Wahrscheinlichkeit dafür, daß ein Einzelmolekül in einem angeregten Zustand Energie spontan abstrahlt, ist proportional der dritten Potenz des Energieunterschiedes $h\nu$ zwischen dem angeregten und dem Grundzustand. Die stimulierte Emission andererseits wird durch Einstrahlung der Resonanzfrequenz $\nu$ ausgelöst. Wenn sich zwei Teilchen X und Y in Niveaus mit dem Energieunterschied $h\nu$ befinden, so ist die Wahrscheinlichkeit, daß ein Photon $h\nu$ zur Anhebung von X auf das höhere Niveau absorbiert wird genau gleich der Wahrscheinlichkeit, daß es die Emission *eines weiteren* Photons $h\nu$ stimuliert. Als Ergebnis geht Y in das untere Niveau über (s. Abb. 111). Ist die Besetzung der beiden Niveaus gleich, so ist die aus einem einfallenden Strahl absorbierte Energie gleich der Energie, die dem Strahl durch die stimulierte Strahlungsemission wieder zugeführt wird. Wenn die Besetzungen ungleich sind, dann ist das Verhältnis von absorbierter zu wieder zugeführter Energie gleich dem Verhältnis

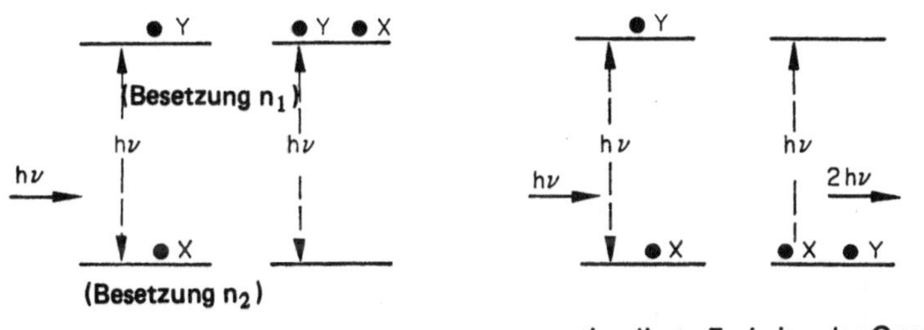


**Abb. 111.** Absorption und stimulierte Emission von Strahlung

$n_2/n_1$. Die Strahlung aus der spontanen Emission ist *inkohärent* – das heißt, die Quanten werden in alle Richtungen und mit zufälligen Phasenbeziehung in zeitlicher und räumlicher Hinsicht emittiert. Die stimulierte Strahlung jedoch ist exakt in Phase mit der auslösenden Strahlung, so daß die emittierte Strahlung hochkohärent ist, wenn der einfallende Strahl gut fokussiert ist.

Bei Raumtemperatur ist für ultraviolette, sichtbare und infrarote Strahlung $h\nu \gg kT$. Die Gleichgewichtsbesetzung der unteren Energieniveaus ist deshalb viel größer als die der oberen, wenn diese Strahlungsarten absorbiert werden. Infolgedessen kann die einfallende Strahlung die Emission von nur wenigen Quanten stimulieren, weil sich nur wenige Teilchen im oberen Energiezustand befinden. Die Wahrscheinlichkeit für eine spontane Emission ist jedoch wegen der großen Energiedifferenz sehr groß. Moleküle, die durch Absorption von Energie aus dem einfallenden Strahl angeregt werden, verlieren das meiste an Energie durch Zusammenstöße; der Teil, der tatsächlich wieder abgestrahlt wird, wird spontan emittiert als inkohärenter Strahl, der nicht in irgendeiner Richtung konzentriert ist. Deshalb weist der einfallende Strahl keinen merklich meßbaren Intensitätsverlust auf.

Für Übergänge zwischen den beiden Orientierungen des Kernspins jedoch ist $h\nu \sim kT$ und der Unterschied in der Gleichgewichtsbesetzung zwischen den beiden Niveaus ist sehr gering. Die Bruttowahrscheinlichkeit für eine stimulierte Emission vom oberen Niveau ist deshalb fast die gleiche wie die für die Absorption vom unteren Niveau. Wegen des sehr geringen Energieunterschiedes ist nunmehr die Wahrscheinlichkeit für spontane Emission vernachlässigbar. Wenn beide Besetzungen exakt gleich wären, würde keine Nettoabsorption vonEnergie aus einem Strahl mit Radiofrequenz stattfinden; für jede Anzahl n von absorbierten Quanten gäbe es n Quanten, deren Emission durch den einfallenden Strahl stimuliert würde und die sich völlig in Phase mit ihm befänden. In Wirklichkeit gibt es bei einem Feld von 10 000 Gauß einen Überschuß von etwa vier Protonen pro Million, die sich im unteren Zustand befinden, so daß es tatsächlich eine geringe Nettoabsorption

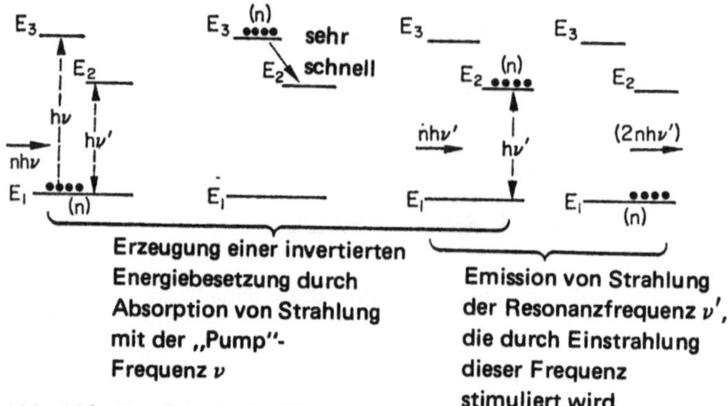



**Abb. 112.**  Das Prinzip des Masers

an Energie gibt, die mittels elektronischer Standardtechnik erfaßt und verstärkt werden kann. Der Besetzungsunterschied und damit die Nettoabsorption läßt sich durch Vergrößerung von $H_0$ und Erniedrigung von T vergrößern. Für eine allzu starke Vergrößerung von $H_0$ gibt es praktische Schwierigkeiten, doch werden die Messungen oft bei tiefen Temperaturen durchgeführt.

In manchen Systemen (Festkörper, Flüssigkeiten und Gase), wo die Wahrscheinlichkeit für spontane Emission von einem oberen Niveau aus verschiedenen Gründen ziemlich klein ist, kann man möglicherweise eine *inverse* Energiebesetzung erzielen, z.B. hebt in Abb. 112 die Absorption von Strahlung der Frequenz $\nu$ (die *Pumpfrequenz*) Atome auf das angeregte Niveau $E_3$, von dem aus sie schnell, nicht auf den Grundzustand $E_1$, sondern auf das metastabile Niveau $E_2$, zurückfallen. Wenn nunmehr Strahlung der Frequenz $\nu'$ auf das System fällt, so übersteigt die stimulierte Emission vom Niveau $E_2$ wegen der inversen Besetzung bei weitem die Absorption vom Niveau $E_1$. Demzufolge gibt es eine große Netto*emission* von hochkohärenter Strahlung. Das ist das Prinzip des *Masers* (microwave amplification by stimulated emission of radiation), der tatsächlich im infraroten, sichtbaren und ultravioletten Spektralbereich arbeitet, ebenso wie im Mikrowellenteil des Spektrums.

### Das Prinzip des kernmagnetischen Resonanzspektrometers

Die Anordnung in einem Typ von Kernresonanzspektrometern (es gibt verschiedene Varianten) ist in Abb. 113 dargestellt. P und P' sind die Pole eines starken Elektromagneten oder Permanentmagneten, der ein Feld $H_0$ von etwa 10 000 Gauß liefert. Die Modulationsspulen M und M' erzeugen ein kleines zusätzliches Wechselfeld, so daß das Gesamtfeld um etwa 20 Gauß oberhalb und unterhalb $H_0$ variiert. Die Probe, mit einem Volumen von gewöhnlich 0,1 bis 1,0 cm$^3$, ist umgeben von einer Spule D und zwischen den Spulen I und I' im Magnetfeld plaziert. Diesen Spulen wird von einem Oszillator, dessen Frequenz $\nu$ so gewählt wird, daß sie *angenähert* die Gleichung $g\,\mu_n\,H_0 = h\nu$ erfüllt, Radiofrequenzenergie zugeführt, worauf

die Frequenz konstant gehalten wird. Wegen des Modulationsfeldes wird die Bedingung immer dann *exakt* befriedrigt, wenn das Gesamtfeld durch die Gleichung
$g\,\mu_n\,(H_0 + \delta H) = h\,\nu$ gegeben ist; bei diesem Wert der Feldstärke bezeichnet man
das System als in Resonanz befindlich. (Die zusätzliche Feldstärke $\delta H$ wird durch
die Modulationsspulen erzeugt, sie ist zeitabhängig.) Die kleine Nettoabsorption
von Energie durch die Probe verursacht ein Signal in der Detektorspule D, welches
verstärkt wird und an die Platten Y eines Kathodenstrahloszillographen gelegt wird.
Die gleiche Oszillatorspannung (mit einer Frequenz von einigen Hundert Hertz), die
die Modulationsspulen versorgt, wird an die X-Platten gelegt. Jedes Überfahren des
Lichtflecks über den Oszillatorschirm fällt deshalb mit dem Resonanzdurchgang
des Systems zusammen, und dies ergibt ein Maximum in der Lichtspur. Aus der
Lage des Maximums läßt sich die Resonanzfeldstärke bei der angewandten Frequenz
$\nu$ ermitteln. Für eine permanente Aufzeichnung läßt sich das Oszillographensignal
photographieren oder, indem man eine etwas andere Technik benutzt, das Resultat
auf einem Schreiber festhalten. Große Sorgfalt muß darauf verwandt werden, das
Hauptfeld $H_0$ außerordentlich konstant und einheitlich zu halten. Wenn das nicht
zutrifft, ändert sich die effektive Feldstärke für die Resonanz so stark mit der Zeit
und mit dem Ort an verschiedenen Stellen der Probe, daß kein Maximum erhalten
werden kann.

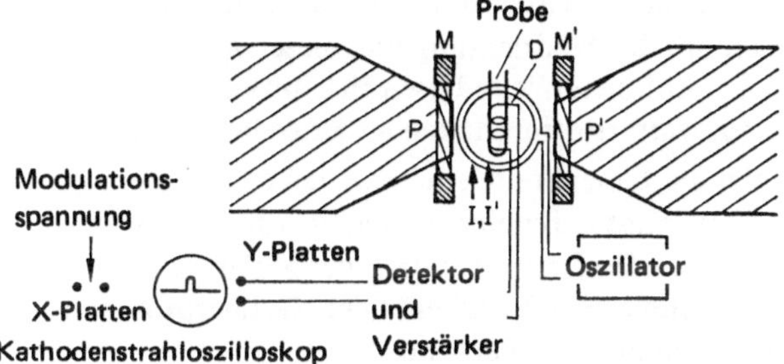


**Abb. 113.** Das Prinzip des kernparamagnetischen Resonanzspektrometers

Die Bandenhöhe (genauer gesagt die Fläche unter der Bande) hängt von der
Größe des Resonanzsignals und damit bei gegebener Temperatur und Feldstärke
von der Gesamtzahl an Protonen in der Probe ab. Das ist die Grundlage für ein
kommerziell verfügbares Instrument für die Bestimmung von geringen Feuchtigkeitswerten.

### Niedrig auflösende magnetische Kernresonanz

Für ein sehr einheitliches Magnetfeld erwartet man ein Protonenresonanzmaximum von großer Schärfe, wie es tatsächlich für flüssige Proben der Fall ist. Bei
kristallinen Festkörpern ist das Signal immer verbreitert, manchmal sehr beträcht-

lich. In einem Kristall baut jeder Kernspin sein eigenes kleines Magnetfeld auf, das trotzdem groß genug ist, um die benachbarten Kerne zu beeinflussen. Die Auswirkung ist ein kleines Anwachsen des effektiven Feldes am Ort des Kernes A, wenn der Kern B einen Spin parallel zum größeren Feld besitzt, und ein kleines Absinken, wenn dieser Spin antiparallel orientiert ist. Die Größe des Effektes hängt natürlich vom Abstand AB ab und von dem Winkel, den diese Linie mit der äußeren Feldrichtung bildet. Deshalb spaltet ein einfaches Maximum in zwei Maxima auf, wenn sich die Protonen im Kristall paarweise angeordnet befinden (wie z.B. in Hydraten). Für unterschiedliche kleine Protonengruppierungen sind die Absorptionskurven berechnet worden. In der Praxis werden die Kurven verbreitert wegen der Effekte zweiter Ordnung, die durch weiter entfernte Kerne verursacht werden, aber es ist noch möglich, den einen Typ vom anderen zu unterscheiden. Z.B. zeigt Salpetersäremonohydrat einen Kurvenverlauf, der für eine Dreiergruppe von Protonen charakteristisch ist anstatt für nur zwei; daraus ergibt sich, daß die Probe Hydroxoniumionen und Nitrationen enthält, anstatt Salpetersäure und Wassermoleküle.

Bei kristallinen Pulvern bildet die Linie, die zwei gegebene Protonen verbindet, alle möglichen Winkel mit der äußeren Feldrichtung, und der berechnete Wechselwirkungseffekt muß entsprechend gemittelt werden. Trotzdem ist es möglich, den Abstand zwischen den Protonen aus der relativen Breite des Maximums zu ermitteln. Wenn andererseits ein Einkristall verwendet wird, bildet die Verbindungslinie zweier Protonen einen definierten Winkel mit der Feldrichtung und dieser Winkel ist bestimmbar, ebenso wie der Abstand. Auf diese Weise lassen sich aufschlußreiche Informationen über die Detailstrukturen wasserstoffenthaltender Kristalle erzielen.

Für manche Festkörper zeigt die Linienbreite eine plötzliche Schmälerung, wenn die Temperatur über einen bestimmten Bereich gesteigert wird. Dies weist auf das Einsetzen der eingeschränkten oder freien Rotation der Moleküle oder Ionen im Kristall hin (s. S. 194), wodurch sich die Effekte der Nachbarprotonen größtenteils auslöschen und das Maximum schmaler wird.

## Hochauflösende Kernresonanz

In Flüssigkeiten bewirken Molekularbewegungen eine im wesentlichen einheitliche Umgebung jedes Moleküls oder Ions. Die störenden Einflüsse, die kernmagnetische Resonanzmessungen („NMR") beim Studium der Struktur von Kristallen so nützlich machen, fehlen deshalb meist in Flüssigkeiten. Beträgt die Breite eines typischen Maximums eines Festkörpers rund 20 Gauß, so ist die einer Flüssigkeit gewöhnlich von der Größenordnung 0,01 bis 0,1 Gauß, vorausgesetzt, daß das äußere Feld hocheinheitlich ist. Mit einem genügend empfindlichen Instrument kann jedoch sowohl die Fein- als auch die Hyperfeinstruktur nachgewiesen werden und diese sind von großer chemischer Bedeutung. Das ist nur möglich, wenn das äußere Feld viel homogener ist, als für niedrig auflösende Untersuchungen von

Festkörpern notwendig. Die Ausrüstung für hochauflösende NMR-Spektroskopie ist deshalb wesentlich teurer. Um die effektive Homogenität des Feldes zu verbessern, wird die Probe oftmals schnell um eine vertikale Achse gedreht.

Die enthüllte Feinstruktur beinhaltet eine Aufspaltung der einen Protonenresonanzbande in verschiedene, eine für jeden Protonentyp im Molekül. Z.B. zeigt Äthanol drei Banden (Abb. 114a), deren Flächenverhältnis $3:2:1$ beträgt. Sie erscheinen bei 10 000,04, 10 000,02 und 9999,99 Gauß ($H_c$), wenn die Oszillatorfrequenz so justiert ist, daß die Frequenz für Wasser genau 10 000 Gauß ($H_r$) ist. Die Verschiebung $\delta = (H_c - H_r)/H_r$ wird *chemische Verschiebung* für jede Protonenart genannt. Man stellt sich vor, daß chemische Verschiebungen durch die kleinen diamagnetischen Momente verursacht werden, die den Elektronen des Moleküls durch das äußere Feld vermittelt werden. Dieser kleine Diamagnetismus verkleinert in einem geringen Maße das effektive Feld, das an jeder Sorte Protonen wirkt. Die Stärke des äußeren Feldes, die Resonanz verursacht, ist deshalb für jeden Protonentyp etwas anders. Das Proton der OH-Gruppe in Äthanol ist saurer als die der Methyl- und Methylengruppen, so daß in seiner Nähe die Elektronendichte geringer ist, womit es eine kleinere diamagnetische Abschirmung aufweist. Dementsprechent ist zur Erzeugung von Resonanz ein etwas kleineres äußeres Feld notwendig, als für Protonen, die weniger sauer und stärker abgeschirmt sind. Diese Auffassung wird durch die Tatsache bestätigt, daß die 9999,99-Bande nur ein Drittel der Fläche der 10 000,04-Bande besitzt und somit von nur einem Drittel von deren Protonenanzahl erzeugt wird. Chemische Verschiebungen für unterschiedliche Protonenarten sind in Tabelle 24 gegeben. Die Bestimmung der chemischen Verschiebungen und der entsprechenden Bandenflächen für eine Verbindung unbekannter Struktur erlaubt offensichtlich wertvolle Rückschlüsse auf die vorhandenen Protonensorten (entsprechend ihrer Umgebung) und auf die Anzahl jedes Typs.

**Tabelle 24.** Chemische Verschiebungen für Protonen
(In verschiedenen Molekülen kann der wirkliche Wert
von $\delta$ um etwa 0,5 nach beiden Richtungen vom
angegebenen Wert abweichen)

| Protonentyp | $\delta \times 10^6$ (bezogen auf Wasser) |
|---|---|
| $CH_3-C\lessgtr$ | 4,0 |
| $CH_3-C_6H_5$ ($CH_3$-Verschiebung) | 3,4 |
| $CH_3-N<$ | 2,5 |
| $CH\equiv C-$ | 2,3 |
| $-OH$ (Alkohol) | 0,0 |
| $-CHO$ | $-4,8$ |
| $-COOH$ | $-6,3$ |

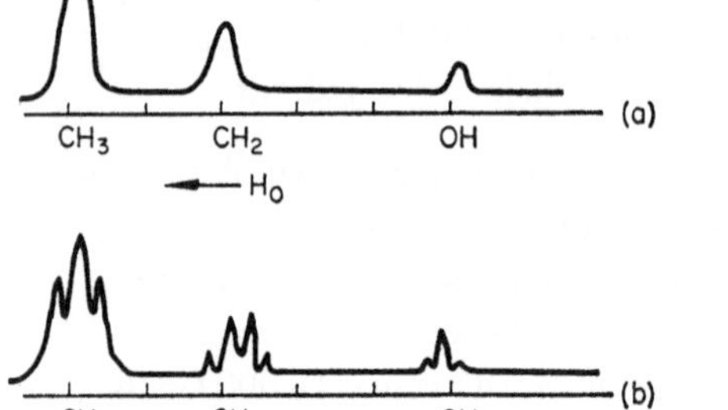



**Abb. 114**

Kernresonanzspektrum von Äthanol

Manchmal gestattet das NMR-Spektrum die direkte Unterscheidung zwischen Alternativstrukturen einer Verbindung. Z. B. dimerisiert Keten, $CH_2 : CO$, leicht, und für das Dimere wurden sowohl die Struktur A als auch B vorgeschlagen.

$$
\begin{array}{cc}
CH_2 = C - CH_2 & CH_3 - C = CH \\
\quad\; | \quad\;\; | & \quad\; | \quad\; | \\
\quad\; O - CO & \quad\; O - CO \\
A & B
\end{array}
$$

Struktur A besitzt zwei Paare identisch angeordneter Protonen, während Struktur B ein einzelnes Proton und eine Dreiergruppe besitzt. Das NMR-Spektrum für das Dimere weist zwei Banden gleicher Fläche auf, was eindeutig für Struktur A spricht.

Unter noch höheren Auflösungsbedingungen beobachtet man eine *Hyperfeinstruktur* für NMR-Banden. Bei Äthanol (Abb. 114b) spaltet die $CH_3$-Bande in drei auf, von denen die mittlere doppelt so groß ist wie die beiden äußeren, während die $CH_2$-Bande in vier aufspaltet, deren Flächen im Verhältnis $1:3:3:1$ zueinander stehen. Diese Hyperfeinaufspaltung wird durch die Wirkung benachbarter Kernspins verursacht, sie ist aber um mehrere Größenordnungen kleiner als die entsprechende Aufspaltung für kristalline Festkörper, weil sie durch einen völlig verschiedenen Mechanismus übermittelt wird. Statt durch eine direkte magnetische Wirkung wird sie durch die bindenden Elektronen übertragen, deren Spins sehr schwach mit Kernspins wechselwirken und deshalb als Vermittler zwischen benachbarten Kernen wirken können. Z. B. gibt es vier gleich wahrscheinliche Spinkombinationen für die beiden Protonen der Methylengruppe: $(+\frac{1}{2}, +\frac{1}{2})$, $(+\frac{1}{2}, -\frac{1}{2})$, $(-\frac{1}{2}, +\frac{1}{2})$, $(-\frac{1}{2}, -\frac{1}{2})$. Die zweite und dritte Kombination verändern das effektive Feld an den Protonen der Methylgruppe im gleichen Maße, so daß das $CH_3$-Maximum tatsächlich in drei Linien mit den Intensitäten $1:2:1$ aufspalten sollte. In ähnlicher Weise gibt es vier mögliche resultierende Spinkombinationen für die drei Protonen der Methylgruppe: $(+\frac{1}{2}, +\frac{1}{2}, +\frac{1}{2})$, $(-\frac{1}{2}, -\frac{1}{2}, -\frac{1}{2})$, $(+\frac{1}{2}, +\frac{1}{2}, -\frac{1}{2})$, $(-\frac{1}{2}, -\frac{1}{2}, +\frac{1}{2})$. Weil die beiden letzten Kombinationen auf dreierlei Weise zustande kommen können, sollte das $CH_2$-Maximum in vier Maxima mit den Intensitäten $1:3:3:1$ aufspalten. Dieser Effekt kann nicht über benachbarte Protonen hinaus übertragen werden. Es gibt keine Extraaufspaltung, die durch die Wirkung der Methylprotonen aufeinander verursacht würde, und zwar wegen der Wirksamkeit von Auswahlregeln. Der Einfluß des OH-Protons auf die $CH_2$-Linie ist kompliziert, aber die $CH_2$-Gruppe wirkt in gleicher Weise auf die OH-Linie wie auf die $CH_3$-Linie.

In Gegenwart kleiner Mengen von Chlorwasserstoffsäure verschwindet die Hyperfeinstruktur der OH-Linie. Das beruht darauf, daß die OH-Protonen ihre Stellung durch die Reaktion

$$\ddot{A}tOH + H_3O^+ \rightleftharpoons \ddot{A}tOH_2^+ + H_2O$$

zu schnell austauschen, als daß die Hyperfeinaufspaltung wirksam werden könnte. Ganz ähnlich werden zwei verschiedene Protonenresonanzlinien beobachtet, wenn ein langsamer Austausch von Protonen in einem tautomeren Gleichgewicht (z. B. das Acetessigestergleichgewicht, S. 86) stattfindet, wobei jede Linie einer Stellung des Protons entspricht. Bei sehr schnellen Austausch gibt es nur eine Linie in einer mittleren Position. Für mittlere Austauschgeschwindigkeiten nimmt das NMR-Spektrum charakteristische Formen an, aus denen es möglich ist, die Geschwindigkeitskonstante der Reaktion zu ermitteln. Durch Messungen dieser Art ist es möglich, die Geschwindigkeiten von Reaktionen zu ermitteln, deren Halbwertszeiten im Bereich von 1 bis $10^{-3}$ Sekunden liegen.

Die hochauflösende kernmagnetische Resonanz liefert eine fast verwirrende Fülle von Informationen über die Strukturen organischer Verbindungen. Die theoretische Interpretation der Ergebnisse ist noch vollständig zu klären, aber schon jetzt ist diese Technik eine unschätzbare halbempirische Methode für die Aufklärung der Struktur komplexer Moleküle. Wie das Infrarotspektrum dient das NMR-Spektrum als eine Art Fingerabdruck für ein Molekül.

### NMR bei anderen Kernen

Um Komplikationen zu vermeiden, hat sich die vorausgehende Diskussion ausschließlich mit der protonenmagnetischen Resonanz beschäftigt. Tatsächlich besitzen viele andere Kerne einen Spin und damit kernmagnetische Momente. Wie das Proton hat das Neutron eine Spinquantenzahl von $\frac{1}{2}$ und, obwohl es ein ungeladenes Teilchen ist, auch ein magnetisches Moment mit $g = -3,826$. (Qualitativ kann dies erklärt werden, indem man sich das Neutron als zusammengesetztes Teilchen vorstellt; bei radioaktiven Prozessen kann es in ein Proton und ein Elektron zerfallen, das als ein $\beta$-Teilchen emittiert wird.) Wenn die Gesamtzahl von Neutronen und Protonen in einem Kern ungerade ist, dann ist auch die Kernspinquantenzahl ungerade; wenn sie gerade ist, so ist die Spinquantenzahl entweder gerade oder Null. Die Spins sind innerhalb der Kerne gepaart, gerade so wie die

Elektronenspins in Atomen und Molekülen. Demgemäß haben Kerne mit gerader Protonen- und Neutronenzahl (z. B. $^{12}C$, $^{16}O$, $^{32}S$) immer den Kernspin Null und damit kein Kernmoment. Jeder Kern mit einem Kernspin besitzt einen Kern-g-Faktor, der zur Zeit noch nicht berechenbar ist, sondern experimentell bestimmt werden muß. Das gesamte magnetische Moment wird durch den üblichen Ausdruck $g \sqrt{I(I + 1)}\, \mu_n$ gegeben, worin I die Spinquantenzahl ist. Einige repräsentative Werte sind in Tabelle 25 angegeben.

**Tabelle 25.**   Spins und g-Werte für einige Kerne

| Kern | I | g |
|------|-----|--------|
| $^1$n | $\frac{1}{2}$ | −3,826 |
| $^1$H | $\frac{1}{2}$ | +5,585 |
| $^{10}$B | 3 | +0,600 |
| $^{13}$C | $\frac{1}{2}$ | +1,405 |
| $^{14}$N | 1 | +0,404 |
| $^{19}$F | $\frac{1}{2}$ | +5,256 |

Ein Kern mit dem Spin I kann $(2I + 1)$ Orientierungen bezüglich eines äußeren Feldes einnehmen (vgl. S. 31). Obwohl die Prinzipien der NMR auch für einen solchen Kern die gleichen sind wie für ein Proton, so sind doch sowohl die Hauptmerkmale als auch die Feinstruktur der Spektren sehr viel komplizierter. Das ist besonders dann der Fall, wenn das Molekül mehrere Kerne mit unterschiedlichem Spin enthält. Eine weitere Komplikation besteht darin, daß alle Kerne mit einem Spin größer als $\frac{1}{2}$ ein Kernquadrupolmoment besitzen (s. u.). Diese koppeln mit den Spins und erzeugen eine weitere Aufspaltung der Kernenergieniveaus und damit weitere Linien im NMR-Spektrum.

Trotz dieser Schwierigkeiten ist viel mit anderen Kernen statt Wasserstoff gearbeitet worden, und es wurden viele wichtige und nützliche Resultate erhalten. In dem Maße, in dem sich das theoretische Verständnis entwickelt und die Schwierigkeiten der Interpretation beseitigt werden, wird diese Technik gewiß als eine sehr aussagekräftige Methode zur Verfügung stehen, die für die Erforschung der Struktur von Molekülen und Kristallen verfügbar ist. Obwohl die wichtigen Kerne $^{12}C$, $^{16}O$ und $^{32}S$ nicht magnetisch sind, läßt sich einiges durch Isotopenaustausch tun, weil $^{13}C$, $^{17}O$ und $^{33}S$ Kernspins besitzen.

Eine wesentliche Voraussetzung für alle NMR-Messungen besteht darin, daß die Probe nicht paramagnetisch sein oder paramagnetische Verunreinigungen enthalten darf; andernfalls verdecken die starken Störeinflüsse der Spins der ungepaarten Elektronen alle feinen Details.

## 12.7. Kernquadrupolresonanz

Kohlendioxid besitzt kein Dipolmoment, obwohl beide C–O-Bindungen für sich polar sind. Die Anordnung der Ladungen ist: $- + + -$, und man sagt, das Molekül besitzt ein *Quadrupolmoment*. Molekularer Stickstoff besitzt weder ein Dipol- noch ein Quadrupolmoment. Quadrupolmomente sind für Moleküle nicht von allzu großer Bedeutung, sie können aber auch bei Kernen auftreten. Kerne mit $I = 0$ oder $\frac{1}{2}$ besitzen eine kugelsymmetrische Verteilung der positiven Ladung. Für $I \geqslant 1$ ist die Verteilung nicht mehr so regelmäßig. Es gibt auf der Kernoberfläche sowohl Regionen mit hoher als auch mit niedriger Ladungsdichte, und die Verhältnisse sind mathematisch äquivalent einer Ladungsverteilung, die durch Überlagerung einer Quadrupolverteilung über eine kugelsymmetrische Verteilung entstehen. In einem nichthomogenen elektrischen Feld kann ein solcher Quadrupol verschiedene (gequantelte) Orientierungen unterschiedlicher Energie einnehmen, und es ist möglich Übergänge zwischen diesen Einstellungsmöglichkeiten durch Strahlung geeigneter Frequenz auszulösen und nachzuweisen (s. Abb. 115). In der Praxis braucht man kein äußeres nichthomogenes Feld, weil es durch die umgebenden Elektronen geliefert wird. Die Energieunterschiede zwischen den möglichen Orientierungen der Kernquadrupole entsprechen dann einer Radiofrequenz. Um Kernquadrupolmomente zu messen, wird eine Anordnung wie in Abb. 116 verwendet. Radiofrequenzenergie wird von einem geeigneten Oszillator vermittels der Spule C auf die Probe übertragen, und die Frequenz $\nu$ läßt man fünfzigmal pro Sekunde um einen Mittelwert schwingen durch ein Signal aus dem Wechselstromnetz. Bei geeigneter Justierung läßt sich die Resonanzbedingung innerhalb dieses Frequenzbereiches erzielen. Im Resonanzfall gibt es eine nachweisbare Wechselwirkung mit dem Radiofrequenzfeld, die verstärkt und an die Y-Platten eines Kathodenstrahloszilloskops gelegt wird. Die X-Platten werden mit der Wechselstromquelle verbunden, so daß die Horizontalbewegung des Lichtfleckes mit der Modulationsfrequenz synchronisiert ist. Die Lage des Maximums in der Spur liefert dann die Resonanzfrequenz. Diese hängt vom elektrischen Feldgradienten q am Kern ab, der durch die Elektronen dieses Kerns bestimmt wird. Aus $\nu$ läßt sich die Größe eQq ermitteln, in der eQ das Kernquadrupolmoment ist. e ist die Ladung auf dem Proton und Q wird üblicherweise in $10^{-24}$ cm$^2$ angegeben. Die Größe eQq wird Quadrupolkopplungskonstante genannt.

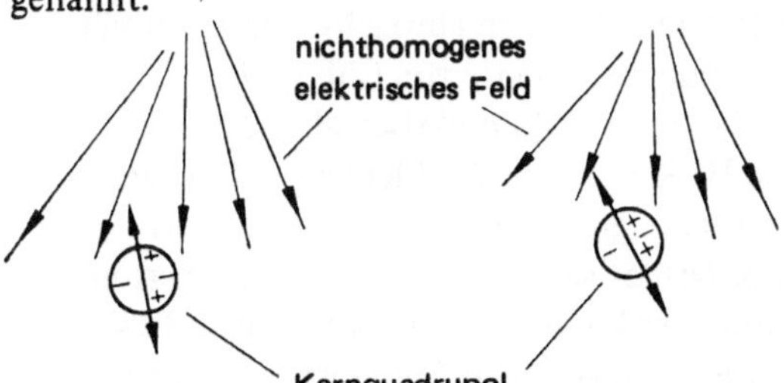


**Abb. 115**

Mögliche Orientierungen von Kernquadrupolen in einem nichthomogenen elektrischen Feld

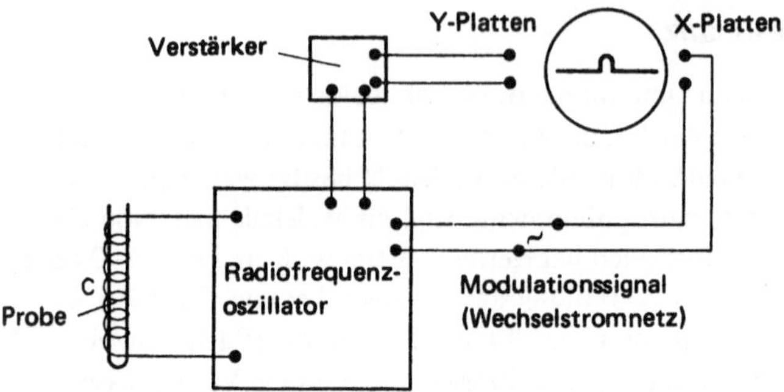


**Abb. 116.** Das Meßprinzip für Kernquadrupolmomente

**Tabelle 26.**   Kernquadrupolkopplungskonstanten für $^{35}Cl$

| Verbindung | eQq (MHz) |
|---|---|
| Cl (Gas) | − 109,7 |
| KCl (Gas) | 0,04 |
| TlCl (Gas) | − 15,8 |
| HCl (fest) | − 53,8 |
| $CH_3Cl$ (Gas) | − 75,3 |
| $Cl_2$ (fest) | − 109,0 |
| ClF (Gas) | − 146,0 |

Kernquadrupolmomente koppeln mit den Rotationsbewegungen von Molekülen und sind deshalb für eine Hyperfeinstruktur im Rotationsspektrum verantwortlich. Auch daraus lassen sich Kopplungskonstanten ermitteln.

Für einen gegebenen Kern ist Q konstant, so daß die Kopplungskonstante vom Wert für q abhängt. Wenn die Elektronenverteilung rings um den Kern kugelsymmetrisch ist, so sind sowohl q als auch die Kopplungskonstante Null, und es gibt keine Kernquadrupolresonanz. Bei unsymmetrischer Verteilung kann die Größe der Kopplungskonstante dazu benutzt werden, das Ausmaß zu bestimmen, in dem die wirkliche Verteilung von einer symmetrischen abweicht. Diese Verhältnisse seien durch einige Werte für die Kopplungskonstante von Chlor, die in Tabelle 26 angegeben sind, illustriert. Für Chloridionen ist eQq praktisch gleich Null, weil $Cl^-$ eine vollständige, kugelsymmetrische Hülle von s- und p-Elektronen besitzt. Für atomares Chlor ist die Kopplungskonstante groß, da die Konfiguration $3s^2 3p^5$ unsymmetrisch ist; für molekulares Chlor besitzt sie den gleichen großen Wert in Übereinstimmung mit dem gleichen Beitrag der Elektronen zur Bindung in diesem Molekül. Der kleine Wert für TlCl weist auf einen geringen Anteil von kovalentem

Charakter für diese Bindung hin. Der Wert für HCl liegt etwa in der Mitte zwischen dem für $Cl^-$ und Cl, woraus folgt, daß das Chlor in HCl etwa den halben Einfluß auf das letzte p-Elektron besitzt. Bei $CH_3Cl$ ist eQq sogar größer; hier ist der ionische Charakter geringer als in HCl. Schließlich ist die Kopplungskonstante für ClF größer als für $Cl_2$. Im ClF zieht das stark elektronegative Fluor Elektronen vom Chlor ab, wodurch sich sogar eine noch größere Abweichung von der Kugelsymmetrie am Kernort ergibt.

## 12.8. Elektronenspinresonanz

Die Prinzipien der Elektronenspinresonanz (EPR) sind genau die gleichen wie die für die protonenmagnetische Resonanz. Die Unterschiede erwachsen hauptsächlich daraus, daß das magnetische Moment des Elektrons viel größer ist als das des Protons. Es gilt die gleiche Beziehung $g\,\mu_c H_0 = h\,\nu$, die zeigt, daß für ein Feld von etwa 20 Gauß $\nu$ rund 40 Hertz beträgt. Deshalb läßt sich ein Kernresonanzspektrometer zum Nachweis von Elektronenspinresonanz verwenden. Wegen der kleinen Energiedifferenz bei dieser Feldstärke sind die Besetzungsunterschiede zwischen den beiden Niveaus klein, ebenso wie das resultierende Signal. Infolgedessen werden viel größere Feldstärken benutzt, bei denen die Energiedifferenz einem Quantum Mikrowellenstrahlung entspricht und das Signal groß ist und bequem nachgewiesen werden kann. Wegen der Erfahrungen und der Ausrüstungen, die aus der Radartechnik zur Verfügung stehen, arbeiten die meisten Elektronenspinresonanzspektrometer entweder im X-Band (9000 Hz; 3 cm Wellenlänge) oder im Q-Band (36 000 Hz; 8 mm Wellenlänge), die Felder von etwa 3000 bzw. 13 000 Gauß erfordern. Die wesentlichen Teile und das Arbeitsprinzip eines Elektronenspinresonanzspektrometers sind die gleichen wie bei einem NMR-Spektrometer; die Unterschiede rühren von der unterschiedlichen Technik her, die bei der Erzeugung und beim Nachweis der Mikrowellenstrahlung verwendet werden muß. Aus technischen Gründen wird gewöhnlich eine viel höhere Modulationsfrequenz (etwa 100 kHz) benutzt als die wenigen hundert Hertz, die bei der NMR-Spektroskopie üblich sind.

Während in einem Molekül jedes Proton zur NMR-Absorptionskurve beiträgt, antworten auf Mikrowellenstrahlung nur ungepaarte Elektronen. Ein gepaartes Elektron kann seine Spinorientierung nicht ohne Verletzung des Pauliprinzips ändern, es sei denn, daß *auch* das andere Elektron im gleichen Orbital gleichzeitig seine Spinrichtung ändert. In einem solchen Falle tritt natürlich keine Nettoabsorption von Energie auf. EPR-Messungen sind deshalb besonders nützlich an Verbindungen von Übergangsmetallen und an freien Radikalen.

Wenn eine Verbindung, die kein Übergangsmetallion enthält, Elektronenspinresonanz-Absorption zeigt, so ist das ein sicherer Hinweis für die Anwesenheit freier Radikale. Die Fläche unter dem Signal ist der Anzahl der vorhandenen ungepaarten Elektronen proportional, und die Methode ist so empfindlich, daß bei 4 °K immerhin noch $10^9$ Spins nachweisbar sind. Wenn Stoffe wie Polymethylacrylat einer intensiven $\gamma$-Strahlung ausgesetzt werden, so beweist die Elektronenspinresonanz die Anwesenheit von Radikalen. Sie werden durch die Strahlung erzeugt und in der festen Substanz eingefangen. Solche Radikale können eine Verknüpfung der Polymerketten bewirken; auf diese Weise lassen sich die Eigenschaften von Plasten modifizieren. Freie Radikale sind auch in lebenden Gewebearten und in Enzymsystemen nachgewiesen worden. Die Änderung der Viskosität von flüssigem Schwefel bei Temperaturerhöhung wird auf die Anwesenheit langer Ketten zurückgeführt, die durch Gleichgewichte von der Art

$$S_8 \text{ (Ring)} \rightleftharpoons \cdot S_8 \cdot \text{ (Biradikal)};$$

$$S_8 + \cdot S_8 \cdot \rightleftharpoons \cdot S_{16} \cdot$$

usw. bedingt sind. Das wird durch EPR-Untersuchungen an geschmolzenem Schwefel bestätigt, die eindeutig die Anwesenheit freier Radikale ausweisen. Bei 300 °C beträgt die Konzentration an Teilchen mit ungepaarten Elektronen immerhin $6 \times 10^{-3}$ mol/l.

Von den vielen störenden Einflüssen, die die Verbreiterung einer EPR-Absorptionslinie verursachen können, wird eine der wichtigsten durch die Heisenbergsche Unschärferelation (S. 8) vorausgesagt. Eine äquivalente Fassung des Prinzips lautet: $\Delta E \, \Delta t = h/2\,\pi$. Das heißt, je größer die Genauigkeit ist, mit der die Energie eines Systems bestimmbar ist, desto kleiner ist die Genauigkeit, mit der seine Lebensdauer bekannt sein kann und umgekehrt. Wenn ein Elektron schnell zwischen einem Molekül, in dem es gepaart ist, und einem Molekül, in dem es ungepaart auftritt, austauscht, dann ist es möglich, eine mittlere Lebensdauer für das Radikal zu definieren. Die entsprechende Unschärfe in seiner Energie bedingt dann, daß die Elektronenspinresonanz über einen Feldstärkenbereich und nicht scharf auftritt. Umgekehrt läßt sich die durchschnittliche Lebenszeit und damit die Geschwindigkeitskonstante für den Elektronenaustauschprozeß aus der Linienverbreiterung berechnen. Systeme wie: $C_{10}H_8^- \rightleftharpoons C_{10}H_8 + \epsilon$ (wobei das Radikalion durch Einwirkung von Natrium auf Naphtalin in Tetrahydrofuranlösung hergestellt wird) sind auf diese Weise untersucht worden. Nebenbei sei bemerkt, daß es das Unschärfeprinzip ist, das für die endliche Breite aller Spektrallinien verantwortlich ist. Wenn ein angeregtes Molekül unendlich lange existieren könnte, würde $\Delta t$ unendlich sein, $\Delta E$ würde Null sein und die entsprechende Linie vollkommen scharf.

Bei hoher Auflösung weisen die Elektronenspinresonanzlinien eine Hyperfeinstruktur auf, die durch die Einwirkung magnetischer Kernmomente hervorgerufen wird. Diese schwächen entweder das äußere Feld oder sie verstärken es und bewirken auf diese Weise das Auftreten der Resonanz bei anderen Feldstärken in einer Weise, die sehr ähnlich wie bei dem entsprechenden Effekt für die NMR ist. Aus der Art der Aufspaltung lassen sich Rückschlüsse auf die Stellung des ungepaarten

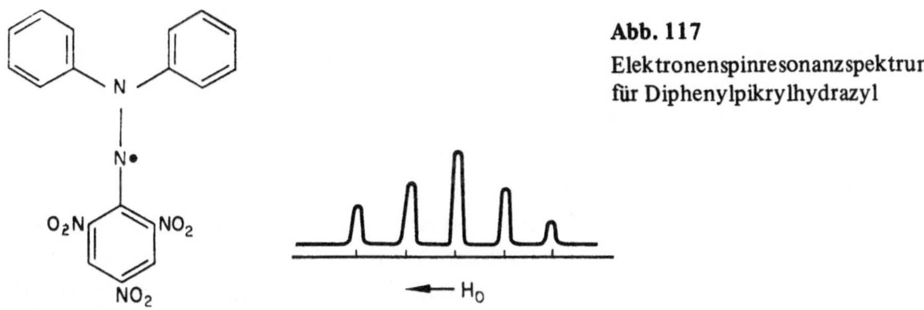


**Abb. 117**
Elektronenspinresonanzspektrum
für Diphenylpikrylhydrazyl

Elektrons ziehen, weil es nur mit Kernen wechselwirkt, die es zeitanteilig umgibt. Z. B. besteht das Signal für Diphenylpikrylhydrazyl (Abb. 117) aus fünf äquidistanten Linien, deren Intensitäten im Verhältnis $1:2:3:2:1$ stehen. Aus allgemeinen Gründen befindet sich das ungepaarte Elektron des Radikals höchstwahrscheinlich entweder an dem einem oder dem anderen Stickstoffatom, und $^{14}N$ hat einen Kernspin mit $I = 1$. Befände es sich jedoch *vollständig* an einem Stickstoffatom, würden sich drei äquidistante Linien gleicher Intensität, wegen der drei möglichen Orientierungen eines Kernspins eins in Bezug auf ein äußeres Feld, ergeben. Wenn es sich teilweise an dem anderen Stickstoffatom befände, würde es im allgemeinen neun mögliche effektive Werte für das Feld und damit neun Linien geben. (Jede der drei Spinpositionen des ersten Stickstoffs könnte mit jeder der drei für das zweite Stickstoffatom kombiniert werden.) Teilt es auf der anderen Seite seine Zeit im *gleichen* Anteil zwischen beiden Stickstoffatomen, müssen diese die gleiche Auswirkung auf das effektive Feld haben, und einige Linien werden dann zusammenfallen. Die möglichen Kombinationen der Spins in Feldrichtung sind:

$$(+1, +1) \quad (+1, 0) \quad (+1, -1) \quad (-1, 0) \quad (-1, -1)$$
$$(0, +1) \quad (0, 0) \quad (0, -1)$$
$$(-1, +1)$$

womit das beobachtete Spektrum vollständig erklärt ist.

Weiterhin führen wir an, daß es eine kleine Aufspaltung der EPR-Linie beim Triphenylmethylradikal (s. S. 94) gibt, mutmaßlich hervorgerufen durch Wechselwirkung mit den Wasserstoffkernen. Wenn das zentrale Kohlenstoffatom durch $^{13}C$ ersetzt wird, (das im Gegensatz zu $^{12}C$ einen Kernspin besitzt), gibt es eine viel intensivere Aufspaltung der Linie. Infolgedessen muß sich das ungepaarte Elektron einen wesentlichen Teil seiner Zeit an diesem zentralen Kohlenstoffatom aufhalten.

Reaktionen, die unter Beteiligung von Radikalen verlaufen, werden vorteilhaft mit EPR untersucht, weil die Struktur der Linien die Identifizierung der Radikale erlaubt, und die Fläche unter dem Signal die Messung der Konzentration der Radikale als Funktion der Zeit gestattet.

EPR-Absorptionskurven für Übergangsmetallverbindungen sind schwieriger zu interpretieren als für Radikale, weil magnetische Bahnmomente berücksichtigt werden müssen. Sie liefern jedoch eine wertvolle Information über feine Details der Energieniveaus. Die durch Kernspins hervorgerufenen Hyperfeinstruktur wiederum kann die Lokalisierung der Elektronen anzeigen. Die Messungen werden gewöhnlich an *magnetisch verdünnten* Kristallen vorgenommen. Das heißt, die zu untersuchenden paramagnetischen Ionen werden zu einem geringen Anteil in ein ähnliches Kristallgitter diamagnetischer Ionen eingebaut. Auf diese Weise wird der störende Einfluß von Nachbarionen auf ein Minimum herabgesetzt. Z. B. zeigt $Na_2PtCl_6 \cdot 6H_2O$, das 0,5 Prozent $IrCl_6^{2-}$-Ionen enthält, ein Signal, das dem einzelnen ungepaarten d-Elektron des Iridiums zugeschrieben wird. Es besitzt eine Hyperfeinstruktur, die nur durch die Wechselwirkung mit den Kernspins der umgebenden Chloratome erklärt werden kann. Eine quantitative Behandlung ergibt, daß das Elektron 70 Prozent seiner Zeit in der Nähe des Iridiums verbringt und 5 Prozent in der Nähe jedes Chloratoms (vgl. S. 120).

Die vorhergehenden Beispiele zeigen, wie viel Information über die Energien und die Verteilung von Elektronen aus EPR-Untersuchungen erhalten werden kann. Der große Nachteil ist, daß relativ wenige Teilchen von Interesse ungepaarte Elektronen enthalten. Auf der anderen Seite erlaubt dies die Untersuchung solcher Teilchen in Gegenwart eines Überschusses von diamagnetischem Material.

# 13. Einige weitere Methoden zur Strukturermittlung

In diesem letzten Kapitel werden bestimmte andere Möglichkeiten erörtert, Informationen über die Molekülstruktur zu erhalten.

## 13.1. Magnetische Messungen

Die notwendige Theorie ist bereits in Kapitel 2 (auf den Seiten 27 bis 32) behandelt worden. Magnetische Suszeptibilitäten werden gewöhnlich mittels der Gouyschen Methode (Abb. 118) ermittelt. Eine zylindrische Probe, die an einer empfindlichen Waage aufgehängt ist, wird zwischen die Pole eines starken Elektromagneten gebracht, der ein Feld von etwa 10 000 Gauß liefert. Das Feld darf *nicht* homogen sein, und während ein Ende der Probe sich in der Mitte des Feldes befindet, muß das andere Ende ganz außerhalb des Feldes liegen. Es läßt sich zeigen, daß unter diesen Umständen der scheinbare Massenzuwachs der Probe beim Anschalten des Feldes proportional der molaren Suszeptibilität und dem Quadrat der maximalen Feldstärke ist. Eine vorhergehende Eichung wird mit einer Verbindung bekannter Suszeptibilität vorgenommen, und für sehr genaue Untersuchungen wird eine Korrektur für die Suszeptibilität der verdrängten Luft angebracht. Bei diamagnetischen Verbindungen gibt es eine geringe scheinbare Massenverminderung; die Waage muß deshalb erheblich empfindlicher sein. Bei der Methode nach *Quinke* wird eine Flüssigkeit oder eine Lösung in ein U-Rohr gebracht, dessen einer Schenkel sich zwischen den Polen eines Magneten befindet. Es wird der Niveauunterschied beobachtet, der sich beim Einschalten des Feldes ergibt.

Die Anwendung von paramagnetischen Suszeptibilitäten ist an mehreren Stellen dieses Buches erörtert worden (s. S. 34 und 116). Es zeigte sich, daß sich diamagnetische Suszeptibilitäten im großen und ganzen *additiv* zusammensetzen. Das heißt, $\chi_D$ ist im wesentlichen die Summe der atomaren Beiträge (s. S. 32), obwohl es insoweit *konstitutionell* ist, als Korrekturen für bestimmte Charakteristika, wie Doppelbindungen, angebracht werden müssen. Gelegentlich ist von dieser Tatsache bei der Unterscheidung zwischen möglichen Strukturen für Verbindungen Gebrauch gemacht worden, aber die Methode ist gegenwärtig ohne große Bedeutung.

Einige Festkörper zeigen eine ausgeprägte diamagnetische Anisotropie – die diamagnetische Suszeptibilität ist unzweideutig größer, wenn sie in einer Richtung gemessen wird, als in anderen Richtungen. Das passiert z. B., wenn aromatische Moleküle in einem Kristall mehr oder weniger parallel zueinander liegen, weil das effektive „$r_i$" (s. S. 32) der $\pi$-Elektronen natürlich viel größer ist, als für lokalisierte Elektronen. So ist die Suszeptibilität von Naphtalin längs einer bestimmten Kristallachse dreimal größer als längs der anderen Achsen. (Für Graphit ist die Suszeptibili-

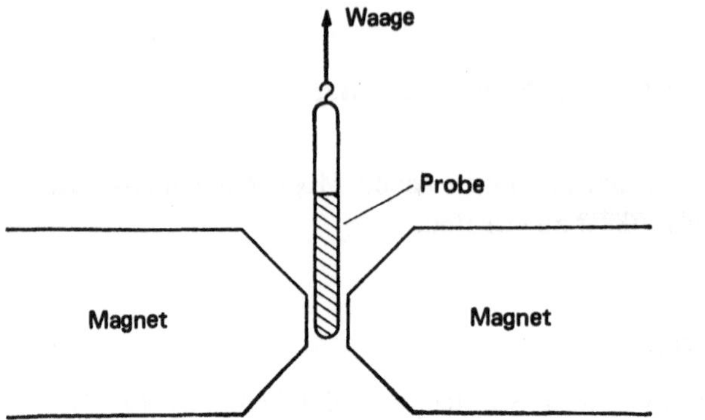


**Abb. 118**
Gouysche Methode für die
Messung magnetischer
Suszeptibilitäten

tät senkrecht zu den Schichten mehr als fünfzigmal größer als parallel zu den
Schichten.) Auf diese Weise war es zuweilen möglich, die Lage von aromatischen
Molekülen in Kristallen zu bestimmen.

Obwohl die Information, die aus der Elektronenspinresonanz erhalten wird,
viel detaillierter ist als die aus einer Bruttomessung der paramagnetischen Suszeptibilität, zeigen nicht alle paramagnetischen Verbindungen den Resonanzeffekt, und
zwar wegen störender Einflüsse. Bruttosuszeptibilitäten lassen sich immer bestimmen, und die beiden Methoden sind deshalb komplementär.

## 13.2. Dipolmomente

Der Zusammenhang zwischen Dipolmomenten und Dielektrizitätskonstanten
ist in Kapitel 5 (S. 100 bis 102) behandelt worden. Die gesamte molare Polarisation
$P_M$ einer Verbindung ist die Summe aus einem konstanten Term, der Verschiebungspolarisation $P_D$, und einem temperaturabhängigen Term, der Orientierungspolarisation $P_0$. Die Bestimmung der Dielektrizitätskonstante (und damit von $P_M$) bei
verschiedenen Temperaturen gestattet deshalb die Ermittlung des temperaturun-
abhängigen Teiles von $P_0$ (der das Dipolmoment enthält). Diese Methode ist sowohl für Gase, als auch für verdünnte Lösungen in unpolaren Lösungsmitteln angewandt worden. Sie liefert in der Regel genaue Resultate, wenn die Substanz über
einen genügend großen Temperaturbereich stabil ist. Dielektrizitätskonstanten werden durch die Messung der Kapazität einer geeigneten Kondensatorzelle bestimmt,
die zunächst evakuiert und dann mit der Probe gefüllt wird. Im allgemeinen wird
zur Kapazitätsmessung eine *Überlagerungs-Schwebungsmethode* verwendet.

Umgekehrt macht man von der Tatsache Gebrauch, daß die Verschiebungspolarisation aus zwei Anteilen besteht $P_D = P_A + P_E$. Die Atompolarisation $P_A$
rührt von Verschiebungen der Atomkerne im elektrischen Feld her und die Elektronenpolarisation $P_E$ von einer ähnlichen Verschiebung der Elektronen. Messungen

von Dielektrizitätskonstanten werden gewöhnlich mit Wechselströmen genügend
kleiner Frequenz vorgenommen, damit die Atom- und Elektronenpositionen sowie
die molekularen Orientierungen den Wechselbewegungen des Feldes folgen können.
Beim Arbeiten mit viel höheren Frequenzen sind jedoch nur noch die Elektronen
in der Lage zu folgen, so daß die gemessene Dielektrizitätskonstante dann allein
durch die Elektronenpolarisation bestimmt wird. Die elektromagnetische Theorie
der Strahlung zeigt, daß bei genügend hoher Frequenz die Dielektrizitätskonstante
gleich dem Quadrat des Brechungsindexes ist. In der Praxis mißt man dann den
Brechungsindex der Probe, gewöhnlich für die Natriumlinie, und leitet daraus die
Größe $P_E = (n^2 - 1) M/(n^2 + 2) d$ ab. (Ein schnell oszillierendes Feld steht automatisch zur Verfügung, wenn Licht auf die Probe fällt.) Auf diese Weise findet man
$P_E$ für das Lösungsmittel und die Probe und leitet daraus den Beitrag der gelösten
Substanz allein ab. Wegen der Wechselwirkung zwischen Lösungsmittel und gelöster
Substanz ist es notwendig, die Messungen bei verschiedenen Konzentrationen vor-
zunehmen und den Beitrag der gelösten Substanz durch Extrapolation auf die Konzentration Null zu ermitteln. Die gesamte molare Polarisation für die gelöste Substanz wird durch eine Reihe ähnlicher Messungen der Dielektrizitätskonstanten
gefunden. Man veranschlagt gewöhnlich für $P_A$ einen Wert, der 10 Prozent des
Wertes von $P_E$ ausmacht (es gibt dafür genügend empirische Gründe) und findet
so $P_0$ bei der Meßtemperatur. Weil $P_0 = 4 \pi N/3 \cdot \mu^2 /3kT$ ist, läßt sich auf diese
Weise $\mu$ ermitteln.

Messungen der Dielektrizitätskonstanten sind benutzt worden, um das Einsetzen der Molekülrotation in Festkörpern nachzuweisen. Polare Moleküle in
Kristallen können sich gewöhnlich nicht parallel zu einem äußeren Feld anordnen,
so daß $P_0$ und damit die Dielektrizitätskonstante klein ist. Ein plötzliches Ansteigen der Dielektrizitätskonstante bei einer bestimmten Temperatur, oder über einen
kleinen Temperaturbereich bedeutet, daß die freie Rotation möglich geworden
ist (s. S. 194 als Beispiel).

Es sei darauf verwiesen, daß die molare Elektronenpolarisation $P_E$ eine
additive Größe darstellt, vom gleichen Typ wie die diamagnetische Suszeptibilität
(S. 266). Man hat davon bei der Bestimmung der Strukturen organischer Verbindungen Gebrauch gemacht, obwohl man dann $P_E$ gewöhnlich die Molrefraktion
nennt.

Die genaueste Methode für die Bestimmung von Dipolmomenten macht von
der Tatsache Gebrauch, daß polare Moleküle verschiedene mögliche Orientierungen
in einem starken elektrischen Feld haben können. Die Rotationsenergieniveaus der
Moleküle werden dabei aufgespalten; diese Erscheinung ist unter dem Namen Stark-
Effekt bekannt (vgl. den Zeeman-Effekt für paramagnetische Teilchen (S. 31)). Die
Aufspaltung läßt sich mit extremer Genauigkeit im Mikrowellenbereich messen;
daraus können die Dipolmomente abgeleitet werden.

Die Molekularstrahlmethode verwendet im wesentlichen den gleichen Effekt. Sie wurde früher für die Bestimmung von Dipolmomenten von Verbindungen wie den Alkalihalogeniden, die in unpolaren Lösungsmitteln unlöslich sind, benutzt. Die Apparatur war unverkennbar eine Modifikation der Einrichtung, die für den Stern-Gerlach-Versuch verwendet wurde (S. 31). Kürzlich ist die Genauigkeit der Methode durch Anwendung eines oszillierenden Mikrowellenfeldes verbessert worden, daß die Übergänge zwischen den möglichen Orientierungen der polaren Moleküle induziert. Bei der Resonanzfrequenz, die in Beziehung zum Dipolmoment steht, werden die Moleküle abgelenkt, und die Spur auf dem Leuchtschirm wird wesentlich schwächer.

Schließlich liefern genaue Messungen der Intensitäten von Infrarotübergängen die Dipolmomente von hauptsächlich beteiligten Bindungen. (Es sei daran erinnert, daß Schwingungen, die keine Änderung des Dipolmomentes hervorrufen, im Infrarot inaktiv sind.)

Die Verwendung von Dipolmomenten wurde bereits in Kapitel 5 behandelt.

## 13.3. Thermochemische Messungen

### Durchschnittliche Bindungsenergien

Es ist möglich, aus Messungen von Reaktionswärmen die Werte für die Energien individueller Bindungen abzuleiten. Diese lassen sich zuweilen verwenden, um Probleme der Molekülstruktur zu erörtern. Ein Beispiel ist im Zusammenhang mit der Struktur des Benzols auf S. 87 gegeben worden.

Die meisten thermochemischen Daten werden aus Verbrennungswärmen gewonnen. Sie werden bestimmt, indem eine gewogene Substanzprobe in einer mit Sauerstoff gefüllten Bombe, die in einem Kalorimeterkessel steckt, verbrannt wird. Der Temperaturanstieg wird gewöhnlich mit einem Platinwiderstandstherometer gemessen. Er wird mit dem Anstieg verglichen, den die Verbrennung einer gewogenen Menge einer reinen Substanz mit genau bekannter Verbrennungswärme, gewöhnlich Benzoesäure, unter so gut wie möglich angenäherten identischen Bedingungen liefert. Es sind dabei erhebliche Vorkehrungen zu treffen, um den Wärmeverlust an die Umgebung so klein wie möglich zu halten und den unvermeidbaren Wärmeaustausch zu korrigieren.

Manchmal ist es bequemer, die Wärmeänderung für einige andere Reaktionstypen zu bestimmen. Z. B. läßt sich für ein Säurechlorid die Hydrolysewärme messen. Eine dafür geeignete Anordnung enthält das Säurechlorid in einem kleinen verschlossenen Röhrchen. Dieses befindet sich in einer bekannten Menge Wasser in einem Dewargefäß, das mit Rührer, Widerstandstherometer und einer Heizspirale ausgestattet ist. Das Röhrchen wird zerbrochen und der resultierende Temperaturanstieg gemessen. Der Inhalt des Dewargefäßes wird sodann auf die Ausgangstemperatur abgekühlt und der gleiche Temperaturanstieg durch elektrische Erwärmung erzeugt. Das Verhältnis der beiden Temperaturanstiege (korrigiert um die Wärmeverluste) liefert dann das Verhältnis von aufgewandter elektrischer Energie (in üblicher Weise gemessen) zur Reaktionswärme. Auf diese Weise wird die Notwendigkeit, den Wasserwert des Kalorimeters und seines Inhaltes zu kennen, umgangen.

Aus den gemessenen Verbrennungs- und Reaktionswärmen liefert die übliche Anwendung des Heßschen Satzes die Bildungswärme $\Delta H_f$ für eine Verbindung aus den Elementen in ihren Standardzuständen. Bevor die Bindungswärmen gefunden werden können, muß die Bildungswärme aus den Atomen, $\Delta H_a$, bekannt sein. Dies erfordert weitere Angaben — nämlich die Änderung des Wärmeinhaltes bei Umwandlung der Elemente in die Atome. So beträgt die Bildungswärme $\Delta H_f$ für Methan − 17,9 kcal, die Dissoziationswärme für Wasserstoff + 103,2 kcal und die Sublimationswärme von Kohlenstoff + 170,4 kcal. Deshalb ist:

$$
\begin{array}{llll}
\text{C (Graphit)} + 2\text{H}_2\,(\text{gasf.}) & \rightarrow\ \text{CH}_4\,(\text{gasf.}) & \Delta H_f = -\ 17,9 \\
\text{C (gasf.)} & \rightarrow\ \text{C (Graphit)} & \Delta H\ = -\ 170,4 \\
4\text{H (gasf.)} & \rightarrow\ 2\text{H}_2\,(\text{gasf.}) & \Delta H\ = -\ 206,4 \\
\hline
\text{C (gasf.)} + 4\text{H (gasf.)} & \rightarrow\ \text{CH}_4\,(\text{gasf.}) & \Delta H_a = -\ 394,7\ \text{kcal}
\end{array}
$$

Die Energie jeder C−H-Bindung in Methan wird nun als ein Viertel von − $\Delta H_a$, d.h. 98,7 kcal/mol, gesetzt. Dieser Betrag wird *durchschnittliche Bindungsenergie* oder Bindungsenergieinkrement für C−H genannt und mit E (C−H) bezeichnet. $\Delta H_a$ für Äthan wird in ähnlicher Weise abgeleitet. Wenn man annimmt, daß E (C−H) für Äthan und Methan gleich ist, so läßt sich E (C−C) ermitteln, weil für Äthan gilt: − $\Delta H_a$ = E (C−C) + 6E (C−H). − $\Delta H_a$ für Propan ist analog 2E (C−C) + 8E (C−H), dies kann berechnet und zur Kontrolle mit dem gemessenen Wert verglichen werden. In ähnlicher Weise lassen sich die durchschnittlichen Bindungsenergien von C = C, C = O, O−H usw. aus den „atomaren" Bildungswärmen für Äthylen, Aceton, Äthanol etc. ermitteln [1].

Die stillschweigend in der bisherigen Diskussion gemachte Annahme, wonach jede chemische Bindung unabhängig von ihrer Umgebung eine definierte Energie besitzt, ist streng genommen genausowenig gerechtfertigt wie die Annahme, daß die Elektronen jeder Bindung unabhängig von ihrer Umgebung sind. Sicherlich läßt sich für Moleküle vom gleichen Typ, wenn sie keine Resonanzhybride darstellen, − $\Delta H_a$ normalerweise mit einiger Genauigkeit als Summe von Bindungsenergieinkrementen finden. Deshalb gibt es kleine Abweichungen bei den Anfangsgliedern der Paraffine, aber von Pentan an aufwärts ist − $\Delta H_a$ für die Normalparaffine tatsächlich sehr genau durch (n − 1) · E (C−C) + (2n + 2) E (C−H) gegeben,

---

[1] Siehe Aufgabe 66

wobei E (C–C) und E (C–H) sorgfältig gewählte Werte sind. Diese sind *nicht* identisch mit den Werten, die man für Methan, Äthan usw. erhalten hat. Sogar eine Kettenverzweigung bringt Abweichungen von der einfachen Additivität mit sich. Z.B. beträgt für n-Pentan und Neopentan mit je vier C–C- und zwölf C–H-Bindungen $\Delta H_f = - 30{,}2$ bzw. $- 34{,}2$ kcal, während beide Werte als gleich groß erwartet werden.

Trotz alledem sind Bindungsenergieinkremente von erheblichem Nutzen. Erstens lassen sie sich verwenden, um vergleichsweise gute Abschätzungen von Bildungswärmen und damit von Reaktionswärmen zu erhalten, wo sie nicht gemessen worden sind. (Das ist nur in Fällen möglich, die normal im Sinne des Besprochenen sind.) Zweitens sind sie verwendet worden, um Elektronegativitätswerte zu ermitteln. Drittens sind sie für die experimentelle Ableitung von Resonanz- und Delokalisierungsenergien notwendig (s. S. 87 für die Diskussion zum Benzol). Schließlich lassen sie sich zuweilen für die Diskussion anderer Aspekte der Molekularstruktur verwenden. Z.B. entsteht Ozon endotherm aus molekularem Sauerstoff mit $\Delta H_f = + 34{,}5$ kcal. Die Dissoziationswärme von Sauerstoff beträgt 119 kcal und das ergibt für $\Delta H_a$ von Ozon den Wert $- 144$ kcal. E (O–O) ist etwa 35 kcal,

$$\text{so daß Ozon mit der Struktur} \quad \begin{array}{c} O \\ / \ \backslash \\ O \!-\!-\! O \end{array} \quad \text{ein } \Delta H_a = - 105 \text{ kcal haben würde. Deshalb}$$

ist Ozon erheblich stabiler als ein Molekül mit drei O–O-Bindungen sein würde und muß infolgedessen eine andere Atomanordnung besitzen. Als ein weiteres Beispiel werden die $- \Delta H_a$-Werte für die Cycloparaffine genau als Summe der Bindungsenergieinkremente von Cyclopentan an aufwärts wiedergegeben; aber für Cyclopropan und Cyclobutan ist das gemessene $\Delta H_a$ um 20 bis 25 kcal größer als die berechneten Werte. Das heißt, daß Cyclopropan und Cyclobutan beträchtlich weniger stabil als erwartet sind. Diese Instabilität wird der Spannung zugeschrieben, die mit der Verengung der C–C–C-Winkel von 109° (dem Tetraederwinkel) auf die 60° oder 90°, die für einen Drei- oder Vierring notwendig sind, verknüpft ist. Der Winkel beträgt in einem regelmäßigem Fünfeck 108°, so daß Cyclopentan tatsächlich spannungsfrei sein sollte. Wenn die höheren Cycloparaffine planar wären, würden die C–C–C-Winkel zunehmend größer als der Tetraederwinkel werden. Die damit verbundene Spannung wird nicht durch die Bildungswärmen wiedergegeben. Tatsächlich zeigen andere Beweise, daß von Cyclohexan an aufwärts die Ringe nicht planar sind und daß es keine Abweichung vom Tetraederwinkel gibt.

**Bindungsdissoziationsenergien**

Obwohl die durchschnittlichen Bindungsenergien beträchtliche Anwendungsmöglichkeiten für Probleme der Molekularstruktur haben, sind sie für die Diskussion von Reaktionsmechanismen von geringerem Wert. Die Geschwindigkeit einer Reaktion ist offensichtlich über die Aktivierungsenergie (vgl. S. 133) mit der Energie

verknüpft, die entweder frei oder absorbiert wird, wenn bestimmte Bindungen
geknüpft oder gelöst werden. Bindungsenergien in diesem Sinne sind jedoch gewöhnlich nicht identisch mit den durchschnittlichen Bindungsenergien. Z.B. beträgt die durchschnittliche Bindungsenergie für C−H in Methan 98,7 kcal (s. S. 269),
aber eine direkte Messung ergibt für $\Delta H$ der Reaktion $CH_4 \rightarrow CH_3 + H$ einen Wert
von $+ 102$ kcal, und der Wert für die Reaktion $CH_3 \rightarrow CH_2 + H$ beträgt etwa 90 kcal.
Der springende Punkt besteht darin, daß nach Entfernung des ersten Wasserstoffatoms aus dem Methanmolekül eine Elektronenumlagerung im $CH_3$-Radikal stattfindet, so daß die C−H-Bindungen verschieden von denen in $CH_4$ sind. Um diese
Werte − die offensichtlich die signifikanten für die chemische Kinetik sind − von
den durchschnittlichen Bindungsenergien zu unterscheiden, werden sie gewöhnlich
als Bindungsdissoziationsenergien, $D\,(CH_3 −H)$ usw. bezeichnet. Natürlich muß die
Summe der vier Bindungsdissoziationsenergien, $D\,(CH_3 −H)$, $D\,(CH_2 −H)$ usw. nach
wie vor den Wert $− \Delta H_a$ für Methan ergeben, aber diese sind nicht untereinander
gleich.

Selbstverständlich besteht für zweiatomige Moleküle X−Y kein Unterschied
zwischen $E\,(X−Y)$ und $D\,(X−Y)$, und solche Werte werden oft spektroskopisch
ermittelt, wie auf Seite 242 ausgeführt. In allen anderen Fällen müssen die Bindungsdissoziationsenergien durch die Bestimmung der Energie gefunden werden,
die notwendig ist, um die in Frage stehende Bindung zu lösen oder zu knüpfen.
Dies ist nur selten direkt thermochemisch möglich. Dagegen sind dafür kinetische
Methoden sehr wichtig, und die Messung von Gleichgewichtskonstanten bei verschiedenen Temperaturen kann zuweilen die gewünschten Werte liefern. Die einzige Methode, die hier besprochen werden wird, ist die Elektronenstoßmethode,
die eine Anwendung des Heßschen Satzes darstellt.

In einem Massenspektrometer werden Ionen durch Beschuß von Molekülen
eines Gases bei niedrigem Druck mit Elektronen erzeugt. Die Ionen werden durch
ein elektrisches Feld beschleunigt und durch ein magnetisches Feld fokussiert,
so daß Ionen mit dem gleichen Verhältnis von Ladung zu Masse der Reihe nach
auf einen Punkt eines Detektors gebracht werden. Auf diese Weise kann die Intensität des Ionenstrahls für jede Massenzahl (die das Ion identifiziert) gemessen werden. Für die Erzeugung jedes Ions müssen die Beschlußelektronen eine minimale
Energie besitzen, die durch ihr Beschleunigungspotential definiert ist. Dieses kritische oder Auftrittspotential läßt sich oft sehr genau bestimmen und gestattet die
Ermittlung von Bindungsdissoziationsenergien. Z.B. repräsentiert das Auftrittspotential für $CH_3^+$, wenn Methan das vorliegende Gas ist, die Energieänderung für
die Reaktion $CH_4 \rightarrow CH_3^+ + H + \epsilon$, die gleich der Summe der Energien für die Ablösung eines Wasserstoffatoms aus Methan $[D(CH_3 −H)]$ und für die Ionisierung
des Methylradikals ist. Die letztere Energie läßt sich aus einem zweiten Versuch
ermitteln, in dem Methylradikale (z.B. aus einer Pyrolysereaktion) in die Ionenquelle eines Massenspektrometers geführt werden. Die Schwierigkeiten bei der

Interpretation von Daten dieser Art können erheblich sein, aber die Methode hat
sehr wichtige und interessante Ergebnisse geliefert [1]). Offensichtlich kann eine
Vielzahl von Ionenarten erzeugt werden, wenn ein einigermaßen komplexes Molekül in der Ionenquelle eines Massenspektrometers mit Elektronen beschossen wird,
und es werden viele Bindungen aufgebrochen. Unter streng definierten Bedingungen ist das Massenspektrum (d. h. eine Aufzeichnung, die die Intensität des Ionenstrahls für jede Massenzahl wiedergibt) für die vorhandene Verbindung charakteristisch. Auf diese Weise können Gasgemische, z. B. von Kohlenwasserstoffen, analy-
siert werden, vorausgesetzt, daß die Massenspektren der vorhandenen Verbindungen vorher bestimmt worden waren.

## 13.4. Optische Aktivität

### Allgemeine Prinzipien

Bis jetzt wurde in diesem Buch die Strahlung gewöhnlich mit quantentheore-
tischen Vorstellungen behandelt. Um die optische Aktivität und einige andere damit gekoppelte Eigenschaften zu verstehen, muß sie als Wellenbewegung aufgefaßt
werden. Ein oszillierendes elektrisches Feld besitzt notwendigerweise ein senkrecht
zu ihm befindliches magnetisches Feld und umgekehrt; als Ergebnis dieser Oszilla-
tionen wird Energie in der dritten dazu senkrechten Richtung als elektromagnetische
Strahlung ausgebreitet. Normalerweise bildet der elektrische Vektor (und auch der
magnetische Vektor) alle möglichen Winkel mit der Fortpflanzungsrichtung, man
spricht von einer unpolarisierten Strahlung. Mittels spezieller Methoden ist es
möglich, Strahlung irgendeiner Wellenlänge zu erhalten, bei der der elektrische
Vektor nur noch in einer Ebene schwingt; eine solche Strahlung heißt *polarisiert*.
Wenn z. B. sichtbares Licht gewisse Kristalle passiert, können Schwingungen, die
parallel zu bestimmten Atomebenen orientiert sind, ungehinderter als in anderen
Richtungen stattfinden. Dadurch wird das Phänomen der *Doppelbrechung* geliefert, bei dem der einfallende Strahl in einen *ordentlichen* und einen *außer*ordentlichen Strahl aufgespalten wird. Die Strahlen besitzen verschiedene Geschwindigkeiten im Kristall und damit verschiedene Brechungsindizes. Es ist möglich, den
außerordentlichen Strahl zu isolieren und auf diese Weise eben polarisiertes Licht
zu erhalten.

Zwei Strahlen eben polarisierten Lichtes von gleicher Amplitude und Frequenz, aber mit zueinander senkrechten Polarisationsrichtungen und einer Phasendifferenz von 90°, kombinieren miteinander zu einem Strahl zirkular polarisierten
Lichtes. Dies wird am besten veranschaulicht, in dem die zirkularen Lissajous-
Figuren betrachtet werden, die man auf dem Schirm eines Kathodenstrahl-Oszillos-
kops erhält, wenn zwei einfache harmonische Bewegungen in der gleichen Weise

---

[1]) S. Aufgabe 67

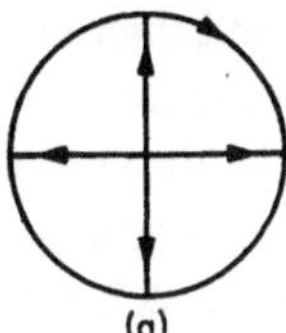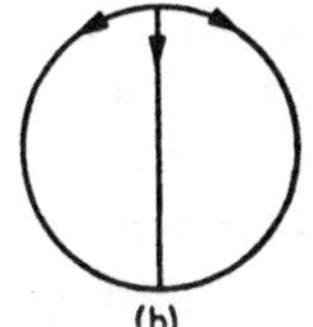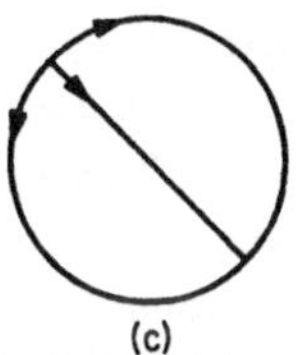



**Abb. 119.** Beziehungen zwischen linearen und zirkularen Schwingungen

kombiniert werden. Je nachdem, ob die Horizontalbewegung der Vertikalbewegung um 90° vorauseilt oder nachhinkt (Abb. 119a) bewegt sich der Strahl auf dem Schirm im Uhrzeigersinn oder entgegengesetzt. In ähnlicher Weise ist es möglich, sowohl rechts- als auch linkspolarisiertes Licht zu erhalten. Ein Strahl zirkular polarisierten Lichtes läßt sich als eine korkzieherähnliche elektrische und magnetische Störung veranschaulichen. Wenn dem Lichtstrahl auf dem Oszilloskopenschirm gleichzeitig zwei Zirkularbewegungen aufgeprägt werden, die eine im und die andere entgegen dem Uhrzeigersinn, so bewegt er sich tatsächlich auf einer Geraden mit einer harmonischen Bewegung; die Neigung der Geraden hängt vom Startpunkt des Lichtfleckes ab — das heißt von dem Punkt, an dem sich die beiden Bewegungen „schneiden" (s. Abb. 119b). Auf die gleiche Weise kombinieren Strahlen von rechts- und linkszirkular polarisierten Lichtes zu einem Strahl, der eben polarisiert ist.

Symmetrische Moleküle und symmetrische Anordnung von Atomen und Molekülen haben gleiche Effekte auf rechts- und linkspolarisiertes Licht. Infolgedessen wird eben polarisiertes Licht durch die meisten Verbindungen ohne jede Veränderung hindurchgelassen. Dies läßt sich dadurch verifizieren, daß man die Verbindung zwischen zwei gekreuzten Polarisatoren anbringt, wobei kein Licht durchgelassen wird. Auf der anderen Seite beeinflußt ein assymmetrisches Molekül den rechts- und linkspolarisierten Strahl in unterschiedlicher Weise; die Auswirkung besteht darin, daß ein Strahl verzögert wird im Vergleich zum anderen. Ein Analogon besteht darin, daß sowohl eine Schraube mit Rechtsgewinde als auch eine mit Linksgewinde durch ein Loch ohne Schraubengänge gedreht werden kann; wenn das Loch dagegen ein Gewinde besitzt, und damit asymmetrisch ist, wird es nur die dementsprechende Schraube aufnehmen. Infolgedessen wird eben polarisiertes Licht, wenn es ein asymmetrisches Medium passiert, hinsichtlich seiner rechtsläufigen Komponente gegenüber der anderen beschleunigt oder verzögert werden. Deshalb vollführt der eine „Korkzieher" mehr Umdrehungen während seines Durchgangs durch die Probe als der andere. Wenn die Polarisationsebene senkrecht stand, dann befinden sich die beiden Komponenten, wenn sie

wieder zusammentreffen, nicht mehr am „Kopf des Kreises"; sie kombinieren
nach wie vor zu einem planpolarisierten Strahl, dessen Richtung aber nicht mehr
senkrecht ist (s. Abb. 119c). Der *Analysator* muß gedreht werden, damit wieder
die Bedingung für Dunkelheit erreicht wird; das Phänomen wird als *optische
Rotation* bezeichnet, das Medium nennt man *optisch aktiv.* (Man sollte sich ver-
gegenwärtigen, daß die Frequenz des Lichtes beim Durchgang durch ein materielles
Medium nicht beeinflußt wird; es ändert sich seine Wellenlänge und damit seine
Geschwindigkeit, $c = \lambda \nu$. Die Wellenlängenänderung eines zirkular polarisierten
Lichtstrahles entspricht einer Kompression oder Elongation der Gänge eines
Korkenziehers.)

Damit ein Molekül optisch aktiv sein kann, darf es keine Symmetrieelemente
zweiter Art besitzen (S. 222), d. h. Symmetrieelemente, die entweder Reflexion an
einer Ebene oder Inversion an einem Zentrum einschließen. Wenn eines dieser Elemente vorhanden ist, dann wird die Wirkung der einen Molekülhälfte auf das eben
polarisierte Licht gerade durch den gleich großen aber entgegengesetzten Effekt
der anderen Hälfte kompensiert. Für die meisten Moleküle bedeutet die Asymmetrie-
bedingung die Abwesenheit von sowohl einer Symmetrieebene als auch eines Symmetriezentrums. Symmetrieachsen an sich können in einem optisch aktiven Molekül
anwesend sein; z. B. besitzt D-Weinsäure eine zweizählige Drehachse, sie ist aber
nicht mit L-Weinsäure identisch; beide Formen sind optisch aktiv. Die Bedingung
ist jedoch noch nicht hinreichend. Wenn eine Drehspiegelungsachse vorhanden ist,
so macht das in ihr enthaltene Element der Reflexion das Molekül optisch inaktiv.
Ein solches Molekül (s. Abb. 120) ist synthetisiert worden. Es besitzt weder eine
Symmetrieebene noch ein Symmetriezentrum, wohl aber eine vierzählige Drehspiegelungsachse und ist deshalb mit seinem Spiegelbild identisch und optisch
inaktiv. Optische Aktivität ist gewöhnlich an *molekulare* Asymmetrie gebunden;
Moleküle dieser Art sind in allen Aggregatzuständen einschließlich des kristallinen
Zustandes optisch aktiv. Die optische Aktivität *einiger* Kristalle jedoch (z. B.
Quarz und Natriumchlorat) wird durch eine asymmetrische Anordnung *symme-
trischer* Atome, Molekeln oder Ionen im Kristall hervorgerufen. Sobald solche
Kristalle geschmolzen oder aufgelöst werden, verschwinden sowohl die Asymme-
trie als auch die optische Aktivität.

Ein Molekül, das im obigen Sinne asymmetrisch ist, hat nichtkongruente
Spiegelbildisomere. Diese besitzen die gleichen physikalischen Eigenschaften, weil
ihre Gestalt und Größe sowie die relativen Lagen der sie enthaltenden Atome oder
Gruppen genau gleich sind. Sie unterscheiden sich lediglich in ihrer Wirkung gegenüber anderen Molekülen oder Reagenzien, die selbst asymmetrisch sind. Deshalb
besitzen sie die gleiche aber entgegengesetzte optische Rotation und sie können
mit verschiedenen Geschwindigkeiten mit anderen asymmetrischen Molekülen
reagieren. Weil alle lebenden Gewebe asymmetrische Zentren besitzen, haben

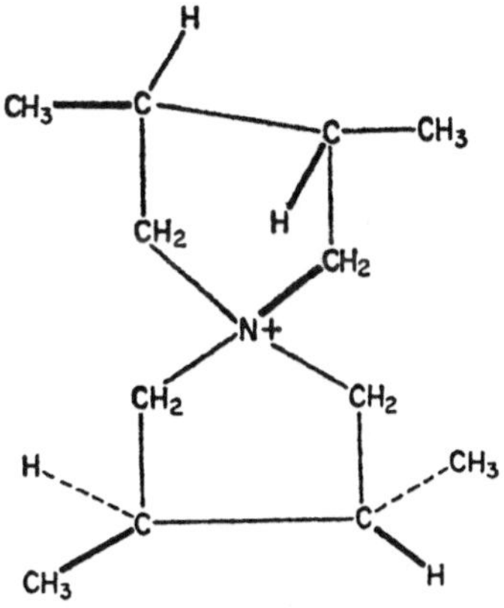

**Abb. 120**

Ein optisch inaktives Molekül mit einer vierzähligen
Drehspiegelachse als einzigem Symmetrieelement

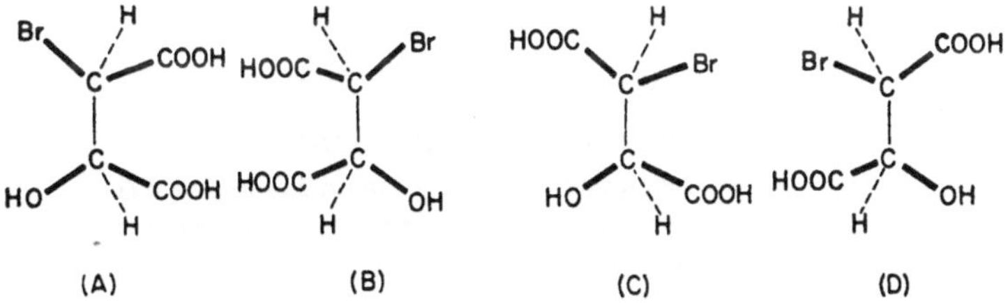

**Abb. 121.** Stereoisomere Formen von Hydroxy-bromo-bernsteinsäure

optisch isomere Verbindungen oft unterschiedliche physiologische Wirkung. Z. B.
wirkt L-Nikotin (das im Tabak vorkommt), wenn es einem Lebewesen injiziert
wird, extrem toxisch, während D-Nikotin nur einen temporären Schüttelfrost verursacht. Ferner sind Mikroorganismen oft fähig, nur die eine von zwei spiegelbildisomeren Formen einer organischen Verbindung zu verwerten, und dies liefert eine
Möglichkeit zur Isolierung der anderen Form.

### Anwendungen der optischen Aktivität

Die Untersuchung der optischen Aktivität stellt schon seit langer Zeit eine
Methode zur Bestätigung der Strukturen bestimmter organischer Verbindungen
dar. Die allgemeinen Prinzipien sind bekannt. Jedem Molekül, das ein Kohlenstoffatom mit vier verschiedenen, tetraedrisch angeordneten Gruppen (ein sogenanntes
*asymmetrisches Kohlenstoffatom*) enthält, fehlt notwendigerweise alle Symmetrie
zweiter Art (S. 222), es ist nicht deckungsgleich mit seinem Spiegelbild und ist
optisch aktiv. Bei zwei vorhandenen nicht identischen asymmetrischen Atomen
gibt es vier unterschiedliche nicht deckungsgleiche Formen, die alle optisch aktiv
sind. Die spiegelbildisomeren Formen jedes Paares, A und B oder C und D (Abb. 121),

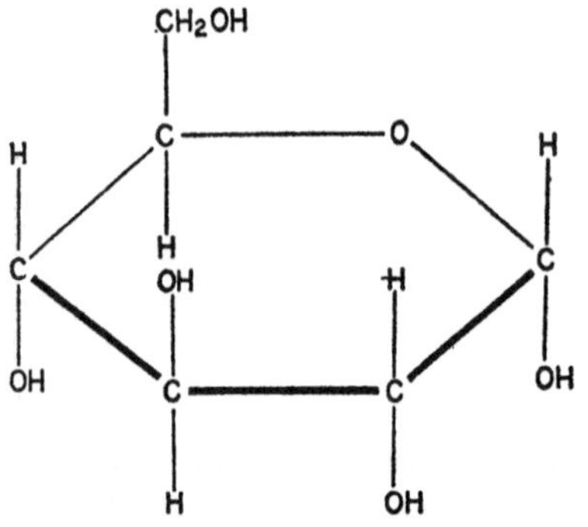

**Abb. 122**

$\alpha$-D-Glucose

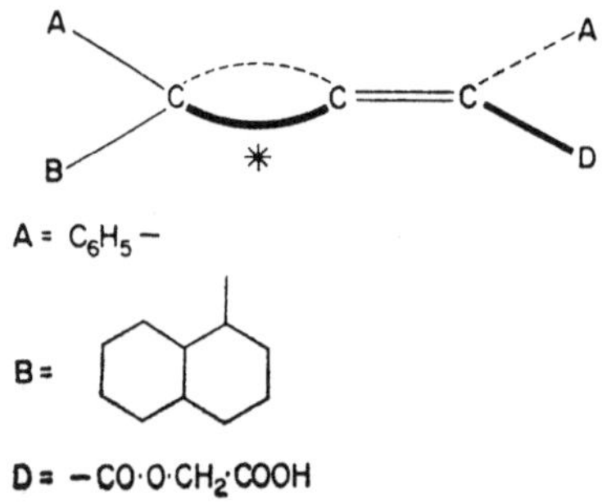

A = $C_6H_5-$

B =

D = $-CO \cdot O \cdot CH_2 \cdot COOH$

**Abb. 123**

Ein optisch aktives Allenderivat.
Die Doppelbindung * und die Gruppe CAD
befinden sich in einer Ebene senkrecht zur
Papierebene

haben identische physikalische Eigenschaften außer dem Vorzeichen ihrer optischen
Rotation, während die nicht spiegelbildisomeren Paare (z. B. A und C), die *Diastereo-
mere* genannt werden, sich sowohl im Betrag ihrer optischen Rotationen als auch
in Eigenschaften wie dem Schmelzpunkt und der Löslichkeit unterscheiden. Nach
einer Standardmethode der Auftrennung einer optisch aktiven Substanz wird die
DL-Mischung entweder mit der D- oder der L-Form einer anderen Verbindung,
gewöhnlich durch Salzbildung, zur Reaktion gebracht. Die Kombinationen D + D
und D + L sind diastereomer; sie sind beide asymmetrisch aber nicht mehr länger
spiegelbildisomer und lassen sich deshalb leicht trennen.

Im allgemeinen ergeben n nicht identische asymmetrische Atome $2^n$ unterschiedliche optisch aktive Formen als spiegelbildisomere Paare. Die asymmetrischen
Atome können in Ringsysteme eingebaut sein wie in $\alpha$-D-Glucose (Abb. 122). Wenn
einige der asymmetrischen Kohlenstoffatome identisch sind, so sind nicht alle $2^n$
Formen verschieden und einige brauchen nicht asymmetrisch zu bleiben. Dafür ist
Weinsäure das einfachste Beispiel; wenn die Bromatome in dem Beispiel auf S. 275
durch Hydroxylgruppen ersetzt werden, so bleiben die Formen C und D nichtkongruente Spiegelbilder und sind optisch aktiv. Die Formen A und B jedoch werden
identisch (meso-Weinsäure) und sind, weil sie nunmehr eine Symmetrieebene und
ein Symmetriezentrum besitzen (wenn die beiden Molekülhälften in die richtige
relative Lage verdreht werden) nicht mehr länger optisch aktiv.

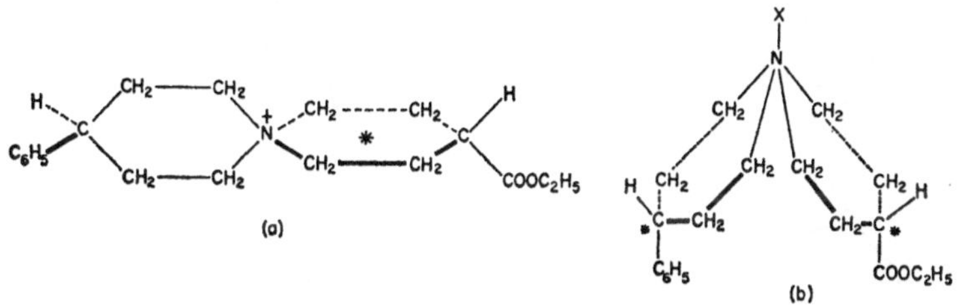

**Abb. 124.** Tetraedrische und pyramidale Anordnungen für eine quaternäre Ammoniumverbindung. Beachte – Der Ring * und die Gruppe CH($C_6H_5$) befinden sich in einer zur Papierebene senkrechten Ebene. N, die beiden Kohlenstoffatome * und ihre Substituenden liegen alle in einer Ebene, die eine Spiegelebene ist

Die Allgemeingültigkeit der Vorstellungen über die tetraedrische Verteilung der Kohlenstoffvalenzen sind durch die optische Auftrennung von zahlreichen organischen Verbindungen bestätigt worden, die keine asymmetrischen Kohlenstoffatome enthalten. Z. B. sind Allenderivate aufgetrennt worden, ebenso wie *Spiro*-Verbindungen, in denen ein „tetraedrisches" Atom zwei gesättigten Ringsystemen angehört (s. Abb. 123 und 124). Bevor die elektrovalente Natur der Ammoniumverbindungen völlig akzeptiert worden war, nahm man an, daß sich der Stickstoff in quaternären Ammoniumverbindungen $NR_4X$ im Zentrum einer quadratischen Pyramide befinden könnte. Die Frage wurde durch die Auftrennung der in Abb. 124 dargestellten Verbindung entschieden. Wenn die Anordnung pyramidal gewesen wäre, hätte sie eine Symmetrieebene enthalten.

Die Frage der freien oder gehinderten Rotation um Einfachbindungen hat viel Aufmerksamkeit auf sich gelenkt. Wenn eine solche Rotation nicht frei stattfinden könnte, würde meso-Weinsäure auftrennbar sein. Weiterhin würden Verbindungen wie Tetrachloräthan in verschiedenen isomeren Formen existieren, von denen einige auftrennbar wären (s. Abb. 125). Es sind noch nie Isomere von substituierten Äthanen isoliert worden, obwohl einige Formen lange genug existieren können, um ein Infrarotspektrum zu liefern. Die Rotation ist nicht vollständig ungehindert, aber die durchschnittliche thermische Energie in einer flüssigen oder gasförmigen Verbindung ist ausreichend groß, um die Potentialschwellen zwischen einer Position und der nächsten zu überwinden. Wenn jedoch sperrige Gruppen an einem Atom oder einem anderen gebunden sind, kann die freie Rotation aus räumlichen Gründen unmöglich sein; in einem solchen Falle können unterschiedliche spiegelbildisomere Formen erhalten werden. Es sind mehrere Verbindungen dieses Typs aufgetrennt worden (s. Abb. 126). Auf diese Weise gelangte man zu Informationen über die effektiven Volumina von Gruppen innerhalb von Molekülen.

Bevor die physikalischen Methoden zur Strukturermittlung richtig entwickelt waren, sind die Bindungsanordnungen vieler Elemente aufgrund stereochemischer Argumente zugeordnet worden. Z. B. sind Sulfoniumverbindungen wie

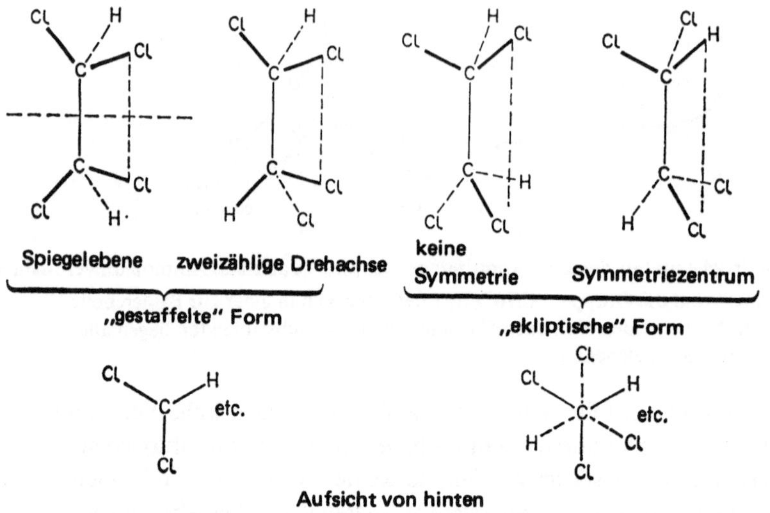

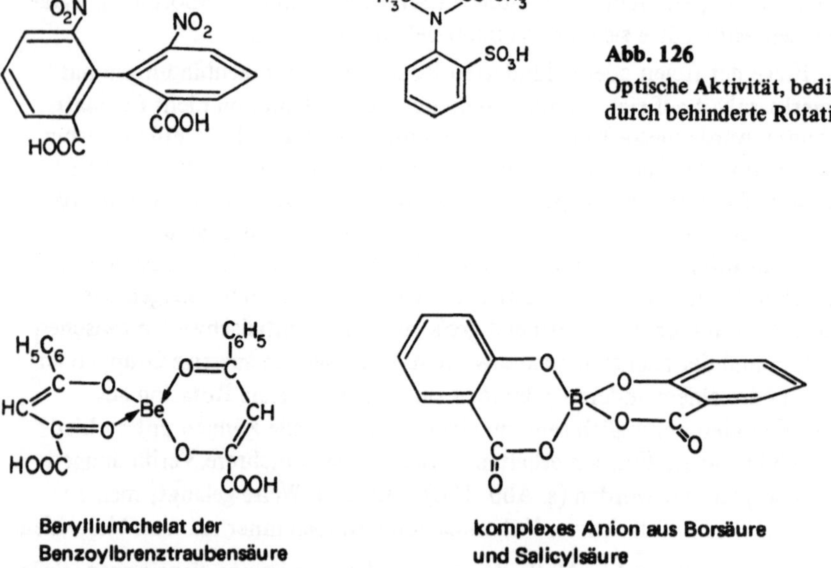



**Abb. 125.** Einige isomere Formen von Tetrachloräthan bei angenommener behinderter Rotation



**Abb. 126**

Optische Aktivität, bedingt
durch behinderte Rotation



**Berylliumchelat der
Benzoylbrenztraubensäure**

**komplexes Anion aus Borsäure
und Salicylsäure**

**Abb. 127**  Optisch aktive Beryllium- und Borverbindungen

(CH$_3$) (C$_2$H$_5$) S (CH$_2$COOH)$^+$Br$^-$ aufgetrennt worden, was für eine pyramidale anstatt einer planaren Anordnung der vom Schwefel ausgehenden Bindungen in Sulfoniumionen sprach. In analoger Weise zeigte die Auftrennung der in Abb. 127 gezeigten Verbindungen in die optischen Isomere die tetraedrische Anordnung der Bindungen von Beryllium und Bor. Auf diesem Gebiet sind negative Beweise immer gefährlich, und es sind viele sinnreiche Experimente durchgeführt worden, um unzweideutige Antworten zu erhalten. Z.B. betrachtete man die vier Platinbindungen wegen des Auftretens von cis-trans-Isomerie als planar, aber die erfolglosen Versuche zur Auftrennung einer Verbindung Pt(abcd) könnten ebensogut durch schnelle Racemisierung begründet sein. Die Verbindung von Abb. 128 ist jedoch erfolgreich aufgetrennt worden. Bei tetraedrischer Anordnung der Platinbindungen würde diese Verbindung eine Symmetrieebene besitzen, nicht jedoch bei planarer Anordnung. Man beachte auch den Fall der oben behandelten quaternären Ammoniumverbindungen. In ähnlicher Weise haben manchmal Argumente über die Konfigurationen von cis-trans-Isomeren zu falschen Schlußfolgerungen in der Koordinationschemie geführt. Die Tatsache, daß das Ion Co(NH$_3$)$_4$Cl$_2^+$ aus Co(NH$_3$)$_4$CO$_3^+$ erhalten werden kann, in dem die Carbonatogruppe aus räumlichen Gründen zwei benachbarte Koordinationsstellen des Kobalts besetzt, ist zum Beweis dafür herangezogen worden, daß die Chloroionen cis-Anordnung aufweisen müssen anstatt trans. Es hat sich jedoch heute herausgestellt, daß bei dieser Art von Reaktionen oft Umlagerungen eintreten und sich keine sicheren Schlüsse ziehen lassen. Andererseits läßt sich das eine der Isomeren von Co(en)$_2$(NO$_2$)$_2^+$ auftrennen, aber das andere nicht. Das ist eindeutig dasjenige mit den zwei NO$_2$-Gruppen in Nachbarstellung, weil das trans-Isomere eine Symmetrieebene besitzt (s. S. 113).

**Die Bestimmung der absoluten Konfiguration**

Die klassische Stereochemie kann keine Aussage darüber treffen, welche der beiden möglichen Konfigurationen wirklich ein optisch aktives Molekül hat. Es sind deshalb bestimmte Schlüsselsubstanzen willkürlich mit festgelegten Konfigurationen angenommen worden und die Strukturen anderer optisch aktiver Moleküle auf sie bezogen worden. Auch Röntgenstrukturuntersuchungen sind gewöhnlich nicht in der Lage, zwischen zwei spiegelbildisomeren Substanzen zu unterscheiden. Nehmen wir z.B. an, daß die Kristalle der D-Form einer solchen Verbindung zwei benachbarte Ebenen enthalten, von denen die eine die Atome Y und die andere die leichteren Atome Z enthält. Die Röntgenstrahlreflexe von den Y-Ebenen sind intensiver als die von den Z-Ebenen (weil die Y-Atome schwerer sind) und unterscheiden sich in ihrer Phase insofern, als die von Y gestreuten Strahlen ein wenig vor denen von Z liegen (Abb. 129). Weil die L-Form das Spiegelbild der D-Form ist, ist in ihr jedes Ebenenpaar ausgetauscht. Die entsprechenden Reflexe werden deshalb die gleichen sein, außer daß die Wellen von Z gegenüber denen von Y nunmehr vorn liegen und

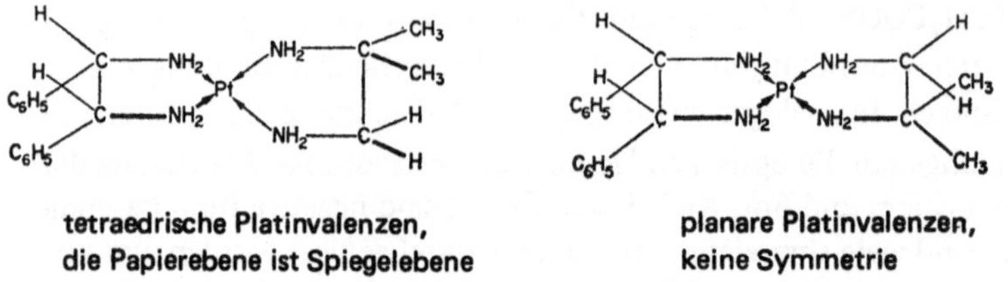

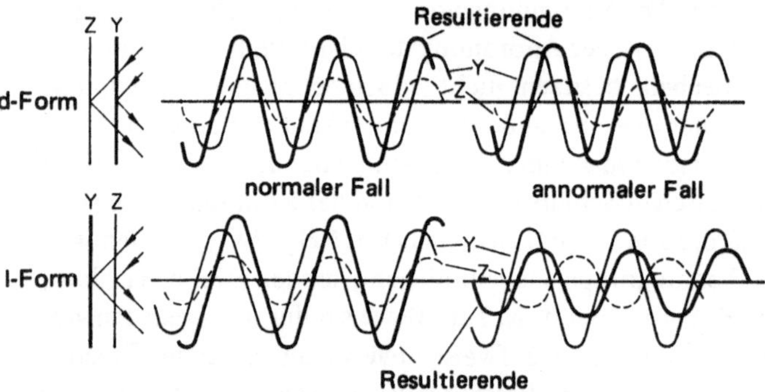


**Abb. 128.** Tetraedrische und planare Anordnung für vierfach koordiniertes Platin



**Abb. 129.** Röntgenstrahlbeugung an optischen Isomeren

zwar um genau den gleichen Betrag, den sie in Reflexen von den Y- und Z-Ebenen der D-Form zurücklagen (s. Abb. 129). Die resultierenden Strahlen haben deshalb die gleichen Amplituden und unterscheiden sich nur in ihrer Phase. Weil die Intensitäten der Röntgenreflexe nur von den Amplituden abhängen, müssen die D- und L-Formen die gleichen Beugungsmuster liefern. Der ganze Prozeß der Röntgenstrahlbeugung läßt sich deshalb auch so auffassen, als ob er ein Symmetriezentrum in optisch aktive Kristalle legen würde.

Vor wenigen Jahren machte man die Entdeckung, daß Röntgenstrahlen geeigneter Wellenlänge zur Anregung eines der inneren Elektronen eines Atomes durch dieses Atom mit einer anomalen Phasenänderung gestreut werden. Nehmen wir an, daß dies mit den Reflexen von den Y-Atomen aus dem soeben behandelten Beispiel passiert und zwar in der Weise, daß sie nunmehr den Reflexen von Z in der D-Form in stärkerem Maße als im allgemeinen Fall vorauseilen. Weil die anomale Phasenänderung immer in der gleichen Richtung stattfindet, werden die Reflexe von Y in der L-Form nicht in gleichen Maße wie im Normalfall hinter denen von Z nachhinken; sie können sogar denen von Z noch vorauseilen. Mit anderen Worten bedeutet die durch die Y-Atome versachte anomale Phasenänderung, daß die Wellenberge der Reflexe der Z-Ebenen nicht mehr symmetrisch gegenüber den

Wellenbergen der Y-Ebenen in den D- und L-Formen wie im allgemeinen Fall versetzt sind. Es sollte dies aus der Abb. 129 klar werden. Der Nettoeffekt besteht darin, daß die Resultierende der beiden Strahlen aus der D-Verbindung nunmehr sowohl eine verschiedene Amplitude als auch eine andere Phase gegenüber der Resultierenden aus der L-Verbindung besitzt. Infolgedessen müssen sich auch die Intensitäten der Beugungsmuster unterscheiden und es sollte möglich sein, eine definierte Unterscheidung zwischen den beiden möglichen Strukturen zu treffen.

Der Effekt ist von *Bijvoet* benutzt worden, um die absolute Konfiguration in einem Rubidiumnatriumtartrat-Kristall zu finden, da Rubidiumatome durch Röntgenstrahlen einer Wolframgegenkathode angeregt werden. Die ursprüngliche willkürliche Konfigurationswahl, die mit gleicher Chance die richtige oder falsche sein konnte, wurde tatsächlich als richtig bestätigt.

## Optische Rotationsdispersion

Weil die optische Rotation den ungleichen Geschwindigkeiten, das heißt Brechungsindizes, für rechts- und linkspolarisiertes Licht in einem asymmetrischen Medium zugeschrieben werden kann, und weil sich die Brechungsindizes mit der Wellenlänge ändern, überrascht es nicht, daß die optischen Rotationen ebenfalls wellenlängenabhängig sind. Dieses Phänomen ist als optische Rotationsdispersion bekannt. Messungen der optischen Rotation müssen deshalb bei einer Standard-wellenlänge, gewöhnlich mit der der Natrium-D-Linie, ausgeführt werden. Die beiden Haupttypen von optischen Rotationsdispersionskurven sind in Abb. 130 dargestellt. Wenn die Substanz nur im fernen Ultraviolett absorbiert, kann es sehr schwierig oder unmöglich sein, die optische Rotationsdispersion so weit bis zur Absorptionsregion zu messen. In diesem Falle gibt es weder ein Maximum noch einen Nulldurchgang in der Rotationsdispersionskurve, die in der Abb. 130 bei-spielsweise an der senkrechten gestrichelten Linie endet. Eine solche Kurve wird als *ebene* oder *normale* Rotationsdispersionskurve bezeichnet. Alle solche Kurven sind jedoch von dem komplizierteren, in Abb. 130 dargestellten Typ, wenn die Messungen genügend weit in das Ultraviolette ausgedehnt werden können. Die vollständige Kurve ist als anomale Rotationsdisperionskurve bekannt. Das Absorp-tionsmaximum liegt bei einer Wellenlänge etwa in der Mitte zwischen den Wellen-längen des Rotationsdispersionsmaximums und des Nulldurchganges, bei dem die optische Rotationsdispersion selbst näherungsweise Null ist. Die sehr großen opti-schen Rotationen in der Nähe der Absorptionsbande werden nicht nur durch Un-terschiede im Brechungsindex für die rechts und links zirkular polarisierten Kom-ponenten des eben polarisierten Lichtes verursacht, sondern auch durch die Tat-sache, daß innerhalb einer Absorptionsbande asymmetrische Moleküle diese Komponenten in verschiedenem Ausmaß absorbieren. Wenn die beiden Kompo-nenten rekombinieren, sind deshalb ihre Amplituden *verschieden*, ebenso wie die „Zahl der Umdrehungen", die von jeder während des Durchganges durch die Probe

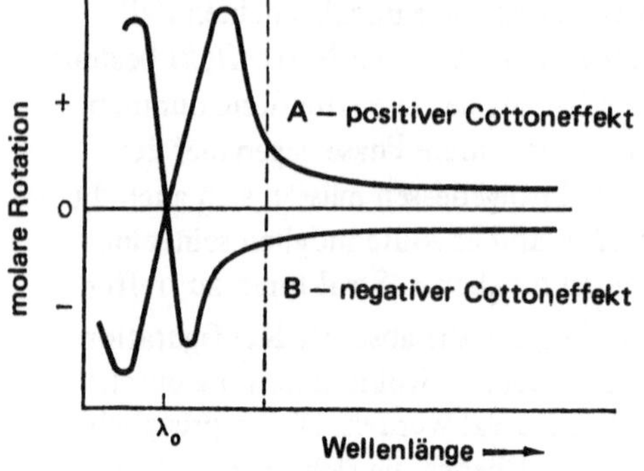


**Abb. 130**
Optische Rotationsdispersionskurven.
$\lambda_0$ ist die Wellenlänge maximaler
Absorption für beide Verbindungen

(S. 273) gemacht wird. Das austretende Licht ist deshalb elliptisch polarisiert. Die
ungleiche Absorption der beiden Komponenten des eben polarisierten Lichtes ist
als *Zirkulardichroismus* oder *Cottoneffekt* bekannt. Man spricht bei Substanzen,
die Rotationsdispersionskurven vom Typ A zeigen, bei dem das Maximum bei
größeren Wellenlängen als der Nulldurchgang liegt, von einem positiven Cottoneffekt. Das umgekehrte Verhalten wird als negativer Cottoneffekt bezeichnet. Die
sehr großen spezifischen Rotationen, die optisch aktive Komplexe von Übergangsmetallen zeigen, werden offensichtlich durch den Umstand hervorgerufen, daß
Messungen an diesen farbigen Verbindungen notwendigerweise innerhalb einer
Absorptionsbande gemacht werden.

Heute sind photoelektrische Ultraviolettpolarimeter kommerziell verfügbar,
und es ist einfach, vollständige optische Rotationsdispersionskurven zu messen.
Aus den vorhergehenden Bemerkungen wird ersichtlich, daß die Größe der optischen
Rotation bei einer ausgewählten Wellenlänge für ein komplexes Molekül wahrschein-
lich überhaupt nicht von grundlegender Bedeutung ist. Die Natur der vollständigen
Rotationsdispersionskurve jedoch (positiver oder negativer Cottoneffekt, Form des
Maximums und des Nulldurchgangsverlaufes usw.) hat sich als sehr empfindlich gegen-
über der asymmetrischen Umgebung des Chromophors herausgestellt. (Das ist die
Gruppierung, die im wesentlichen für die Absorptionsbande verantwortlich ist.)
Z. B. ist die Verbindung in Abb. 131 aus der Reihe der Sexualhormone mit dem
sogenannten Steroidringsystem. Sie enthält sieben unterschiedliche asymmetrische
Kohlenstoffatome (gesternt), so daß $2^7 = 128$ verschiedene stereoisomere Formen
möglich sind. Einige von diesen beinhalten unmögliche gegenseitige Ringanordnun-
gen, aber selbst ohne diese verbleiben viele Möglichkeiten, und es ist eine Fülle experimenteller Arbeit mit verschiedenen Methoden notwendig, um die feinen strukturellen
Details an solchen Verbindungen zu unterscheiden. In diesem speziellen Fall ist die
Carbonylgruppe für die Ultraviolettabsorption der Verbindung verantwortlich. Über
die Natur der Rotationsdispersionskurve für diese Verbindung wurde folgendes ermittelt: 1. Sie hängt von der Stellung der Carbonylgruppe ab; wenn diese mit einer

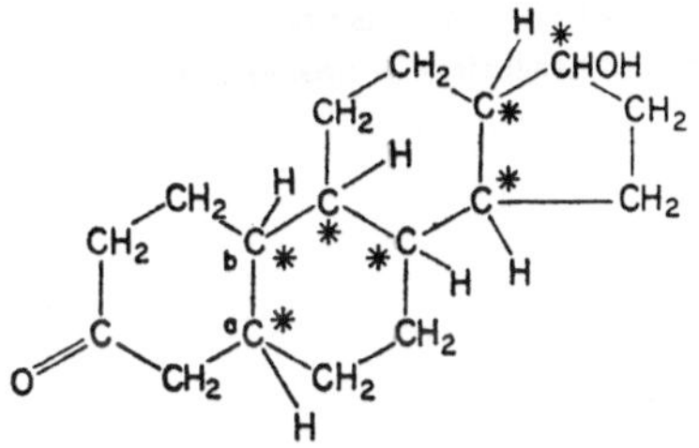

Abb. 131
Eine typische Steroidverbindung

der $CH_2$-Gruppen des Endringes ausgetauscht wird, ändert sich notwendigerweise ihre asymmetrische Umgebung und damit die Rotationsdispersionskurve; 2. sie hängt ab von der Konfiguration an den Kohlenstoffatomen a und b (an diesen Kohlenstoffatomen können sich die Wasserstoffatome entweder oberhalb oder unterhalb der Papierebene befinden, und damit ist die Verbindung der beiden Ringe entsprechend verschieden); 3. sie ist für die beiden spiegelbildisomeren Formen der Verbindung vollständig verschieden; 4. sie wird durch die Anwesenheit nicht chromophorer Substituenten wie z. B. $-COOC_2H_5$, $-CH_2OH$ usw., in den Ringen *nicht* beeinflußt.

Durch sorgfältigen Bezug auf die Rotationsdispersionskurven von Verbindungen mit vollständig bekannter Struktur und Konfiguration ist es deshalb möglich, viele wertvolle Informationen über die Stellung von Substituenten, die Detailstereochemie und die absolute Konfiguration bei neuen Verbindungen zu erhalten. All dies läßt sich mit etwa 1 mg Substanz durchführen. Die Verwendung der optischen Rotationsdispersion ist eine sich schnell entwickelnde Methode. Sie hat bereits zu vielen nützlichen Aussagen auf dem Gebiet der Naturstoffe, insbesondere bei Steroiden und Proteinen, geführt und wird dies in Zukunft sicher noch mehr tun.

## 13.5. Andere Methoden zur Strukturbestimmung

### Magnetische Rotationsdispersion – Der Faradayeffekt

Wenn eben polarisiertes Licht durch eine Lösung einer optisch inaktiven Substanz fällt und ein magnetisches Feld so angelegt wird, daß die Feldlinien parallel zur Fortpflanzungsrichtung des Lichtes liegen, so wird die Polarisationsebene gedreht. Der Drehungswinkel ist der Weglänge und der Feldstärke proportional. Wenn der Strahl an einem Spiegel reflektiert wird, so wird die Drehung verdoppelt, während bei der gewöhnlichen optischen Rotation der Effekt völlig rückgäng gemacht würde. Es läßt sich eine molare magnetische Rotation definieren, die im großen und ganzen eine additive Eigenschaft vom gleichen Typ wie die diamagnetische Suszeptibilität und die Molrefraktion (S. 266 und 268) darstellt. Sie hat in der Vergangenheit eine sehr begrenzte Verwendung bei der Untersuchung von Struktur-

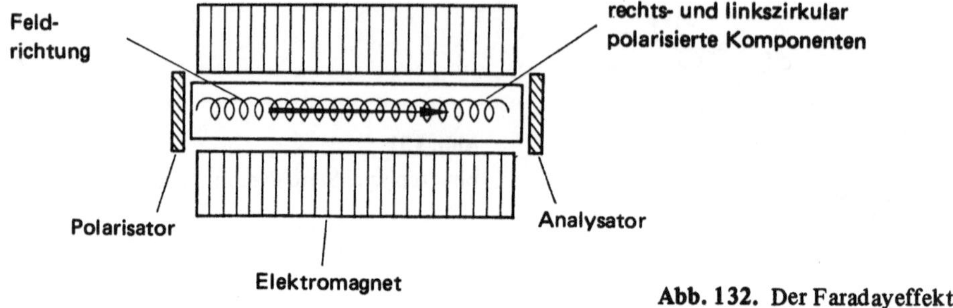


**Abb. 132.** Der Faradayeffekt

problemen gefunden. Die Theorie des Faradayeffektes ist schwierig zu erläutern. Eine stichhaltige qualitative Betrachtungsweise mag die Wirkung eines magnetischen Feldes auf rechts- und linkssinnige zirkulare Schwingungen als notwendigerweise verschieden ansehen (Abb. 132); die eine würde mutmaßlich bezüglich der anderen bei ihrer Passage durch ein materielles Medium zurückgehalten.

Weil Strahlung elektrische ebenso wie magnetische Schwingungen einschließt, gibt es im Prinzip keinen Grund, warum ein elektrisches Analogon des Faradayeffektes nicht existieren sollte. Die eindeutigen Schwierigkeiten, ein ausreichend starkes elektrisches Feld über eine genügende Länge der Lösung anzulegen, würden wahrscheinlich seinen Nachweis verhindern.

### Anwendungen der Doppelbrechung

Die Doppelbrechung kommt im Prinzip dadurch zustande, daß die Lichtgeschwindigkeit in einem Medium durch die Wechselwirkung mit den vorhandenen Molekülen bestimmt wird. In einer Flüssigkeit oder in einem Gas gibt es normalerweise keine Vorzugsorientierung von Molekülen, so daß der Brechungsindex in allen Richtungen gleich sein muß und man von einer isotropen Substanz spricht. Kubische Kristalle sind ebenfalls isotrop, aber in Kristallen mit niedrigerer Symmetrie sind die atomaren und molekularen Orientierungen in verschiedenen Richtungen verschieden und man beobachtet Doppelbrechung. Die eingehende Beobachtung der damit verbundenen Erscheinung ist ein wertvolles Hilfsmittel für die Untersuchung derartiger Kristalle. Man betrachtet gewöhnlich ein kleines transparentes Stück Probe unter einem Polarisationsmikroskop, das ein Polarisationsprisma unter dem Objekttisch und ein Analysatorprisma, das zwischen das Objektiv und das Okular eingefügt werden kann, besitzt. Kristalle von unterschiedlicher Symmetrie haben verschiedene Wirkung auf eben polarisiertes Licht; eine Untersuchung der charakteristischen erzeugten Muster gestattet wertvolle Schlüsse. Der Sachverhalt ist aber für eine weitere Diskussion an dieser Stelle zu speziell und kompliziert.

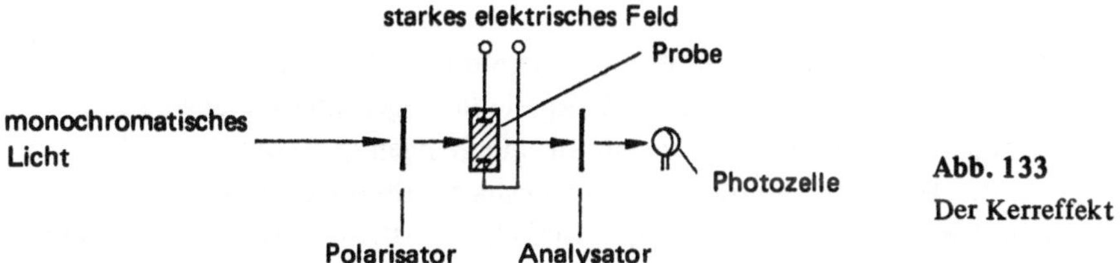


**Abb. 133**
Der Kerreffekt

Der elektrooptische Kerreffekt ist die Erzeugung von Doppelbrechung in normalerweise isotropen Materialien (Festkörper, Flüssigkeiten oder Gase) durch ein starkes elektrisches Feld. Die übliche Meßanordnung ist in Abb. 133 dargestellt. Eben polarisiertes Licht fällt auf eine kleine, die Probe enthaltende Zelle, an die ein starkes elektrisches Feld, das um 45° gegen die Polarisationsebene geneigt ist, angelegt wird. Das elektrische Feld verursacht einen bestimmten Orientierungsgrad der Moleküle in der Probe, die damit aufhört, weiterhin isotrop zu sein. Demgemäß ist der Brechungsindex in den beiden Richtungen parallel und senkrecht zum Feld verschieden. Das eben polarisierte Licht besitzt eine Komponente in jeder dieser Richtungen, und eine Komponente erleidet eine Verzögerung bezüglich der anderen. Wenn sie rekombinieren, erzeugt die resultierende Phasenänderung im allgemeinen einen Strahl elliptisch polarisierten Lichtes. Wenn jedoch die Verzögerung ein ganzzahliges Vielfaches der halben Wellenlänge ausmacht, so ist die Resultierende ein eben polarisierter Strahl, dessen Polarisationsebene sich gedreht hat. Der Unterschied im Brechungsindex (und damit die Verzögerung) ist dem Quadrat der Feldstärke proportional. Infolgedessen findet man, wenn das austretende Licht durch einen Analysator geschickt wird, der entweder parallel oder senkrecht zum Polarisator steht, daß sich die Intensität in einer charakteristischen Weise mit der Feldstärke ändert. Auf diese Weise kann die sogenannte *Kerrkonstante* bestimmt werden. Die Größe der Kerrkonstante hängt sowohl vom Dipolmoment als auch von der Polarisierbarkeit der Moleküle in der Probe ab. Wenn ihr Wert mit Angaben über das Lichtstreuvermögen der Substanz kombiniert wird, ist es möglich, ihre Polarisierbarkeiten in allen drei Raumrichtungen herzuleiten. In gewissen Fällen hat man so wichtige Informationen erhalten, weil es möglich ist, die Lage der Dipolmomente relativ zu den verschiedenen Achsen des Moleküls zu bestimmen.

Ebenso wie es im Prinzip ein elektrisches Analogon zum Faradayeffekt geben sollte, müßte es auch ein magnetisches Analogon zum Kerreffekt geben. Paramagnetische Moleküle orientieren sich in einem magnetischen Feld, so daß eine paramagnetische Substanz dann Doppelbrechung zeigen sollte. Einen solchen Effekt hat man offenkundig noch nicht nachgewiesen; mutmaßlich sind die experimentellen Schwierigkeiten zur Erzielung eines genügend starken Feldes zu groß.

**Das Molvolumen und der Parachor**

Die diamagnetischen Suszeptibilitäten, die Molrefraktionen und die molaren
magnetischen Rotationen sind bereits als Beispiele für Eigenschaften angeführt
worden, die in der Hauptsache additiv sind. Sie alle hängen großenteils vom Gesamtvolumen der Moleküle ab und lassen sich deshalb näherungsweise als Summe
von Atombeiträgen darstellen, obwohl gewöhnlich „konstitutionelle" Korrekturen
angebracht werden müssen. Die erste dieser Eigenschaften, die auf solche Weise
gehandhabt wurde, war auch die augenscheinlichste − das Molvolumen selbst. *Kopp*
wählte 1842 den Siedepunkt als Vergleichstemperatur und zeigte, daß sich das Molvolumen einer Flüssigkeit als eine Summe von Termen für die vorhandenen Atome
darstellen ließ. Z. B. unterscheiden sich die Glieder verschiedener homologer Reihen
in ihren Molvolumina um 22,0 cm$^3$ für jedes $CH_2$-Inkrement. Korrekturen waren
bei Vorhandensein von Mehrfachbindungen anzubringen, so daß es das übliche
konstitutionelle Element der Eigenschaft gab. Von diesen Molvolumina wurde
wenig Gebrauch gemacht, aber 1924 schlug *Sugden* vor, daß die Messung des Mol-
volumens bei einer Temperatur, bei der alle Flüssigkeiten die gleiche Oberflächenspannung aufweisen, eine bessere Grundlage für einen Vergleich darstellen würde.
Er zeigte, daß die Größe M $\gamma \frac{1}{4} (\rho - \rho')$ als Standardmolvolumen geeignet sei und
nannte sie Parachor. ($\gamma$ ist die Oberflächenspannung der Flüssigkeit, $\rho$ ihre Dichte
und $\rho'$ die Dampfdichte bei einer bestimmten geeigneten Temperatur.) Es wurden
Atomparachore abgeleitet, ebenso wie Korrekturen für unterschiedliche strukturelle
Besonderheiten. In den Jahren zwischen den beiden Weltkriegen erfreute sich der
Parachor einer gewissen Beliebtheit und gestattete nützliche Voraussagen. Z. B.
stimmte der für das Trimere von Acetaldehyd, Paraldehyd, gemessene Parachor
mit dem Wert überein, den man für einen sechsgliedrigen Ring aus drei Kohlenstoff-
und drei Sauerstoffatomen ohne Doppelbindungen berechnet hatte; dies erwies
sich später als die Struktur von Paraldehyd. In anderer Hinsicht freilich wurden
auch grobe Fehleinschätzungen getroffen.

Keine additive Eigenschaft ist heutzutage als Mittel zur Aufklärung der Molekülstruktur von Bedeutung; es gibt dafür nunmehr viel aussagekräftigere Methoden.
Bevor jedoch die modernen Methoden auf ihren heutigen Zuverlässigkeitsgrad gebracht worden waren, stellten der Parachor und ähnliche Eigenschaften einen nützlichen möglichen Weg für die Aufklärung der Molekülstruktur dar.

## Aufgaben

Diese Aufgaben haben den Zweck, einerseits das Verständnis des Inhaltes dieses Buches zu überprüfen und andererseits, seine Thematik ein Stück weiter zu führen. Sie sind etwa in der Reihenfolge der Kapitel geordnet, aber nicht nach Gruppen in dieser Weise unterteilt, weil sie sich oft auf mehrere Kapitel beziehen. Die notwendige Mathematik für die meisten numerischen Beispiel ist sehr einfach. Die Aufgaben 9 bis 12 erfordern jedoch ein gewisses Maß an mathematischen Kenntnissen, jedoch nicht mehr, als auf den Oberschulen vermittelt wird. Es sollten vierstellige Logarithmen benutzt werden. Eine Tabelle mit grundlegenden Konstanten und Umrechnungsfaktoren der erforderlichen Genauigkeit ist im Anhang beigefügt.

1. Die Austrittsarbeit für Kalium (d.h. die minimal erforderliche Energie für das Austreten eines Elektrons aus dem Metall) beträgt 2,26 Elektronenvolt. Berechnen Sie a) die maximale Wellenlänge von Licht, das noch ein Elektron zum Austritt aus Kalium veranlassen kann; b) die erforderliche Gegenspannung, die eine solche Emission gerade noch verhindert, wenn Licht der Wellenlänge 3500 Å auf die Oberfläche des Metalls fällt.

2. Berechnen Sie mit Hilfe der de Broglie-Beziehung die Wellenlänge von a) „100 Volt"-Elektronen; b) „thermischen" Neutronen bei 300 °K. (Man verwende die Beziehung $u = \sqrt{3RT/M}$ zur Ermittlung der Geschwindigkeit der Neutronen, wobei man ihre Massenzahl 1 voraussetzt.)

3. Ein Elektron der Masse m und der Ladung e bewege sich mit der Winkelgeschwindigkeit $\omega$ in einer Kreisbahn des Radius r um ein stationäres Proton. Zeigen Sie, daß $m\omega^2 r = e^2/r^2$ ist.

4. Geben Sie die de Broglie-Wellenlänge des Elektrons aus dem vorhergehenden Beispiel an, und zwar mittels m, $\omega$ und r. Verwenden Sie dann den Umstand, daß gerade ein ganzzahliges Vielfaches der Wellenlänge in die Kreisbahn passen muß, um die Quantenbedingung $m\omega r^2 = nh/2\pi$ zu erhalten.

5. Kombinieren Sie die Ergebnisse der Aufgaben 3 und 4, um die Radien der „Bohrschen" Bahnen für ein Wasserstoffatom als $r = n^2 h^2/4\pi^2 me^2$ zu erhalten. Berechnen Sie den Radius der ersten dieser Bahnen, den sogenannten „Bohrschen" Radius.

6. Wir nehmen die Gesamtenergie des Elektrons in einem Wasserstoffatom als Summe seiner kinetischen und potentiellen Energie an, wobei die letztere als die Arbeit zu berechnen ist, die der Annäherung des Elektrons aus dem Abstand unendlich bis auf den Abstand r entspricht. Zeigen Sie, daß $E = -e^2/2r$ und damit, indem Sie das Ergebnis von Aufgabe 5 verwenden, $E = -2\pi^2 me^4/n^2 h^2$ ist.

7. Verwenden Sie das obige Ergebnis um a) die Ionisierungsenergie von atomarem Wasserstoff in Elektronenvolt zu berechnen; b) die Wellenlänge des Lichtes zu ermitteln, das emittiert wird, wenn das Elektron von der Kreisbahn mit n = 3 auf die mit n = 2 „fällt".

8.  Es läßt sich leicht zeigen, daß für ein Einelektronenatom mit der Kernladung
    Z, $E = - 2\pi^2 me^4 Z^2/n^2 h^2$ ist. Wir nehmen an, es bewege sich das Valenzelektron
    des Kaliums in einem aus dem Kern und den abgeschlossenen Schalen gebildeten
    Potentialfeld so, daß als erste Näherung das Kalium als Einelektronenatom an-
    gesehen werden kann, dessen effektive Kernladung Z ist. Berechnen Sie Z mit
    einer gegebenen ersten Ionisierungsspannung des Kaliums von 4,34 Volt. (Beachten
    Sie, daß das niedrigste mögliche Niveau für das Valenzelektron das mit $n = 4$ ist.)
    Kommentieren Sie das erhaltene Ergebnis.

9.  Die Schrödinger-Gleichung für ein Wasserstoffatom lautet:

$$\frac{\partial^2 \psi}{\partial x^2} + \frac{\partial^2 \psi}{\partial y^2} + \frac{\partial^2 \psi}{\partial z^2} + \frac{8\pi^2 m}{h^2}\left(E + \frac{e^2}{r}\right)\psi = 0$$

Zeigen Sie, daß für kugelsymmetrisches $\psi$ (d.h., wenn $\psi$ nur eine Funktion
von r ist) die Gleichung in der Form

$$\frac{\partial^2 \psi}{\partial r^2} + \frac{2}{r}\cdot\frac{\partial \psi}{\partial r} + \frac{8\pi^2 m}{h^2}\left(E + \frac{e^2}{r}\right)\psi = 0$$

geschrieben werden kann. Unter diesen Bedingungen ist $\partial\psi/\partial x = (\partial\psi/\partial r)\cdot$
$(\partial r/\partial x)$ usw. weil nunmehr $\psi$ keine Funktion von $\theta$ und $\phi$ mehr ist. Außerdem
gilt $r^2 = x^2 + y^2 + z^2$. Zeigen Sie, daß $\psi(r) = be^{-ar}$ eine Lösung dieser Gleichung
ist, vorausgesetzt daß gilt:

$$8\pi^2 mE/h^2 + a^2 = 0 \quad \text{und} \quad a = 4\pi^2 me^2/h^2$$

Identifizieren Sie auf diese Weise E mit der Energie der niedrigsten Bahn der
Bohrschen Theorie.

10. Setzen Sie den obigen Wert für $\psi(r)$ in die radiale Verteilungsfunktion
    $\psi(r)^2 4\pi r^2$ ein, und zeigen Sie durch Differentiation, daß das Maximum dieser
    Funktion bei $r = 1/a$ liegt, was gleich dem „Bohrschen" Radius ist (s. Aufgabe 5).

11. Das Elektron ist im Konfigurationsraum vorhanden; es gilt deshalb

$$\int_0^\infty \psi(r)^2 4\pi r^2 dr = 1.$$

Setzen Sie den oben erhaltenen Wert für $\psi(r)$ ein und berechnen Sie das Integral.
(Man verwende die Methode der schrittweisen Integration.) Zeigen Sie somit,
daß $b^2 = a^3/\pi$ ist.

12. Beweisen Sie, daß der Bruchteil der gesamten Elektronenladung, der außerhalb einer Kugel mit dem Radius r liegt

$$F(r) = \int_r^\infty \psi(r)^2\, 4\pi\, r^2\, dr = e^{-2ar}(1 + 2ar + 2a^2 r^2) \text{ ist.}$$

Berechnen Sie diesen Bruchteil für r = 1/a und r = 2,6/a.

13. Man trage die radiale Verteilungsfunktion von Aufgabe 10 gegen r auf und bestätige die Ergebnisse von Aufgabe 12, indem man Ausschnitte der Kurvenflächen wägt.

14. Die Kraftkonstante f für ein Molekül AB ist die rücktreibende Kraft pro cm Verschiebung bei Streckung oder Kompression der Bindung zwischen den Atomen. Zeigen Sie für den Fall einer einfachen harmonischen Schwingung, daß die Frequenz $\nu = 1/2\pi \sqrt{(f/\mu)}$ beträgt, wobei $\mu$ die reduzierte Masse $m_A m_B/(m_A + m_B)$ ist.

15. Die Kraftkonstante für HCl und DCl beträgt in beiden Fällen $4{,}918 \times 10^5$ dyn cm$^{-1}$. Man berechne die Schwingungsfrequenzen beider Moleküle und ihre Nullpunktsenergien in kcal/mol. (Die Atommassen mögen 1, 2 und 35 betragen.)

16. Zeigen Sie, daß die Energie eines Teilchens der Masse m, das gezwungen wird, sich längs einer Geraden der Länge L mit unendlichen hohen Potentialwänden an beiden Enden zu bewegen, $n^2 h^2/8\,m l^2$ beträgt, wobei n eine ganze Zahl darstellt. (Verwenden Sie die Bedingung, daß eine ganze Zahl von halben Wellenlängen des Teilchens gerade in die Länge L passen muß.) Berechnen Sie damit die Nullpunktsenergie in kcal/mol für ein Elektron, daß sich längs einer solchen Geraden der Länge 15 Å bewegen muß.

17. Die quantenmechanischen Auswahlregeln mögen plötzlich geändert werden, so daß $l$ nunmehr die Werte 1, 2, . . ., n für jeden Wert von n einnehmen kann, es aber nun zwei Werte für m für *jeden* Wert von $l$ gibt. s möge nach wie vor $\pm \frac{1}{2}$ betragen. Die Energie des Elektrons hängt noch von n und $l$ ab, aber nicht mehr von m und s. Die Energiedifferenz zwischen aufeinanderfolgenden p-Orbitalen ist beträchtlich, aber gering zwischen p- und d-Orbitalen für ein gegebenes n. (Natürlich existieren unter diesen Bedingungen keine s-Orbitale.) Die Energie des 3f-Orbitales liegt zwischen denen der 4p- und 4d-Orbitale, und das 4g-Orbital ($l = 4$) besitzt etwa die gleiche Energie wie das 5f-Orbital. Das Pauliprinzip möge noch gelten und die Kerne seien stabil bis zur Ordnungszahl 116.

Geben Sie ein Schema für die Energieniveaus eines Atoms an, das die obigen Regeln befolgt, und deuten Sie an, wie viele Elektronen jedes Niveau aufnehmen kann.

19 Spice

18. Schreiben Sie ein Periodensystem für diese Elemente auf und geben Sie an, wieviele Elemente es in jeder Periode gibt.

19. Diskutieren Sie die wahrscheinlichen chemischen Eigenschaften der Elemente der ersten, zweiten, vierten, sechsten und achten Perioden.

20. Wie würden sich die Verhältnisse ändern (lediglich für die erste und zweite Periode), wenn es drei mögliche Werte für m für jeden Wert von $l$ geben würde, anstelle von zwei?

21. Verifizieren Sie die Beziehung zwischen den Größen Elektronenvolt, erg und kcal/mol, die in der Tabelle für die Umrechnungsfaktoren angegeben sind (1 Volt = 1/300 elektrostatische Einheiten).

22. Zählen Sie die Faktoren auf, die die Ionengröße beeinflussen, und zeigen Sie, wie die Ionengröße die chemischen und physikalischen Eigenschaften bestimmt. Belegen Sie Ihre Antwort anhand von Beryllium, Magnesium und der Gruppe IIA und mittels der ersten Reihe der Übergangselemente.

23. Der Radius des Oxidions beträgt 1,40 Å. Berechnen Sie die Arbeit (in kcal/mol), die gegen die elektrostatische Abstoßung aufgebracht werden muß, wenn das Elektron aus dem Unendlichen an das Sauerstoffion $O^-$ herantransportiert wird.

24. Die Ionisierungsenergie $\Delta H_I$ von Xenon beträgt + 279 kcal/mol und die Gitterenergie $\Delta H_L$ des hypothetischen XeF sollten etwa gleich der von CsF, nämlich + 178 kcal/mol sein. Die Dissoziationsenergie $\Delta H_D$ und die Elektronenaffinität $\Delta H_E$ für Fluor betragen entsprechend + 36,6 und − 83.5 kcal/mol. Berechnen Sie die Bildungswärme von festem XeF aus gasförmigem Xenon und gasförmigem Fluor.

25. Die Ionisierungsenergie $\Delta H_I$ für Kalium beträgt + 100 kcal/mol und seine Gitterenergie $\Delta H_L$ + 21,4 kcal/mol. Die Dissoziationsenergie $\Delta H_D$ und die Elektronenaffinität $\Delta H_E$ für Wasserstoff sind entsprechend + 103,4 und − 17,8 kcal/mol, und die Bildungswärme $\Delta H_f$ für Kaliumhydrid hat den Wert − 14,5 kcal/mol. Berechnen Sie die Gitterenergie $\Delta H_L$ für Kaliumhydrid.

26. Die Ionisierungsenergie $\Delta H_I$ für Silber ist + 175 kcal/mol und seine Gitterenergie $\Delta H_L$ + 68,4 kcal/mol. Berechnen Sie die Bildungwärme des hypothetischen $Ag^+H^-$ unter der Annahme, daß die Gitterenergie gleich der von KH sei (siehe Aufgabe 25).

27. Die Bildungswärmen $\Delta H_f$ in kcal/mol betragen: $NH_4F$ − 111,9; $NH_3$ − 11,0. Die Dissoziationswärmen $\Delta H_D$ sind in kcal/mol: $H_2$ + 103,4; $F_2$ + 36,6. Die Elektronenaffinität $\Delta H_E$ für Fluor und die Ionisierungsenergie $\Delta H_I$ für Wasserstoff betragen − 83,5 bzw. − 313 kcal/Grammatom. Die Gitterenergie von $NH_4F$ ist + 177,5 kcal/mol. Berechnen Sie die Protonenaffinität für Ammoniak — das heißt die Enthalpieänderung $\Delta H_P$ für die Reaktion

$$NH_3 + H^+ \rightarrow NH_4^+$$

28. Geben Sie eine „Punkt- und Kreuz"-Darstellung für die folgenden Teilchen an,
um die Position der Außenelektronen zu kennzeichnen: $H_3PO_4$; $Hg_2^{++}$;
$Na^+\ {}^-CH_2 \cdot CH : CH_2$; $Cu_2C_2$; $C_6H_5N_2^+Cl^-$; $BH_3CO$; $NO^+ClO_4^-$ (s. S. 63).

29. Sagen Sie auf der Grundlage der Elektronenpaarabstoßung die Strukturen voraus
von: $H_2O_2$; $CH_3CHO$; $ClO_3^-$; $C(C_6H_5)_3^+$; $C(C_6H_5)_3^-$.

30. Was läßt sich über die relative Größe der Abstoßung von anteiligen und nicht-
anteiligen (einsamen) Elektronenpaaren aus der Tatsache ableiten, daß $ClF_3$
ein Molekül mit T-Gestalt ist?

31. In einer zweidimensionalen Welt würden alle Elektronenpaare notwendigerweise
in der gleichen Ebene liegen. Welche geometrische Form würden unter diesen
Bedingungen folgende Verbindungen haben: $NH_3$; $CH_4$; $H_2O$; $SF_6$; $XeF_4$;
$JCl_3$; $JF_5$?

32. Schreiben Sie so viel wie möglich Resonanzstrukturen (plausible) auf für:
Diphenylpikrylhydrazyl; Tris-(diphenylyl)-methyl; p-Nitrophenol.

33. Sagen Sie voraus, welchen Effekt die Einführung der folgenden Gruppen auf
die Stärke von Benzoesäure hat; a) Nitrogruppe; b) Hydroxylgruppe in Para-
stellung zur Carboxylgruppe.

34. Werden die Dipolmomente von Chlorbenzol und Nitrobenzol größer oder
kleiner zu erwarten sein als die einfacher Alkylchloride und Alkylnitroverbin-
dungen?

35. Füllen Sie die dritte Spalte der folgenden Tabelle aus, indem Sie die Elektronenladung mit $4,8 \times 10^{-10}$ el. stat. Einh. einsetzen. Die Größe $100\,\mu/ed$ läßt sich
als grobes Maß für den prozentualen ionischen Charakter der Bindung H–X
benutzen.

|        | Dipolmoment $\mu$ (Debye Einheiten) | Kernabstand d (Å) | $100\,\mu/ed$ |
|--------|------------------|----------------|------------|
| HF     | 1,91             | 0,92           |            |
| HCl    | 1,03             | 1,27           |            |
| HBr    | 0,78             | 1,41           |            |
| HJ     | 0,38             | 1,61           |            |

36. Welche Schlußfolgerungen lassen sich aus den Werten der folgenden Dipolmomente ziehen? a) Toluol 0,37 D, Anilin 1,55 D, p-Toluidin 1,36 D; b) Toluol
0,37 D, Nitrobenzol 4,23 D, p-Nitrotoluol 4,4 D; c) Phenol 1,7 D, Nitrobenzol
4,23 D, p-Nitrophenol 5,03 D; d) Hydrochinondimethyläther 1,8 D?

37. Das Dipolmoment von Wasser beträgt 1,84 D und das Moment der O–H-Bindung werde zu 1,51 D angenommen. Berechnen Sie den H–O–H-Bindungs-
winkel.

38. Schreiben Sie so viel wie möglich unterschiedliche Isomere der Verbindung Co
$en_2(NO_2)_2\,Cl_2$ auf (en = Äthylendiamin).

39. Berechnen Sie die paramagnetischen Momente in Bohrschen Magnetonen für
    die Komplexe $CrX_6^{3-}$, $FeX_6{}^{3-}$, $CoX_6^{3-}$, a) für den Niedrigspin-; b) für den Hoch-
    spintyp.

40. Geben Sie die Oxydationszahl für das kursiv gedruckte Element in jedem der
    folgenden Moleküle und Ionen an: $HN_3$, $H_2S_2O_4$, $(NH_4)_2\,VO(C_2O_4)_2$,
    $KCrO_3Cl$, $HJO_3$.

41. Entscheiden Sie auf der Grundlage der Redoxpotentiale von Tabelle 17 (S. 141)
    welche Reaktionsprodukte, falls überhaupt Reaktion eintritt, bei der Wechsel-
    wirkung folgender Substanzen erhalten würden: a) Kaliumdichromat in Chlor-
    wasserstoffsäure mit: Eisen (II)-chlorid; Zinn; Zink; Cer (III)-chlorid.
    b) Eisen (III)-chloridlösung mit: Kaliumjodid; Chrom (III)-chlorid; Silber;
    Zinn.

    c) Kaliumjodidlösung mit: Silbernitrat; Kupfersulfat; Eisen (III)-chlorid.
    (Bedenken Sie, daß Silberjodid und Kupfer (I)-jodid sehr kleine Löslichkeits-
    produkte besitzen.)

42. Wie wirkt sich wahrscheinlich das allmähliche Ansteigen des pH-Wertes auf a)
    das Eisen (II)-/Eisen (III)-Redoxpotential; b) die Reaktion von Kaliumpermanga-
    nat mit den Ionen $Cl^-$, $Br^-$ und $J^-$ aus?

43. Die Standardwerte der freien Enthalpie und der Bildungsentropie einer Verbin-
    dung, $\Delta G_f^0$ und $\Delta S_f^0$ werden analog der Standardbildungsenthalpie $\Delta H_f^0$ ermittelt.
    Außerdem gilt der Heßsche Satz für $\Delta G$- und $\Delta S$-Werte ebenso wie für die $\Delta H$-
    Werte. Einige Werte für Bildungswärmen und freie Enthalpien sind unten an-
    geben. Diese Werte beziehen sich auf 25 °C, zur Erleichterung der Rechnung
    sei diese Temperatur jedoch als 300 °K angesehen. Alle Werte haben die Dimen-
    sion kcal/mol.

|                  | $\Delta H_f^0$ | $\Delta G_f^0$ |
|------------------|-----------|-----------|
| HBr (g)          | $-\ 8{,}66$  | $-12{,}72$  |
| HCl (g)          | $-22{,}06$  | $-22{,}77$  |
| CO (g)           | $-26{,}42$  | $-32{,}80$  |
| $CO_2$ (g)       | $-94{,}05$  | $-94{,}26$  |
| $CH_4$ (g)       | $-17{,}89$  | $-12{,}14$  |
| $H_2O$ (fl)      | $-68{,}32$  | $-56{,}69$  |
| $NH_3$ (g)       | $-11{,}04$  | $-\ 3{,}98$  |
| $CO(NH_2)_2$ (f) | $-79{,}63$  | $-47{,}12$  |
| $CH_3CHO$ (g)    | $-39{,}76$  | $-32{,}20$  |

Berechnen Sie für jede Verbindung $\Delta S_f^0$, und erläutern Sie die erhaltenen Ergebnisse in bezug auf die Zahl der Moleküle, die auf jeder Seite der dazugehörigen
Gleichung stehen, sowie in bezug auf den Aggregatzustand der Verbindungen
und Elemente bei 25 °C.

44. Berechnen Sie unter Verwendung der Werte von Aufgabe 43 $\Delta H^0$, $\Delta G^0$ und $\Delta S^0$ für die folgenden Reaktionen bei 25 °C:
a) $2HBr + Cl_2 \rightarrow 2HCl + Br_2$;
b) $CO_2 + 2H_2O \rightarrow CH_4 + 2O_2$;
c) $CO_2 + 2NH_3 \rightarrow CO(NH_2)_2 + H_2O$;
d) $CH_4 + CO \rightarrow CH_3CHO$.
Äußern Sie sich über die Durchführbarkeit der Reaktionen und über das Ausmaß der Entropieänderungen.

45. In einer elektrischen Zelle ist die Verringerung der freien Enthalpie gleich der Arbeit, die geleistet wird, wenn die Zellreaktion bei einer Zellenspannung, die gerade entgegengesetzt gleich der elektromotorischen Kraft der Zelle ist, statt-findet. D.h., daß $\Delta G = - nEF$ Joule beträgt, wobei E die elektromotorische Kraft in Volt, F die Faradaysche Konstante und n die Zahl der bei der Reaktion übergegangenen Elektronen bedeuten. Berechnen Sie $\Delta G$ und $\Delta S$ für die Reaktion $Zn + CuSO_4 \rightarrow ZnSO_4 + Cu$ mit einem $\Delta H = - 50,13$ kcal und der elektromotorischen Kraft des Daniell-Elementes von 1,1 Volt bei 300 °K.

46. Man sagt oft, daß ein Temperaturanstieg von 10 grd die Geschwindigkeit einer chemischen Reaktion verdoppelt. Welche Aktivierungsenergie ist damit verbunden, wenn diese Feststellung exakt richtig wäre, a) bei 300 °K; b) bei 800 °K; bei c) 1300 °K?

47. Verifizieren Sie die Behauptungen von S. 162 über den Prozentanteil am Gesamtvolumen, den Kugeln in dichtestgepackten und raumzentrierten kubischen Gittern aufweisen. Berechnen Sie die entsprechenden prozentualen Werte für a) ein einfaches kubisches Gitter; b) die Diamantstruktur.

48. Verifizieren Sie die Radienquotienten, die auf S. 175 gegeben sind.

49. Finden Sie den prozentualen Dichteabfall, der den Wechsel von einem CsCl- zu einem NaCl-Gitter begleiten würde, wenn beide Ionenradien unverändert blieben.

50. Inwieweit sind die grundlegenden Gesetze der Chemie (Gesetz von der Erhaltung der Masse, konstante Zusammensetzung und multiple Proportionen) im Lichte des heutigen Erkenntnisstandes noch gültig?

51. Bis zu welchem Ausmaß kann die Unterscheidung zwischen chemischen und physikalischen Vorgängen und zwischen Mischungen und Verbindungen noch aufrechterhalten werden?

52. Inwiefern ist die Unterscheidung zwischen kristallinen und amorphen Substanzen sinnvoll?

53. Welchen Nutzen bringt eine Unterscheidung von Kristalloiden und Kolloiden?

54. Vergleichen Sie und stellen Sie die Brauchbarkeit der Röntgenstrahlbeugung, der Elektronenbeugung und der Neutronenbeugung als Mittel zur Strukturaufklärung von Kristallen gegenüber.

55. Röntgenstrahlen der Wellenlänge 1,537 Å werden an einem KCl-Kristall zum ersten Mal unter einem Winkel von $14°9'$ reflektiert. Berechnen Sie die Gitterabstände des Kristalls und daraus seine Dichte.

56. Magnesiumoxid besitzt eine Kochsalzstruktur mit einem Gitterabstand von 2,09 Å. Berechnen Sie die Reflexionswinkel für Röntgenstrahlung der Wellenlänge 1,537 Å von den 100-, 110- und 111-Ebenen.

57. Geben Sie alle Symmetrieelemente der folgenden Teilchen an: $H_2O_2$, $CH_2Cl_2$, $C_2H_6$ (sowohl ekliptische als auch gestaffelte Form), $PF_5$, $Co(NH_3)_4Cl_2^+$ (sowohl cis-, als auch trans-Form).

58. Wieviele Normalschwingungen besitzen die folgenden Moleküle? $H_2O$, $C_2H_2$, $CH_4$. Stellen Sie diese zeichnerisch dar, und sagen Sie aus, welche davon infrarotaktiv und welche ramanaktiv sind.

59. Der Abstand zwischen zwei aufeinanderfolgenden Linien im reinen Rotationsspektrum von HBr beträgt $16,94\ \text{cm}^{-1}$. Berechnen Sie den Kernabstand und die Wellenlänge, die der Absorption für den Übergang $3 \rightarrow 4$ entspricht (die Atommassen betragen 1 und 79).

60. Im sichtbaren Teil des Spektrums von Chlor beginnt die kontinuierliche Absorption bei 4785 Å. Es ist bekannt, daß das Gas dabei in ein normales Atom und in ein Atom, das sich in einem Zustand 2,5 kcal/mol über dem Grundzustand befindet, dissoziiert ist. Berechnen Sie die Dissoziationsenergie von Chlor.

61. Die den Wellenlängen $10^{-4}$ und $10^{-3}$ cm entsprechenden Energiequanten bedeuten 28,6 bzw. 2,86 kcal/mol. Verwenden Sie die Boltzmann-Beziehung ($n_2/n_1 = e^{-E/RT}$), um die Zahl der Moleküle pro Mol angenähert zu berechnen, die sich in einem um diesen Betrag über dem Grundzustand befindlichen Energieniveau aufhalten, und zwar bei einer Temperatur des Materials von 300 °K.

62. Die Energieniveaus der 2N $\pi$-Elektronen einer konjugierten Kette der Länge L lassen sich grob mit dem Modell eines Teilchens im Kasten berechnen. Im Grundzustand sind die N niedrigsten Niveaus voll besetzt, so daß die Lichtabsorption für die längste Wellenlänge in einem solchen Molekül der Anregung eines Elektrons vom Niveaus N auf das Niveau (N + 1) entspricht. Verwenden Sie das Ergebnis von Aufgabe 16 um zu zeigen, daß diese Wellenlänge $\lambda = 8\,mcL^2/h(2N + 1)$ beträgt. Berechnen Sie diese Wellenlänge für Octatetraen, wenn die für die $\pi$-Elektronen verfügbare Länge des Moleküls 8,6 Å beträgt. (Der gemessene Werte beträgt 290 nm.)

63. Verifizieren Sie die Feststellungen über die Frequenzen von NMR- und EPR-Übergängen auf den Seiten 249 und 261.

64. Skizzieren Sie die erwarteten hochaufgelösten NMR-Spektren für a) Acetaldehyd; b) Isopropanol.

65. Skizzieren Sie das erwartete EPR-Spektrum für das Semichinon-ion $\cdot O-C_6H_4-O^-$.

66. Die $\Delta H_f$-Werte (kcal/mol bei 25 °C) für die folgenden gasförmigen Verbindungen betragen: $H_2O - 57{,}8$; $C_2H_6 - 20{,}2$; $C_3H_8 - 24{,}8$; $C_2H_5OH - 56{,}2$. Die $\Delta H$-Werte (kcal/Grammatom für 25 °C) für die Bildung der Atome aus den Elementen in ihren normalen Aggregatzuständen sind: $C + 171{,}7$; $H + 52{,}1$; $O + 59{,}15$. Berechnen Sie $\Delta H_a$ für Wasser, Äthan, Propan und Äthanol. Ermitteln Sie daraus die durchschnittlichen Bindungsenergien für $O-H$, $C-H$, $C-C$ und $C-O$.

67. Massenspektrometrische Untersuchungen haben für das Auftrittspotential von $C_2H_5^+$ aus Äthan 15,2 V ergeben und aus Propan (mit $CH_3$ als dem anderen Produkt) 14,5 V. Die Bildungswärme von Methan $\Delta H_f = -17{,}9$ kcal/mol und die anderen notwendigen Aufgaben finden sich in Aufgabe 66. Berechnen Sie die Bindungsdissoziationsenergie der ersten Bindung in Methan, $D(CH_3-H)$.

## Grundlegende Konstanten und Umrechnungsfaktoren

| | | *Wert* | | *Logarithmus* |
|---|---|---|---|---|
| Elektronenladung | e | $4{,}803 \times 10^{-10}$ | el.st.Einh. | $-10{,}6815$ |
| Plancksches Wirkungsquantum | h | $6{,}625 \times 10^{-27}$ | erg s | $-27{,}8212$ |
| Lichtgeschwindigkeit | c | $2{,}998 \times 10^{10}$ | $cm\ s^{-1}$ | $10{,}4769$ |
| Elektronenmasse | m | $9{,}109 \times 10^{-28}$ | g | $-28{,}9594$ |
| Protonenmasse | $m_p$ | $1{,}672 \times 10^{-24}$ | g | $-24{,}2232$ |
| Neutronenmasse | $m_n$ | $1{,}675 \times 10^{-24}$ | g | $-24{,}2240$ |
| Avogadrosche Zahl | N | $6{,}023 \times 10^{23}$ | $mol^{-1}$ | $23{,}7798$ |
| Faradaysche Konstante | F | $9{,}649 \times 10^4$ | C | $4{,}9845$ |
| Gaskonstante | R | $8{,}314$ | $J\ °K^{-1}$ | $0{,}9198$ |
| Boltzmannkonstante | k | $1{,}381 \times 10^{-16}$ | $erg\ °K^{-1}$ | $-16{,}1402$ |

| | | |
|---|---|---|
| 1 Erg $= 10^{-7}$ Joule $= 2{,}390 \times 10^{-8}$ Kalorien | | $-8{,}3784$ |
| 1 Kalorie $= 4{,}184$ Joule | | $0{,}6216$ |
| 1 Elektronenvolt $= 1{,}602 \times 10^{-12}$ erg | | $-12{,}2047$ |
| N Elektronenvolt $= 23{,}05$ Kilokalorien | | $1{,}3626$ |

## Antworten auf numerisch zu lösende Aufgaben

1.    a) 5486 Å;   b) 1,28 V.
2.    a) 1,23 Å;   b) 1,45 Å.
5.    0,53 Å.
7.    a) 13,6 eV;   b) 6565 Å.
8.    2,26.
12.    0,68;   0,10.
15.    87,86 und 62,97 $\times$ $10^{12}$ $s^{-1}$, 4,19 und 3,00 kcal/mol.
16.    3,85 kcal/mol.
23.    237,2 kcal/mol.
24.    $\Delta H_f$ = + 35,8 kcal/mol.
25.    $\Delta H_S$ = + 169,8 kcal/mol.
26.    $\Delta H_f$ = + 107,5 kcal/mol.
27.    $\Delta H_P$ = − 222,9 kcal/mol.
35.    HF 43;   HCl 17;   HBr 12;   HJ 5.
37.    105°.
39.    a) 3,87, 5,92, 4,90;   b) 3,87, 1,73, 0.
40.    $-\frac{1}{3}, +3, +5, +6, +5.$
43.    HBr + 13,5 kcal/°K/mol,   HCl + 2,4,   CO + 21,3,   $CO_2$ + 0,7,   $CH_4$ − 19,2, $H_2O$ − 38,8,   $NH_3$ − 23,5,   $CO(NH_2)_2$ − 108,4,   $CH_3CHO$ − 25,2.
44.

| | $\Delta H^0$(kcal) | $\Delta G^0$(kcal) | $\Delta S^0$(kcal/°K) |
|---|---|---|---|
| a) | − 26,8 | − 20,1 | − 22,2 |
| b) | + 212,8 | + 195,5 | + 57,7 |
| c) | − 31,8 | − 1,6 | − 100,9 |
| d) | + 4,6 | + 12,7 | − 27,3 |

45.    − 50,73 kcal   + 2,0 cal/°K.
46.    a) 12,9 kcal;   b) 89,8 kcal;   c) 236 kcal.
47.    a) 52,3 %;   b) 34 %.
49.    23 %.
55.    3,15 Å, 1,990 g $cm^{-3}$.
56.    21° 35′,   31° 21′,   18° 34′.
59.    1,420 Å, 0,01476 cm.
60.    57,25 kcal/mol.
61.    5 $\times$ $10^{21}$; 1200.
62.    271 nm.
66.    E (O−H) = 110,5 kcal/mol;   E (C−H) = 98,9 kcal/mol; E (C−C) =   82,8 kcal/mol;   E (C−O) = 83,6 kcal/mol.
67.    101,4 kcal/mol.

## Literatur

*Becker, H.:* Einführung in die Elektronentheorie organisch-chemischer Reaktionen. Berlin: VEB Deutscher Verlag der Wissenschaften 1961.

*Dewar, M. J. S.:* Einführung in die moderne Chemie. Braunschweig: Vieweg + Sohn 1969.

*Staab, H. A.:* Einführung in die theoretische Organische Chemie. 4. Aufl. Weinheim/Bergstr.: Verlag Chemie 1964.

*Cotton, F. A., Wilkinson, G.:* Anorganische Chemie. Berlin: VEB Deutscher Verlag der Wissenschaften 1967. Weinheim/Bergstr.: Verlag Chemie 1968.

*Ketelaar, I. A. A.:* Chemische Konstitution. Braunschweig: Vieweg + Sohn 1964.

*Schläfer, H. L., Gliemann, G.:* Einführung in die Ligandenfeldtheorie. Leipzig: Akademische Verlagsgesellschaft Geest u. Portig KG, 1967.

*Mathiak, K., Stingl, P.:* Gruppentheorie. Berlin: VEB Deutscher Verlag der Wissenschaften 1968. Braunschweig: Vieweg + Sohn 1968.

Polyene, Farbe 245, 246
Polymere
  Lösungen 209, 210
  Struktur und Eigenschaften 181, 198, 203–
    209
Polymerisation 154
Polymethylacrylat 207, 262
Polypropylen 206, 207
Polystyrol 207
Polyvinyl-alkohol 207
— -chlorid 205, 207
Potentialenergiekurven 95, 96, 172, 173, 242,
  243
Präzession 249
Promotionsenergie von Elektronen 64
Proton, magnetische Eigenschaften 248, 249
Protonen-affinität 148, Aufgabe 27
— -akzeptor, siehe Säuren und Basen
— -donator, siehe Säuren und Basen
— -spin 248, 249
— -übertragungsreaktionen (siehe auch Säuren
  und Basen) 146–152, 154
Pseudoedelgasschale von Elektronen 41, 59
Pulvermethode 219, 220, Bild 21
Pumpfrequenz 251, 252
Punktsymmetrie 222

Quadrupol-kopplungskonstante 259–261
— -momente 259, 260
Quanten, Größe von 234–236, 243, Aufgabe 61
— -bedingungen 4, 5, 16, 18–20
    und periodisches System 36, 37,
      Aufgaben 17–20
— -schalen 19
— -theorie 1–17
— —, alte und neue, gegenseitige Charakteri-
    sierung 15–17, 237, 238
— -zahl, magnetische 18, 22, 31
— -zahlen 5, 14–16, 18–25
    Haupt- 18–20, 48
    Neben- 18–24
    Rotations- 16, 237, 238
    Schwingungs- 15, 238–240, 242
    Spin 18, 24, 30, 31
Quecksilber, Ioniserungs- und Resonanzpoten-
  tiale 6
— -dimethyl 77
— (I)-Ion 41, 60
Quellung (von Polymeren) 209
Querverknüpfung 206, 262
*Quincke* 265

Racemisierung 151
Radien, kovalente, Bestimmung von 176, 229
— -quotienten 174–176, 178, 189
Radikale, freie 94, 153–155
  und EPR 262–264
  Farbe von 245
  Nachweis durch Massenspektrometrie 271
  photochemische Erzeugung 243

Radiofrequenzmessungen
  NMR 248, 252, 253
  NQR 259, 260
Ramaneffekt und Spektren 240, 241, Aufgabe 58
Randbedingungen 12
Raum-gitter 223
— -gruppen 224
Reaktionen, bindungsbildende und bindungs-
  lösende 154
—, Klassifizierung 153
Reaktions-geschwindigkeit 132-134, 144, 145,
  150, 151, Aufgabe 46
  mittels EPR 262, 263
  mittels NMR 257
— -mechanismen 132, 133, 144, 145, 150,
  151, 153–157
— -verhalten 130
Redox-Paare 134–137, 140, 141
— -Potentiale 140, 141, 152, Aufgaben 41, 42
  bestimmende Faktoren 142, 143
— -reaktionen 134–141, 144–146, 151, 152
  und Farbe 248
  Geschwindigkeiten und Mechanismus 144–146
Reduktionen, siehe Redoxreaktionen
Reduktionsmittel 134
Refraktion, siehe Molrefraktion
Resonanz 86–95, Aufgabe 32
  Bedingungen 90
  Beispiele 91–95
  Bindungslängen 89–92, 97
  Dipolmomente 105, Aufgabe 34
  Energie 87–89, 270
  Farbe 245–247
  freie Radikale 94, 95
  Ionen-Kovalenz 95–99, 177–179
  Säure-Base-stärke 92, 93, Aufgabe 33
—, kernmagnetische 127, 248–258, Aufgaben
  63, 64
  und Rotation in Kristallen 194, 254
Resonanz, paramagnetische, siehe Elektronen-
  spinresonanz
—, protonenparamagnetische, siehe Resonanz,
  kernmagnetische
— -potentiale und Strahlung 5, 6
Richtungsquantierung 31, 32, 249, 251, 252
Riesenmoleküle 180–184
Röntgenstrahl-beugung
  absolute Konfigurationen 279–281
  Gummi 208
  Methode und Technik 217–229, Aufgaben
    55, 56, Bilder 15, 16, 21
  Mosaikstruktur 186
  Struktur von Flüssigkeiten 200
— -beugungsbilder, Kennzeichnung von 219,
  221, 222
— -quanten 234
Rotation, behinderte 223, 277, 278
— in Kristallen 179, 194, 254
—, magnetische oder Rotationskraft 283
—, molare magnetische (Rotationskraft) 283

K. Eckschlager

## Fehler bei chemischen Analysen

Übersetzung aus dem Tschechischen
2., durchgesehene Auflage
1965. 164 Seiten mit 16 Abbildungen und 30 Tabellen. 16,5 cm x 23,0 cm.
Kunstleder 24,50 M

Bei quantitativen Analysen ist es von Bedeutung, den Grad der Genauigkeit der erhaltenen Ergebnisse zu kennen. Besonders wichtig ist auch die Kenntnis der möglichen Fehlerquellen bei der praktischen Arbeit und der Fehlerfortpflanzung in den Rechnungen, denn nur dadurch können Wege gefunden werden, die Genauigkeit zu erhöhen. Zunächst wird der Fehlerbereich bei chemischen Analysen allgemein abgesteckt, dann werden die verwendeten Geräte, Maßlösungen usw. auf ihre „Genauigkeit" hin untersucht. Schließlich werden die möglichen auftretenden Fehler bei Wägungen, Titrationen, kolorimetrischen und anderen analytischen Messungen besprochen. Nachdem die erforderlichen Methoden der mathematischen Statistik dargestellt sind, behandelt das letzte Kapitel graphische und numerische Verfahren zur Auswertung der Analysenergebnisse. Das Buch ist für die praktische Arbeit bestimmt, so daß besonderer Wert auf Hinweise für die Anwendung der behandelten Beziehungen gelegt wurde.

Akademische Verlagsgesellschaft
Geest & Portig K.-G. Leipzig